Hochschultext

W0253938

Peter Grosse

Freie Elektronen in Festkörpern

Mit 131 Abbildungen

Springer-Verlag
Berlin Heidelberg New York 1979

Professor Dr. Peter Grosse

I. Physikalisches Institut
Rhein.-Westf.-Techn. Hochschule, 5100 Aachen

ISBN-13:978-3-540-09295-7 e-ISBN-13:978-3-642-95344-6
DOI: 10.1007/978-3-642-95344-6

CIP-Kurztitelaufnahme der Deutschen Bibliothek. *Grosse, Peter:* Freie Elektronen in Festkörpern / Peter Grosse. – Berlin, Heidelberg, New York : Springer, 1979. (Hochschultext).

Das Werk ist urheberrechtlich geschützt. Die dadurch begründeten Rechte, insbesondere die der Übersetzung, des Nachdruckes, der Entnahme von Abbildungen, der Funksendung, der Wiedergabe auf photomechanischem oder ähnlichem Wege und der Speicherung in Datenverarbeitungsanlagen bleiben, auch bei nur auszugsweiser Verwertung, vorbehalten. Bei Vervielfältigung für gewerbliche Zwecke ist gemäß § 54 UrhG eine Vergütung an den Verlag zu zahlen, deren Höhe mit dem Verlag zu vereinbaren ist.

© by Springer-Verlag Berlin Heidelberg 1979

Die Wiedergabe von Gebrauchsnamen, Handelsnamen, Warenbezeichnungen usw. in diesem Werk berechtigt auch ohne besondere Kennzeichnung nicht zu der Annahme, daß solche Namen im Sinne der Warenzeichen- und Markenschutz-Gesetzgebung als frei zu betrachten wären und daher von jedermann benutzt werden dürften.

Für Jlse

Vorwort

Dem vorliegenden Hochschultext "Freie Elektronen in Festkörpern" lagen Vorlesungen zugrunde, die ich in Würzburg und Aachen für Studenten nach dem Vordiplom gehalten habe. Einen ähnlichen Leserkreis möchte ich auch mit dieser Einführung ansprechen. Doch hoffe ich, daß sie auch für erfahrene Physiker nützlich und vor allem anregend sein wird. Vielleicht macht es sogar manchem Kollegen Spaß zu sehen, welche Fülle von Phänomenen sich aus der einfachen, 80 Jahre alten Drude-Gleichung verstehen läßt.

Mancher Kollege wird jetzt die Nase rümpfen, wieso man heute - wo wir alles viel richtiger wissen - noch soviel Zeit auf diese überholten Modelle verschwenden könne. Das sollte er nicht tun. Denn es geht hier nicht darum, auch in der Physik die heutige Flohmarkt-Ideologie einzuführen, die auf Omas Requisiten zurückgreift, weil wir mit den neuen, perfektionierten nicht zurecht kommen. Vielmehr ist es mein Anliegen, mit dem Anfänger oder dem Nichtspezialisten zu überlegen, daß die vielen unterschiedlichen Phänomene wie Leitfähigkeit, Lichtabsorption, Diffusion, Plasmakante, Hall-Effekt, Faraday-Effekt, Helicon-Wellen u.s.w. alle ganz zwanglos aus der Idee folgen, daß man ein geladenes Teilchen den Kräften des elektromagnetischen Feldes aussetzt. Jedoch nur begrenzte Zeit, Streuprozesse bringen alles wieder in Unordnung.

Die komplexen Probleme des Festkörpers als geordnetem Vielteilchensystem und der Statistik des Elektronengases umgehen wir durch den Gebrauch der Begriffe Effektive Masse, Freie Weglänge bzw. Stoßzeit. Diese sind wegen ihrer Anschaulichkeit so kraftvoll. Der Anfänger soll deshalb eingeladen sein, in entsprechend konkreten Modellen mitzudenken. Zur Belohnung kann er sich danach unter den verschiedenen Phänomenen etwas vorstellen. Gerade für die schöpferische Arbeit eines Naturwissenschaftlers waren wohl anschauliche Bilder und Modelle noch nie von Schaden. Sie sind das erfolgreichste heuristische Werkzeug des Wissenschaftlers!

Andererseits darf man nicht etwa annehmen, daß diese Einführung das Studium der aufwendigen Lehrbücher und Originalarbeiten ersparen könne. Im Gegenteil, sie soll dazu ermutigen. Denn ich weiß von mir selbst und vom Umgang mit meinen Studenten sehr gut, daß das unmittelbare Studium der Originalarbeiten sehr oft entmutigend ist. Sie erdrücken durch ihren Jargon und den aufwendigen Formalismus. Sie verwirren den Außenseiter, wenn für jedes Phänomen ein eigener theoretischer Apparat bemüht wird. Der Zusammenhang geht verloren.

Zum Studium des Hochschultextes sind an sich nur die Kenntnisse aus den Vorlesungen bis zum Vordiplom erforderlich. Doch für ein tieferes Verständnis empfiehlt es sich, vorher oder nebenher eine Einführung in die Festkörperphysik zu studieren.

Ein großer Teil der Einführung ist den optischen und magnetooptischen Untersuchungen der Transportphänomene gewidmet. Zum leichteren Verständnis dieser Abschnitte sind deshalb die wichtigsten Gesetzmäßigkeiten über die Ausbreitung elektromagnetischer Wellen in kondensierter Materie noch einmal in einem Anhang zusammengestellt.

Jedes Kapitel schließt mit einer Reihe von Aufgaben. Diese sollen vor allem zum "Herumrechnen" mit den Formeln auffordern oder ein Gefühl für realistische Größenordnungen vermitteln. Lösungen werden nicht mitgeteilt. Es gehört zum wissenschaftlichen Arbeiten, selbstkritisch seine Ergebnisse zu prüfen, bis man ihnen trauen kann. Nicht aber dem Assistenten ins Büchlein zu gucken, was denn herauskommt!

Meine Studenten, die Mitarbeiter meines Instituts und meine Aachener Kollegen haben im Verlauf der Zeit durch viele Hinweise, kritische Bemerkungen und Fragen zu dieser Einführung beigetragen. Ich bedanke mich dafür. Besonders herzlich danke ich aber Herrn E. GERLACH für die kritische Durchsicht des Manuskripts und die Diskussionen, die wir im Laufe vieler Jahre über den hier elementar behandelten Stoff geführt haben. Weiter danke ich Herrn G. MÜTZENICH für die Berechnung vieler Diagramme und seine präzise Hilfe bei der Redaktion und Korrektur und Frau J. ARENZ und Herrn A. WEITMÜLLER für ihren Einsatz bei der Herstellung der Abbildungen. Am meisten betroffen war aber meine Sekretärin HEDI KLEE. Sie hat mit mir beim Anfertigen aller Entwürfe und der Reinschrift neben den laufenden Geschäftsaufgaben eines großen Instituts treu bis zum Ende durchgehalten. Auch hierfür herzlichen Dank.

Aachen, Januar 1979 Peter Grosse

Inhaltsverzeichnis

1. Einleitung ... 1

2. Gegenüberstellung Isolator, Halbleiter, Metall ... 4

2.1 Isolator - Halbleiter - Metall ... 4
2.2 Das Konzept der effektiven Massen und der Löcherleitung ... 7
2.3 Die Dichte der Elektronenzustände und ihre Besetzung ... 9
2.4 Quantitativer Vergleich Halbleiter/Metall ... 12
2.4.1 Art der Ladungsträger ... 13
2.4.2 Die Konzentration der Ladungsträger ... 13
2.4.3 Die mittlere Geschwindigkeit der Ladungsträger ... 14
Aufgaben ... 15

3. Die Polarisierbarkeit des Einzelatoms und die Entstehung freier Elektronen bei der Kondensation zum Festkörper ... 16

3.1 Die atomare Polarisierbarkeit ... 16
3.2 Das Thomson-Modell des Atoms ... 17
3.3 Die dynamische Polarisierbarkeit ... 19
3.4 Die Polarisierbarkeit kondensierter Materie ... 21
3.5 Selbstpolarisation und elektronische Eigenschaften ... 24
3.6 Der Valenzelektronenbeitrag zur elektrischen Suszeptibilität ... 27
Aufgaben ... 28

4. Das Drude-Lorentz-Modell ... 30

4.1 Die auf ein Elektron einwirkenden Kräfte ... 30
4.2 Impuls- und Energie-Relaxation ... 32

5. Die Gleichstromleitfähigkeit, $B = 0$ ... 33

5.1 Die Strombegrenzung durch Stöße ... 33
5.2 Das Ohmsche Gesetz ... 34
5.3 Die Stoßzeit τ und die kinetische Energie der Elektronen ... 35
5.3.1 Die mittlere freie Weglänge ... 36

5.3.2 Die energieabhängige Stoßzeit 37
5.4 Energiedissipation und Joulesche Wärme 39
5.5 Heiße Elektronen 40
5.6 Abweichungen vom Ohmschen Gesetz 41
Aufgaben 44

6. Die charakteristische Stoßzeit 45

6.1 Die Streuung von Wellen in Kristallen 45
6.2 Streuquerschnitt und freie Weglänge 47
6.3 Streuung an neutralen Störstellen 49
6.4 Streuung an Phononen 49
6.5 Streuung an geladenen Störstellen 52
6.6 Streuung heißer Elektronen 57
6.7 Überlagerung von Streuprozessen 58
6.8 Überlagerung der Beiträge verschiedener Ladungsträgersorten 61
Aufgaben 62

7. Die Gleichstromleitfähigkeit im Magnetfeld 64

7.1 Die Zyklotronbewegung 64
7.1.1 Energie und Bahnradius 66
7.1.2 Magnetisches Moment des Elektrons in einer Landau-Bahn 67
7.1.3 Lebensdauer des Elektrons in der Landau-Bahn 67
7.2 Das freie Elektron in statischen, gekreuzten elektrischen und magnetischen Feldern 68
7.2.1 Fallunterscheidungen 70
7.2.2 Aufheizung der Elektronen durch das elektrische Feld bei $B \neq 0$ 71
7.3 Der Hall-Effekt 72
7.3.1 Lösung für lange Leiter 72
7.3.2 Der Hall-Winkel 74
7.3.3 Die Hall-Konstante 75
7.3.4 Die Messung des Hall-Effektes 75
7.3.5 Die spektroskopischen Parameter 76
7.3.6 Der Hall-Effekt bei Mischleitung 77
7.3.7 Der Hall-Effekt bei Eigenleitung 79
7.4 Die magnetische Widerstandsänderung 80
Aufgaben 82

8. Ströme und Felder infolge Temperatur- und Konzentrationsgradienten 84

8.1 Die freie Weglänge in Temperatur- und Konzentrationsgradienten 84
8.2 Thermoelektrische Effekte 85

8.2.1 Seebeck-Effekt, differentielle Thermokraft 86
8.2.2 Peltier-Effekt 87
8.2.3 Wärmeleitung 88
8.2.4 Das Wiedemann-Franz-Gesetz und die Lorentz-Zahl 88
8.3 Thermomagnetische Effekte, der Nernst-Effekt 89
8.4 Diffusionsströme 90
Aufgaben 91

9. Die dynamische Leitfähigkeit 92

9.1 Freie Elektronen im elektrischen Wechselfeld 92
9.1.1 Der dynamische Widerstand und die Ortskurven $\rho(\omega)$, $\sigma(\omega)$ 94
9.1.2 Blindströme und die komplexe dielektrische Funktion 96
9.2 Die dielektrische Funktion leitender Kristalle 99
9.2.1 Der niederfrequente Bereich 100
9.2.2 Der hochfrequente Bereich 101
9.3 Die Plasmaresonanz 103
9.4 Die Abschirmung von Coulomb-Feldern 105
Aufgaben 110

10. Ausbreitung elektromagnetischer Wellen in kondensierter Materie 111

10.1 Fernwirkung und Maxwell-Gleichungen, Polaritonen 111
10.2 Die Wellengleichung für elektromagnetische Felder 113
10.3 Longitudinale Wellen 115
10.4 Transversale Wellen 116
10.5 Der komplexe Brechungsindex 116

11. Optische Eigenschaften von Leitern 118

11.1 Allgemeines optisches Verhalten eines Halbleiters 118
11.2 Die Plasmakante 122
11.2.1 Die Ultraviolett-Transparenz der Metalle 125
11.2.2 Transparente Wärmespiegel 126
11.3 Der Hagen-Rubens-Bereich 128
11.3.1 Die Woltersdorff-Schicht 131
11.4 Die Drude-Leitungsabsorption 132
11.5 Leitungsabsorption und dynamische Leitfähigkeit bei verschiedenen Streuprozessen 134
11.5.1 Die Messung der dynamischen Leitfähigkeit 134
11.5.2 Die dynamische Leitfähigkeit bei verschiedenen Temperaturen 136
11.5.3 Die dynamische Leitfähigkeit bei hohen Frequenzen für verschiedene Streumechanismen 137

11.6 Der Skin-Effekt 141
11.6.1 Der Skin-Effekt in Metallen 141
11.6.2 Der anomale Skin-Effekt 142
11.6.3 Der Skin-Effekt in Supraleitern 144
Aufgaben 147

12. Magnetooptische Eigenschaften von Leitern 149

12.1 Der dynamische Magnetoleitfähigkeitstensor 149
12.2 Die dielektrische Funktion leitender Kristalle im Magnetfeld 152
12.3 Die Ausbreitung elektromagnetischer Wellen bei Anwesenheit eines statischen Magnetfeldes 153
12.3.1 Faraday-Konfiguration 153
12.3.2 Voigt-Konfiguration 158
12.4 Zyklotronresonanz-Effekte 161
12.4.1 Zyklotronresonanz-Effekte bei geringer Konzentration - Faraday-Konfiguration - 163
12.4.2 Zyklotronresonanz-Absorption 166
12.4.3 Zyklotronresonanz-Effekte bei geringer Konzentration - Voigt-Konfiguration - 168
12.4.4 Zyklotronresonanz-Effekte bei hoher Konzentration - Azbel-Kaner-Resonanzen - 170
12.5 Modellbeispiele magnetooptischer Spektren 172
12.6 Der Faraday-Effekt 177
12.6.1 Die Ausbreitung zirkular polarisierter Wellen 177
12.6.2 Der Faraday-Effekt bei hohen Frequenzen 179
12.6.3 Der Kerr-Effekt bei hohen Frequenzen 181
12.6.4 Der Faraday-Effekt bei niedrigen Frequenzen 184
12.7 Der Voigt-Effekt 185
12.8 Helicon-Wellen 188
12.9 Magnetoplasma-Effekte, Alfvén-Wellen 194
Aufgaben 196

13. Elektron-Phonon-Kopplung 198

13.1 Langwellige Gitterschwingungen 198
13.2 Die optischen Phononen 200
13.2.1 Polare optische Phononen 203
13.3 Phonon-Polaritonen 206
13.3.1 Die Lyddane-Sachs-Teller-Relation 211
13.3.2 Die Szigeti-Ladung 211
13.3.3 Die Erweichung der transversalen optischen Gitterschwingungs-Mode 212

13.3.4 Polarisation und Gitterverzerrung 214
13.3.5 Gedämpfte Phonon-Polaritonen 216
13.4 Plasmon-Phonon-Polaritonen 218
13.4.1 Die longitudinalen Plasmon-Phonon-Polaritonen 219
13.4.2 Die transversalen Plasmon-Phonon-Polaritonen 222
13.4.3 Magneto-Plasmon-Phonon-Polaritonen 224
Aufgaben 225

Anhang
Ausbreitung elektromagnetischer Wellen in kondensierter Materie 226

A.1 Maxwell-Gleichungen und Ausbreitung elektromagnetischer Wellen 226
A.2 Beispiele für E-Wellen 228
A.2.1 Welle in z-Richtung im isotropen Medium 228
A.2.2 Beispiel für anisotropes Medium 229
A.2.3 Welle in z-Richtung, $\underline{e} = (0, 0, 1)$ 229
A.2.4 Welle in x-Richtung, $\underline{e} = (1, 0, 0)$ 231
A.3 Die magnetischen Wellenfelder 232
A.4 Die Randbedingungen für elektromagnetische Wellenfelder an der Grenzfläche zwischen zwei Halbräumen 233
A.5 Das Reflexionsvermögen des Halbraumes 235
A.5.1 Verschwindende Reflexion 238
A.5.2 Totalreflexion 239
A.5.3 Eindringtiefe der elektromagnetischen Welle 239
A.5.4 Die Reflexion am unmagnetischen Halbraum 240
A.6 Das optische Verhalten einer planparallelen Platte 242
A.7 Die Ausbreitung polarisierter Wellen in anisotropen Medien 245
A.8 Energie- und Leistungsdichte des elektromagnetischen Wellenfeldes ... 248
A.8.1 Der Poynting-Vektor 248
A.8.2 Der Poynting-Vektor einer ebenen, elektromagnetischen Welle .. 249
A.8.3 Das Intensitätsreflexionsvermögen 251
A.8.4 Die Absorptionskonstante 252
A.9 Reflexions- und Transmissionsvermögen einer planparallelen Platte ... 253
A.9.1 Die planparallele Platte im Vakuum 254
A.9.2 Die dünne, planparallele Schicht 258
A.9.3 Die dünne Schicht bei starker elektrischer Wechselwirkung 258
A.10 Die stehende Welle vor einem Halbraum 260
Aufgaben 262

Literatur 264
Symbolverzeichnis 267
Sachverzeichnis 271

1. Einleitung

Wenn wir von Freien Elektronen in Festkörpern sprechen, so soll dies den Gegensatz zu den Valenzelektronen hervorheben, die die chemische Bindung des Festkörpers hervorrufen. Diese sind zwischen den Atomen lokalisiert und nicht beweglich. Die beweglichen Elektronen dagegen erzeugen einen elektrischen Strom, wenn man eine Gleichspannung an den Festkörper legt. Nur in diesem Sinne sind unsere Elektronen "frei". Denn bei ihrer Bewegung durch den Festkörper wirken auf sie starke, räumlich modulierte Kräfte, die durch das elektrische Feld der Atome verursacht werden. Sie reagieren deshalb auf das elektrische Feld der von außen an den Festkörper gelegten Gleichspannung ganz anders als beim gleichen Feld im Vakuum. Meist kann man aber diese Behinderung der Bewegung der Elektronen im Feld der Kristallatome dadurch berücksichtigen, daß man ihre Masse und das Vorzeichen ihrer Ladung modifiziert: effektive Masse, negative Elektronen und positive Defektelektronen oder "Löcher". Außerdem wirkt am Ort unseres nun "quasifreien" Elektrons das von außen angelegte Feld nicht allein, da es gleichzeitig die negativen Valenzelektronenhüllen gegen die positiven Rümpfe der Kristallatome verschiebt. Diese induzierten Felder wirken zusätzlich zu dem von außen angelegten Feld auf unser Elektron. Die Veränderung des äußeren Feldes durch diese induzierte "Polarisation" der Atome beschreibt man durch die Dielektrizitätskonstante oder richtiger durch die "Dielektrische Funktion". Die Bestimmung der effektiven Masse, die ebenfalls keine Konstante ist, und der dielektrischen Funktion in idealen und gestörten Kristallen sowie in amorphen Festkörpern und Flüssigkeiten ist eine wesentliche Aufgabe der modernen Festkörperphysik. Das komplizierte Zusammenspiel so vieler Teilchen im Festkörper richtig zu analysieren und zu beschreiben, verlangt sehr anspruchsvolle experimentelle und theoretische Methoden. Wir werden auf diese Verfahren z.B. zur Bestimmung der elektronischen Bandstruktur [1.1-3a] hier nicht eingehen, sondern im 2. Kapitel einige wichtige Ergebnisse dieses Teils der Festkörperphysik zusammenstellen. Im 3. Kapitel zeigen wir am einfachsten Beispiel "polarisierbarer" Atome das Zusammenwirken zur dielektrischen Funktion und den engen Zusammenhang zwischen Valenz- und Leitungselektronen, der gerade für die Halbleiter und Metalle so charakteristisch ist.

Neben dieser fundamentalen Beeinträchtigung der freien Elektronen durch die Festkörperatome mit ihren Valenzelektronenhüllen gibt es aber noch Behinderungen der quasifreien Elektronen untereinander. Die Elektronen werden infolge ihrer Ladung von sehr weitreichenden Coulomb-Feldern begleitet, über die sie miteinander koppeln. Diese Felder erzeugen beispielweise eine rückstellende Kraft, wenn durch einen äußeren Einfluß die Elektronendichte gestört wurde. Dieses kollektive Verhalten der Elektronen werden wir in den Abschnitten über die Plasmaschwingungen (Abschn. 9.3) und die Abschirmung (Abschn. 9.4) kurz andeuten. Ist das die Elektronenbewegung gleichschaltende Feld das Feld einer elektromagnetischen Welle, so wird deren Phasengeschwindigkeit wegen der Wechselwirkung mit den Elektronen erheblich beeinflußt. Dies spielt vor allem dann eine Rolle, wenn gleichzeitig langwellige Gitterschwingungen auftreten, bei denen bei der Verschiebung der Atome um ihre Ruhelagen ebenfalls elektrische Dipole entstehen ("polare optische Phononen"). Diese gekoppelten Anregungen untersuchen wir im Kapitel über die Polaritonen [1.3b].

Eine weitere Beeinflussung der freien Elektronen untereinander entsteht durch eine Kopplung zweier Elektronen unterschiedlicher Spins durch das Kristallgitter, die bei hohen Elektronendichten zur Bildung der Cooper-Paare führt, die die Supraleitung [1.2,3b] verursachen. Diese Erscheinung wird uns hier aber nur ganz am Rande interessieren (Abschn. 11.6.3). Sehen wir nun von den oben genannten Effekten in Festkörpern ab, die durch die dichte Packung der Atome entstehen, so haben wir ähnliche Probleme wie bei Elektronen im Hochvakuum oder in Gasplasmen. Diese sind durch die gleiche Dichte positiver Ionen wie negativer Elektronen nach außen genauso neutral wie die Festkörper. Das Verhalten der Elektronen in diesen Systemen wurde aber schon sehr lange untersucht, um die Leitung in Gasentladungen zu erklären und vor allem um die Ausbreitung elektromagnetischer Wellen für die Nachrichtentechnik zu verstehen [1.5,6]. Hierbei spielen die freien Elektronen vor allem in der Ionosphäre eine entscheidende Rolle. Viele Gesetzmäßigkeiten, die wir hier studieren werden, waren deshalb schon in der etwas älteren "Plasma-Physik" bekannt.

Dort war auch der Einfluß statischer Magnetfelder untersucht worden, da in den weiten Dimensionen der Atmosphäre das relativ schwache Magnetfeld der Erde doch einen merklichen Einfluß hat. Das Magnetfeld beeinträchtigt auch die freie Beweglichkeit der Elektronen, da es infolge der Lorentz-Kraft die Elektronen auf Kreisbahnen zwingt und damit um den Mittelpunkt dieser Bahnen lokalisiert. Dadurch werden auch in den Festkörpern alle von den freien Elektronen verursachten Eigenschaften erheblich magnetfeldabhängig. Ihre Analyse bringt weiteres Verständnis der mikroskopischen Strukturen. Dies ist der Grund dafür, daß man heute besonders intensiv das Verhalten der Festkörper in Magnetfeldern untersucht. Wir haben das 7. Kapitel den magnetfeldabhängigen Effekten unter dem Einfluß von Gleichfeldern gewidmet und das 13. Kapitel den magnetooptischen Effekten. Die optischen Effekte in Materialien mit freien Ladungsträgern nehmen in diesem Buch besonders viel Platz ein. Sie beschreiben das Verhalten der freien Elektronen im elektrischen Wechselfeld, deshalb sprechen wir auch von der dynamischen Leitfähigkeit bzw. dem dynamischen Widerstand. Das Studium der dynamischen Eigenschaften ist einmal für die Untersuchung der quasifreien Elektronen so aufschlußreich, weil die Informationen gerade in der Frequenzabhängigkeit enthalten sind. Im Gegensatz dazu liefern Gleichstrommessungen nur einen einzigen Wert (bei gegebener Temperatur, Magnetfeld usw.)! Zum anderen ist das Licht überhaupt eine sehr bequeme und empfindliche Sonde zur Untersuchung der Festkörpereigenschaften, nicht nur der freien Elektronen. Da aber gerade in den Halbleitern und Metallen immer freie Elektronen vorhanden sind, enthalten alle gemessenen optischen Eigenschaften auch den Beitrag der freien Elektronen. Will man ihn von allen anderen Beiträgen abtrennen, muß man ihn genau genug kennen! Tatsächlich ist aber die Entwicklung anspruchsvollerer Theorien der dynamischen Leitfähigkeit lange sehr vernachlässigt worden.

Viele der hier zu besprechenden elektronischen Transportphänomene lassen sich bereits qualitativ und meistens sogar quantitativ verstehen, wenn man die Elektronen durch ein mittleres Elektron beschreibt, d.h. durch ein Elektronengas bestimmter Dichte, jedoch mit einer mittleren thermischen Geschwindigkeit und einer mittleren Stoßzeit. Wir sparen uns dabei vor allem den großen Aufwand bei der Beschreibung der statistischen Geschwindigkeitsverteilung im Elektronengas [1.2,3b,7]. Diese beträchtliche Vereinfachung ist nur bei der Beschreibung nichtisothermer Prozesse (z.B. Thermokraft) eine wesentliche Einschränkung. Wir gewinnen aber andererseits einen deutlicheren Einblick in die Entstehung der verschiedenen Phänomene. Bei den genaueren Theorien dagegen müssen, an jedes Phänomen angepaßt, so starke Vereinfachungen vorgenommen werden, daß der Zusammenhang zwischen den verschiedenen Effekten verloren geht.

Um den Zusammenhang zwischen Experiment und Theorie herzustellen, wird im 10. Kapitel und in einem Anhang die Ausbreitung elektromagnetischer Wellen in Festkörpern behandelt. Aus den Modellen berechnen wir die dynamische Leitfähigkeit, bzw. die dielektrische Funktion. Im Experiment mißt man z.B. die Transmission oder Reflexion einer Festkörperprobe. Diese berechnen sich aus den Materialeigenschaften zusammen mit den Randbedingungen für das elektromagnetische Feld an den Oberflächen. Umgekehrt muß man die Gesetzmäßigkeiten und wichtigsten Strukturen bei der Ausbreitung von elektromagnetischen Wellen über Oberflächen hinweg sehr gut übersehen, um einmal aus den Messungen die Materialeigenschaften zu bestimmen, und vor allem um Experimente geeignet zu planen.

2. Gegenüberstellung Isolator, Halbleiter, Metall

Wir vergleichen die Elektronenkonzentrationen dieser extremen Leiter-Klassen und erklären sie aus dem kristallchemischen Aufbau und der Anregungsenergie, die erforderlich ist, um aus den Valenzelektronen bewegliche Ladungsträger zu machen. Die Beschreibung des Leitfähigkeitsbeitrages fast gefüllter Elektronenbänder durch positive Löcher wird erläutert. Die Dichten der Elektronenzustände und ihre thermische Besetzung nach der Fermi-Verteilung werden berechnet. Konzentration und Geschwindigkeit der Elektronen in Halbleitern und Metallen werden qualitativ verglichen.

2.1 Isolator-Halbleiter-Metall

Zunächst unterscheiden wir ein *Metall* und einen *Isolator* phänomenologisch: Metalle zeigen extrem hohe Leitfähigkeit, ein elektrischer Strom wird vollständig vom ganzen Volumen getragen. Isolatoren haben extrem niedrige Leitfähigkeit, ein Strom wird oft nur über verunreinigte oder feuchte Oberflächen geführt, nicht durchs Volumen.

Mikroskopisch unterscheiden sich die beiden extremen Klassen von Leitern hauptsächlich durch die unterschiedlichen Konzentrationen freier Elektronen. In Metallen ist die Konzentration etwa so groß wie die der Atome (z.B. Kupfer $n_a \simeq 8 \cdot 10^{22}\ cm^{-3}$). In Isolatoren ist sie um mehr als 10 Zehnerpotenzen kleiner.

Im wesentlichen erkennt man die Ursache für die unterschiedlichen Leitfähigkeitseigenschaften im kristallchemischen Aufbau. Zur Erläuterung vergleichen wir für die verschiedenen Substanzen die relative Lage der erlaubten Energieniveaus, die in Festkörpern zusammenrücken und durch verbotene *Energiebereiche* getrennt sind. Dies geschieht hier nur sehr schematisch, da wir auf die Details der Bandstrukturen nicht weiter eingehen werden! Jedes *Energieband* hat ca. $10^{22}\ cm^{-3}$ Zustände. Ist ein Band ganz gefüllt, so sind die Elektronen dieser Zustände lokalisierte *Valenzelektronen*. In Abb.2.1 ist die Dichte der Valenzelektronen für den Elementhalbleiter Germanium (Ge) und die Verbindung ZnSe dargestellt. Zur Leitfähigkeit können die Elektronen in diesen vollen Bändern nicht beitragen. Denn um ihre kinetische

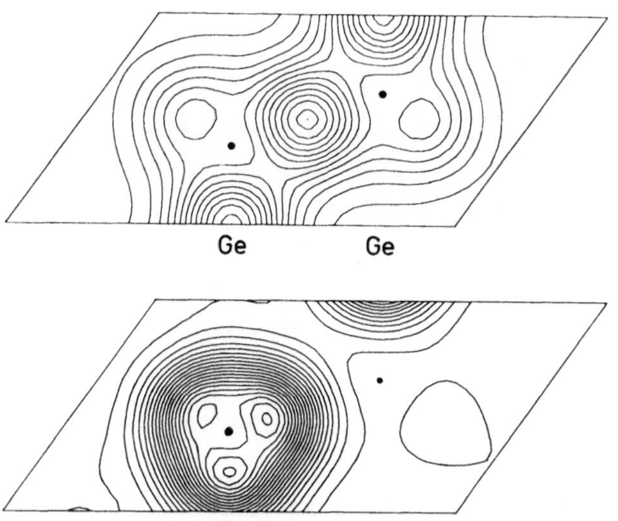

Abb. 2.1. Valenzelektronendichte in Germanium und Zinkselenid [2.1]

Energie auch nur geringfügig für einen Strom zu verändern, käme man in verbotene oder besetzte Energiebereiche. Um sie in höhere Energie-Niveaus anzuregen, muß man ihre Energie gleich um den erheblichen Betrag W_g erhöhen, nämlich über den verbotenen Energiebereich ("*Energielücke*", "*energy gap*") hinweg ins nächste unbesetzte Band. Teilweise gefüllte Bänder nennen wir *Leitungsbänder*. In ihnen können die Elektronen in beliebig kleinen Schritten zu energetisch höher oder niedriger liegenden Zuständen verschoben werden. Dabei unterscheiden sich die Zustände durch den Impuls p der Elektronen, genauer durch den Wellenvektor k der zugehörigen Materiewellen ($\underline{p} = \hbar\underline{k}$). Elektronen in diesen Zuständen sind nicht mehr lokalisiert. Sie tragen zur Leitfähigkeit bei, weil man ihren Impuls, bzw. ihre kinetische Energie verändern kann.

Die verschiedenen Leitertypen unterscheiden sich nun wesentlich dadurch, wie eng die Lücke zwischen den Bändern ist, bzw. ob die Bänder sogar auf der Energieskala überlappen (Abb.2.2).

Die Isolatoren sind überwiegend *Ionen*- oder *Molekülkristalle*. Bei den Ionenkristallen befindet sich das "Valenzelektron" nicht mehr zwischen den Nachbaratomen, sondern ganz auf der Seite des Anions (z.B. beim Se-Atom der Abb.2.1). Dort ist es mit der beträchtlichen Energie von etwa 3 eV gebunden, im NaCl z.B. sogar von 8 eV. Die Wahrscheinlichkeit, eines der ca. 10^{22} cm^{-3} Elektronen, die an den Anionenplätzen lokalisiert sind, in ein Leitungsband anzuregen, ist somit sehr gering. Die Wahrscheinlichkeit thermischer Anregung bei Zimmertemperatur ($kT = 0{,}026$ eV $\simeq 1/40$ eV) schätzen wir für NaCl ab - etwas grob - mit dem Boltzmann-Faktor $\exp(-8\text{ eV}/0{,}026\text{ eV}) \simeq 10^{-133}$. Auch die Photonenergie des sichtbaren Lichts (1,8...4 eV) reicht nicht für eine Anregung aus (*innerer photoelektrischer Effekt*, *Photoleitung*). Deshalb erkennt man die meisten Isolatoren mit Bindungsenergien

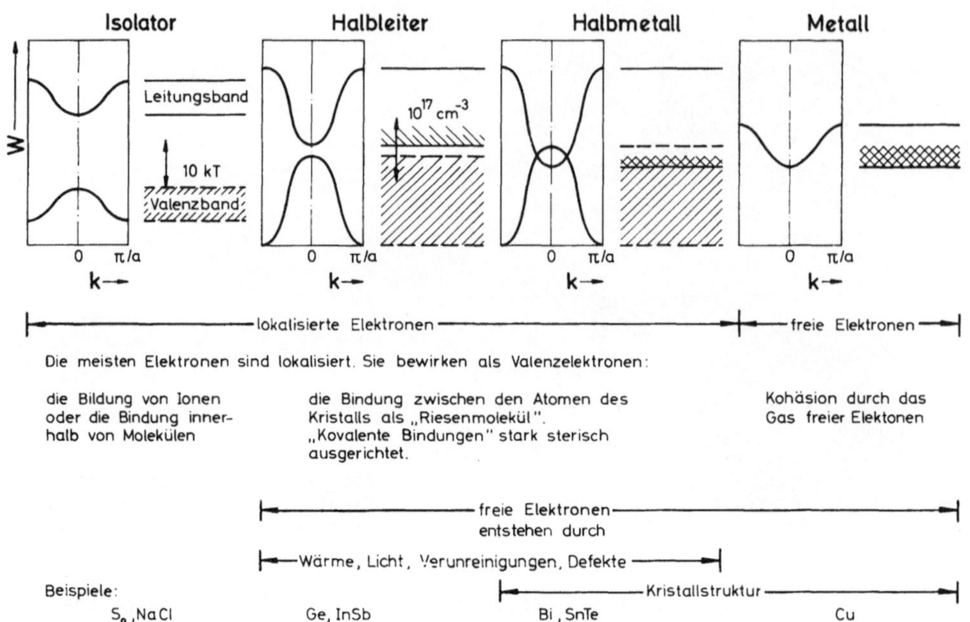

Abb. 2.2. Vergleich der Energiebänder von Isolator, Halbleiter und Metall

$W_g > 4$ eV auch daran, daß sie im Sichtbaren transparent, im reinen Zustand oft sogar ganz farblos sind.

Ähnlich liegen die Verhältnisse bei den *Molekülkristallen*. Hier sind die Valenzelektronen innerhalb der Molekülgruppen lokalisiert. Wir betrachten als Beispiel den kristallinen Schwefel. Er besteht aus S_8-Ringmolekülen. Innerhalb der Moleküle überlappen die Valenzelektronenhüllen der Schwefelatome. Der Abstand zu den Schwefelatomen der Nachbar-Ringe ist aber wesentlich größer, so daß die Ringe nur durch eine schwache Van-der-Waals-Bindung aneinander halten. Die Anregungsenergie der Valenzelektronen ins Leitungsband ist ebenfalls sehr groß, d.h. auch reine Schwefelkristalle sind farblos. In Molekülkristallen sind die Bänder meist sehr schmal. Das ist eine Folge der geringen Kopplung der Moleküle untereinander. Schmale Bänder lassen eine große Energielücke zwischen den Bändern. Außerdem bedeutet die geringe Krümmung der schmalen Bänder in den Extrema eine große effektive Masse, also schwer bewegliche Elektronen ($m^* \simeq 1...100\ m_0$).

In den Halbleitern überlappen nicht nur die Valenzelektronenhüllen regelmäßiger Atomgruppen wie in den Molekülkristallen, sondern die aller Atome. Ein Halbleiterkristall ist in diesem Bild ein kovalent gebundenes "Riesenmolekül". Durch diese stärkere Kopplung werden die Bänder breiter, die Lücke schmäler. Die Anregungsenergien von $W_g = 0{,}1...1$ eV sind also schon vergleichbar mit der thermischen Energie. Bei T = 300 K und $W_g \simeq 0{,}3$ eV erhalten wir für den Boltzmann-Faktor

$\exp(-0{,}3\ \text{eV}/0{,}026\ \text{eV}) \simeq 10^5$, d.h. von den ca. $10^{22}\ \text{cm}^{-3}$ Valenzelektronen können wir ca. $10^{17}\ \text{cm}^{-3}$ angeregt im Leitungsband finden[1]).

Wie in den kovalenten Molekülen z.B. der organischen Chemie bilden die lokalisierten Valenzelektronen der Halbleiterkristalle sterisch streng ausgerichtete *Bindungsorbitale* (s. Abb.2.1, Germanium). In manchen Kristallen durchdringen sich die Valenzelektronenhüllen nur in ein oder zwei Dimensionen. Dann erhält man *Ketten-* oder *Schichtstrukturen*. Diese sind ein Übergang zwischen den Molekülkristallen und den räumlich vernetzten Halbleitern.

In manchen Substanzen koppeln die Orbitale so stark, daß die Bänder geringfügig überlappen. Dann verschwindet die Anregungsenergie W_g (man sagt auch "W_g wird Null" oder "negativ"). In diesen Substanzen hat man bereits bei T = 0 eine endliche Konzentration beweglicher Leitungselektronen. Deshalb nennt man solche Festkörper *Halbmetalle*. Ein Beispiel ist Wismut (Bi). Da das Valenzband aber noch fast gefüllt ist, sind die Valenzelektronen noch immer zwischen den Atomen lokalisiert und bilden dort sterisch ausgerichtete Bindungen. Die Konzentration der Elektronen im Leitungsband ist wie bei Halbleitern stark temperaturabhängig.

Bei den *Metallen* schließlich ist das Band nur etwa halb gefüllt. Eine Unterscheidung zwischen Valenz- und Leitungsband ist nicht mehr sinnvoll, da der Zusammenhalt der positiven Metallionen zum Kristall durch das Gas der freien Elektronen verursacht wird. Bei den idealen Metallen (z.B. Alkalimetalle, ferner Cu, Ag, Au) kommt etwa ein freies Elektron auf jedes Atom. Die Elektronenkonzentration von ca. $10^{22}\ \text{cm}^{-3}$ ist in Metallen also um Größenordnungen höher als in den Halbleitern! Sie ist deshalb auch nicht temperaturabhängig. Die Anregung von Elektronen aus energetisch tiefer liegenden Rumpf-Elektronenzuständen in das Leitungsband ist vernachlässigbar neben den vielen dort bereits vorhandenen Elektronen. Die Bindungen sind nun nicht mehr gerichtet. Vielmehr bilden die Metalle als Kristallgitter einfache *Kugelpackungen* (kubisch flächenzentriert, hexagonal dichteste Kugelpackung, kubisch raumzentriert), da die Metallionen offensichtlich kugelsymmetrisch sind.

2.2 Das Konzept der effektiven Massen und der Löcherleitung

Zur Leitfähigkeit und anderen elektronischen Transporterscheinungen tragen in Halbleitern und Halbmetallen, meist auch in Metallen, bevorzugt die Elektronen in der Nähe der Bandextrema bei. Dort kann man den Bandverlauf W(k) durch eine Parabel an-

---

[1] Dieses Verfahren ist nicht sehr korrekt, da die Zustände über die ganze energetische Breite der Bänder verteilt sind. Ein exakteres Verfahren zur Bestimmung der Leitungs-Elektronen-Konzentration teilen wir in Abschn. 2.3 mit.

nähern (*parabolische Näherung*), die in Analogie zur kinetischen Energie der Vakuum-Elektronen zur Definition der *effektiven Massen* m* führt

$$W(k) = \frac{\hbar^2 k^2}{2m^*} = \frac{p^2}{2m^*} \tag{2.1}$$

bzw.

$$\frac{1}{m^*} \equiv \frac{1}{\hbar^2}\frac{d^2W}{dk^2} \equiv \frac{d^2W}{dp^2} \quad . \tag{2.2}$$

Ist nun ein Band nach unten gekrümmt - etwa wie das Valenzband des Halbleiter-Beispiels in Abb.2.2 -, so erhält man eine *negative effektive Masse*. Unter dem Einfluß einer äußeren Kraft F, z.B. der Coulomb-Kraft $\underline{F} = -e_0\underline{E}$, ändert ein Elektron seinen Impuls

$$\frac{d\underline{p}}{dt} = \underline{F} = -e_0\underline{E} \quad , \tag{2.3}$$

d.h. bei einem Elektron am unteren Rand eines Bandes ändert sich der Impuls um $d\underline{p} = m^* d\underline{v}$ entgegengesetzt zur Feldrichtung genau wie beim Vakuum-Elektron, da $m^* > 0$. Beim Elektron am oberen Bandrand nimmt die Geschwindigkeit in Richtung des elektrischen Feldes zu, da nun $m^* < 0$. Der Beitrag $-e_0 d\underline{v}$ zum elektrischen Strom hat also die entgegengesetzte Richtung zu dem eines Vakuum-Elektrons.

Ganz anders liegen die Verhältnisse bei einem fast vollen Valenz-Band. Betrachten wir den Fall nur eines fehlenden Elektrons im Band, d.h. eines *Defektelektrons* oder *Lochs*. Wäre das Band ganz gefüllt, gäbe es überhaupt keinen Strombeitrag, da sich alle Richtungsbeiträge kompensieren. Da nun ein Elektron fehlt, kompensieren sich die Beiträge aller Elektronen nicht mehr zu Null. Vielmehr müssen wir den Strombeitrag $-e_0 d\underline{v}$ des fehlenden Elektrons abziehen. Somit resultiert der Strom $-(-e_0 d\underline{v}) = e_0 d\underline{v}$. Das ist aber der Beitrag eines positiv geladenen Teilchens, das in Richtung der Kraft beschleunigt wird, also eine positive Masse hat. Generell gilt, daß das Kollektiv aller Elektronen in einem nach unten gekrümmten, nicht vollen Energieband die gleichen Ströme verursacht wie die Teilchen positiver Ladung und Masse, deren Konzentration gleich der der fehlenden Elektronen ist [Ref.1.1, S.40] und [Ref.1.4, S.214].

2.3 Die Dichte der Elektronenzustände und ihre Besetzung

In der statistischen Mechanik lernen wir, daß die Zustände im 6-dimensionalen Phasenraum eine endliche Ausdehnung haben, d.h.

$$dx\ dy\ dz\ dp_x dp_y dp_z = 8\pi^3\hbar^3 \quad . \tag{2.4}$$

Da die von uns betrachteten Elektronen *Fermionen* sind, dürfen nach dem Pauli-Prinzip die Zustände nur einfach besetzt sein. Das regelt die *Fermi-Statistik*.

Zur Berechnung der *Zustandsdichte* betrachten wir zunächst im 3-dimensionalen Impulsraum alle Zustände mit Impulsen vom Betrag p. Das dazugehörige Volumen-Element im *Impulsraum* ist die Kugelschale (Abb.2.3)

$$dV_{\text{Impulsraum}} = 4\pi p^2 dp \quad . \tag{2.5}$$

Da sich die Elektronen nur in unserem Kristall mit dem Volumen $V_{\text{Ortsraum}} = V_{\text{Kristall}}$ aufhalten können, folgt für das Volumen im *Phasenraum*

$$dV_{\text{Phasenraum}} = V_{\text{Kristall}} \cdot dV_{\text{Impulsraum}}$$

und für die Zahl der Zustände

$$dN = \frac{dV_{\text{Phasenraum}}}{8\pi^3\hbar^3} = \frac{V_{\text{Kristall}}}{8\pi^3\hbar^3}\, 4\pi p^2 dp \quad .$$

Für die Zustandsdichte folgt daraus, je nachdem ob man die Zustände nach ihren Impulsbeträgen p oder ihrer kinetischen Energie $W = p^2/2m$ abzählt:

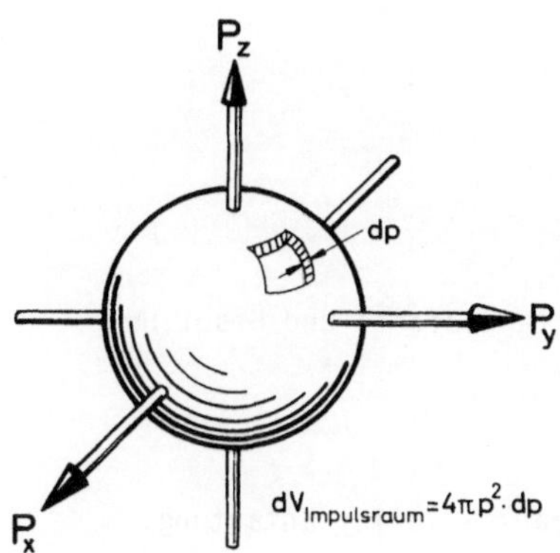

Abb. 2.3. Volumenelement im Impulsraum

$$D(p) = \frac{1}{V_{Kristall}} \cdot \frac{dN}{dp} \qquad D(W) = \frac{1}{V_{Kristall}} \cdot \frac{dN}{dW}$$

$$D(p) = \frac{p^2}{2\pi^2\hbar^3} \qquad D(W) = \frac{1}{2\pi^2\hbar^3}(2m^3W)^{1/2} \quad . \tag{2.6}$$

Allgemein schreiben wir für die Zustandsdichte

$$D(W) = \frac{\ell}{4\pi^2}\left(\frac{2m}{\hbar^2}\right)^{3/2} W^{1/2} \quad . \tag{2.7}$$

ℓ gibt hierin an, wie oft ein Zustand im Phasenraum bei unserer Zählung besetzt werden darf. Meistens ist $\ell = 2$, da jeder Zustand durch zwei Elektronen entgegengesetzter Spin-Orientierung besetzt werden darf[2].

Aus dieser Zustandsdichte folgt mit der Verteilungsfunktion f(W) die Elektronendichte n

$$n = \int_0^\infty D(W)\, f(W)\, dW \quad . \tag{2.8}$$

Für T = 0 wird aus diesem Integral

$$n = \int_0^{W_F} D(W)\, dW \quad , \tag{2.9}$$

da unterhalb der Fermi-Energie W_F alle Zustände besetzt $[f(W < W_F) = 1]$ und oberhalb alle leer sind $[f(W > W_F) = 0]$ (Abb.2.4).

Aus

$$n = \frac{\ell}{4\pi^2}\left(\frac{2m}{\hbar^2}\right)^{3/2} \cdot \frac{2W_F^{3/2}}{3}$$

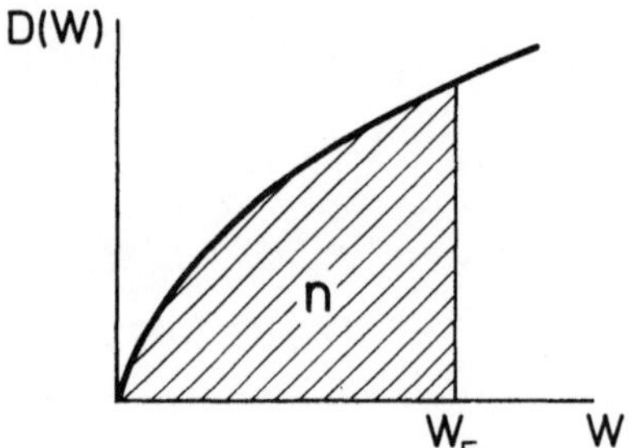

Abb. 2.4. Zustandsdichte und Besetzung bei T = 0

---

[2] In komplizierten Strukturen ist ℓ gleich Besetzungszahl · Valley-Entartung.

folgt für die *Fermi-Energie*

$$W_F = (6\pi^2)^{2/3} \frac{\hbar^2}{2m} (\frac{n}{\ell})^{2/3} \quad , \tag{2.10}$$

für die Fermi-Geschwindigkeit v_F

$$W_F = \frac{mv_F^2}{2}$$

$$v_F = (6\pi^2)^{1/3} \frac{\hbar}{m} (\frac{n}{\ell})^{1/3} \quad , \tag{2.11}$$

und aus $p = \hbar k$ folgt die *Fermi-Wellenzahl*

$$k_F = (6\pi^2)^{1/3} (\frac{n}{\ell})^{1/3} \quad . \tag{2.12}$$

Sie hängt nicht mehr von der Masse der Elektronen ab!

Für Temperaturen $T > 0$ lassen sich keine so einfachen Ausdrücke angeben. Die Integrale (2.8) und (2.9) müssen mit der Fermi-Verteilungsfunktion

$$f(W) = \left[1 + \exp\frac{W-W_F}{kT}\right]^{-1} \tag{2.13}$$

numerisch gelöst werden. In den Halbleitern - so haben wir auf S. 7 grob angeschätzt - ist aber nur ein kleiner Bruchteil der möglichen Zustände besetzt, d.h. $f(W) \ll 1$. In (2.13) muß gelten $\exp(W-W_F)/kT \gg 1$. Hier läßt sich die Verteilungsfunktion durch die *Boltzmann-Näherung*

$$f(W) \simeq \exp\left(-\frac{W-W_F}{kT}\right) \tag{2.14}$$

ersetzen. Weiter sieht man, daß die betrachteten Energiezustände W um viele kT von W_F entfernt sein müssen. Die Fermi-Energie kann also nicht im Band liegen!

Kann man die Bänder in parabolischer Näherung beschreiben (siehe S.8), so lassen sich für die Konzentrationen einfache analytische Ausdrücke angeben [Ref.1.1, S.57]:

Elektronen

$$n = n_o \exp\left(-\frac{W_n-W_F}{kT}\right) \tag{2.15}$$

mit

$$n_o = \frac{\ell_n}{4\pi^2}\left(\frac{2m_n kT}{\hbar^2}\right)^{3/2} \frac{\sqrt{\pi}}{2} \tag{2.16}$$

Löcher

$$p = p_o \exp\left(-\frac{W_F - W_p}{kT}\right) \tag{2.17}$$

mit

$$p_o = \frac{\ell_p}{4\pi^2}\left(\frac{2m_p kT}{\hbar^2}\right)^{3/2}\frac{\sqrt{\pi}}{2} \quad , \tag{2.18}$$

hierin sind W_n, W_p die Energien des unteren bzw. oberen Randes der betrachteten Bänder, m_n und m_p die Massen in den Extrema. n_o und p_o bezeichnet man auch als *effektive Zustandsdichten* oder *Entartungskonzentrationen*.

In reinen Halbleitern stammen die freien Elektronen stets aus dem Valenzband, d.h. jedes Elektron hinterläßt ein Loch. Diesen Fall n = p nennt man *Eigenleitung* (*intrinsic* conductivity).

Hier gilt

$$n = p = (n_o p_o)^{1/2} \exp\left(-\frac{W_g}{2kT}\right) \quad . \tag{2.19}$$

Stammen die Elektronen - oder Löcher - dagegen aus Kristalldefekten wie z.B. Verunreinigungen, so spricht man von *Störleitung* (*extrinsic* conductivity), bzw. von *n- oder p-Leitung*, je nachdem ob die Elektronen oder Löcher überwiegen. Immer gilt ein Massenwirkungsgesetz, d.h. das Produkt $n \cdot p$ hängt nur von der Temperatur ab

$$np = n_o p_o \exp\left(-\frac{W_g}{kT}\right) \quad . \tag{2.20}$$

Im Fall der Boltzmann-Näherung und parabolischem Bandverlauf sind die Elektronen bzw. Löcher in den Bändern nach einer *Maxwell-Boltzmann-Funktion* verteilt. Damit kennen wir sofort ihre mittlere thermische kinetische Energie

$$\langle W \rangle = \frac{\langle p^2 \rangle}{2m} = \frac{m\langle v^2 \rangle}{2} = \frac{3}{2}\, kT \quad . \tag{2.21}$$

2.4 Quantitativer Vergleich Halbleiter/Metall

Mit den bisher entwickelten Fakten stellen wir die Eigenschaften der Halbleiter und Metalle noch einmal gegenüber. Da uns die Elektronen sowohl mit "Elektronen-" als auch mit "Löcher-Charakter" begegnen können, sprechen wir übergeordnet von freien *Ladungsträgern* (carriers).

2.4.1 Art der Ladungsträger

In Isolatoren und Halbleitern kommen Elektronen und Löcher nebeneinander vor (thermische Anregung der Eigenleitung). Die Anregungsenergie W_g - Abstand der Valenz- und Leitungsband-Kanten - ist bei den Halbleitern bereits vergleichbar mit kT. Stammen die Ladungsträger aus Kristallstörungen, so überwiegen - je nachdem - die Elektronen oder Löcher (Störleitung). Störstellen, die Elektronen erzeugen, nennt man *Donatoren*, Löcher-erzeugende *Acceptoren*.

In Metallen haben die Ladungsträger im allgemeinen Elektronen-Charakter, doch kommen auch Löcher vor (z.B. in Zn). Die Elektronen werden bereits bei der Entstehung des Metallkristalls befreit: $W_g = 0$. In Halbmetallen kommen stets Elektronen und Löcher nebeneinander vor. Valenz- und Leitungsband durchdringen sich, somit $W_g < 0$.

2.4.2 Die Konzentration der Ladungsträger

Für den quantitativen Vergleich wählen wir Ge und Cu[3] als Modellsubstanzen. Unter der Annahme, daß jedes Cu-Atom ein freies Elektron liefert, erhalten wir eine Elektronenkonzentration, unabhängig von der Temperatur von

$$n = n_a = 8{,}4 \cdot 10^{22}\ \mathrm{cm}^{-3} \quad .$$

Im reinen Halbleiter hängt die Konzentration sehr stark von der Temperatur ab. Für Ge bei Raumtemperatur (T = 300 K) erhalten wir bei einer effektiven Zustandsdichte n_o im Leitungsband nach (2.16) von

$$n_o = 1{,}0 \cdot 10^{19}\ \mathrm{cm}^{-3}$$

(Parameter: $\ell_n = 8$, $m_n = 0{,}22\ m_o$)[4] und der Annahme, daß die Fermi-Energie etwa in der Mitte der Energielücke liegt ($W_n - W_F \simeq W_g/2 \simeq 0{,}67$ eV/2), die Elektronenkonzentration

$$n = 2{,}4 \cdot 10^{13}\ \mathrm{cm}^{-3}$$

in Übereinstimmung mit den Messungen.

---

[3] Zwar hat Cu eine etwas komplizierte Bandstruktur, doch gibt es nur wenig Experimente, bei denen dies in Erscheinung tritt.

[4] Die Parameter für verschiedene Halbleiter sind z.B. zusammengestellt bei GEIST [Ref.2.2, S.6,7 und 86] sowie in [Ref.1.1, S.147]. $\ell_n = 8$ folgt aus der speziellen Struktur des Leitungsbandes von Ge, m_n ist der zugehörige geeignete Mittelwert zur Bestimmung der Zustandsdichte.

Das sind 10 Zehnerpotenzen weniger als im Metall! Die Löcherkonzentration ist gleich groß!

Durch den Einbau von Donator-Störstellen (z.B. As) läßt sich die Konzentration der Elektronen jedoch bis auf einige 10^{19} cm^{-3} erhöhen (*Majoritätsträger*). Nach dem Massenwirkungsgesetz (2.20) wird die Löcherkonzentration dann auf ca. 10^7 cm^{-3} zurückgedrängt (*Minoritätsträger*). Beim Einbau von Acceptoren (z.B. Ga) gilt das umgekehrte!

2.4.3 Die mittlere Geschwindigkeit der Ladungsträger

Solange wir die Verteilung der Elektronen im Halbleiter durch eine Maxwell-Boltzmann-Funktion annähern können, ist die mittlere thermische Geschwindigkeit v_{th} nur von der Temperatur und nicht von der Konzentration abhängig. Nach (2.21) erhalten wir für die Elektronen in Ge bei T = 300 K ($m^* = 0{,}1\ m_o$)

$$v_{th} = (\langle v^2 \rangle)^{1/2} = \left(\frac{3kT}{m^*}\right)^{1/2} = 3{,}7 \cdot 10^5 \text{ m/s} \quad .$$

Bei "Helium"-Temperatur (T = 4,2 K) würde sie jedoch nur noch $4{,}4 \cdot 10^4$ m/s betragen. Die Anwendung der Maxwell-Boltzmann-Näherung ist jedoch nur erlaubt, solange $n \ll n_o$ (*nicht entartetes* Elektronengas)!

Im Metall entspricht der "thermischen" Geschwindigkeit die praktisch temperaturunabhängige Fermi-Geschwindigkeit (2.11), da nur Elektronen mit etwa dieser Geschwindigkeit am Transport teilnehmen (vergl. Abschn.5.3.2).

Für Cu (Parameter: $m^* = m_o$, $\ell_n = 2$) erhalten wir mit der früher berechneten Konzentration

$$v_F = (6\pi^2)^{1/3} \frac{\hbar}{m^*} \left(\frac{n}{\ell_n}\right)^{1/3} = 1{,}6 \cdot 10^6 \text{ m/s} \quad .$$

Man vergleicht diese Geschwindigkeit des *entarteten* Elektronengases mit der im Maxwell-Boltzmann-Fall, indem man eine *Entartungstemperatur* T_F definiert

$$\frac{mv_F^2}{2} \equiv kT_F \quad . \tag{2.22}$$

Sie beträgt bei Cu: $T_F = 8{,}1 \cdot 10^4$ K.

Bei dieser Temperatur hätte ein Elektronengas im Vakuum vergleichbare Geschwindigkeiten wie die Elektronen im Metall.

Im allgemeinen sind die Geschwindigkeiten der Elektronen in Metallen wesentlich höher als in Halbleitern, besonders bei tiefen Temperaturen. Doch in Halbleiter-Substanzen, in denen die effektiven Massen sehr kleine Werte annehmen (z.B. in InSb $m^* = 0{,}011\ m_o$), können die Geschwindigkeiten auch beträchtliche Werte annehmen (Tab.2.1)!

Tabelle 2.1. Vergleich von Ladungsträgerdichten und Geschwindigkeiten in Halbleiter und Metall

	n_a $[cm^{-3}]$	n_e $[cm^{-3}]$	v_{th} [m/s]	möglicher Leitungstyp
Halbleiter Ge (T = 300 K)	$4{,}4 \cdot 10^{22}$	$10^{13}...10^{19}$	$3{,}7 \cdot 10^{5}$	n,p
Metall Cu	$8{,}4 \cdot 10^{22}$	$8{,}4 \cdot 10^{22}$	$1{,}6 \cdot 10^{6}$	n

Aufgaben

2.1 Berechne die Dichte der Atome in NaCl, Ge und Cu. (Atommassenzahl: $A_{Na} = 23$, $A_{Cl} = 35$, $A_{Ge} = 73$, $A_{Cu} = 64$, Massendichte: $\rho_{NaCl} = 2{,}16\ gcm^{-3}$, $\rho_{Ge} = 5{,}36\ gcm^{-3}$, $\rho_{Cu} = 8{,}96\ gcm^{-3}$).

2.2 NaCl, Ge und Cu kristallisieren in kubischen Gittern. Wieviele Atome sind bei diesen Substanzen im Elementarwürfel enthalten? (Gitterkonstanten: $a_{NaCl} = 5{,}63$ Å $a_{Ge} = 5{,}65$ Å, $a_{Cu} = 3{,}61$ Å).

2.3 Bestimme die effektive Masse eines Leitungsbandes, das sich näherungsweise durch

$$W(k) = W_o - \frac{W_1}{2} \cos(ak)$$

beschreiben läßt. (W_1 = 5 eV, a = 4 Å)

2.4 Zeige, daß für ein Elektronengas, das sich nur in einer Richtung frei bewegen kann, die Zustandsdichte

$$D(W) = \frac{\ell}{4\pi} \left(\frac{2m}{\hbar^2}\right)^{1/2} W^{-1/2}$$

beträgt ("Eindimensionale Kristalle", Elektronen im Magnetfeld, s. Abschn. 7.1).

2.5 Wie heißt die Zustandsdichte für ein zweidimensionales Elektronengas (Extreme Schichtkristalle, Elektronen in Randschichten)?

2.6 Berechne die Fermi-Energie bei T = 0 für ein Halbmetall, bei dem sich je ein parabolisches Leitungs- und Valenzband wie in Abb. 2.2 überlappen ($\ell_n = \ell_p = 2$, $m_n^* \neq m_p^*$).

2.7 Berechne die Fermi-Energie, Fermi-Geschwindigkeit und die Fermi-Wellenzahl für Cu. Vergleiche die Fermi-Wellenlänge λ_F ($k_F = 2\pi/\lambda_F$) mit der Gitterkonstanten.

2.8 Berechne die thermischen Geschwindigkeiten für die Elektronen ($m^* \simeq 0{,}1\ m_o$) und Löcher ($m^* \simeq 0{,}3\ m_o$) in Germanium bei 300 K.

3. Die Polarisierbarkeit des Einzelatoms und die Entstehung freier Elektronen bei der Kondensation zum Festkörper

Im bisherigen haben wir einige Resultate der Physik der elektronischen Bandstruktur in Festkörpern benutzt, ohne auf dieses Gebiet einzugehen. Dabei konnten wir aus der energetischen Lage der Zustandsbänder und ihrer Besetzung erkennen, ob die chemische Bindung zum Festkörper durch ein Gas freier Elektronen oder durch die zwischen den Atomen lokalisierten Valenzelektronen zustande kommt. Die Halbleiter unterschieden sich bei dieser Betrachtung von den Isolatoren durch die geringe Aktivierungsenergie zur Befreiung eines Valenzelektrons in einen beweglichen Zustand. Diese niedrigere Energie wurde von uns durch die dichtere Packung der Atome im Halbleiterkristall erklärt, die eine stärkere Kopplung der Valenzelektronen verursacht. Hierdurch sollten die Bänder breiter, die Energielücke schmäler werden. Beim Halbmetall war die Kopplung bereits so stark, daß die Bänder überlappten.

Im folgenden Kapitel wollen wir an einem stark vereinfachten, aber erfolgreichen Modell diesen Vorgang erläutern, daß bei dichterer Packung die Valenzelektronenbindung immer lockerer wird bzw. ganz aufhört. Hierzu beschreiben wir die Atome durch eine Polarisierbarkeit, die angibt, wie sich im zunächst neutralen Atom unter dem Einfluß eines elektrischen Feldes positive und negative Ladungen gegeneinander verschieben und einen Dipol bilden. Bei dichter Packung der Atome unterstützen diese Dipole die Wirkung eines äußeren Feldes. Bei hinreichender Packungsdichte führt dies zu einer Polarisationskatastrophe, die wir als die Bildung eines Metalls deuten.

Die sich wechselseitig beeinflussenden, polarisierbaren Atome beschreiben wir durch den Ansatz von CLAUSIUS und MOSSOTTI [3.1]. Die Aufgabe einer selbstkonsistenten Behandlung dieses kollektiven Verhaltens aller Atome von einem modernen festkörperphysikalischen Standpunkt ist noch keineswegs gelöst. Sie ist ein wichtiges Anliegen der heutigen Festkörperphysik.

3.1 Die atomare Polarisierbarkeit

Bringt man ein Atom (oder Molekül) in ein elektrisches Feld, so werden die äußeren Elektronen gegenüber dem restlichen, positiven Rumpf verschoben, die

"Valenzelektronenhülle wird deformiert". Es entsteht ein für das Atom charakteristisches Dipolmoment $\underline{p}$. Für kleine Felder erwartet man einen linearen Zusammenhang, über den man die *atomare (molekulare) Polarisierbarkeit* α definiert

$$\underline{p} \equiv \varepsilon_0 \, \alpha \underline{E} \quad , \tag{3.1}$$

wobei $\underline{E}$ die elektrische Feldstärke am Ort des Atoms bezeichnet. (Bei Molekülen kann α auch ein symmetrischer Tensor 2. Stufe sein, da $\underline{p}$ und $\underline{E}$ nicht die gleiche Richtung haben müssen!).

Um α zu berechnen, müßte man die Eigenfunktion eines Elektrons im kugelsymmetrischen Kernpotential berechnen, dem unser äußeres Feld überlagert ist. Diese Eigenfunktionen geben dann die neue Ladungsverteilung der Elektronen an! Für das Wasserstoffatom geschieht dies durch eine Störungsrechnung. Für die uns hier interessierenden Atome höherer Ordnungzahl ist diese Aufgabe aber noch nicht gelöst. Wir schätzen deshalb die atomare Polarisierbarkeit mit dem Thomson-Modell ab.

3.2 Das Thomson-Modell des Atoms

In Unkenntnis der genaueren Elektronenverteilung im Atom beschreiben wir im Thomson-Modell (Abb.3.1) den

positiven *Atomkern mit den Rumpfelektronen* durch eine positive Punktladung e_0, sehr großer Masse

und die

Elektronenhülle durch eine negative, homogene Raumladungskugel der Ladung $-e_0$, mit der Masse m_0 und dem Radius a.

Die Ladungsdichte in der Hülle beträgt dann

$$\rho = \frac{-e_0}{4\pi a^3/3} \quad . \tag{3.2}$$

Verschiebt man nun die Hülle gegen den Rumpf um $\underline{r}$, so entsteht die rücktreibende Kraft

$$\underline{F}(r) = \frac{1}{4\pi\varepsilon_0} \cdot \frac{Q(r)\cdot e_0}{r^2} \, \frac{\underline{r}}{r} \quad .$$

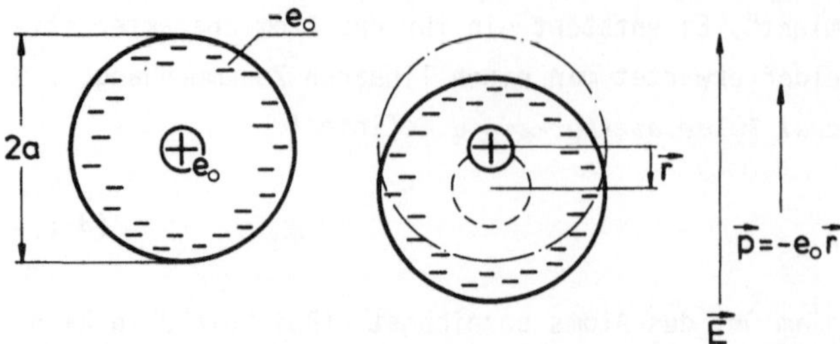

Abb. 3.1. Das Thomson-Modell des Atoms und das induzierte Dipolmoment

Hierin ist $Q(r)$ die Teilladung der Ladungswolke innerhalb einer Kugel mit dem Radius r (Abb.3.1)

$$Q(r) = \rho \cdot \frac{4\pi r^3}{3} = -e_o \frac{r^3}{a^3} \quad . \tag{3.3}$$

Die Teilladungen außerhalb dieser Kugel tragen nicht zur Kraft bei, da das Potential innerhalb einer Kugelschale konstant ist! Für die Kraft erhalten wir

$$\underline{F}(r) = - \frac{1}{4\pi\varepsilon_o} \frac{e_o^2}{a^3} \underline{r} \quad . \tag{3.4}$$

Ist die Ursache für die Verschiebung der Elektronenhülle das elektrische Feld E, so gilt das Kräftegleichgewicht

$$-e_o\underline{E} - \frac{1}{4\pi\varepsilon_o} \frac{e_o^2}{a^3} \underline{r} = 0 \quad . \tag{3.5}$$

Für das induzierte Dipolmoment $\underline{p} = -e_o\underline{r}$ folgt daraus

$$\underline{p} = 4\pi\varepsilon_o a^3 \underline{E} \quad . \tag{3.6}$$

Damit haben wir die Polarisierbarkeit unseres Modellatoms berechnet.
Der Vergleich mit der Definition (3.1) ergibt

$$\alpha = 4\pi a^3 = 3V \tag{3.7}$$

(V: Volumen des Atoms).

Ergebnis:

Atome mit großer Elektronenhülle (großer Ordnungszahl) sind leicht polarisierbar. Die Polarisierbarkeit ist von der Größenordnung des Atomvolumens.

3.3 Die dynamische Polarisierbarkeit

Im vorhergehenden Abschnitt haben wir die statische Polarisierbarkeit abgeschätzt. Da die Rückstellkraft (3.4) ein lineares Kraftgesetz darstellt, wird bei einer Polarisierbarkeit im elektrischen Wechselfeld $\underline{E} = \underline{E}_o \exp(-i\omega t)$ ein resonantes Verhalten auftreten. Wir berechnen deshalb auch die frequenzabhängige *dynamische Polarisierbarkeit*. Das Kräftegleichgewicht muß jetzt um den Trägheitsterm $-m_o\ddot{\underline{r}}$ erweitert werden

$$-m_o\ddot{\underline{r}} + \underline{F}(r) - e_o\underline{E} = 0 \tag{3.8}$$

mit der linearen Rückstellkraft

$$F(r) = -\frac{e_o^2}{\varepsilon_o\alpha}\,\underline{r} \quad . \tag{3.9}$$

Für das dynamische Dipolmoment $\underline{p}(\omega) = -e_o\underline{r} = \underline{p}_o \exp(-i\omega t)$ erhalten wir aus (3.8) und (3.9)

$$e_o\ddot{\underline{r}} + \frac{e_o^2}{m_o\varepsilon_o\alpha}\,e_o\underline{r} = -\frac{e_o^2}{m_o}\,\underline{E}$$

und mit der Zusammenfassung $\omega_o^2 = e_o^2/\varepsilon_o m_o\alpha$

$$-\omega^2\underline{p} + \omega_o^2\underline{p} = \frac{e_o^2}{m}\,\underline{E} \tag{3.10}$$

schließlich

$$\underline{p} = \frac{e_o^2}{m_o}\,\frac{1}{\omega_o^2-\omega^2}\,\underline{E} = \varepsilon_o\alpha(\omega)\underline{E} \quad . \tag{3.11}$$

Für die dynamische Polarisierbarkeit gilt also (Abb.3.2)

$$\alpha(\omega) = \alpha(0)\cdot\frac{\omega_o^2}{\omega_o^2-\omega^2} \tag{3.12}$$

$$\alpha(0) = \frac{e_o^2}{\varepsilon_o m_o\omega_o^2} \quad . \tag{3.13}$$

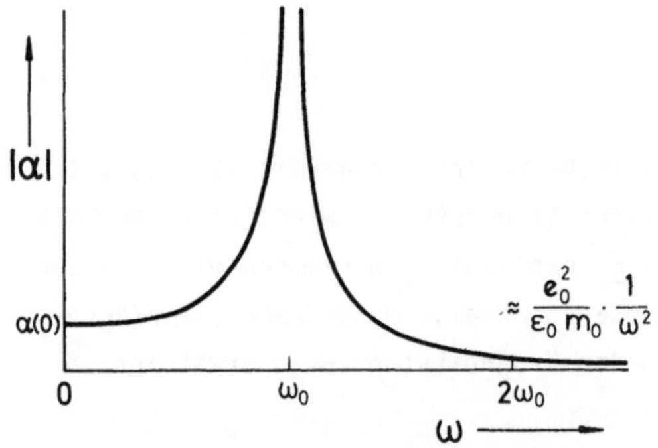

Abb. 3.2. Die atomare Polarisierbarkeit (3.12)

$\alpha(0)$ ist darin die im vorigen Abschnitt berechnete statische Polarisierbarkeit, die wir jetzt durch die Resonanzfrequenz ω_0 ausdrücken.

Bei Frequenzen $\omega \simeq \omega_0$ wird die Elektronenhülle sehr stark zu Oszillationen angeregt. Setzen wir in $\alpha(0)$ den Bohr-Radius ein, berechnen also die Polarisierbarkeit des H-Atoms, so erhalten wir für $\hbar\omega_0$ = 27,2 eV = 2 Ry. Das ist gerade die potentielle Energie des Elektrons im H-Atom, bzw. die doppelte Ionisierungsenergie. Wir deuten deshalb generell $\hbar\omega_0$ als die Ionisierungsenergie unserer Atome - ungenau um diesen Faktor 2.

Ergebnis:

Die Polarisierbarkeit läßt sich aus der Ionisierungsenergie abschätzen. Atome geringer Ionisierungsenergie sind leicht polarisierbar.

Anmerkung:

Tatsächlich tragen zur statischen Polarisierbarkeit alle Übergänge im Atom bei, nicht nur der ionisierende. $\alpha(0)$ berechnet sich dann nach

$$\alpha(0) = \frac{e_0^2}{\varepsilon_0 m_0} \sum_i \frac{f_i}{\omega_i^2} \quad ,$$

(f_i: Oszillatorstärken).

Die atomaren Polarisierbarkeiten sind nur sehr unvollständig bekannt, da sie sich nur selten direkt messen lassen und auch ihre theoretische Berechnung nur näherungsweise, bei großen Atomen überhaupt noch nicht gelungen ist. In Tabelle 3.1 sind die zugänglichen Werte für die wichtigsten Elemente zusammengestellt. Allerdings sind sie auf die verschiedensten Weisen bestimmt worden. Man erkennt jedoch schon die Zunahme mit der Ordnungszahl innerhalb homologer Reihen, die besonders große Polarisierbarkeit der Alkaliatome, die ganz drastisch abnimmt, wenn das Alkaliatom ionisiert wird.

Tabelle 3.1. Die atomaren Polarisierbarkeiten (Einheiten: $10^{-30}\ m^{-3}$)

IA	IIA	IB	IIB	IIIB	IVB	VB	VIB	VIIB	VIIIB
H1 8.3									He 2 2.6
Li 3 151 Li^+ 0.4	Be4 50 Be^{++} 0.1			B5 56 B^{+++} 0.04	C6 10 C^{++} 7.3	N7 (42)	O8 1.9 O^{--} 48.8	F9 (30.9) F^- 13.1	Ne10 5.0
Na11 320 Na^+ 2.3	Mg12 73 Mg^{++} 1.2			Al13 146 Al^{+++} 0.65	Si14 48 Si^{++} 25.9	P15 45	S16 41 S^{--} 128	Cl17 (73) Cl^- 46.0	A18 20
K19 427 K^+ 10.4	Ca20 159 Ca^{++} 5.9	Cu29 94	Zn30 73	Ga31 146	Ge32 57	As33 58	Se34 57 Se^{--} 132	Br35 (93) Br^- 59.9	Kr36 31
Rb37 520 Rb^+ 17.6	Sr38 191 Sr^{++} 10.8	Ag47 97	Cd48 100	In49 95	Sn50 96	Sb51 77	Te52 88 Te^{--} 176	J53 (125) J^- 89.2	Xe54 50
Cs55 620 Cs^+ 30.4	Ba56 276 Ba^{++} 19.5	Au79 53	Hg80 68	Tl81 69	Pb82 83	Bi83 100	Po84	At85	Rn86

3.4 Die Polarisierbarkeit kondensierter Materie

Bringt man in ein elektrisches Feld $\underline{E}$ Materie mit einer makroskopischen *Polarisation* $\underline{P}$, so beschreiben wir den Beitrag des Vakuum-Feldes und der Materie durch die Feldgröße *Elektrische Verschiebungsdichte*

$$\underline{D} = \varepsilon_0 \underline{E} + \underline{P} \quad . \tag{3.14}$$

Handelt es sich dabei um eine vom E-Feld induzierte Polarisation, so beschreiben wir das Material durch die linearen Materialgleichungen

$$\underline{P} = \varepsilon_0 \chi \underline{E} \tag{3.15}$$

oder

$$\underline{D} = \varepsilon_0 (1 + \chi) E = \varepsilon_0 \varepsilon \, \underline{E} \quad , \tag{3.16}$$

mit den Materialeigenschaften

χ: *Elektrische Suszeptibilität* oder $\varepsilon = 1 + \chi$: *Relative Dielektrizitätskonstante*.

Die makroskopische Polarisation $\underline{P}$ ist die Summe der atomaren Dipole

$$\underline{P} = n_a \underline{p} \tag{3.17}$$

(n_a: Dipoldichte). Bei verdünnter Materie, wenn sich die polarisierten Teilchen durch ihre Dipolfelder nicht beeinflussen, werden die atomaren Dipole nur vom äußeren Feld induziert

$$\underline{P} = n_a \underline{p} = n_a \cdot \varepsilon_o \alpha \underline{E} \quad . \tag{3.18}$$

Für die Suszeptibilität in verdünnter Materie gilt somit

$$\chi_o = n_a \alpha \quad . \tag{3.19}$$

Bei kondensierter Materie trägt zum Feld $\underline{E}_{loc}$ am Ort der Atome - *dem lokalen Feld* - das makroskopische Feld $\underline{E}_a$ und die polarisierte Umgebung bei.

Man muß deshalb zwischen einer makroskopischen und einer mikroskopischen Beschreibung unterscheiden

$$P = n_a p = \begin{cases} \phantom{\varepsilon_o n_a \alpha E_{loc}} = \varepsilon_o \chi E_a & \text{makroskopisch} \\ \varepsilon_o n_a \alpha E_{loc} = \varepsilon_o \chi_o E_{loc} & \text{mikroskopisch} \end{cases} \quad . \tag{3.20}$$

Ohne den Polarisationsbeitrag der Umgebung - ohne die *"Selbstpolarisation"* - wäre $E_{loc} = E_a$, mit Selbstpolarisation ist $E_{loc} > E_a$. Die Berechnung der lokalen Felder gehört zu den schwierigsten Aufgaben der modernen Festkörperphysik. Wir bestimmen das lokale Feld nach einem sehr einfachen, aber problematischen Verfahren, von Clausius und Mossotti [3.1,2]. Hierzu betrachten wir einen Plattenkondensator, an dessen Platten die *Spannung konstant* gehalten wird (Abb.3.3). Im leeren Kondensator herrscht dann zwischen den Platten das Feld E_a, die Ladungsdichte auf den Platten ist $\varepsilon_o E_a$. Füllen wir den Kondensator mit einem polarisierbaren Medium, so nimmt die Ladungsdichte auf den Platten zu, d.h.

$$D_{Kondensator} = \varepsilon_o E_a + P \quad . \tag{3.21}$$

Wir betrachten nun das lokale Feld $\varepsilon_o E_{loc}$ am Ort X innerhalb des Mediums. Hierzu tragen bei

a) das Feld $D_{Kondensator}$ von den Ladungen auf den Kondensatorplatten

b) abzüglich des *entelektrisierenden* Feldes LP, das von den an den Oberflächen unserer Probe induzierten Polarisationsladungen herrührt (L: Entelektrisierungsfaktor)

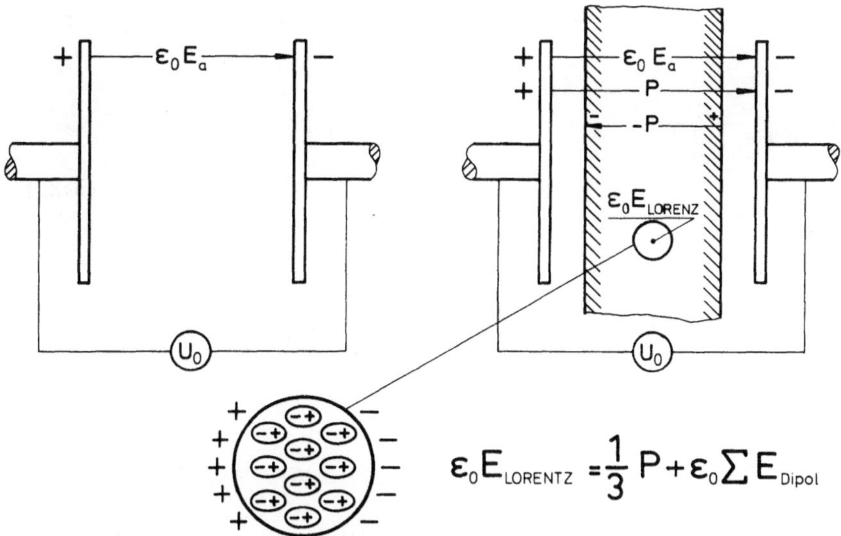

Abb. 3.3. Der Beitrag der Selbstpolarisation zum lokalen Feld in einem Dielektrikum

c) und das Feld der induzierten Dipole, das Lorentz-Feld $\varepsilon_0 E_{Lorentz}$

$$\varepsilon_0 E_{loc} = D_{Kondensator} - LP + \varepsilon_0 E_{Lorentz} \quad . \tag{3.22}$$

Der Entelektrisierungsfaktor für eine normal zur Oberfläche polarisierte Platte ist L = 1. Das Lorentz-Feld bestimmen wir, indem wir uns in dem Medium symmetrisch um X eine Kugel denken. Die Dipole außerhalb der Kugel erzeugen innerhalb ein Feld P/3, da 1/3 der Entelektrisierungsfaktor einer Kugel ist. Und die Dipole innerhalb der Kugel erzeugen ein stark von Ort zu Ort veränderliches Feld. In isotropen Medien und in kubischen Strukturen kompensieren sich diese Beiträge aber genau in der Mitte, im Punkte X, zu Null

$$\varepsilon_0 E_{Lorentz} = \frac{1}{3} P + \underbrace{\varepsilon_0 \sum E_{Dipol}}_{= 0} \quad . \tag{3.23}$$

Für das lokale Feld erhalten wir zusammenfassend

$$\begin{aligned} \varepsilon_0 E_{loc} &= \varepsilon_0 E_a + P - P + \frac{1}{3} P + 0 \\ E_{loc} &= E_a + \frac{1}{3} \frac{P}{\varepsilon_0} \quad . \end{aligned} \tag{3.24}$$

Damit können wir die makroskopische Polarisation nach (3.20) mikroskopisch beschreiben

$$P = \varepsilon_0\chi_0 E_{loc} = \varepsilon_0\chi_0 E_a + \frac{1}{3}\chi_0 P \quad ,$$

$$P = \varepsilon_0 \frac{3\chi_0}{3-\chi_0} E_a \quad . \qquad (3.25)$$

Zwischen makroskopischer Suszeptibilität χ und mikroskopischer χ_0 gelten die Beziehungen

$$\chi = \frac{3\chi_0}{3-\chi_0} \qquad \chi_0 = \frac{3\chi}{3+\chi} \qquad (3.26)$$

bzw. die Clausius-Mossotti-Formel zur Berechnung der atomaren Polarisierbarkeit aus der makroskopischen Suszeptibilität

$$\frac{n_a\alpha}{3} = \frac{\chi}{3+\chi} = \frac{\varepsilon-1}{\varepsilon+2} \quad . \qquad (3.27)$$

3.5 Selbstpolarisation und elektronische Eigenschaften

Die nach CLAUSIUS-MOSSOTTI berechnete Suszeptibilität (3.26) zeigt für $\chi_0 \to 3$ ein singuläres Verhalten (Abb.3.4). Andererseits ist $\chi_0 = n\alpha$, d.h. wenn die Atome gegebener Polarisierbarkeit α genügend dicht gepackt sind, kann die Suszeptibilität beliebig große Werte annehmen. In Tabelle 3.2 sind die Produkte $\chi_0 = n\alpha$ und die Suszeptibilitäten für einige Elemente verglichen.

Ergebnis:

a) $\chi_0 \ll 3$, hieraus folgt $\chi \simeq \chi_0$, d.h. keine Polarisationsrückwirkung. Beispiele hierfür sind Isolatoren, etwa die kristallinen Edelgase.

b) $\chi_0 \to 3$, hieraus folgt $\chi \to \infty$, es tritt eine *Polarisationskatastrophe* auf. Es dringt kein elektrisches Feld in den Kristall ein. Das ist das Verhalten eines Metalls, die Valenzelektronenhülle ist beliebig verschiebbar, die Elektronen sind "frei". z.B. K, Cu, β-Sn.

c) $\chi_0 \lesssim 3$, hieraus folgt χ sehr groß. Die Beispiele hierfür in Tabelle 3.2 sind Halbleiter oder Halbmetalle (z.B. Ge, Bi, Te...). In diesen ist das Valenzelek-

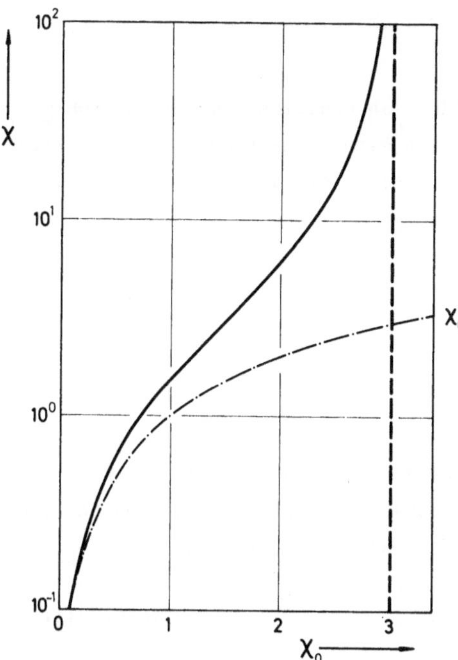

Abb. 3.4. Clausius-Mossotti-Polarisation (3.26)

Tabelle 3.2. Beispiele für das Produkt $\chi_0 = n\alpha$ und die statische Suszeptibilität χ (s. (3.26))

	χ_0	χ statisch berechnet	χ statisch gemessen
K	5.7	Metall	
Ca	3.7		
Cu	8.0		
Zn	4.8		
Ga	7.5		
A	0.5	0.6	0.5
Br	1.2	2.0	4.7

		χ_0	χ statisch berechnet	χ statisch gemessen
C		1.8	4.3	4.7
Si		2.4	12.0	11.0
Ge		2.5	17.0	15.0
Sn	α	2.9	126	23
	β	3.6	Metall	
P		2.1	7.0	5.4
As		2.5	14.3	
Sb		2.6	17.5	
Bi		2.8	44	100
S		1.6	3.4	3.1
Se		2.1	7.0	8.7
Te		2.6	20	40

tron nur noch schwach gebunden ($W_g \simeq kT$), also auch leicht um den Atomrumpf verschiebbar[1].

Die Unterscheidung dieser drei Fälle wird besonders anschaulich mit dem Thomson-Modell. Hier galt $\alpha = 3V_{Atom}$, V_{Atom} ist das Volumen eines kugelförmigen Atoms, also etwa das Van-der-Waals-Volumen. $n_a = 1/V_{Kristall}$ beschreibt dagegen das Volumen, das pro Atom im Kristall zur Verfügung steht.

Es gilt also

$$\chi_o = n_a\alpha = 3\,\frac{V_{Atom}}{V_{Kristall}} \quad . \tag{3.28}$$

Ist hierin $V_{Kristall} \leqq V_{Atom}$, so durchdringen sich die Elektronenhüllen vollständig: die Valenzelektronen werden zum Elektronengas des Metalls. Es gilt dann $\chi_o \geqq 3$.

Ist $V_{Kristall}$ nur wenig größer als V_{Atom}, so haben wir ein teilweises Durchdringen der Elektronenhüllen: die kovalenten Bindungen der Halbleiter. Hier gilt $\chi \lesssim 3$.

Ist die Packung sehr viel lockerer, also $V_{Kristall} >> V_{Atom}$, so durchdringen sich die Elektronenhüllen gar nicht mehr: die van-der-Waals-Bindungen der Molekülkristalle. Es gilt $\chi_o << 3$.

Aus einer Betrachtung der dynamischen Polarisierbarkeit kondensierter Materie erkennt man in diesem Modell auch unmittelbar, daß die atomare Ionisierungsenergie $W_{ion} = \hbar\omega_o$ durch die Polarisationsrückwirkung im Kristall beträchtlich herabgesetzt wird, nämlich auf den Wert $W_g = \hbar\omega_g$.

<u>Anmerkung:</u>

W_g ist hierbei nicht unmittelbar die Energielücke zwischen den Bandrändern, sondern etwas größer, etwa der Abstand zwischen den energetischen Bandmitten, da ja unmittelbar an den Bandrändern die Zustandsdichten verschwinden.

Hierzu charakterisieren wir die Valenzelektronen-Ionisierungsenergie $W_g = \hbar\omega_g$ durch die Frequenz, bei der in (3.26) die Polarisationskatastrophe auftritt, also

$$\chi_o = n_a\alpha(\omega_g) = 3 \quad ,$$

daraus folgt mit (3.12) die gesuchte Frequenzabsenkung

$$\omega_g^2 = \omega_o^2\left(1 - \frac{n_a\alpha(0)}{3}\right) \tag{3.29}$$

oder mit (3.13) und der Abkürzung $\omega_p^2 = \dfrac{n_a e_o^2}{\varepsilon_o m_o}$

---

[1] Auf diese Zusammenhänge wurde zuerst von HERZFELD hingewiesen [3.3].

$$\omega_g^2 = \omega_o^2 - \frac{\omega_p^2}{3} \tag{3.30}$$

Ergebnis:

durch die Selbstpolarisation der mit der Dichte n_a gepackten Atome wird die Valenzelektronenbindungsenergie gegenüber der Ionisierungsenergie des Einzelatoms beträchtlich herabgesetzt.

3.6 Der Valenzelektronenbeitrag zur elektrischen Suszeptibilität

Zum Schluß wollen wir noch den Beitrag der Valenzelektronen zur elektrischen Suszeptibilität mit seiner Frequenzabhängigkeit berechnen. Hierzu setzen wir in (3.26) die dynamische, atomare Polarisierbarkeit (3.13) ein:

$$\chi(\omega) = \frac{3n_a \cdot \alpha(\omega)}{3-n_a\alpha(\omega)} = \frac{n_a\alpha(0)\omega_o^2}{\omega_o^2-\omega^2-n_a\alpha(0)\omega_o^2/3} \quad .$$

Mit $n_a\alpha(0)\omega_o^2 = \omega_p^2$ und (3.30) folgt daraus

$$\chi(\omega) = \chi(0) \cdot \frac{\omega_g^2}{\omega_g^2-\omega^2} \quad , \quad \chi(0) = \frac{\omega_p^2}{\omega_g^2} \quad . \tag{3.31}$$

Hierin taucht die atomare Resonanz bei ω_o nicht mehr auf, vielmehr ist sie jetzt nach ω_g verschoben. In Abb.3.5 ist der Verlauf für einen geeigneten Parametersatz dargestellt und mit dem gemessenen Verlauf bei Bi verglichen. Da gerade bei großen Oszillationsamplituden ($\omega \simeq \omega_g$) die vom elektrischen Feld aufgenommene Energie in andere mikroskopische Prozesse abfließt, fügt man in (3.31) noch einen Dämpfungsterm $-i\gamma\omega$ im Nenner hinzu. $\chi(\omega)$ wird dann komplex, die Resonanzüberhöhung erreicht nur endliche Werte.

$$\chi(\omega) = \chi(0) \frac{\omega_g^2}{\omega_g^2-\omega^2-i\gamma\omega} \quad . \tag{3.32}$$

Für den statischen Suszeptibilitätsbeitrag der Valenzelektronen fand PENN [3.4] aufgrund ganz anderer Überlegungen das gleiche Ergebnis: $\chi(0) = \omega_p^2/\omega_g^2$. Hierin ist ω_p die *Plasmafrequenz der Valenzelektronen*. In ω_p war bei uns n_a die Dichte der Atome.

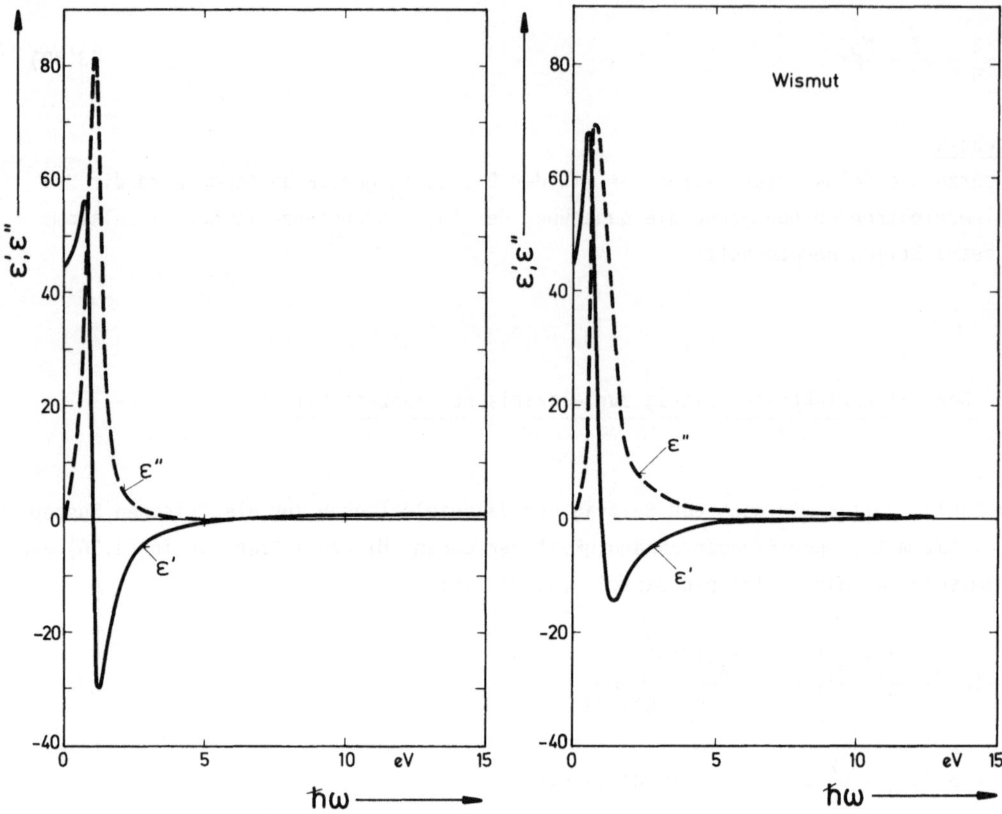

Abb. 3.5a und b Valenzelektronenbeitrag zur dielektrischen Funktion $\varepsilon = 1 + \chi$.
a) Modellrechnung nach (3.31), (Parameter: $\hbar\omega_g$ = 1 eV, $\hbar\omega_p$ = 6,6 eV, $\hbar\gamma$ = 0,55 eV).
b) Messungen an Wismut [3.5]

In der Plasmafrequenz bedeutet n die Dichte der Valenzelektronen. Wenn wir $n = n_a$ setzen, berücksichtigen wir nur ein Elektron pro Atom. In den kovalenten Kristallen ist es realistischer, alle gleichwertigen Valenzelektronen mitzuzählen. Also z.B. bei Si und Ge $n = 4n_a$, da sie vier tetraedrisch ausgerichtete Bindungsorbitale ausbilden. Die Masse in ω_p ist die des Vakuumelektrons, nicht etwa eine effektive Masse!

Aufgaben

3.1 Berechne die kinetische und die potentielle Energie des Elektrons im Wasserstoffatom im Grundzustand für das klassische Bild eines um ein Proton kreisenden Elektrons. Vergleiche diese Energien mit der Größe $\hbar\omega_o$ [ω_o siehe (3.13)].

3.2 Berechne Real- und Imaginäranteil zu $\chi(\omega)$ nach (3.32). Berechne die Frequenzen der Extrema von Re{χ} und Im{χ} sowie die Halbwertsbreite der Resonanzstelle von Im{χ}. (Näherung: $\gamma \ll \omega_p$).

3.3 Wie muß man die Parameter ω_p^2, ω_g und γ wählen, um die an Bi gemessenen Kurven der Abb. 3.5b möglichst gut durch (3.32) beschreiben zu können?

4. Das Drude-Lorentz-Modell

Um zur Beschreibung der elektronischen Transportphänomene die aufwendigen und etwas unübersichtlichen Verfahren der statistischen Transporttheorie zu umgehen, verwenden wir ein recht altes, sehr anschauliches Verfahren, das auf DRUDE [4.1] und LORENTZ [4.2] zurückgeht. Hierbei dreht man die Reihenfolge der Argumentation um: anstatt äußere Kräfte auf die einzelnen Teilchen wirken zu lassen und dann über das Verhalten aller Teilchen zu mitteln, beschreibt man hier den Einfluß der äußeren Kräfte auf ein mittleres Teilchen, repräsentativ für ein ganzes Ensemble. Das makroskopische Verhalten erhält man dann, indem man den Effekt des "mittleren" Elektrons mit der Zahl der Teilchen bzw. ihrer Dichte multipliziert. Im folgenden Kapitel werden wir die Kräfte, die auf ein Elektron wirken, zusammenstellen und die darin auftretenden Größen interpretieren. Besondere Bedeutung kommt einer Reibungskraft zu, die wir durch Relaxationsprozesse bzw. Streuprozesse deuten.

4.1 Die auf ein Elektron einwirkenden Kräfte

Wir stellen zunächst ein Kräftegleichgewicht auf zwischen "inneren" und "äußeren" Kräften, die auf ein geladenes Teilchen mit der Masse m und der Ladung q einwirken. "Innere" Kräfte sind verknüpft mit den Eigenschaften des Teilchen selbst bzw. seiner Wechselwirkung mit der mikroskopischen Nachbarschaft, z.B. im Kristall. "Äußere" Kräfte sind die vom Experimentator aufgeprägten Störungen oder andere, langreichweitige Felder:

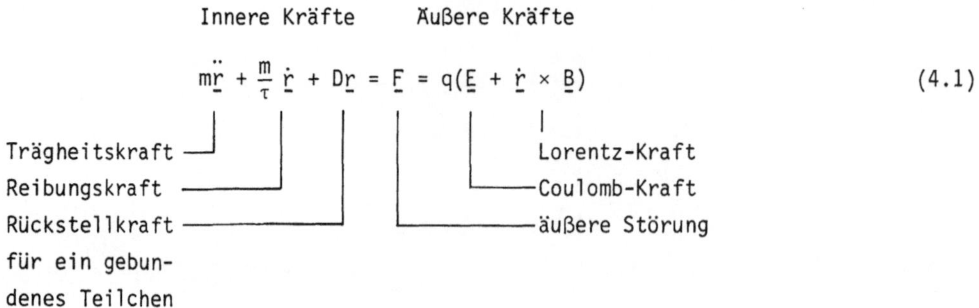

Wir haben hier angenommen, daß die äußere Störung nur durch elektromagnetische Felder verursacht wird. Handelt es sich bei unserem Teilchen um ein *quasifreies* Teilchen - also ein Leitungselektron mit $q = -e_0$ oder ein Loch mit $q = e_0$ -, so setzen wir $D = 0$, verstehen aber unter m die effektive Masse und beachten, daß sich unser Teilchen nicht im Vakuum bewegt, sondern in einem Medium mit einer Dielektrizitätskonstanten $\varepsilon \neq 1$. Für diesen Fall freier Ladungsträger deuten wir die einzelnen Größen so

$\underline{r}$: mittlerer *Driftweg* der Ladungsträger-Gesamtheit

τ: mittlere Zeit zwischen zwei Stößen, *"Stoßzeit"*

$\dot{\underline{r}} = \underline{v}_D$: *Driftgeschwindigkeit* der Ladungsträger-Gesamtheit.

Die Bedeutung der Driftgeschwindigkeit erkennt man besonders leicht, wenn man annimmt, daß alle Teilchen zu ihrer thermischen Geschwindigkeit durch die äußeren Kräfte einen zusätzlichen Anteil $\underline{v}_D$ bekommen. Ohne äußere Störung würden sich die Impulse $\underline{p} = m\underline{v}$ vektoriell zu 0 addieren, da die Verteilung im Impulsraum symmetrisch zu 0 ist (Abb.4.1). Mit $\underline{v}_D$ ist die ganze Verteilung ihrer Form nach erhalten geblieben, der Mittelpunkt ist jetzt aber um $m\underline{v}_D$ verschoben. Die Driftgeschwindigkeit ist also

$$v_D = \frac{1}{n}\sum_{i}^{n} v_i \quad .$$

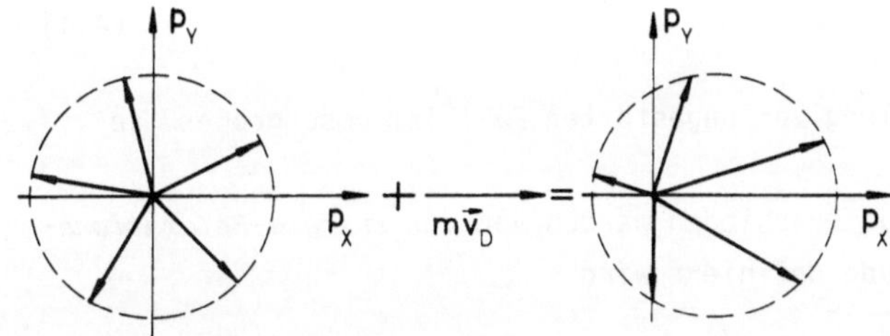

Abb. 4.1. Driften einer kugelsymmetrischen Elektronenverteilung

Mit diesem Modell werden wir folgende Probleme behandeln:

a) Der Fall ohne Magnetfeld $B = 0$
statische und dynamische Leitfähigkeit im homogenen Medium. Effekte im inhomogenen Medium: die Wirkung von Temperatur-Gradienten im Inneren, sowie von Konzentrations-Gradienten an inneren und äußeren Oberflächen.

b) Der Fall eines statischen Magnetfeldes $B \neq 0$
galvanomagnetische Effekte, magnetooptische Eigenschaften freier Ladungsträger.

4.2 Impuls- und Energie-Relaxation

Die Drude-Lorentz-Gleichung (4.1) für freie Ladungsträger

$$m\ddot{\underline{r}} + \frac{m}{\tau}\dot{\underline{r}} = \underline{F} \qquad (4.2)$$

können wir auch in folgender Form schreiben

$$\dot{\underline{p}} = \underline{F} - \frac{\Delta\underline{p}}{\tau_m} \quad , \qquad (4.3)$$

in der sie eine etwas allgemeinere Bedeutung hat:

$\Delta\underline{p}$: die Abweichung des gestörten Elektronengases von einer Gleichverteilung der Impulse,

$\dot{\underline{p}}$: eine zeitliche Änderung der Impulsverteilung, verursacht
  a) durch äußere Kräfte F
  b) durch Stöße, die die Bevorzugung bestimmter Impulse durch die äußeren Kräfte wieder löschen und eine Gleichverteilung herstellen ("Randomisieren" der Impulse)

τ_m: die *Impuls-Relaxationszeit*, die das Abklingen der Störung in der Impulsverteilung beschreibt.

Die Stationaritätsbedingung bei zeitlich konstanten Kräften heißt dann

$$\dot{\underline{p}} = 0 \quad \text{mit} \quad \Delta\underline{p} = \underline{F} \cdot \tau_m \quad . \qquad (4.4)$$

Die Abweichung $\Delta\underline{p}$ der Impulsverteilung vom ungestörten Fall ist umso größer, je langsamer die Impulse relaxieren.

Die Impuls-Relaxationszeit muß unterschieden werden von der *Energie-Relaxationszeit* τ_W, die durch folgende Gleichung definiert wird

$$\dot{W} = \underline{F} \cdot \underline{v}_D - \frac{\Delta W}{\tau_W} \quad . \qquad (4.5)$$

ΔW: die Energieerhöhung des Elektronengases infolge äußerer Kräfte gegenüber der Energie im thermischen Gleichgewicht.

$\underline{F} \cdot \underline{v}_D$: die Leistung des äußeren Kraftfeldes am Elektronengas auf dem Driftweg.

Die Stationaritätsbedingung für zeitlich konstante Kraft heißt hier

$$\dot{W} = 0 \quad \text{mit} \quad \Delta W = \underline{F}\, \underline{v}_D \cdot \tau_W \quad . \qquad (4.6)$$

Im allgemeinen ist $\tau_W > \tau_m$. Die Notwendigkeit, diese beiden Relaxationszeiten deutlich zu unterscheiden, wird sich in den nächsten Kapiteln zeigen!

5. Die Gleichstromleitfähigkeit, B = 0

Wir erklären die Reibungskraft durch Stöße der Elektronen an Streuzentren, die unter geeigneten Bedingungen zu einer Strombegrenzung bzw. zu einem Ohm-Gesetz führen. Mit dem Begriff der freien Weglänge stellen wir einen Zusammenhang zwischen Stoßzeit und thermischer Geschwindigkeit her. Dadurch können die Leitfähigkeitseigenschaften der Elektronen in Metallen mit denen in Halbleitern verglichen werden. Aus einer Betrachtung der Energie des driftenden Elektronengases kommen wir zur Näherung thermischer Elektronen. Für diesen Fall wird die Energiedissipation - die Joule-Wärme - angegeben. Wird durch die Arbeit des äußeren Feldes die Elektronenergie wesentlich gegenüber der thermischen Energie erhöht, kommen wir zum Grenzfall der Heißen Elektronen.

5.1 Die Strombegrenzung durch Stöße

Ohne das Auftreten einer Reibungskraft in (4.1), d.h. wenn die Stöße so selten wären, daß $\tau \to \infty$, würde die *Driftgeschwindigkeit* linear mit der Zeit anwachsen

$$\underline{v}_D = \frac{\underline{F}}{m} t = \frac{q}{m} \underline{E} t \tag{5.1}$$

und infolgedessen auch der Strom. Findet aber im Mittel nach der Zeit τ ein Stoß statt, so kann das äußere Feld nur während dieser Zeit τ die Ladungsträger beschleunigen. Wir nehmen an, daß die *Stöße erinnerungslöschend* sind, d.h. daß die Ladungsträger im Mittel nach dem Stoß keine Information mehr haben über die vom beschleunigenden Feld aufgeprägte Vorzugsrichtung. Diese Annahme kann besonders bei hohen Feldern und tiefen Temperaturen sehr unrealistisch sein! Mit dieser Annahme jedoch, können wir das mittlere Verhalten - (4.2) - unserer Ladungsträger mikroskopisch erklären (Abb.5.1): Nach dem Einschalten eines konstanten E-Feldes wächst die Driftgeschwindigkeit exponentiell gemäß $\underline{v}_D(t) = \underline{v}_o\,[1 - \exp(-t/\tau)]$, beim Abschalten klingt sie entsprechend ab: $\underline{v}_D(t) = \underline{v}_o \exp(-t/\tau)$. Der Faktor v_o ist dabei der stationäre Wert der Driftgeschwindigkeit für $\tau \to \infty$: $\underline{v}_o = (q/m) \cdot \underline{E}\tau$.

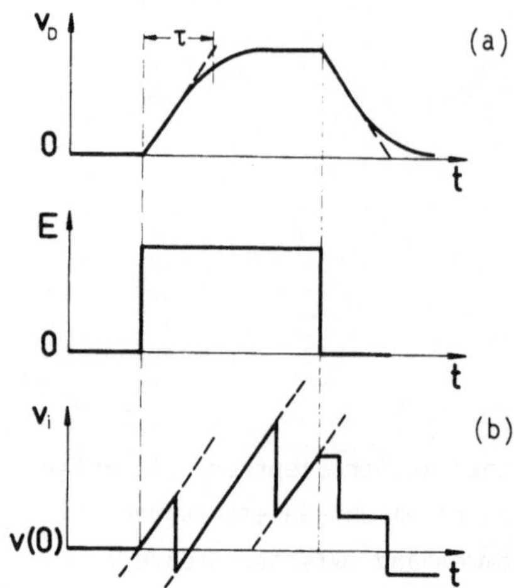

Abb. 5.1. Mittlere Driftgeschwindigkeit (a) der Elektronen und mikroskopische Streuprozesse (b) eines individuellen Elektrons im Feld E

Für den stationären Fall, den *Gleichstromfall*, finden wir also einen linearen Zusammenhang zwischen der mittleren Driftgeschwindigkeit unserer Ladungsträger und dem beschleunigenden elektrischen Feld

$$\underline{v}_D = \frac{q}{m} \underline{E}\tau \quad . \tag{5.2}$$

Das führt zur Definition der *Beweglichkeit*

$$\underline{v}_D \equiv \mu \underline{E} \qquad \mu = \frac{q}{m} \tau \tag{5.3}$$

Nach unserer Definition kann die Beweglichkeit positiv oder negativ sein, da sie das Vorzeichen der Ladung q enthält. In komplizierteren Strukturen kann μ auch anisotrop sein.

5.2 Das Ohmsche Gesetz

Das Ohmsche Gesetz verknüpft die makroskopische *Stromdichte* $\underline{j}$ mit der am Ort der Stromdichte vorhandenen Feldstärke $\underline{E}$. Und zwar beschreibt es den *linearen Response* der freien Elektronen.

Je nachdem, ob man die Feldstärke oder die Stromdichte aufprägt, gilt komplementär $\underline{j}$ bzw. $\underline{E}$ als *Response*. Die dazugehörigen Materialeigenschaften sind dann *Leitfähigkeit* σ oder *spezifischer Widerstand* ρ

Response = Materialeigenschaft · Störung

$$\underline{j} \equiv \sigma\underline{E} \qquad\qquad \underline{E} \equiv \rho\underline{j} \quad . \tag{5.4}$$

Die Linearität bedeutet, daß σ und ρ selbst nicht von $\underline{E}$ bzw. $\underline{j}$ abhängen (Vergleiche: der lineare Response der *gebundenen* Elektronen auf ein Feld ist die Polarisation, die zugehörige Materialeigenschaft die Suszeptibilität $\underline{P} = \varepsilon_0\chi\underline{E}$).

Diese Annahme der Linearität ist natürlich nur eine Näherung. Wir werden in diesem Kapitel die Voraussetzungen untersuchen, die zu ihr führen.

Mikroskopisch deuten wir die Stromdichte durch die Driftgeschwindigkeit

$$\underline{j} = q \cdot n \cdot \underline{v}_D \quad . \tag{5.5}$$

Hängt nun $\underline{v}_D$ linear von $\underline{E}$ ab - siehe (5.3) -, so liegt ein Ohmsches Gesetz vor:

$$\underline{j} = q \cdot n \cdot \mu\underline{E} \quad , \tag{5.6}$$

mit der Leitfähigkeit

$$\sigma = qn\mu = \frac{e_0^2 n}{m}\tau \quad . \tag{5.7}$$

Die Leitfähigkeit ist unabhängig vom Ladungsvorzeichen! Die Feldstärke in (5.6) ist im Sinne des Abschn.3.4 ein makroskopisches Feld (E_a), da wir die Elektronen durch eine effektive Masse beschreiben und damit das gitterperiodisch gerippelte Potential der Atome bereits berücksichtigt haben. Außerdem ist v, die Driftgeschwindigkeit, eine "makroskopische" Größe, die als ein Mittelwert über alle Elektronen gewonnen wurde.

Die Leitfähigkeit bzw. der spezifische Widerstand $\rho = 1/\sigma$ sind im allgemeinen symmetrische Tensoren 2. Stufe. Mikroskopisch liegt das an der möglichen Anisotropie von $1/m$ und τ.

5.3 Die Stoßzeit τ und die kinetische Energie der Elektronen

Die kinetische Energie unserer Elektronen beträgt ohne äußere Kraft

$$W_0 = \frac{m}{2}\langle\underline{v}^2\rangle \quad .$$

Durch den Einfluß der Kraft wird bei jedem Teilchen die Geschwindigkeit um $\underline{v}_D$ vergrößert. Die mittlere kinetische Energie beträgt dann

$$W(F) = \frac{m}{2} \langle(\underline{v} + \underline{v}_D)^2\rangle = \frac{m}{2} \langle\underline{v}^2\rangle + \frac{m}{2} \langle\underline{v}_D^2\rangle + m \langle\underline{v} \cdot \underline{v}_D\rangle \quad . \tag{5.8}$$

Der gemischte Term $\langle\underline{v} \cdot \underline{v}_D\rangle$ verschwindet hierin, da man $\underline{v}_D$ ausklammern kann und $\langle\underline{v}\rangle = 0$ ist.

Es bleibt also

$$W(F) = W_0 + \Delta W \quad \text{mit} \quad \Delta W = \frac{m}{2} \langle v_D^2\rangle \quad . \tag{5.9}$$

Wir betrachten nun die *Näherung thermischer Elektronen*. Sie verlangt, daß die thermische Energie der Elektronen durch die äußere Kraft nicht verändert wird:

$$W(\underline{F} = 0) \simeq W(\underline{F} \neq 0) \quad ,$$

d.h. also

$$\Delta W \ll W_0 \quad \text{bzw.} \quad \Delta W \ll \begin{cases} \frac{3}{2} kT \\ W_F \end{cases} \tag{5.10}$$

je nach dem ob es ein Elektronengas im Halbleiter (nichtentartet) oder Metall (entartet) ist. Für die Geschwindigkeiten bedeutet diese Näherung entsprechend

$$v_D \ll v_{th} \quad . \tag{5.11}$$

5.3.1 Die mittlere freie Weglänge

Um nun eine Beziehung zwischen τ und v_{th} herzustellen, führen wir wie in der kinetischen Gastheorie eine *freie Weglänge* l zwischen erinnerungslöschenden Stößen ein (Abb.5.2):

$$\ell = v \cdot \hat{\tau} \tag{5.12}$$

- $\hat{\tau}$ — Flugzeit zwischen zwei Stößen
- v — Eigenschaft des Wirtskristalls.
- ℓ — Eigenschaft des Wirtskristalls.

Im individuellen Fall beträgt dann der in $\hat{\tau}$ zurückgelegte *Driftweg*

$$\underline{r} = \frac{a}{2} \hat{\tau}^2 = \frac{q}{m} \underline{E} \cdot \frac{\hat{\tau}^2}{2}$$

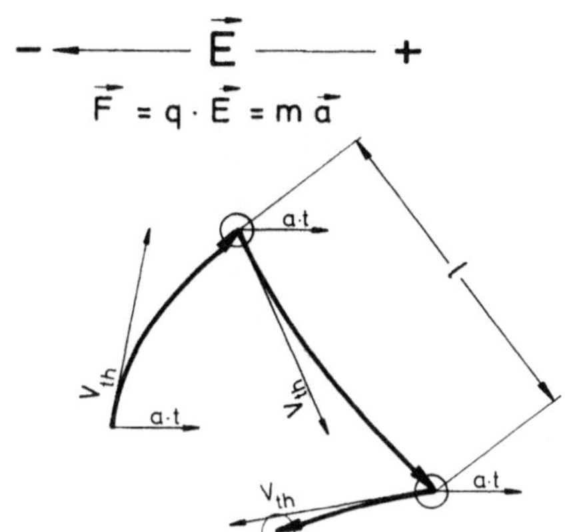

Abb. 5.2. Freie Weglänge und thermische Geschwindigkeit im beschleunigenden Feld

mit der *Driftgeschwindigkeit*

$$v_D = \frac{r}{\hat{\tau}} = \frac{q}{m} E \cdot \frac{\hat{\tau}}{2} \tag{5.13}$$

und als gemittelte Größe die *Beweglichkeit*

$$\mu = \frac{q}{m} \langle\frac{\hat{\tau}}{2}\rangle = \frac{q}{m} \tau \tag{5.14}$$

(vergl. (5.3)). Und als *mittlere freie Weglänge* definieren wir entsprechend

$$\ell = v_{th} \cdot \tau \tag{5.15}$$

5.3.2 Die energieabhängige Stoßzeit

Fassen wir die freie Weglänge ℓ als eine Eigenschaft des Kristalls auf, der unser Elektronengas beherbergt, so hängt bei gegebenem ℓ die Stoßzeit von der thermischen Geschwindigkeit der Elektronen bzw. von ihrer Energie W ab

$$\begin{aligned} \hat{\tau} &= \frac{\ell}{v} = \ell\left(\frac{m}{2W}\right)^{1/2} \\ \hat{\tau}(W) &\sim W^{-1/2} \end{aligned} \tag{5.16}$$

Wir vergleichen noch einmal die Elektronenverteilung in Halbleiter und Metall (Abb.5.3)

Im Halbleiter mit einer Maxwell-Boltzmann-Verteilung erhalten wir für die thermische Geschwindigkeit

$$v_{th} = \left(\frac{3kT}{m}\right)^{1/2} \quad . \tag{5.17}$$

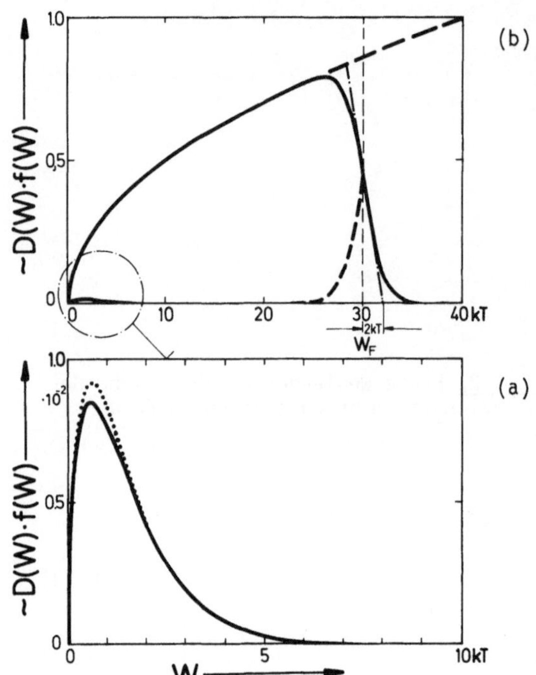

Abb. 5.3. Vergleich der Elektronenverteilung eines entarteten Gases (W_F = 30 kT) und eines nichtentarteten Gases (W_F = -2 kT) mit einer um 10^{-3} niedrigeren Dichte. (——) Fermi-Verteilung, (....) Maxwell-Boltzmann-Näherung

Im Metall dagegen interessiert hier nicht eine Geschwindigkeit, die aus der mittleren Energie aller Elektronen folgt, sondern wir ersetzen v_{th} durch die Fermi-Geschwindigkeit

$$v_{th} = v_F \quad . \tag{5.18}$$

Denn nur in unittelbarer Umgebung von W_F (ca. ±2kT) sind genügend freie und besetzte Zustände, so daß die kinetische Energie bei einer Beschleunigung durch äußere Kräfte in kleinen Schritten geändert werden kann.

Für die mittlere Stoßzeit oder die Relaxationszeit erhalten wir deshalb

$$\tau \equiv \frac{\ell}{v_{th}} = \begin{cases} \dfrac{\ell}{v_F} = \ell\left(\dfrac{m}{W_F}\right)^{1/2} & \text{im Metall} \\[2ex] \quad = \ell\left(\dfrac{m}{3kT}\right)^{1/2} & \text{im Halbleiter} \quad . \end{cases} \tag{5.19}$$

Wegen der großen thermischen Geschwindigkeiten der Elektronen in Metallen sind die Relaxationszeiten und damit die Beweglichkeiten in Metallen meist 1...2 Größenordnungen kleiner als in Halbleitern.

Da bei der Mittelung der Relaxationszeiten alle Richtungen der thermischen Elektronen-Geschwindigkeiten gleichwertig eingehen, unabhängig von der Richtung des angelegten Feldes oder des aufgeprägten Stromes, wird man in der Näherung *thermischer*

Elektronen keine Anisotropie von τ erwarten können. Eine Anisotropie von σ und μ muß also eher von richtungsabhängigen effektiven Massen herrühren!

Anmerkung:

Im Kap.6 werden wir zeigen, daß auch ℓ selbst von der Elektronenenergie abhängen kann, z.B. bei der "Rutherford-Streuung".

5.4. Energiedissipation und Joulesche Wärme

Das elektrische Feld leistet an einem Elektron zwischen zwei Stößen im Mittel die Beschleunigungsarbeit

$$\Delta W_{kin} = \underline{\underline{F}}\underline{\underline{r}} = q\,\underline{\underline{E}}\,\underline{v}_D\,\tau \quad . \tag{5.20}$$

Die mittlere Leistungsdichte beträgt dann

$$P = \frac{n \cdot \Delta W_{kin}}{\tau} = qn\underline{v}_D\underline{\underline{E}}$$

$$P = \underline{j} \cdot \underline{\underline{E}} \quad . \tag{5.21}$$

Dies ist die Joulesche Wärme, genauer die Leistungsdichte, die vom Feld beim Fließen eines Stromes an das Elektronengas abgegeben wird. Für stationäre Verhältnisse muß das Elektronengas diese Energie dissipieren können, z.B. an das Gitter durch Anregung von Gitterschwingungen. Die Zeit τ_W zwischen diesen energiedissipierenden Stößen muß nicht die gleiche sein wie τ_m, die angibt, wann der Beschleunigungsprozeß unterbrochen wird. Bei jedem energiedissipierenden Stoß fließe die Energie ΔW aus dem Elektronengas ab, es gilt (4.5)

$$\dot{W} = \underline{F}\,\underline{v}_D - \frac{\Delta W}{\tau_W} \quad .$$

Wegen der Stationaritätsbedingung $\dot{W} = 0$ für Gleichfelder müssen die einzelnen Elektronen also

$$\Delta W = \underline{F}\,\underline{v}_D\,\tau_W$$

mehr Energie als im kräftefreien Fall haben. Mit der Driftgeschwindigkeit nach (5.2), die die Impulsrelaxationszeit enthält, bedeutet das

$$\Delta W = q\underline{E} \cdot \frac{q\tau_m}{m} \cdot E\,\tau_W$$

oder

$$\Delta W = \frac{e_o^2}{m}\,\tau_m\,\tau_W\,E^2 \quad . \tag{5.22}$$

5.5 Heiße Elektronen

Die Näherung thermischer Elektronen $\Delta W \ll W_o$ verlangt, daß wegen (5.22) je nach Größe der Relaxationszeiten das elektrische Feld genügend klein ist. Diese Bedingung kann man besonders bei tiefen Temperaturen experimentell sehr leicht überschreiten.

Man spricht dann von *Warmen* bzw. *Heißen Elektronen*. Ihre durch die Beschleunigungsarbeit gegenüber thermischen Verhältnissen überhöhte Energie beschreibt man durch eine Elektronentemperatur T_e, die wie folgt definiert ist

$$W_o = \frac{3}{2}\,kT \qquad W(E) = W_o + \Delta W \equiv \frac{3}{2}\,kT_e \quad . \tag{5.23}$$

Sinnvoll ist diese Beschreibung der Energieverteilung allein durch den einen Parameter T_e allerdings nur, wenn sich die Form der Verteilungsfunktion unter dem Einfluß des gerichteten Feldes nicht wesentlich verändert hat!

Die Näherung thermischer Elektronen sagt also, daß das Elektronengas im thermischen Gleichgewicht mit dem Gitter des Wirtskristalls steht:

$$T_e \simeq T \quad , \quad v_D \ll v_{th} \quad .$$

Entsprechend bedeuten die Begriffe

Warme Elektronen: $T_e > T \quad , \quad v_D \simeq v_{th}$

Heiße Elektronen: $T_e \gg T \quad , \quad v_D \gg v_{th} \quad .$

In Abb.5.4 ist schematisch gezeigt, wie sich die Energie und die Impulsverteilung eines Elektronengases verhält, wenn man kurzzeitig ein sehr hohes Feld anlegt.

Wenn bei einem Leitungsprozeß der Fall thermischer Elektronen vorliegt, so nennt man den ausgleichenden Streuprozeß *elastisch*, da im Mittel die Elektronenenergie $W_{kin} = 3kT/2$ ungeändert bleibt. Bei diesem *elastischen Streuprozeß* muß der

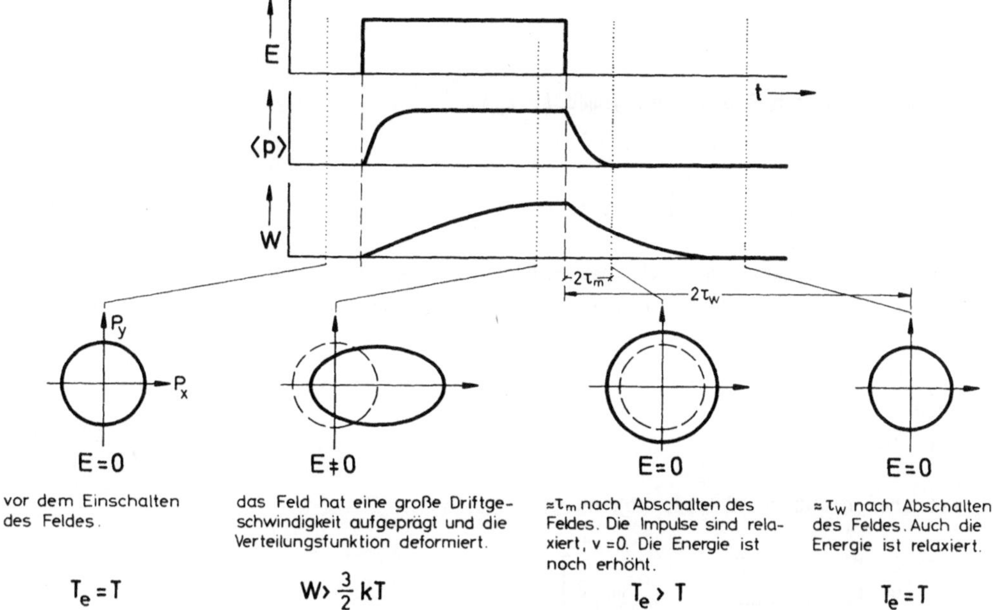

Abb. 5.4. Zeitlicher Verlauf des An- und Abklingens einer Störung in der Impuls- und Energieverteilung eines Elektronengases in sehr großem elektrischen Feld

individuelle Stoß aber gerade inelastisch sein, denn bei ihm muß im Mittel $\Delta W = Fv_D\tau_W$ ans Gitter abgegeben werden.

Genauere Einzelheiten zum Problem der Heißen Elektronen entnehme man [5.1,2] sowie [1.7, S.117].

5.6 Abweichungen vom Ohmschen Gesetz

Wie bereits in Abschnitt 5.3.2 gezeigt wurde, hängt die Impulsrelaxationszeit τ_m von der mittleren Elektronenenergie W ab, da die mittlere Elektronengeschwindigkeit v und eventuell auch die freie Weglänge Funktionen der Energie sind:

$$\tau_m = \tau_m(W) = \frac{\ell(W)}{v(W)} \quad . \tag{5.24}$$

Da im beschleunigenden E-Feld die Elektronenenergie um ΔW über den thermischen Energiemittelwert angehoben wird, erhalten wir eine feldabhängige Impulsrelaxationszeit

$$\tau_m(E) = \tau_m(0) + \frac{d\tau_m}{dW}\,\Delta W$$

und, wenn wir ΔW durch E ersetzen gemäß (5.22),

$$\tau_m(E) = \tau_m(0) + \frac{e_o^2}{m}\,\tau_m\,\tau_W\,\frac{d\tau_m}{dW}\,E^2 \quad , \tag{5.25}$$

hierin ist $\tau_m(0)$ der Grenzwert kleiner Felder, d.h. wenn die Näherung thermischer Elektronen erlaubt ist. Für die Leitfähigkeit schreiben wir nun ganz phänomenologisch

$$\sigma = \frac{e_o^2 n}{m}\,\tau_m \quad . \tag{5.26}$$

Diese ist aber nicht mehr feldunabhängig:

$$\sigma(E) = \frac{e_o^2 n}{m}\left[\tau_m(0) + \frac{e_o^2}{m}\,\tau_m\,\tau_W\,\frac{d\tau_m}{dW}\,E^2\right] \quad .$$

Allgemein formulieren wir

$$\sigma \equiv \sigma_o\,(1 + \beta E^2) \qquad \text{mit} \qquad \beta = \frac{e_o^2}{m}\,\tau_W\,\frac{d\tau_m}{dW} \quad . \tag{5.27}$$

Die Feldabhängigkeit von σ bedeutet eine *Abweichung vom Ohmschen-Gesetz*. Sie ist umso ausgeprägter, desto langsamer die Energie relaxiert.

Je nach dem Vorzeichen von $d\tau_m/dW$ ist β positiv oder negativ, nimmt die Leitfähigkeit zu oder ab (Abb.5.5) Man bestimmt β, indem man $\sigma(E)$ mißt und über E^2 aufträgt.

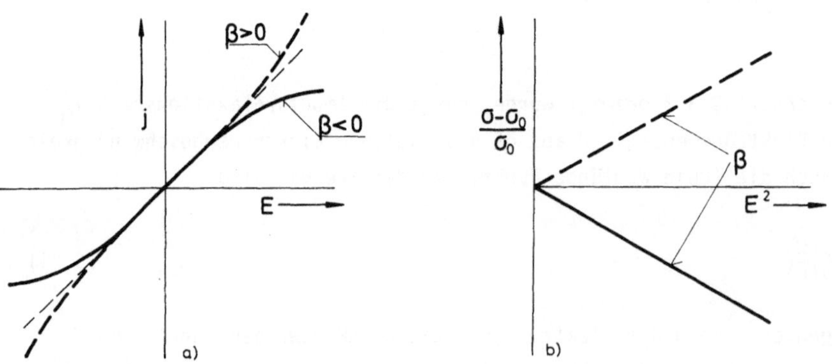

Abb. 5.5. a) j-E-Kennlinie mit Abweichung vom Ohmschen Gesetz, b) Bestimmung von β aus $\sigma(E)$

Anmerkung:

Bei der Beschreibung beobachteter Abweichungen vom Ohmschen Gesetz bedeutet β nur einen Entwicklungskoeffizienten 1. Ordnung. Es können natürlich auch solche höherer Ordnung zur Beschreibung der Messungen erforderlich sein. Es sind aber nur Terme mit geraden Potenzen in E zu erwarten, da σ eine symmetrische Funktion in E sein muß.

Schließlich wollen wir für den Fall energieunabhängiger freier Weglänge das Leitfähigkeitsverhalten für den Grenzfall Heißer Elektronen ($v_D >> v_{th}$) berechnen: Aus

$$v_D = \frac{q}{m} E\tau \quad , \quad \tau = \frac{\ell}{v_e}$$

(v_e: Geschwindigkeit der Elektronen) folgt mit einer Abschätzung der Elektronen-Geschwindigkeit aus der kinetischen Energie:

$$v_e^2 = v_{th}^2 + v_D^2 \tag{5.28}$$

für die Driftgeschwindigkeit

$$v_D = \frac{q}{m} E \frac{\ell}{(v_{th}^2 + v_D^2)^{1/2}} \quad .$$

Wir unterscheiden die beiden Grenzfälle

thermische Elektronen	Heiße Elektronen	
$v_D << v_{th}$	$v_D >> v_{th}$	
$v_D \simeq \frac{q\ell}{m} \cdot \frac{E}{v_{th}}$	$v_D \simeq (\frac{q\ell}{m} \cdot E)^{1/2}$	(5.29)
$\mu = \frac{q\ell}{m} \cdot \frac{1}{v_{th}}$	$\mu = (\frac{q\ell}{m} \cdot \frac{1}{E})^{1/2}$	(5.30)

In Abb.5.6 sind die Kennlinien j(E) für zwei verschiedene Temperaturen dargestellt. Bei großen Feldern verschwindet in diesem Beispiel die T-Abhängigkeit.

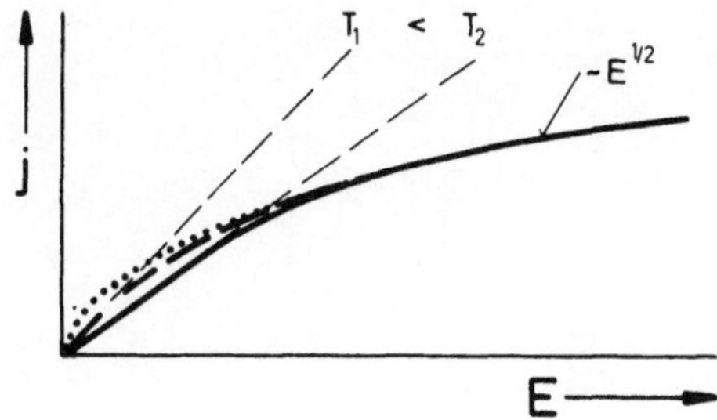

Abb. 5.6. j-E-Kennlinien für den Fall energie- und temperaturunabhängiger freier Weglänge

Aufgaben

5.1 Berechne die mittlere Energie eines entarteten Elektronengases bei $T = 0$.

5.2 In Ge beobachtet man bei $T = 300$ K eine Elektronenbeweglichkeit von $\mu = 4800\ cm^2/Vs$. Wie groß ist die Impulsrelaxationszeit ($m_n = 0{,}1\ m_o$)? Wie groß ist die Driftgeschwindigkeit bei einem Feld von $E = 1V/cm$?

5.3 Bei welcher Feldstärke wird die Energiezunahme eines Elektrons von der gleichen Größenordnung wie seine thermische Energie, wenn man für die Impulsrelaxation die gleichen Annahmen macht wie in Aufgabe 5.2, sowie $\tau_w \simeq 10\ \tau_m$?

6. Die charakteristische Stoßzeit

In idealen Kristallen breiten sich die Elektronen als Materiewellen ungestört aus. Störungen der idealen Struktur durch die Temperaturbewegung der Atome oder durch Baufehler führen zur Streuung der Elektronen und damit zum elektrischen Widerstand. Wir führen die freie Weglänge auf den oft anschaulicheren Begriff des Streuquerschnitts zurück. Für einige spezielle Streuprozesse berechnen wir den Streuquerschnitt und die Stoßzeiten. Abschließend besprechen wir die Überlagerung mehrerer Streuprozesse und der Beiträge mehrerer Ladungsträgersorten.

6.1 Die Streuung von Wellen in Kristallen

Stellt man sich die Elektronen zunächst als geladene Teilchen vor, so überrascht es, daß ihre freie Weglänge überhaupt größer sein kann als die atomaren Abstände, obwohl der ganze Festkörper aus dicht gepackten positiven und negativen Ladungen aufgebaut ist.

In Metallen und Halbleitern beobachtet man bei tiefen Temperaturen jedoch freie Weglängen von 100 bis 1000 atomaren Abständen. Daß dies möglich ist, erklärt sich aus dem Wellencharakter der Elektronen. Breitet sich eine Welle in einem räumlich periodischen Medium aus - hier also in unserem Kristallgitter - und besteht eine gewisse Wechselwirkung der Welle mit dem Medium, so werden die einzelnen Gitterpunkte, angeregt durch die Primärwelle, alle mit wohl definierter Phasenbeziehung Sekundärwellen abstrahlen, die sich konstruktiv interferierend zur Primärwelle addieren. Ist die Wechselwirkung stark, kann das zu einer gegenüber dem Vakuum geänderten Phasengeschwindigkeit der resultierenden Welle führen, aber zunächst nicht zu einer Richtungsänderung. Diese tritt im ungestörten Gitter nur auf, wenn der Wellenvektor der Primärwelle nach Betrag und Richtung so zur Periodizität des Gitters paßt, daß die Welle eine Bragg-Reflexion erfahren kann.

Ist nun die Gitterperiodizität in irgendeiner Weise gestört, so werden sich die an den Störungen gestreuten Sekundärwellen nicht mehr konstruktiv mit der Primärwelle überlagern, da jetzt die Phasenbeziehungen gestört sind. Die

Primärwelle wird also teilweise aus ihrer ursprünglichen Ausbreitungsrichtung herausgestreut. Dies ist ein elastischer Streuprozeß, da nur die Richtung der Streuwelle, nicht aber ihre Frequenz geändert wird (Abb.6.1).

Daneben können inelastische Streuprozesse auftreten, wenn die Frequenz der Primärwelle resonant ist zu irgendwelchen Anregungsprozessen des Mediums, z.B. wenn die Energie einer Elektronenwelle ausreicht, um Valenzelektronen ins Leitungsband anzuregen oder um Störstellen zu ionisieren.

Daneben gibt es noch die Streuprozesse, die dem Doppler-Effekt der klassischen Wellenlehre entsprechen: wenn z.B. die Gitterpunkte, mit denen die Primärwelle wechselwirkt, sich als Gitterschwingung bewegen, so werden die Sekundärwellen eine andere Frequenz und einen anderen Wellenvektor haben als die Primärwelle (Abb.6.1).

Auf jeden Fall muß aber die Änderung des Wellenvektors $\Delta\underline{k}$ (bzw. des Impulses) zwischen Primär- und Sekundärwelle und die Änderung der Frequenz (bzw. der Energie) von der Störung des idealen periodischen Gitters aufgebracht oder aufgenommen werden.

Wegen dieser Zusammenhänge zwischen der Streuung der Leitungs-Elektronen und der Ausbreitung der Wellen in Kristallen betrachten wir nun die Temperaturabhängigkeit der Streuintensitäten in den Bragg-Reflexen der Röntgenstrahlen oder Materiewellen. Aus dem Intensitätsverlust in Vorwärtsrichtung bestimmen wir den zugehörigen Streuquerschnitt. Mit diesem können wir dann in Analogie die Streuung der Leitungselektronen abschätzen.

Man beschreibt diesen Intensitätsverlust durch den Debye-Waller-Faktor W:

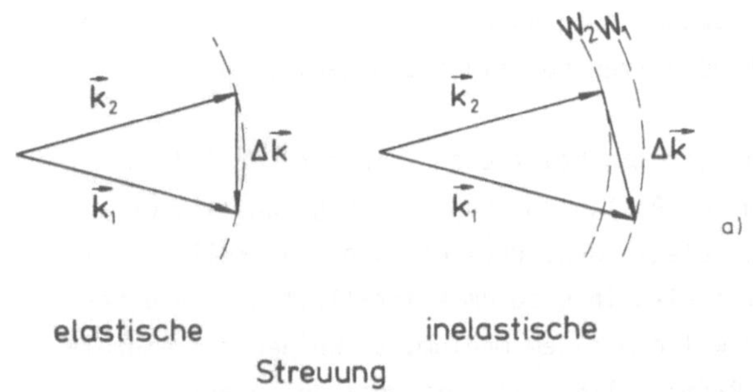

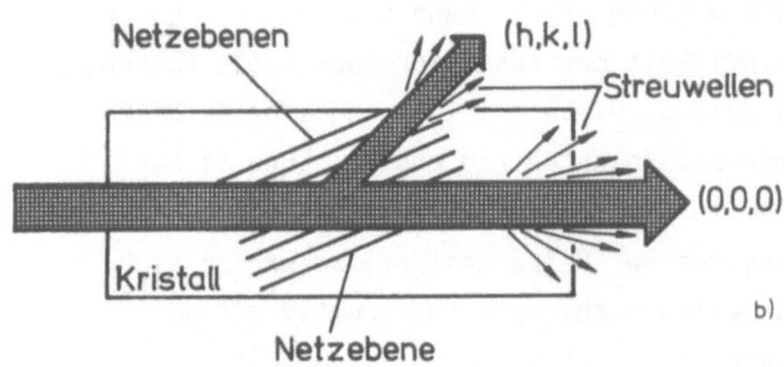

Abb. 6.1. a) Wellenvektor von Primär- (1) und Sekundärwellen (2) bei elastischer und inelastischer Streuung b) Wellenausbreitung im periodischen Medium mit Störungen für Vorwärtsrichtung (0,0,0) und für einen Bragg-Reflex (h,k,ℓ)

Die Intensität im Bragg-Reflex, und zwar auch bei Vorwärtsstreuung im (0,0,0)-Reflex, nimmt bei Temperaturerhöhung ab gemäß

$$J(T) = J(0)\exp^2(-W) \simeq J(0)\,(1 - 2W) \quad , \tag{6.1}$$

mit der Entwicklung für $W \ll 1$.
Der Untergrund zwischen den scharfen Reflexen nimmt dagegen $\sim 2W$ zu. Dabei ist W im wesentlichen die relative Unschärfe der Gitterpunkte um ihre ideale Lage infolge der Gitterschwingungen [1,4, S. 64]:

$$W \simeq \left(\frac{\Delta a}{a}\right)^2 \tag{6.2}$$

(a: atomarer Abstand, Gitterkonstante).

Der Verlust in Vorwärtsrichtung und die Zunahme in Streurichtung wird also bestimmt durch einen Unschärfequerschnitt um einen idealen Gitterpunkt. Dieser Zusammenhang legt es nahe, die freie Weglänge durch einen Streuquerschnitt zu ersetzen, der anschaulich sowohl der Streuung von Teilchen wie von Wellen gerecht wird.

6.2 Streuquerschnitt und freie Weglänge

Zur Definition des Streuquerschnitts betrachten wir einen Ausschnitt aus dem Volumen unseres streuenden Mediums, in dem N *Streuzentren* mit dem jeweiligen *Streuquerschnitt* S enthalten sind (Abb.6.2). In diesen Ausschnitt tritt durch den Querschnitt A ein Teilchenstrom oder eine Welle der Stärke I_0. Nachdem dieser Fluß die N

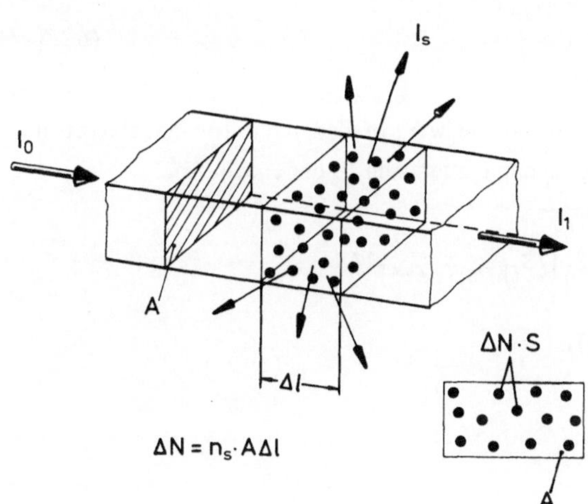

Abb. 6.2. Streuquerschnitt S und Streuwahrscheinlichkeit $\Delta I/I_0 = \Delta N \cdot S/A$

Streuzentren passiert hat, verläßt nur noch der Fluß I_1 das betrachtete Volumen in der gleichen Richtung wie I_o. Die Streuverluste sind also

$$I_s = I_o - I_1 \quad . \qquad (6.3)$$

Den Streuquerschnitt S definieren wir aus der Streuwahrscheinlichkeit

$$\frac{I_s}{I_o} = \frac{I_o - I_1}{I_o} \equiv \frac{NS}{A} \quad . \qquad (6.4)$$

Wenn der Fluß die Strecke der freien Weglänge ℓ zurückgelegt hat, bzw. das Volumen $A \cdot \ell$ durchsetzt hat, muß die Streuwahrscheinlichkeit gleich 1 sein. Die Zahl N der dabei beteiligten Streuzentren erhält man aus der gegebenen Dichte der Streuzentren n_s:

$$1 = \frac{NS}{A} = \frac{n_s \ell AS}{A} \quad . \qquad (6.5)$$

Freie Weglänge und Streuquerschnitt sind also folgendermaßen verknüpft

$$\ell = \frac{1}{n_s S} \quad . \qquad (6.6)$$

Die freie Weglänge ist somit zerlegt in eine Dichte und eine Eigenschaft des einzelnen Streuzentrums.

Zur Bestimmung der *Stoßrate* $1/\tau$ kommt noch die Geschwindigkeit v_e der Elektronen hinzu

$$\frac{1}{\tau} = \frac{v_e}{\ell} = v_e n_s S \quad . \qquad (6.7)$$

Bei der Betrachtung spezieller Streuprozesse werden wir in den nächsten Abschnitten immer die Grenzfälle "thermalisierter" Elektronen zugrunde legen, d.h. in

a) Halbleitern, nichtentartet $\quad v_e = \sqrt{3kT/m}$

b) Metallen, entartet $\quad v_e = (6\pi^2)^{1/3}(\hbar/m)(n/\ell^*)^{1/3}$,

(ℓ^*: Besetzungszahl, vergl. Fußnote S. 10).

6.3 Streuung an neutralen Störstellen

Wir nehmen ein Streuzentrum an, dessen Querschnitt $S = S_0$ unabhängig von der Temperatur und der Energie des gestreuten Elektrons ist. Hierdurch ist dieses idealisierte Streuzentrum definiert. Die Bezeichnung "neutrale" Störstelle soll dabei andeuten, daß sie die gleiche Ladung haben soll wie die regulären Atome im Gegensatz zu den "ionisierten" Störstellen (Abschn.6.5).

Für die freie Weglänge gilt also

$$\ell = \frac{1}{n_s S_0} \quad , \tag{6.8}$$

und für die Stoßraten

a) Halbleiter $\frac{1}{\tau} = n_s S_0 \left(\frac{3kT}{m}\right)^{1/2} \sim T^{1/2}$ (6.9)

b) Metall $\frac{1}{\tau} = n_s S_0 v_F \sim T^0$. (6.10)

Mit etwa diesem Streumechanismus kann man den *Restwiderstand* von unreinen Metallen ("verdünnten Legierungen") beschreiben.

6.4 Streuung an Phononen

Als einfachstes Modell nehmen wir für den Streuquerschnitt an $S = (\Delta a)^2 \equiv \delta^2$, den Unschärfequerschnitt um die idealen Gitterpunkte infolge der Gitterschwingungen (s. Abschn.6.2).

Zur Abschätzung von δ^2 machen wir eine weitere Vereinfachung: wir ersetzen das komplizierte Spektrum der Phononen durch Oszillatoren der Dichte der Atome n_a, die alle die gleiche Eigenfrequenz Ω_0 haben (Einstein-Modell). Die Eigenfrequenz können wir auch durch die Debye-Temperatur Θ ersetzen:

$$k\Theta \equiv \hbar\Omega_0 \quad . \tag{6.11}$$

Diese Vereinfachung beschreibt am ehesten die optischen Phononen. Für die akustischen Phononen gibt diese Annahme nur näherungsweise das Verhalten bei hohen Temperaturen $T > \Theta$ wieder.

Der Grad der thermischen Anregung dieser Oszillatoren wird durch die *Planck-Bose-Einstein*-Funktion beschrieben [1.4, S. 128]:

$$W = \frac{\hbar\Omega_o}{\exp(\hbar\Omega_o/kT)-1} \quad . \tag{6.12}$$

Wenn wir uns nicht nur auf optische Phononen beschränken, können wir wegen unseres vereinfachten Phononenspektrums nur die Hochtemperatur-Näherung $T \gg \Theta$ betrachten

$$W = \frac{\hbar\Omega_o}{1+\hbar\Omega_o/kT-1} \simeq kT \quad . \tag{6.13}$$

Ein harmonischer Oszillator mit einer Anregungsenergie W schwingt mit einer Amplitude δ

$$W = M\Omega_o^2\delta^2 \quad , \tag{6.14}$$

(M: Masse der schwingenden Atome).
Für $T \gg \Theta$ folgt daraus

$$\delta^2 = \frac{kT}{M\Omega_o^2} = \frac{kT\hbar^2}{Mk^2\Theta^2} \quad . \tag{6.15}$$

Für Streuquerschnitt und freie Weglänge erhalten wir in dieser Näherung:

$$S = \frac{\hbar^2 T}{Mk\Theta^2} \quad , \quad \ell = \frac{Mk\Theta^2}{\hbar^2 n_a T} \quad , \tag{6.16}$$

und für die Stoßraten

a) Halbleiter $$\frac{1}{\tau} = \sqrt{\frac{3kT}{m}} \cdot \frac{\hbar^2 T n_a}{Mk\Theta^2} \sim T^{3/2} \tag{6.17}$$

b) Metalle $$\frac{1}{\tau} = v_F \frac{\hbar^2 T n_a}{Mk\Theta^2} \sim T \quad . \tag{6.18}$$

Dieses einfache Modell unterschätzt den Einfluß der Gitterschwingungen, deren Frequenzen kleiner Ω_o sind. Solche tragen aber beträchtlich zur Zustandsdichte $D(\Omega)$ bei, wie Abb.6.3 für das Beispiel Aluminium zeigt. Diese Phononen sind wegen ihrer niedrigen charakteristischen Temperatur bereits weit höher angeregt, als wir im Einstein-Modell abgeschätzt haben. Die Auslenkung δ infolge einer Gitterschwingung mit der Frequenz Ω schätzt man ab aus (6.12) und (6.14)

$$\delta^2(\Omega) = \frac{1}{M\Omega^2} \cdot \frac{\hbar\Omega}{\exp(\hbar\Omega/kT)-1} \quad . \tag{6.19}$$

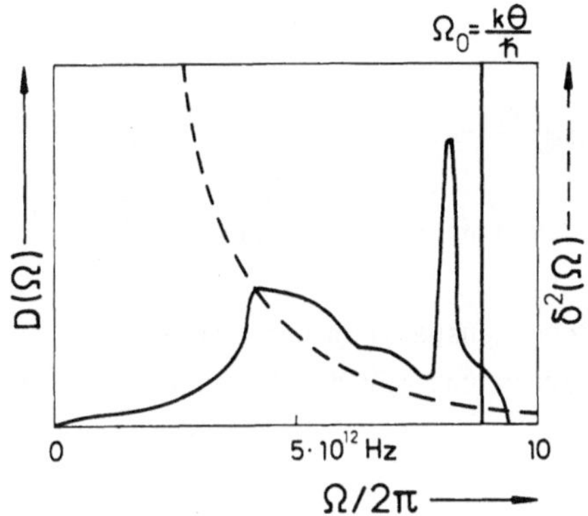

Abb. 6.3. Zustandsdichte der Phononen in Aluminium. Zum Vergleich ist die Einstein-Linie entsprechend Θ = 428 K eingezeichnet, sowie der Beitrag $\delta^2(\Omega)$ der einzelnen Gitterschwingungen zur Atom-Auslenkung bei 300 K

Diese Unterschätzung (Abb.6.3) der niederfrequenten Phononen infolge der Hochtemperaturnäherung (6.13) wird aber wieder dadurch etwas kompensiert, daß diese Phononen auch nur kleine Wellenvektoren $\underline{q}$ haben

$$\Omega = v_S \cdot q \quad . \tag{6.20}$$

Sie können also die einzelnen Elektronen nur weniger aus ihrer Bewegungsrichtung ablenken als solche, mit großem Wellenvektor (s.Abb.6.1a) und stören somit den Elektronenstrom nur schwach.

Im folgenden schätzen wir die Verhältnisse für den Halbleiter Germanium und das Metall Kupfer im Rahmen unseres vereinfachten Modells ab und vergleichen sie mit den experimentellen Ergebnissen. Für den Streuquerschnitt $S = \delta^2$ erhalten wir nach (6.16) bei 300 K

$$S_{Ge} = 0{,}5\ \text{Å}^2 \qquad S_{Cu} = 0{,}7\ \text{Å}^2$$

und für die freien Weglängen

$$\ell_{Ge} = 46\ \text{Å} \qquad \ell_{Cu} = 16\ \text{Å}$$

(s.Aufgabe 6.1).
Mit den "thermischen" Geschwindigkeiten (Tab.2.1) folgt nach $\tau = \ell/v_{th}$ die Stoßzeit

$$\tau_{Ge} = 1{,}2 \cdot 10^{-14}\text{s} \qquad \tau_{Cu} = 1{,}0 \cdot 10^{-15}\text{s}$$

und mit den effektiven Massen ($m^*_{Ge} = 0{,}1\ m_o$, $m^*_{Cu} = m_o$) und den Konzentrationen der Elektronen ($n_{e,Ge} = 10^{17}\ \text{cm}^{-3}$, $n_{e,Cu} = n_a$) schließlich die Leitfähigkeit (5.7)

$$\sigma_{Ge}\ (300\text{K}) = 3{,}5\ (\Omega\text{cm})^{-1} \qquad \sigma_{Cu}\ (300\text{K}) = 2{,}5 \cdot 10^4\ (\Omega\text{cm})^{-1} \quad .$$

Gemessen werden jedoch höhere Leitfähigkeiten

$$\sigma_{Ge,exp.} = 62\ (\Omega cm)^{-1} \qquad \sigma_{Cu,exp.} = 6{,}5 \cdot 10^4\ (\Omega cm)^{-1} \quad ,$$

d.h. wir haben den Streuquerschnitt beim Germanium um den Faktor 18, beim Kupfer um 2,6 in unserem Modell zu hoch eingeschätzt.

Das Modell hatte zwei wesentliche Fehler: das Phononenspektrum und seine thermische Anregung sind sehr ungenau berücksichtigt worden und für den Streuquerschnitt wurde etwas grob angesetzt $S = \delta^2$.

6.5 Streuung an geladenen Störstellen

(Ionenstreuung, Conwell-Weisskopf-Streuung)

Werden Atome falscher Wertigkeit in einen Kristall eingebaut, so sind diese oft schon bei niedrigen Temperaturen ionisiert, da das Valenzelektron wegen der Polarisierung der Umgebung nicht mehr so fest gebunden ist wie beim freien Atom. Atome falscher Wertigkeit können durch diese Ionisierung eine solche Elektronenzahl erreichen, daß sie sich gut auf einem Gitterplatz des Wirtskristalls einbauen lassen: z.B. im 4-wertigen Ge

$$Ge^{IV} \quad \begin{matrix} As^{V} \rightleftarrows As^{+} + \text{Elektron } (-) & \text{"Donator"} \\ Ga^{III} \rightleftarrows Ga^{-} + \text{Loch } (+) & \text{"Acceptor"} \end{matrix} \quad .$$

Außer dem geladenen Gitterplatz entsteht noch ein freies Elektron oder Loch.

Das Coulomb-Feld des *ionisierten Fremdatoms* wird in Metallen durch die vielen freien Elektronen völlig abgeschirmt und bleibt deshalb als Streuzentrum unwirksam. In Halbleitern wirken die ionisierten Fremdatome aber besonders bei tiefen Temperaturen und in sehr reinen Kristallen als starke Streuzentren.

Zur quantitativen Beschreibung verfahren wir analog zur *Rutherford-Streuung*. In der Mechanik wird gezeigt, daß ein bewegter Massenpunkt im 1/r-Potential auf einer Hyperbelbahn gestreut wird. Die Asymptoten dieser Hyperbel, also die Bahnkurven vor und nach dem Streuereignis, bilden den Streuwinkel Θ, der allein vom Verhältnis der potentiellen zur kinetischen Energie des Massenpunktes abhängt (z.B.[6.1]).

$$\tan\frac{\Theta}{2} = \frac{1}{2}\,\frac{W_{pot}(r)}{W_{kin}} \quad . \tag{6.21}$$

$W_{pot}(r)$ ist dabei die potentielle Energie, die der Massenpunkt beim ungestörten Passieren des Streuzentrums maximal erreichen würde. Hierbei ist r der sogenannte Stoßparameter (Abb.6.4a).

Wir betrachten nun ein Elektron, das am Coulomb-Feld eines Acceptors gestreut wird, der in einen Kristall mit der Dielektrizitätskonstanten ε eingebaut ist. Für den Streuwinkel Θ gilt dann

$$\tan\frac{\Theta}{2} = \frac{1}{2}\,\frac{e_o^2}{4\pi\varepsilon_o\varepsilon\cdot r}\,\frac{2}{mv_o^2} = \frac{C}{r} \quad . \tag{6.22}$$

Der Einfluß dieses einzelnen Streuzentrums reicht beliebig weit. Im Kristall sind die Streuzentren aber mit einer Dichte n_i eingebaut. Wir ordnen deshalb künstlich jedem Zentrum ein Volumen zu, in dem es das Elektron bei seiner Bewegung beeinflußt. Außerhalb dieses Abschneidevolumens sind die Nachbarstreuzentren wirksam. Tatsächlich kompensieren sich ja in der Mitte zwischen zwei Streuzentren die auf das Elektron wirkenden Kräfte.

Jeder Störstelle steht im Mittel ein kubisches Volumen $1/n_i = (2r_o)^3$ zur Verfügung. Wegen der Zylindersymmetrie des Streuproblems wählen wir jedoch als Abschneidevolumen einen Zylinder mit dem Volumen $1/n_i$ (Abb.6.4b)

$$\frac{1}{n_i} = \pi r_o^2\,\frac{8r_o}{\pi} = 8r_o^3 \quad . \tag{6.23}$$

Den Streuquerschnitt definieren wir wieder über die Streuwahrscheinlichkeit, die wir mit den Stromdichten j beschreiben:

$$\frac{j_o - j_1}{j_o} = \frac{S_i}{\pi r_o^2} \quad . \tag{6.24}$$

Wir betrachten jedoch nicht jedes Teilchen als verloren, das aus seiner Vorwärtsrichtung gestreut wird. Vielmehr tragen alle abgelenkten Teilchen mit ihrer Komponente parallel zur Zylinderachse zur Stromdichte j_1 (Abb.6.5) bei:

$$j_1 = \frac{1}{\pi r_o^2}\int_0^{r_o} 2\pi r dr \cdot j_o \cos\Theta(r) \quad . \tag{6.25}$$

Zur Lösung des Integrals ersetzen wir den $\cos\Theta$ durch den $\tan(\Theta/2)$ nach (6.22)

$$\cos\Theta = \frac{1-\tan^2\Theta/2}{1+\tan^2\Theta/2} = \frac{r^2-C^2}{r^2+C^2} \quad . \tag{6.26}$$

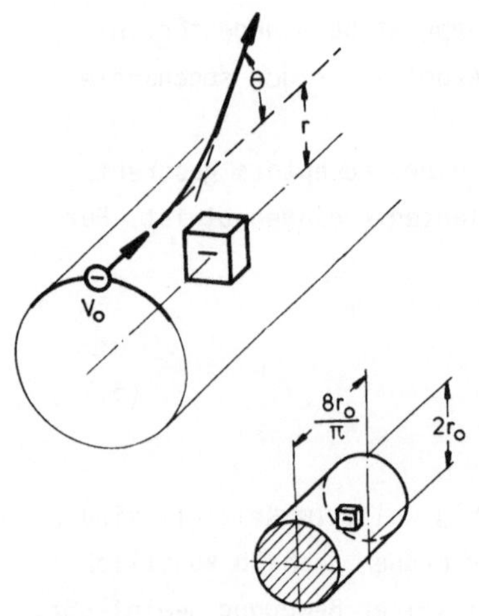

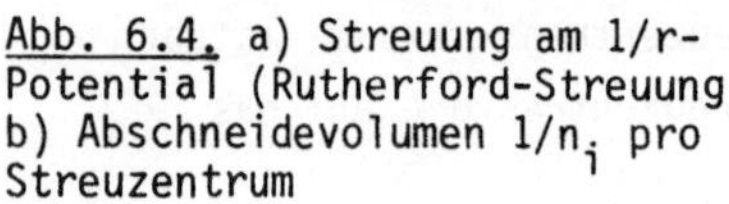

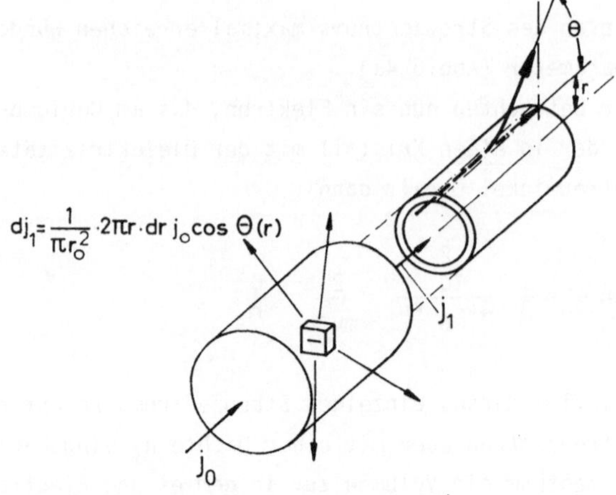

Abb. 6.4. a) Streuung am 1/r-Potential (Rutherford-Streuung) b) Abschneidevolumen $1/n_i$ pro Streuzentrum

Abb. 6.5. Beitrag zur Stromdichte j_1 in Vorwärtsrichtung nach Streuprozeß

Mit $2rdr = dr^2$ formen wir das Integral in einen bekannten Ausdruck um

$$j_1 = \frac{j_o}{r_o^2}\int_0^{r_o^2} dr^2\,\frac{r^2-C^2}{r^2+C^2} = \frac{j_o}{r_o^2}\left|r^2 - 2C^2\ln(r^2+C^2)\right|_0^{r_o^2}$$

$$j_1 = j_o\left(1 - 2\,\frac{C^2}{r_o^2}\,\ln\left[\frac{r_o^2}{C^2}+1\right]\right) \quad . \tag{6.27}$$

Für den effektiven Streuquerschnitt einer ionisierten Störstelle folgt daraus mit (6.24)

$$S_i = \pi r_o^2 \cdot 2\gamma\,\ln\left(\frac{1}{\gamma}+1\right) \quad , \quad \gamma \equiv \frac{C^2}{r_o^2} = \left(\frac{1}{2}\,\frac{W_{pot}(r_o)}{W_{kin}}\right)^2 \quad . \tag{6.28}$$

Mit der Rydberg-Konstanten $R_\infty = e_o^2/4\pi\varepsilon_o a_o$ als Abkürzung vergleichen wir den Streuquerschnitt mit dem atomaren Querschnitt πa_o^2 (a_o: Bohr-Radius):

$$S_i = \pi a_o^2 \cdot \frac{2R_\infty^2}{\varepsilon^2 W_{kin}^2} \cdot \ln\left(\frac{1}{\gamma}+1\right) \quad . \tag{6.29}$$

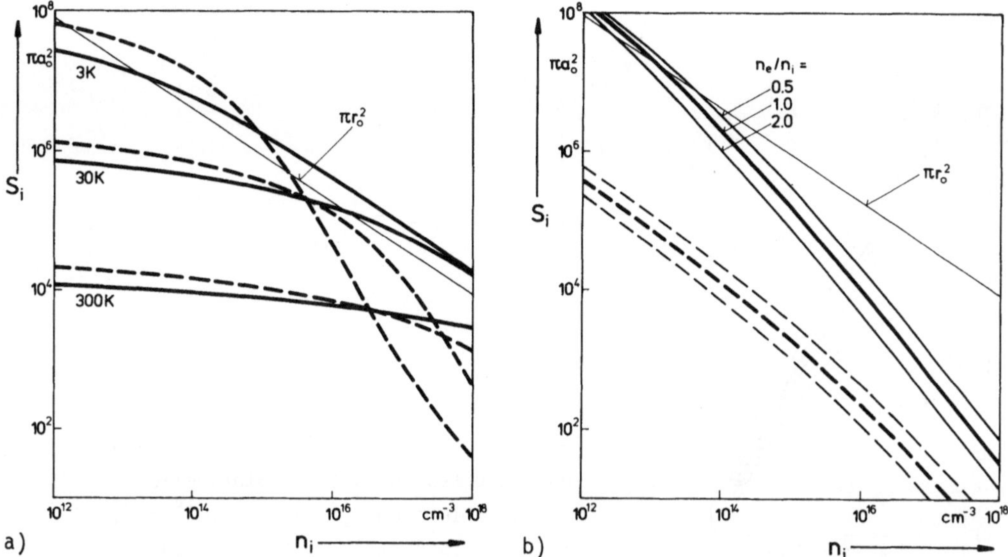

Abb. 6.6. Effektiver Streuquerschnitt S_i ionisierter Störstellen im Vergleich zum Abschneidequerschnitt πr_0^2 a) nichtentartetes Elektronengas: (——) (6.29), (---) Berücksichtigung der Abschirmung nach DEBYE-HÜCKEL ($n_e = n_i$). b) entartetes Elektronengas: (——) (6.29), (---) Berücksichtigung der Abschirmung nach THOMAS-FERMI

Diese Streuquerschnitte sind in Abb. 6.6a für das nicht entartete Elektronengas (W_{kin} = 3 kT/2) und in Abb. 6.6b für das entartete ($W_{kin} = W_F$) dargestellt. In weiten Temperatur- und Konzentrationbereichen bleibt S_i kleiner als πr_0^2, so daß die Willkür bei der Wahl des Abschneidequerschnitts belanglos wird.

Genauere Theorien [6.2, S.185] berücksichtigen die *Abschirmung* des Coulomb-Potentials der Störstellen. Hierdurch wird der langreichweitige Einfluß abgeschaltet, ein Abschneideradius r_0 wird nicht gebraucht. Der Einfluß der Abschirmung ist zum Vergleich ebenfalls in Abb. 6.6 dargestellt.

Im Streuquerschnitt (6.29) tritt dann an die Stelle der Funktion von $\gamma \sim r_0^{-2}$ eine ähnliche mit einem Parameter $\gamma \sim L^{-2}$. Je nachdem, ob das Elektronengas entartet ist oder nicht, bedeutet dieses L die Abschirmlänge nach *Debye-Hückel* oder nach *Thomas-Fermi* (s. Abschn.9.4). Das Ergebnis unseres Modells (6.29) ist im nichtentarteten Fall für niedrige Konzentrationen n_i recht gut (Abb.6.6a). Für hohe Konzentrationen und im entarteten Fall (Abb.6.6b) haben wir aber durch Vernachlässigung der Abschirmung den Streuquerschnitt bis zu mehreren Größenordnungen überschätzt, da das unabgeschirmte Streuzentrum eine größere Reichweite hat als das abgeschirmte. Die Streuquerschnitte der ionisierten Störstellen sind um viele Größenordnungen höher als die der Phononen ($S_{PH} \simeq 10^{-1}\ \pi a_0^2$, Abschn.6.4). Da aber die Konzentration n_i der Störstellen um mehrere Größenordnungen kleiner ist als die Konzentration n_a der um ihre Ruhelage zitternden Atome, wird im allgemeinen die Streuung an ionisierten Störstellen nur bei tiefen Temperaturen von Bedeutung sein.

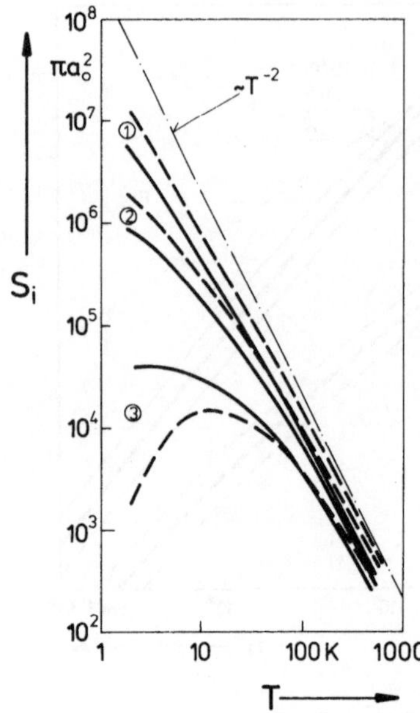

Abb. 6.7. Temperaturabhängigkeit des Streuquerschnitts ionisierter Störstellen: (1) $n_i = 10^{12}$ cm^{-3}, (2) $n_i = 10^{14}$ cm^3, (3) $n_i = 10^{16}$ cm^{-3}, (—) Gl. (6.29), (---) mit Abschirmung nach DEBYE-HÜCKEL

Beim nichtentarteten Elektronengas ist der Streuquerschnitt unabhängig von der Elektronenkonzentration n_e. Die Störstellenkonzentration n_i geht nur ein über die Funktion $\ell n(1/\gamma + 1)$, die sich nur schwach zwischen ca. 2 und 10 ändert (s. Aufgabe 6.5). Das sieht man an der schwachen Konzentrationsabhängigkeit von S_i in Abb.6.6a. Man beschreibt deshalb näherungsweise S_i als konzentrationsunabhängig und proportional zu W_{kin}^{-2}. Die Güte dieser Näherung zeigt Abb. 6.7.

Im Rahmen dieser Näherung erhält man für die Impulsrelaxationszeit

$$\tau_m = \frac{1}{v_{th}\, n_i S_i} \sim \frac{W_{kin}^{3/2}}{n_i} \quad . \tag{6.30}$$

Für die Beweglichkeit $\mu = q\tau/m$ erhält man aus (6.29) zusammen mit (5.17)

$$\mu_i = \frac{e_o}{\pi a_o^2 R_\infty} \cdot \frac{\varepsilon^2 (kT)^{3/2}}{m^{*1/2} \cdot n_i} \, \frac{\sqrt{27}}{4 \ell n(1+1/\gamma)} \quad . \tag{6.31}$$

Der letzte Faktor ist etwa 1.

In Kap. 6.4 hatten wir für den Streuquerschnitt eines schwingenden Gitteratoms in Ge bei 300 K abgeschätzt $S_{Ge} \simeq 0.5$ Å^2. Das ist viel kleiner als der Streuquerschnitt einer ionisierten Störstelle. Aus Abb. 6.6a finden wir bei einer Störstellenkonzentration von ca. 10^{16} cm^{-3} bei 300 K den Wert $S_i \simeq 5 \cdot 10^3 \pi a_o^2 \simeq 9 \cdot 10^3 S_{Ge}$.

Dennoch dominiert bei 300 K die Streuung an Phononen, da die Gitteratome mit einer Konzentration von 10^{22} cm^{-3} als Streuzentren wirken, die ionisierten Atome dagegen nur mit 10^{16} cm^{-3}. Bei tiefen Temperaturen dagegen, dominiert meist die Streuung an ionisierten Störstellen (s.a. S.55).

6.6 Streuung heißer Elektronen

In Abschnitt 5.6 wurde zur Beschreibung der Abweichungen vom Ohmschen Gesetz in hohen elektrischen Feldern der Entwicklungskoeffizient β eingeführt, siehe (5.27). Messungen der nichtlinearen Strom-Spannungs-Kennlinien sind deshalb ein Verfahren, um aus der Energieabhängigkeit der Impulsrelaxationszeit τ_m den dominierenden Streuprozeß zu erkennen.

Für die Energieabhängigkeit der Impulsrelaxationszeit folgt aus (5.16)

$$\frac{d\tau_m}{dW} = \frac{d[\ell\cdot(m/2W)^{1/2}]}{dW} = (\frac{m}{2W})^{1/2} (\frac{d\ell}{dW} - \frac{\ell}{2W}) \quad . \tag{6.32}$$

Bei den Beispielen der Streuung an neutralen Störstellen, (6.9), und an Phononen (6.17), ergibt sich im nichtentarteten Halbleiter wegen der energieunabhängigen freien Weglänge ein negatives β:

$$\beta \sim -W^{3/2} \quad . \tag{6.33}$$

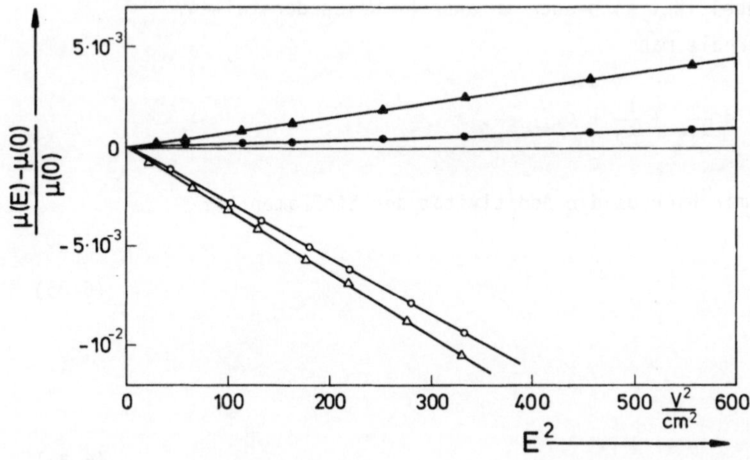

Abb. 6.8. Beweglichkeit Heißer Elektronen in Germanium. In der schwach-dotierten Probe ($n = 4 \cdot 10^{14}$ cm^{-3}) überwiegt Streuung an akustischen Phononen (O: 90 K, Δ: 77 K), in der stark dotierten ($n = 2 \cdot 10^{16}$ cm^{-3}) die an ionisierten Störstellen (●: 90 K, ▲: 77 K) [6.3]

Bei Streuung an ionisierten Störstellen dagegen findet man, wenn die Näherung (6.30) gilt, ein positives β:

$$\beta \sim W^{1/2} \quad . \tag{6.34}$$

In Abb. 6.8 sind Messungen an verschieden stark n-leitenden Germanium-Proben dargestellt. In der schwach dotierten Probe ($n = 4 \cdot 10^{14}\ cm^{-3}$) finden wir Streuung an akustischen Phononen, in den stark dotierten ($n = 2 \cdot 10^{16}\ cm^{-3}$) dagegen überwiegt die Streuung an ionisierten Störstellen ([1.7,S.122] und [6.3]).

6.7 Überlagerung von Streuprozessen

Im allgemeinen werden die freien Elektronen durch verschiedenartige Prozesse gestreut, von denen nicht unbedingt einer dominiert. Wenn die Streuzentren die freien Elektronen unabhängig voneinander streuen, so erhält man als *totalen Streuquerschnitt* S eines Volumens V die Summe aller einzelnen Querschnitte S_ν (vergl. Abb.6.2)

$$S_{total} = \sum_V S_\nu \quad . \tag{6.35}$$

Dies ist die *Matthiesensche Regel*. Bereits am Beispiel der ionisierten Störstellen (Abschn.6.5) haben wir gesehen, daß die Unabhängigkeit der Streuzentren voneinander nicht trivial ist. Denn bei diesem Beispiel hing die Wirkungssphäre πr_0^2 des einzelnen Zentrums vom Abstand der nächsten ab.

Die Matthiesensche Regel läßt sich auch in anderer Weise darstellen: Für die freie Weglänge erhält man

$$\frac{1}{\ell} = n_1 S_1 + n_2 S_2 + \ldots \equiv \frac{1}{\ell_1} + \frac{1}{\ell_2} + \ldots \quad .$$

Mit $\ell_\nu \equiv v_e \cdot \tau_\nu$ erhält man hieraus die Additivität der Stoßraten $1/\tau$

$$\frac{1}{\tau_{total}} = \frac{1}{\tau_1} + \frac{1}{\tau_2} + \ldots \quad , \tag{6.36}$$

oder mit $\mu = q\tau/m$

$$\frac{1}{\mu_{total}} = \frac{1}{\mu_1} + \frac{1}{\mu_2} + \ldots \quad , \tag{6.37}$$

und schließlich mit $\rho = (qn\mu)^{-1}$ die *"Additivität der Teilwiderstände"*

$$\rho_{total} = \rho_1 + \rho_2 + \dots \quad . \tag{6.38}$$

Die Überlagerung verschiedener Streuprozesse läßt sich also durch eine Serienschaltung von Widerständen darstellen (Abb.6.9).

Abbildung 6.10 zeigt ein Beispiel für die Überlagerung von zwei Streuprozessen im Halbleiter Germanium. Bei tiefen Temperaturen überwiegt die Streuung an ionisierten Störstellen $\mu \sim T^{3/2}$, bei hohen die an akustischen Phononen $\mu \sim T^{-3/2}$.

Als Beispiel für die Additivität der Teilwiderstände in Metallen betrachten wir den *Restwiderstand*, die Streuung an neutralen Störstellen, z.B. Verunreinigungen oder geometrische Gitterfehler, neben der Streuung an Phononen.

Als Streuquerschnitt S_{Phonon} der Phononen hatten wir die Unschärfe δ^2 der Gitterpunkte angenommen. Im Einstein-Modell erhält man nach (6.12) und (6.14)

$$S_{Phonon} = \frac{\hbar\Omega_o}{\exp(\hbar\Omega_o/kT)-1} \cdot \frac{1}{M\Omega_o^2} \quad . \tag{6.39}$$

Für die freie Weglänge $\ell_{ph} = 1/n_a\, S_{Phonon}$ erhält man für $T \gg \Theta$ ein lineares Verhalten

$$\frac{1}{\ell_{Phonon}} = \frac{n_a k}{M\Omega_o^2} \cdot T \quad ,$$

für tiefe Temperaturen $T \ll \Theta$ dagegen ein asymptotisches Verschwinden der Streuung

$$\frac{1}{\ell_{Phonon}} = \frac{n_a k\Theta}{M\Omega_o^2} \exp(-\Theta/T) \tag{6.40}$$

Anmerkung:

Die Berücksichtigung der realistischen Phononenstruktur (z.B. Abb.6.3) und der Streuwinkel ergibt einen asymptotischen Verlauf $1/\ell_{Phonon} \sim T^5$, (z.B. [6.5,S. 197]).

Tatsächlich findet man aber ein asymptotisches Einlaufen gegen einen endlichen "Restwiderstand", der von der Reinheit und Defektstruktur des Kristalls stark abhängt (Abb.6.11). Dies läßt sich durch die Annahme eines Streuprozesses mit temperaturunabhängigem Streuquerschnitt erklären, wie wir ihn für neutrale Störstellen erwartet haben, (6.8). Der Gesamtwiderstand heißt dann

$$\rho_{total} = \rho_{Rest} + \rho_{Phonon} = \frac{mv_F}{e_o^2 n_e} \left(\frac{1}{\ell_o} + \frac{1}{\ell_{PH}}\right) \quad . \tag{6.41}$$

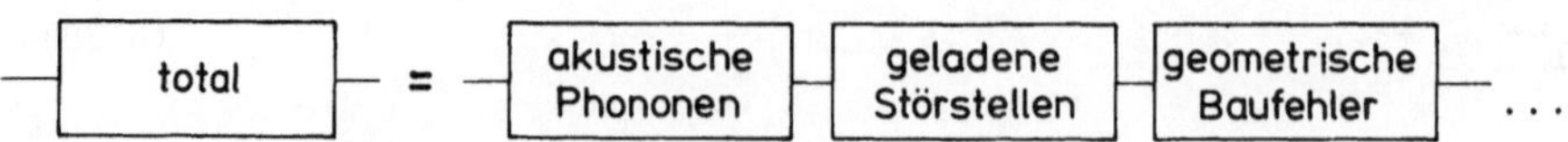

Abb. 6.9. Matthiesensche Regel: Additivität der Streuprozesse

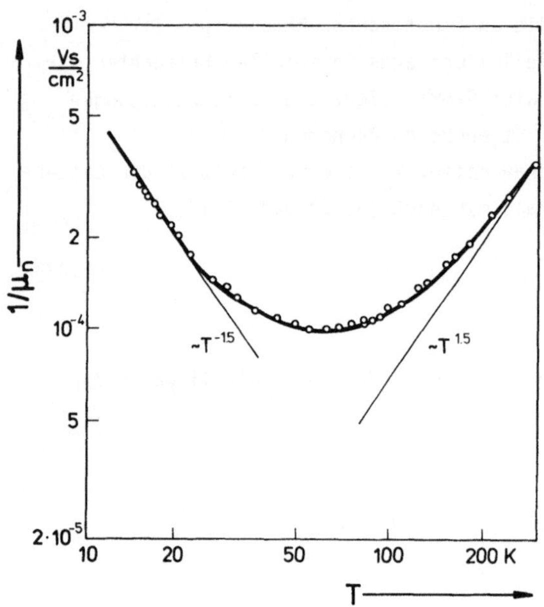

Abb. 6.10. Überlagerung von Streuprozessen in Germanium: bei tiefen Temperaturen überwiegt Streuung an ionisierten Störstellen, bei hohen die an akustischen Phononen [6.4]

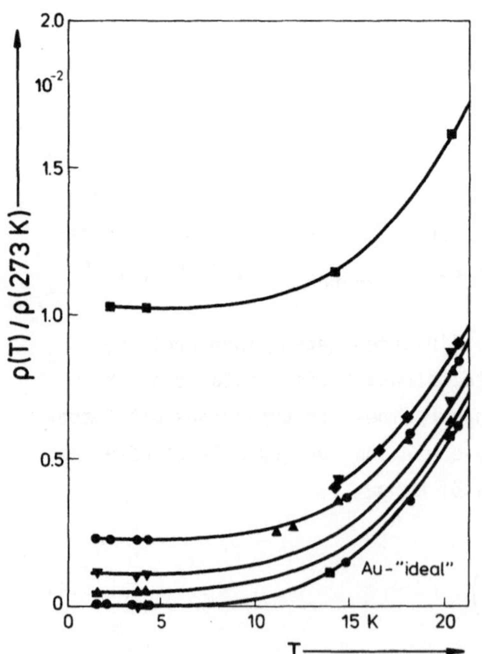

Abb. 6.11. Überlagerung von Streuprozessen in Metall. Restwiderstand verschiedener Gold-Proben [6.6]

6.8 Überlagerung der Beiträge verschiedener Ladungsträgersorten

Die komplizierte Wechselwirkung der Elektronengesamtheit mit den Rumpfatomen können wir näherungsweise durch *quasifreie Elektronen* beschreiben, wenn wir sie durch eine geeignete *effektive Masse* und Ladung (Elektronen und *Löcher*) charakterisieren. Deshalb ist es auch in Festkörpern mit allein elektronischer Leitung nötig, Transportvorgänge mit verschiedenen Ladungsträgern zu betrachten, so wie in Elektrolyten (Kationen, Anionen) oder in Gasplasmen (Elektronen und Ionen).

Die verschiedenen Ladungsträger in elektronischen Leitern sind entweder "Elektronen" ($-e_o$, m_n, n) und "Löcher" (e_o, m_p, p) oder Elektronen bzw. Löcher verschiedener effektiver Masse ($-e_o$; m_{n1}, n_1; m_{n2}, n_2).

Je nach Ladungsvorzeichen prägt das elektrische Feld den Trägern verschieden gerichtete Driftgeschwindigkeiten auf, die Teilströme jedoch sind gleich gerichtet (Abb.6.12)

$$\underline{v}_n = \mu_n \underline{E} = \frac{-e_o \tau_n}{m_n} \cdot \underline{E} \qquad \underline{j}_n = (-e_o) n \underline{v}_n$$

$$\underline{v}_p = \mu_p \underline{E} = \frac{e_o \tau_p}{m_p} \underline{E} \qquad \underline{j}_p = e_o p \underline{v}_p \quad . \tag{6.42}$$

Die gesamte Stromdichte ist die Summe der Teilströme, z.B.

$$\underline{j}_{total} = \underline{j}_n + \underline{j}_p = e_o^2 \left(n \frac{\tau_n}{m_n} + p \frac{\tau_p}{m_p} \right) \underline{E} \quad . \tag{6.43}$$

Allgemein folgt so die *Additivität der Teilleitfähigkeiten*

$$\sigma_{total} = \sigma_1 + \sigma_2 + \ldots \tag{6.44}$$

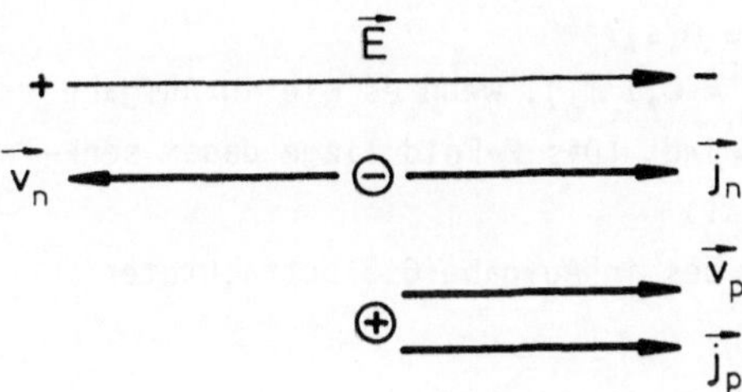

Abb. 6.12. Strombeitrag verschieden geladener Träger

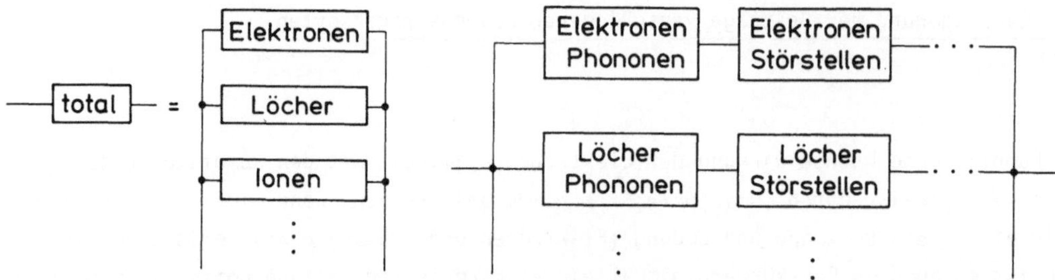

Abb. 6.13. Additivität der Beiträge verschiedener Ladungsträger

Abb. 6.14. Ersatzschaltbild bei komplexem Leitungsmechanismus

Diese Überlagerung verschiedener Trägerbeiträge läßt sich also ersatzweise durch eine Parallelschaltung von Leitern darstellen (Abb.6.13).

Ein realistischer Festkörper mit verschiedenen Ladungsträgersorten und Streuprozessen wird somit durch ein kompliziertes Netzwerk (Abb.6.14) beschrieben. Zur Analyse, z.B. einzelner Streuprozesse, empfiehlt es sich deshalb dem Experimentator, nach geeigneten Proben und Temperaturbereichen usw. zu suchen, in denen das Leitungsverhalten überwiegend durch einen einzigen Beitrag verursacht wird.

Aufgaben

6.1 Berechne die absolute und die relative Auslenkung der Atome um ihre ideale Lage nach dem Einstein-Modell für Germanium und Kupfer bei 300 K. Charakteristische Temperatur der Phononen $\Theta_{Ge} = 400$ K, $\Theta_{Cu} = 315$ K (weitere Parameter s. Aufg.2.1,2).

6.2 Berechne die Zustandsdichte $D(\Omega)$ für Phononen, bei denen Ω und q über eine konstante Schallgeschwindigkeit miteinander verknüpft sind, für $0 < q \leq \pi/a$ (a: Gitterkonstante). Verwende dabei (2.4), in der p durch $\hbar q$ zu ersetzen ist.

6.3 Wie lange muß man ein Leitungselektron in Germanium in einem elektrischen Feld E = 1V/cm beschleunigen, damit seine Impulsänderung dem Wellenvektor eines longitudinalen akustischen Phonons mit einer Frequenz von 1 THz entspricht (longitudinale Schallgeschwindigkeit $v_{Schall} = 4580$ m/s)?

6.4 Berechne den Energiegewinn des Elektrons ($m^* = 0{,}1\, m_o$), wenn es wie in Aufgabe 6.3 durch das elektrische Feld beschleunigt wird. (Das E-Feld liege dabei senkrecht zur Primärgeschwindigkeit des Elektrons!)
Wie groß ist im Vergleich hierzu die Energie des in Aufgabe 6.3 betrachteten Phonons?

6.5 Berechne die Funktion $\ln(1/\gamma + 1)$ für ein entartetes und ein nichtentartetes Elektronengas mit $n_i = n_e = 10^{12} \ldots 10^{18}\ cm^{-3}$ und T = 3 ... 300 K (Germanium-Modell: $m^* = 0{,}1\ m_o$, $\varepsilon = 16$).

6.6 Abb. 6.10 zeigt für Germanium bei niedrigen Temperaturen eine Beweglichkeit $\mu \sim T^{3/2}$. Berechne aus diesen Daten mit Hilfe der vereinfachten Formel (6.31) die Störstellenkonzentration.

6.7 Gunn fand bei 90 K in Germanium ein nichtlineares leitfähigkeitsverhalten mit einem Widerstandskoeffizienten $\beta = -3 \cdot 10^{-5}\ cm^2/V^2$ (Abb.6.8). Wie groß sind die Energie- und Impulsrelaxationszeiten, wenn wir gemäß Abschn. 6.4 eine freie Weglänge von ca. 800Å annehmen?

7. Die Gleichstromleitfähigkeit im Magnetfeld

Im Magnetfeld werden bewegte Elektronen infolge der Lorentz-Kraft auf Kreisbahnen, die Landau-Bahnen, gezwungen. Hierdurch sind die Elektronen nur noch in der Richtung parallel zum Magnetfeld frei, senkrecht zum Feld sind sie lokalisiert. Bei Vernachlässigung der Streuung führt dies in gekreuzten elektrischen und magnetischen Feldern zu einer Driftbewegung senkrecht zu den angelegten Feldern. Bei vorhandener Streuung treten der Hall-Effekt und die magnetische Widerstandsänderung auf. Die Messung des Hall-Effekts ist eines der wichtigsten Verfahren, um bei der Interpretation von Leitfähigkeitsphänomenen den Einfluß der Beweglichkeit von dem der Konzentration zu trennen. Sind gleichzeitig Elektronen und Löcher im Festkörper vorhanden, so tragen sie mit unterschiedlichem Vorzeichen zum Hall-Effekt bei.

7.1 Die Zyklotronbewegung

Ein Magnetfeld $\underline{B}$ erzeugt über die *Lorentz-Kraft* eine Radialbeschleunigung des Elektrons, wenn das Feld eine Komponente senkrecht zur Elektronengeschwindigkeit $\underline{v}$ hat:

$$\underbrace{-m(\underline{\omega} \times \underline{v})}_{\text{Trägheitskraft}} + \underbrace{q(\underline{v} \times \underline{B})}_{\text{Lorentz-Kraft}} = 0 \quad . \tag{7.1}$$

Dadurch wird das Elektron auf eine Kreisbahn gezwungen, die es mit der Winkelgeschwindigkeit

$$\underline{\omega} = -\frac{q}{m}\underline{B} \tag{7.2}$$

durchläuft. Der Umlaufsinn wird durch das Ladungsvorzeichen bestimmt (Abb.7.1).

Die Umlaufsfrequenz heißt die *Zyklotronresonanzfrequenz*

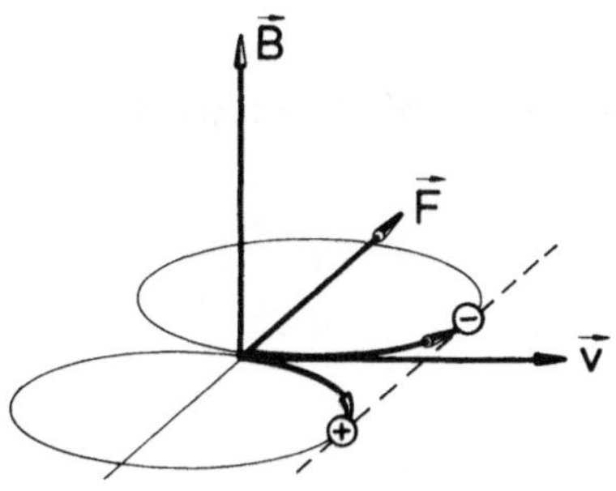

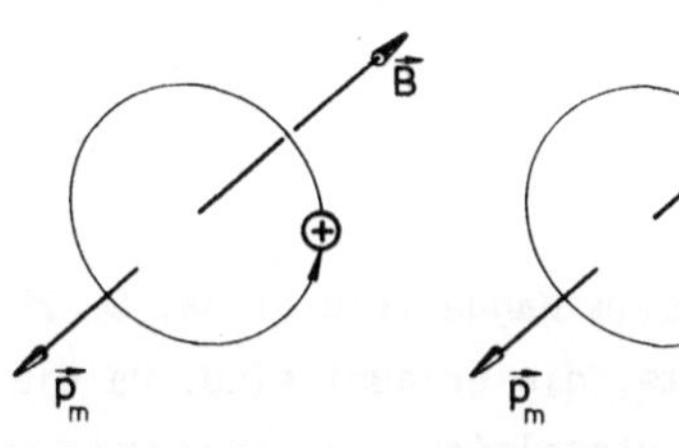

Abb. 7.1. Umlaufsinn und diamagnetisches Moment bei der Zyklotronbewegung (Landau-Bahn)

$$\omega_c = \frac{e_o}{m^*} B \quad . \tag{7.3}$$

Wegen ihrer fundamentalen Bedeutung betrachten wir ihre Lage im elektromagnetischen Spektrum und vergleichen sie mit anderen Energien:

Für ein freies Elektron ($m^* = m_o$) gilt im Feld B = 1 T

$$\omega_c = 1{,}76 \cdot 10^{11} \ s^{-1}$$

$$f_c = 28{,}0 \ \text{GHz} \qquad \lambda_c = \frac{c_o}{f_c} = 1{,}07 \ \text{cm}$$

$$\hbar\omega_c = 0{,}12 \ \text{meV} = k \cdot 1{,}3 \ \text{K} \quad .$$

(Merke: es gilt etwa 1 T $\hat{=}$ 0,1 meV $\hat{=}$ 1 K $\hat{=}$ 1 cm^{-1} $\hat{=}$ $3 \cdot 10^{10}$Hz).

Für ein Magnetfeld $\underline{B} = (0,0,B)$ wird das Elektron in der x-y-Ebene in einer *Landau-Bahn* lokalisiert, seine v_z-Komponente bleibt jedoch unbeeinflußt.

Die gesamte kinetische Energie wird auf Rotations- und Translationsbewegung aufgeteilt

$$W_{kin} = W_{rot} + \frac{m}{2} v_z^2 \quad . \tag{7.4}$$

Das Elektron ist jetzt also nur noch "1-dimensional frei".

7.1.1 Energie und Bahnradius

Ohne Bewegung in z-Richtung ist die gesamte kinetische Energie Rotationsenergie

$$W_{rot} = \frac{mv^2}{2} = \frac{m\omega_c^2 r^2}{2} = \frac{J\omega_c^2}{2} = \frac{\underline{L}\cdot\underline{\omega}_c}{2} \tag{7.5}$$

$J = r^2 m$: Trägheitsmoment des Elektrons auf der Bahn

$\underline{L} = J\underline{\omega}_c$: zugehöriger Drehimpuls.

Der Bahnradius hängt von der kinetischen Energie, bzw. der Bahngeschwindigkeit ab

$$r = \frac{v}{\omega_c} \quad . \tag{7.6}$$

Bei einer quantenmechanischen Behandlung des Elektrons im Magnetfeld [1.3a, S. 29] und [7.1,S.214] findet man nur diskrete Energie-Eigenwerte, die erlaubt sind. Da die Kreisbewegung eine harmonische Bewegung ist, haben diese die gleiche Struktur wie die des harmonischen Oszillators

$$W_{rot} = \hbar\omega_c \left(\frac{1}{2} + n\right) \quad , \quad n = 0,1,2... \tag{7.7}$$

Dies sind die *Landau-Niveaus*. Ihnen entspricht eine Drehimpuls-Quantisierung von $L = \hbar\,(1 + 2n)$, $n = 0,1,2...$

Mit dieser Quantisierungsbedingung folgt aus

$$\hbar\omega_c \left(\frac{1}{2} + n\right) = \frac{m\omega_c^2 r_n^2}{2}$$

für die möglichen *Bahnradien*

$$r_n^2 = \frac{\hbar}{eB}(1 + 2n) \quad . \tag{7.8}$$

Überraschenderweise sind sie nur von B, nicht aber von der Masse m abhängig! Im Grundzustand (n = 0) erhält man

$B = 1$ T $\quad r_o = 257$ Å

$B = 10$ T $\quad r_o = 81$ Å

$B = 2 \cdot 10^5$ T $\quad r_o = a_o = 0{,}53$ Å .

7.1.2 Magnetisches Moment des Elektrons in einer Landau-Bahn

Fassen wir das Elektron auf der Landau-Bahn als induzierten Kreisstrom I auf, so entspricht diesem ein *magnetisches Moment*

$$p_m = \mu_o I\, A \quad . \tag{7.9}$$

Mit der Periode T_c folgt für den Strom $I = e_o/T_c = e_o\omega_c/2\pi$. Zusammen mit der Kreisfläche $A_n = \pi r_n^2 = (\pi\hbar/e_oB)(1 + 2n)$ ergibt das

$$p_m = \frac{e_o\hbar}{2m_o}\,\mu_o\,(1 + 2n) \quad .$$

$e_o\hbar/2m_o$ ist hierin das *Bohrsche-Magneton* $\mu_B = 9{,}3 \cdot 10^{-24}$ Ws/T.

Für den diamagnetischen Beitrag eines Kristallelektrons in einer Landau-Bahn erhalten wir also ein *magnetisches Moment*

$$p_m = \mu_o\mu_B\,\frac{m_o}{m^*}\,(1 + 2n) \quad , \tag{7.10}$$

unabhängig vom Magnetfeld und vom Ladungsvorzeichen (Abb.7.1).

Der paramagnetische Beitrag des *Elektronenspins* hat den gleichen Betrag wie $p_m(n = 0)$.

7.1.3 Lebensdauer des Elektrons in der Landau-Bahn

Ein deutlicher Einfluß der Landau-Struktur auf das Verhalten elektronischer Leiter im Magnetfeld ist nur zu erwarten, wenn die Elektronen genügend oft in den Landau-Bahnen kreisen können, also wenn

$$\omega_c \cdot \tau \gg 1 \quad . \tag{7.11}$$

Wir vergleichen deshalb $\omega_c(B = 1T) = 2 \cdot 10^{11}\ s^{-1}$ mit den Stoßfrequenzen in Halbleitern und Metallen (Phononen-Streuung):

	Halbleiter	Metall
300 K	$10^{13}\ s^{-1}$	$10^{15}\ s^{-1}$
3 K	$10^{10}\ s^{-1}$	$10^{13}\ s^{-1}$

d.h. im Halbleiter finden bei 3 K ca. 20 Umläufe zwischen zwei Streuprozessen statt. Wegen $\omega_c = eB/m^*$ ist die *Landau-Struktur* in hohen Magnetfeldern und bei kleinen effektiven Massen besonders gut beobachtbar.

Mit der Beweglichkeit $\mu = e\tau/m$ kann man die Bedingung (7.11) auch so formulieren

$$\mu B \gg 1 \quad . \tag{7.12}$$

Die mittlere Stoßfrequenz $1/\tau$ der driftenden Elektronen in der Gleichstrombeweglichkeit beschreibt aber nicht unbedingt die Lebensdauer der Elektronen in einer Landau-Bahn.

7.2 Das freie Elektron in statischen, gekreuzten elektrischen und magnetischen Feldern

Wir betrachten ein klassisches, freies Elektron, das nicht durch Stöße in seiner Bewegung gestört wird ($\tau' \to \infty$), unter dem Einfluß eines statischen elektrischen Feldes $\underline{E} = (-E,0,0)$, dem ein Magnetfeld $\underline{B} = (0,0,B)$ senkrecht überlagert ist. Im Drude-Lorentz-Modell (4.1) erhalten wir dann

$$m\dot{\underline{v}} = q(\underline{E} + \underline{v} \times \underline{B})$$

bzw. in einer Komponenten-Zerlegung

$$\begin{aligned} m\dot{v}_x &= q(-E + v_y B) \\ m\dot{v}_y &= q(\quad - v_x B) \\ m\dot{v}_z &= 0 \quad . \end{aligned} \tag{7.13}$$

Da die Bewegung in z-Richtung völlig entkoppelt ist, nehmen wir an $v_z = 0$. Für ein Elektron ($q = -e_0$) gilt:

$$\begin{aligned} \dot{v}_x &= \frac{e_0}{m} E - \frac{e_0}{m} B\, v_y \qquad &\text{bzw.} \qquad \dot{v}_x &= \omega_c \frac{E}{B} - \omega_c v_y \\ \dot{v}_y &= \qquad\quad \frac{e_0}{m} B\, v_x \qquad &\text{bzw.} \qquad \dot{v}_y &= \qquad\quad \omega_c v_x \quad . \end{aligned} \tag{7.14}$$

Die Lösung ist ein Driften des Elektrons senkrecht zu beiden Feldern. Anfangs beschleunigt das E-Feld das Elektron in x-Richtung. Durch die zunehmende Geschwindigkeit krümmt die Lorentz-Kraft die Bahn, bis das Elektron entgegengesetzt zur Anfangsrichtung läuft und nun vom E-Feld gebremst wird. Dadurch verschwindet auch der Einfluß der Lorentz-Kraft. Das Elektron kommt zur Ruhe und der Prozeß kann erneut beginnen (Abb.7.2).

Lösung des inhomogenen Differentialgleichungssystems (7.14): Umwandlung in homogenes System durch Substitution $v_y^* \equiv v_y - v_o$ mit $v_o \equiv \frac{E}{B}$:

$$\dot{v}_x = -\omega_c v_y^* \qquad \dot{v}_y^* = \omega_c v_x$$

Separation der Variablen durch Differenzieren

$$\ddot{v}_y^* = -\omega_c^2 v_y^* \qquad \ddot{v}_x = -\omega_c^2 v_x \quad .$$

Allgemeine komplexe Lösung:

$$\tilde{v}_y^* = \tilde{v}_o \exp i\omega_c t \qquad \tilde{v}_x = \frac{\dot{\tilde{v}}_y^*}{\omega_c} = i\tilde{v}_y^* \quad ,$$

d.h. "Kreisbewegungen in der v_x, v_y^*-Ebene".

Mit der Randbedingung $\underline{v}(t = 0) = (v_{xo}, v_{yo}, 0)$ folgt für die reellen Geschwindigkeiten

$$\begin{aligned} v_x(t) &= \quad - (v_{yo} - v_o) \sin(\omega_c t) + v_{xo} \cos(\omega_c t) \\ v_y(t) &= v_o + (v_{yo} - v_o) \cos(\omega_c t) + v_{xo} \sin(\omega_c t) \quad . \end{aligned} \tag{7.15}$$

Diesen Geschwindigkeiten entsprechen Bewegungen auf *Zykloiden*, d.h. eine Translations-Bewegung mit $v_o = E/B$ in die positive y-Richtung, überlagert von einer Rotationsbewegung in der x-y-Ebene mit der Winkelgeschwindigkeit ω_c und einer Bahngeschwindigkeit

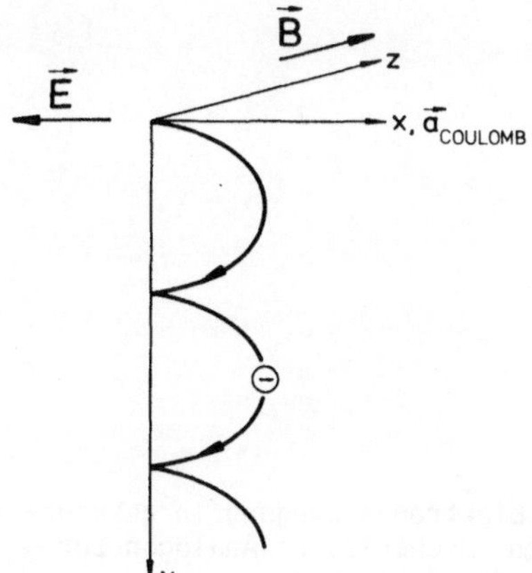

Abb. 7.2. Elektronenbahn in gekreuzten Feldern

$$v^2 = (v_o - v_{yo})^2 + v_{xo}^2 \quad . \tag{7.16}$$

Anmerkung:

Die Bahnkurven entsprechen der Bewegung eines Punktes auf der Außenseite einer Garnrolle, die auf ihrem inneren Zylinder abrollt mit der Winkelgeschwindigkeit ω_c (Abb.7.3).

7.2.1 Fallunterscheidungen

a) wenn $v_o \simeq 0$, d.h. $E = 0$ oder B sehr groß, dann folgt $r_i \simeq 0$. Die Bahngeschwindigkeit $v = \omega_c \cdot r_a$ hängt nur von den Anfangswerten ab, sie ist unabhängig von B, r_a stellt sich entsprechend ein. Dies sind die Landau-Bahnen. (Abb.7.4a)

b) wenn $v_{xo} = 0$ und $v_{yo} = 0$, dann folgt $r_a = r_i$. Es gilt $v_o = E/B$ = Translationsgeschwindigkeit = Umfangsgeschwindigkeit (Abb.7.4b). Das zunächst ruhende Elektron driftet senkrecht zu den Feldern.

c) wenn $v_{xo} = 0$, $v_{yo} = v_o$, dann $r_a = 0$, die Bahnkurve ist eine Gerade. Dies ist das Verhalten eines "mittleren" driftenden Elektrons beim Hall-Effekt: $E = v_y B$ (s. Abschn.7.3.1).

d) wenn $v_{xo} = 0$, $v_{yo} \neq 0$ jedoch $v_{yo} < 0$ oder $v_{yo} > 2v_o$, dann folgt $r_a > r_i$ und $v > v_o$, bzw. wenn $0 < v_{yo} < v_o$, folgt $r_a < r_i$ und $v < v_o$ (Abb.7.4c). Für $v_{xo} \neq 0$ erhält man topologisch ähnliche Strukturen, nur liegt der Koordinatenursprung dann nicht an ausgezeichneten Punkten der Bahnkurve.

Unabhängig von der Anfangsgeschwindigkeit driftet das Elektron mit $v_o = E/B$ senkrecht zu $\underline{E}$ und $\underline{B}$.

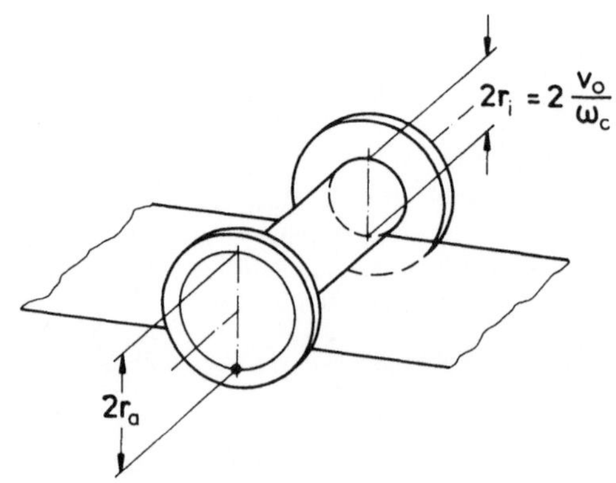

$$\left(\frac{r_a}{r_i}\right)^2 = \left(\frac{v_{xo}}{v_o}\right)^2 + \left(1 - \frac{v_{yo}}{v_o}\right)^2$$

Abb. 7.3. Elektronenbewegung in gekreuzten Feldern, mechanisches Analogon zur Entstehung der Zykloiden

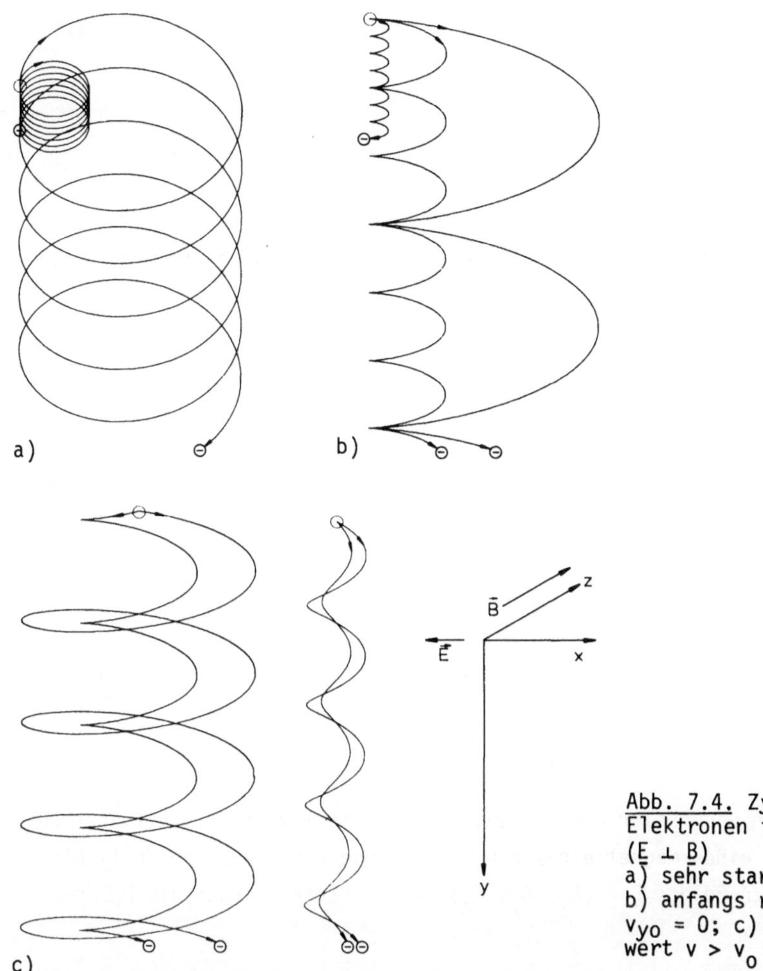

Abb. 7.4. Zykloiden-Bahnen der Elektronen in gekreuzten Feldern ($\underline{E} \perp \underline{B}$)
a) sehr starkes B-Feld, $v_o \simeq 0$;
b) anfangs ruhendes Elektron v_{xo}, $v_{yo} = 0$; c) beliebiger Anfangswert $v > v_o$

7.2.2 Aufheizung der Elektronen durch das elektrische Feld bei B ≠ 0

Obwohl wir keine Stöße betrachten, kann das elektrische Feld im Falle gekreuzter Felder das Elektronengas nur begrenzt aufheizen, da es die Elektronen auf den vom B-Feld gekrümmten Bahnen immer abwechselnd beschleunigt und wieder abbremst.

Um diese Begrenzung in der Erhöhung der kinetischen Energie abzuschätzen, betrachten wir das Quadrat der Bahngeschwindigkeit (7.15):

$$v_{Bahn}^2 = v_x^2 + v_y^2 = v_{xo}^2 + (v_{yo} - v_o)^2 + v_o^2 + 2v_o\,(v_{yo} - v_o)\cos\omega t + 2v_o v_{xo}\sin\omega t \quad . \tag{7.17}$$

Der zeitliche Mittelwert beträgt dann

$$\overline{v_{Bahn}^2} = \overline{v^2(t=0)} + 2v_o^2\,(1 - \frac{v_{yo}}{v_o}) \quad . \tag{7.18}$$

Ein anfangs ruhendes Elektron [v(t = 0) = 0] kann also nur eine mittlere kinetische Energie erhalten von

$$W_{kin} = \frac{m\overline{v^2_{Bahn}}}{2} = m(\frac{E}{B})^2 \quad . \tag{7.19}$$

In Analogie zur Begrenzung der Aufheizung im elektrischen Feld durch Stöße definieren wir gemäß (5.22) eine *"magnetische Stoßzeit"* τ_c

$$W_{kin} = m(\frac{E}{B})^2 \equiv \frac{e_o^2\tau_c^2}{m} E^2$$

$$\tau_c = \frac{m}{e_o B} = \frac{1}{\omega_c} \quad . \tag{7.20}$$

τ_c entspricht dann einer Energierelaxationszeit.

7.3 Der Hall-Effekt

Wir betrachten jetzt ein Gas freier Elektronen, das in seinem Wirtskristall gestreut wird, unter dem Einfluß eines Magnetfeldes $\underline{B} = (0,0,B)$ und eines zunächst beliebig orientierten elektrischen Feldes $\underline{E} = (E_x, E_y, E_z)$. Wir zerlegen wieder die Drude-Lorentz-Gleichung (4.1)

$$m\dot{\underline{v}} + \frac{m}{\tau}\underline{v} = q(\underline{E} + \underline{v} \times \underline{B})$$

in Komponenten

$$\begin{aligned} m\dot{v}_x + \frac{m}{\tau} v_x &= q(E_x + v_y B) \\ m\dot{v}_y + \frac{m}{\tau} v_y &= q(E_y - v_x B) \\ m\dot{v}_z + \frac{m}{\tau} v_z &= q\,E_z \quad . \end{aligned} \tag{7.21}$$

7.3.1 Lösung für lange Leiter

Zunächst betrachten wir einen Leiter mit konstantem Querschnitt, der in y-Richtung beliebig ausgedehnt ist (Abb.7.5). In dieser Anordnung ist ein stationärer Strom nur in y-Richtung möglich

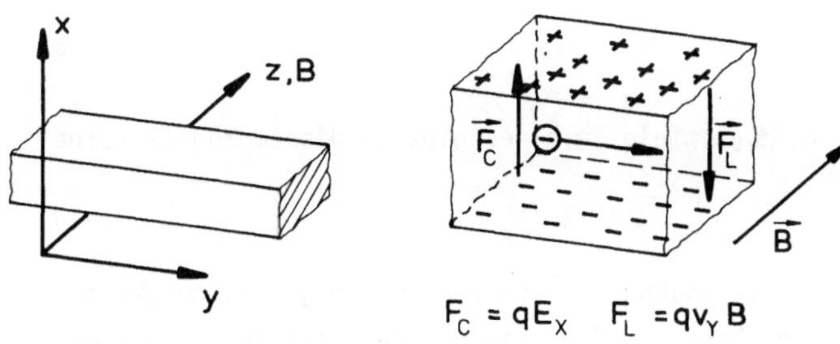

Abb. 7.5. Zur Entstehung des Hall-Feldes

$$\underline{v}_D = (0, v_y, 0) \quad . \tag{7.22}$$

Wir fragen, welche Feldstärke $\underline{E}$ sich einstellt, wenn wir $\underline{v}_D$, bzw. eine Stromdichte $\underline{j} = qn\underline{v}_D$ aufprägen

$$0 = q(E_x + v_y B) \qquad \frac{m}{\tau} v_y = q\, E_y \qquad 0 = q\, E_z \quad . \tag{7.23}$$

Es stellt sich das Feld ein

$$\underline{E} = (-v_y B,\ v_y \frac{m}{q\tau},\ 0) \quad . \tag{7.24}$$

Deutung:

Ein Strom allein in y-Richtung ist nur möglich, wenn ein elektrisches Feld E_x - also senkrecht zur Driftrichtung - ständig die Lorentz-Kraft kompensiert. Das Feld wird durch Raumladungen aufgebaut.

Dieses Feld

$$E_x = -v_y B \equiv E_H \tag{7.25}$$

ist das *Hall-Feld*. Es ist unabhängig von der Trägerladung (Abb.7.6)

Um den Einfluß der Stöße zu kompensieren, d.h. v_y aufrecht zu erhalten, ist ständig eine Feldkomponente E_y in Richtung der Strombahn erforderlich, für die gilt

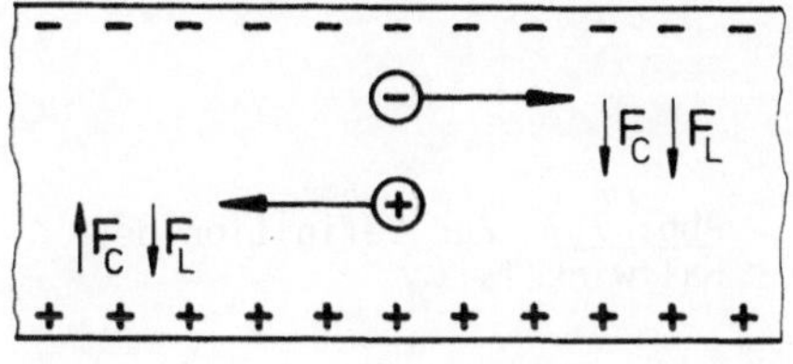

Abb. 7.6. Hall-Effekt bei Mischleitung

$$v_y = \frac{q}{m}\tau E_y = \mu E_y \quad . \tag{7.26}$$

In dieser Gleichung erscheint kein Magnetfeld, d.h. es gibt in diesem Modell keine *magnetische Widerstandsänderung*!

Anmerkung:

Die Bedingung (7.25) $v_D = E_H/B$ gilt unabhängig von der Anfangsgeschwindigkeit der einzelnen Elektronen, wie in Abschn. 7.2 gezeigt wurde. Deshalb ist die Behandlung im Drude-Lorentz-Modell erfolgreich, d.h. die ersatzweise Beschreibung des ganzen Elektronen-Ensembles durch ein mittleres Elektron.

7.3.2 Der Hall-Winkel

Wir messen den Einfluß des Magnetfeldes durch den Vergleich des Hall-Feldes mit dem Drift-Feld, indem wir den *Hall-Winkel* definieren:

$$\tan\phi_H \equiv \frac{E_x}{E_y} = -\frac{q\tau}{m} B = -\mu B = -\frac{\omega_c^*}{\omega_\tau} \tag{7.27}$$

mit $\omega_c^* \equiv qB/m$ (unterscheide: $\underline{\omega}_c = q\underline{B}/m$, $\omega_c = e_0B/m$!).

Der Hall-Effekt ist eine Eigenschaft des "einzelnen", mittleren Elektrons, er hängt nicht von der Konzentration ab (vergl. Abschn.7.3.3).

Makroskopisch beschreibt der Hall-Winkel die Neigung der elektrischen Feldlinien bzw. Äquipotentialien unter dem Einfluß des Magnetfeldes (Abb.7.7). Mikroskopisch wäre $\tan\phi_H = -\omega_c^* \cdot \tau$ der Bruchteil einer Landau-Bahn, den unsere Elektronen im Mittel zwischen zwei Stößen durchlaufen könnten.

Das Vorzeichen von ϕ_H wird durch das Ladungsvorzeichen der freien Träger bestimmt und erlaubt somit die Unterscheidung zwischen Elektronen- und Löcherleitung.

Quantitative Abschätzung zum *Hall-Winkel*:

Aus $B = 1T$, $m^* = m_0$ folgt $\omega_c = 1{,}8 \cdot 10^{11}\ s^{-1}$.

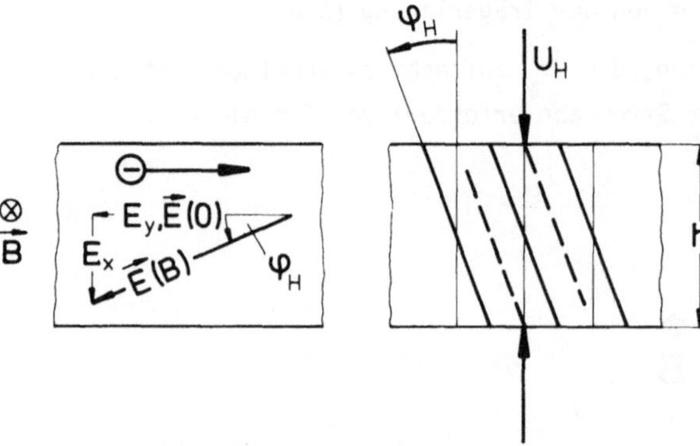

Abb. 7.7. Zur Definition des Hallwinkels ϕ_H

Bei 300 K gilt etwa

	Halbleiter	Metall
$1/\tau$:	$10^{13}\ s^{-1}$	$10^{15}\ s^{-1}$
$\tan\phi_H$:	$2 \cdot 10^{-2}$	$2 \cdot 10^{-4}$.

Bei sehr kleinen Hall-Winkeln, z.B. in Metallen und Halbleitern mit niedriger Beweglichkeit, ist die Beobachtung der geringen Versetzung der Äquipotentialien sehr schwierig!

7.3.3 Die Hall-Konstante

E_H entstand im B-Feld durch eine den Elektronen aufgeprägte Driftgeschwindigkeit v_D. Makroskopisch prägt man jedoch der Probe einen Strom, bzw. eine Stromdichte $j = qnv_D = qn\mu E_y$ auf. Man bezieht deshalb E_H auf j und definiert die *Hall-Konstante*:

$$E_x = \tan\phi_H \cdot E_y = \tan\phi_H \cdot \frac{j}{qn\mu}$$

$$E_H \equiv -R_H B \cdot j \quad , \quad R_H = \frac{1}{qn} \quad . \tag{7.28}$$

Durch die Normierung auf die Stromdichte wird in der Hall-Konstanten eine Konzentrationsabhängigkeit vorgetäuscht, die Abhängigkeit von den Beweglichkeiten ist verloren gegangen!

Durch eine Spannungs- (E_H), Strom- (j) und Magnetfeld-Messung (B) können mit dem Hall-Effekt Vorzeichen und Konzentration der Ladungsträger bestimmt werden

$$q \cdot n = -\frac{B \cdot j}{E_H} \quad . \tag{7.29}$$

Durch zwei Spannungs- (E_H, E_D) und eine Magnetfeld-Messung (B) können Ladung und Beweglichkeit der Träger bestimmt werden

$$\mu = \frac{q\tau}{m} = -\frac{E_H}{E_D \cdot B} \quad . \tag{7.30}$$

7.3.4 Die Messung des Hall-Effekts

Auf die meßtechnischen Probleme bei der Untersuchung des Hall-Effekts können wir hier nicht eingehen. Es sind dies Fragen wie die Erzeugung eines homogenen Stromfeldes, Messung kleinster Spannung, Herstellung sperrfreier bzw. niederohmiger Kontakte, Vermeidung von Thermospannungen usw. Hierüber gibt es eine Fülle anspruchsvoller Original-Literatur (s. z.B. [7.2]).

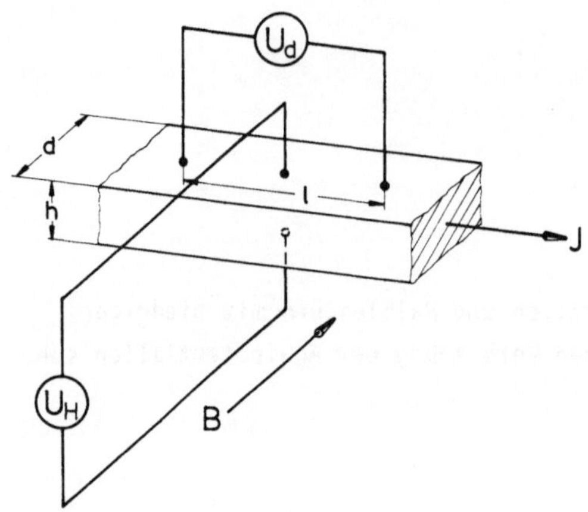

Abb. 7.8. Geometrie bei der Messung von Leitfähigkeit und Hall-Effekt

Wir stellen hier nur die Formeln zusammen, die die gemessenen Größen (I, U_D, U_H, B, ℓ, d, h) mit den Materialeigenschaften (σ, R_H, $\tan\phi_H$) verknüpfen. Dabei ist ein homogenes Stromfeld vorausgesetzt (Abb.7.8):

$$I = jdh \quad U_D = \int E_y dy = E_D \ell \quad U_H = \int E_x dx = E_H h$$

$$\tan\phi_H = \frac{E_H}{E_D} = \frac{U_H}{U_D} \cdot \frac{\ell}{h} \quad , \quad \tan\phi_H = -\mu B \tag{7.31}$$

$$R_H = - \frac{E_H}{jB} = - \frac{U_H}{I \cdot B} d \quad , \quad R_H = \frac{1}{qn} \tag{7.32}$$

$$\sigma = \frac{j}{E_D} = \frac{I}{U_D} \cdot \frac{\ell}{dh} \quad , \quad \sigma = qn\mu \tag{7.33}$$

und $\sigma \cdot R_H = \mu$. (7.34)

7.3.5 Die spektroskopischen Parameter

Die Bestimmung der mikroskopischen Eigenschaften m, n, q, τ aus gemessenen Größen ist modellabhängig. Zum Beispiel ergeben genauere Modelle als unser Drude-Lorentz-Ansatz oft zusätzliche Korrekturfaktoren, die von den Mittelungsprozessen über die Elektronenverteilung herrühren. Zweckmäßiger sind deshalb die *"spektroskopischen Parameter"*, da sie sich unmittelbar messen lassen (s.w.u.). Hiernach entsprechen einander:

mikroskopische Parameter → spektroskopische Parameter

n : Konzentration → $\omega_p^2 = \frac{e_o^2 n}{\varepsilon_o m^*}$: Plasmafrequenz

τ : Stoßzeit → $\omega_\tau = \frac{1}{\tau}$: Stoßfrequenz

m*: effektive Masse → $\omega_c^* = \frac{qB}{m^*}$: Zyklotronfrequenz.

Drückt man die makroskopischen Gleichstromgrößen durch die spektroskopischen Parameter aus, so erhält man

Stoßzeit

$$\tau = \frac{1}{\omega_\tau}$$

magnetische Stoßzeit

$$\tau_c = \frac{1}{\omega_c}$$

spez. Widerstand

$$\rho = \frac{\omega_\tau}{\varepsilon_o \omega_p^2} \qquad (7.35)$$

Hall-Widerstand

$$R_H \cdot B = \frac{\omega_c^*}{\varepsilon_o \omega_p^2} \qquad (7.36)$$

Hallwinkel

$$\tan\phi_H = -\frac{\omega_c^*}{\omega_\tau} . \qquad (7.37)$$

7.3.6 Der Hall-Effekt bei Mischleitung

Driften in einem Leiter Ladungsträger verschiedener Beweglichkeit oder Ladung, so läßt sich die Bedingung $\underline{v}_D = (0, v_y, 0)$, (7.21), nicht mehr gleichzeitig durch ein makroskopisches Hall-Feld E_x aufrechterhalten, da für jede Trägersorte i die Bedingung $E_x/E_y = -\omega_{ci}^*/\omega_{\tau i}$ getrennt erfüllt sein müßte. Für den Grenzfall "Langer Leiter" kann dann nur noch die schwächere Forderung $\underline{j} = (0, j_y, 0)$ aufrechterhalten werden. Diese besagt, daß quer zum Leiter kein Leitungsstrom auftreten darf. Liegen z.B. Elektronen (n) und Löcher (p) vor, so folgt aus

$$j_x = q_n n v_{nx} + q_p p v_{px} = 0 \qquad (7.38)$$

wegen $q_p = -q_n = e_o$

$$\frac{v_{nx}}{v_{px}} = \frac{p}{n} . \qquad (7.39)$$

In x-Richtung findet also eine *"ambipolare"* Strömung statt. Beim Leiter mit nur einer Trägersorte haben wir die Vorstellung entwickelt, daß ein *unipolarer* Strom nur beim Einschalten des B-Feldes fließt, um über eine Raumladung das Hall-Feld zu erzeugen, das dann seinerseits für $j_x = 0$ sorgt. Beim Leiter mit zwei Trägersorten verschwindet aber nur der elektrische Strom, während ständig ein Teilchenstrom beider Träger fließen muß. Eine korrekte Beschreibung des Hall-Effekts muß deshalb auch die Rekombinationsprozesse enthalten, die für das Verschwinden der ständig nachgelieferter beiden Trägersorten sorgen. Außerdem erzeugt das Konzentrationsgefälle der Raumladungen, die das Hall-Feld aufbauen, Diffusionsströme, die ebenfalls zum Strom j_x beitragen. Diese strengere Behandlung wäre natürlich bereits beim Beispiel nur einer Trägersorte erforderlich gewesen!

Wir betrachten hier nur den Grenzfall, daß die Rekombination an der Oberfläche beliebig schnell stattfindet und somit innerhalb der Probe die Konzentrationen konstant sind. Unsere Ergebnisse können bis zu 100% falsch sein, wenn diese Voraussetzungen nur schlecht erfüllt sind. (Genauere Beschreibung s. [7.3, S. 135] [7.4, S. 351] sowie [7.5]).

Zur Berechnung des Hall-Winkels haben wir jetzt 2 stationäre Drude-Lorentz-Gleichungen

$$\frac{m_{n,p}}{\tau_{n,p}} \underline{v}_{n,p} = q_{n,p} (\underline{E} + \underline{v}_{n,p} \times \underline{B}) \quad . \tag{7.40}$$

Für unsere Orientierung $\underline{E} = (E_x, E_y, 0)$, $\underline{B} = (0,0,B)$ erhalten wir mit mit $\mu_{n,p} = q_{n,p} \cdot \tau_{n,p}/m_{n,p}$ die Komponentenzerlegung

$$\begin{aligned} v_{nx} &= \mu_n (E_x + v_{ny}B) \qquad & v_{px} &= \mu_p (E_x + v_{py}B) \\ v_{ny} &= \mu_n (E_y - v_{nx}B) \qquad & v_{py} &= \mu_p (E_y - v_{px}B) \quad . \end{aligned} \tag{7.41}$$

Mit der Hall-Bedingung $j_x = 0$ können wir hierin durch (7.39) die Geschwindigkeiten eliminieren. Für den Hall-Winkel erhalten wir dann

$$\tan\phi_H = \frac{E_x}{E_y} = B \frac{-p\mu_p^2(1+\mu_n^2B^2)+n\mu_n^2(1+\mu_p^2B^2)}{+p\mu_p(1+\mu_n^2B^2)-n\mu_n(1+\mu_p^2B^2)} \quad . \tag{7.42}$$

Die Stromdichte $\underline{j} = (0, j_y, 0)$ berechnen wir mit (6.43)

$$j_y = q_n\, n v_{ny} + q_p\, p v_{py}$$

und erhalten

$$j_y = \left(q_p p\mu_p \frac{1-\mu_p B\tan\phi}{1+\mu_p^2 B^2} + q_n n\mu_n \frac{1-\mu_n B\tan\phi}{1+\mu_n^2 B^2} \right) E_y \quad . \tag{7.43}$$

Hier, im Zweiträger-Modell, tritt bereits bei der Beschreibung nach dem Drude-Lorentz-Modell eine *magnetische Widerstandsänderung* auf, da jetzt die Teilchen nicht mehr parallel zur elektrischen Stromdichte driften.

Die Gleichungen (7.42, 7.43) lassen sich etwas vereinfachen für die oft im Experiment verifizierte Näherung "schwacher Felder" $\omega_c \ll \omega_\tau$, d.h. $\mu^2 B^2 \ll 1$:

$$\tan\phi_H \approx -B \frac{p\mu_p^2 - n\mu_n^2}{p\mu_p - n\mu_n} = -\frac{e_o B}{\sigma(B=0)} (p\mu_p^2 - n\mu_n^2) \tag{7.44}$$

und

$$j_y \approx (q_p p\mu_p + q_n n\mu_n) E_y = \sigma(B=0) \cdot E_y \quad . \tag{7.45}$$

Für die Hall-Konstante erhalten wir aus $E_x = -R_H B j_y$ und $j_y = \sigma E_y$ mit $q_p = -q_n = e_o$ im Grenzfall schwacher Felder

$$R_H = \frac{1}{e_o} \frac{p\mu_p^2 - n\mu_n^2}{(p\mu_p - n\mu_n)^2} = \frac{e_o}{\sigma^2} (p\mu_p^2 - n\mu_n^2) \quad . \tag{7.46}$$

Wir erhalten $\tan\phi > 0$ bzw. $R_H < 0$, wenn $n\mu_n^2 > p\mu_p^2$ und umgekehrt, d.h. das Vorzeichen wird durch die "Majoritäten" bzw. durch die "schnelleren" Teilchen bestimmt. Ein Vorzeichenwechsel tritt immer auf, wenn die Bedingung

$$p\mu_p^2 = n\mu_n^2 \tag{7.47}$$

erreicht wird.

7.3.7 Der Hall-Effekt bei Eigenleitung

Für Halbleiter, die sich durch ein einfaches Zweibandmodell beschreiben lassen (1 Leitungsband und 1 Valenzband), gilt nach (2.19) in der Eigenleitung n = p. Bei schwachen B-Feldern erhalten wir dann für

$$\tan\phi_H = -B(\mu_n + \mu_p) \tag{7.48}$$

und

$$R_H = \frac{1}{n_i e_o} \cdot \frac{\mu_p + \mu_n}{\mu_p - \mu_n} \quad . \tag{7.49}$$

Aus R_H und σ erhält man unmittelbar den Unterschied der Beweglichkeiten

$$R_H\sigma = \mu_p + \mu_n = |\mu_p| - |\mu_n| \quad . \tag{7.50}$$

Hier verschwindet der Hall-Effekt, wenn die Beweglichkeiten gleich werden.

Abbildung 7.9 zeigt Meßwerte, die an verschieden dotierten Kristallen gewonnen wurden, so daß im betrachteten Temperaturbereich eigenleitende ($n = p$), mischleitende ($n < p$) und störleitende ($n \ll p$) Proben vorlagen. Die mischleitende Probe zeigt beim Erwärmen eine Vorzeichenumkehr, die durch die Zunahme des Elektronenbeitrages (7.47) zu erklären ist. Die Vorzeichenumkehr bei ca. 500 K, die auch in der Eigenleitung beobachtet wird, ist wahrscheinlich auf die unterschiedliche Temperaturabhängigkeit der Beweglichkeiten zurückzuführen. Bei der störleitenden Probe dagegen dominiert selbst bei hohen Temperaturen der Beitrag der Löcher. Eine Vorzeichenumkehr wird nicht beobachtet.

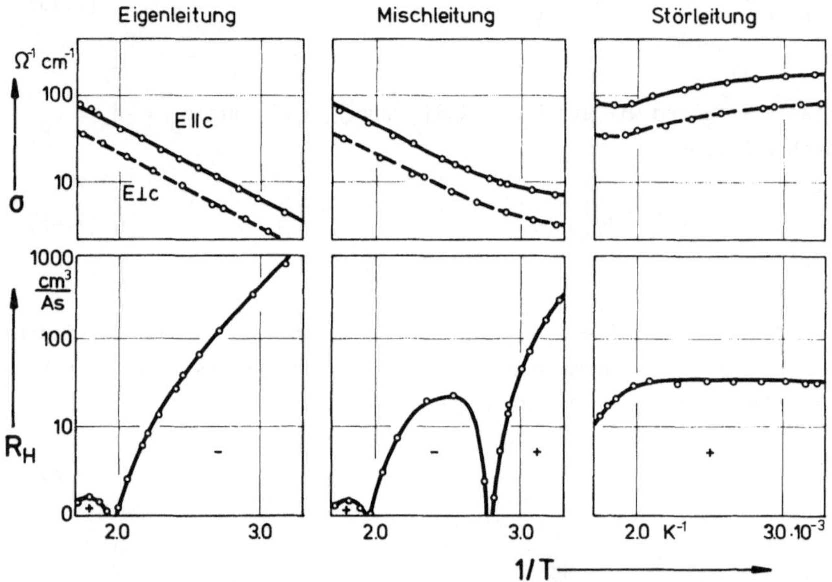

Abb. 7.9. Leitfähigkeit und Hall-Konstante verschieden dotierter Tellur-Proben. Infolge der anisotropen Kristallstruktur erhält man für verschiedene Strom- bzw. Feldrichtungen unterschiedliche Leitfähigkeit

7.4 Die magnetische Widerstandsänderung

Im Drude-Lorentz-Modell gibt es für Leiter mit nur einer Ladungsträgersorte keine *magnetische Widerstandsänderung*, da das Elektronengas ersatzweise durch ein mittleres

Elektron mit $\underline{v} = (0, v_D, 0)$ beschrieben wird. Dieses Elektron driftet aber auch im Magnetfeld geradeaus, da sich das transversale Feld E_x genau so einstellt, daß $v_D(B) = v_D(0) = E_x/B$.

Tatsächlich sind aber im Elektronengas alle möglichen Anfangsgeschwindigkeiten vertreten. Außerdem sind die thermischen Geschwindigkeiten wesentlich größer als v_D. Dennoch bewegen sie sich, wie in Abschn. 7.2 gezeigt wurde, im Mittel alle mit $v_y = E/B$ in die gleiche Richtung wie der Strom im magnetfeldfreien Fall. Der tatsächlich zurückgelegte Weg aller Teilchen mit $\underline{v} \neq \underline{v}_D$ ist jedoch länger als der Driftweg (Abb.7.10). Unter der Annahme einer "freien Weglänge" erleiden sie deshalb mehr Stöße als ohne Magnetfeld. Behandelt man dieses Problem genauer, so erhält man die *transversale*, magnetische Widerstandsänderung.

Wir schätzen für den Fall schwacher Felder ($\omega_c \ll \omega_\tau$) die Größenordnung des Effektes ab, indem wir den "Umweg" der Teilchen berechnen, wenn diese durch das B-Feld von einer Geraden auf einen Kreisbogen gezwungen werden (Abb.7.10b und 11).

Zwischen zwei Stößen wird der Weg $\ell_0 = v_0\tau$ zurückgelegt. Im Magnetfeld ist dieser Weg ein Kreisbogen mit dem Öffnungswinkel $\phi = \omega_c \cdot \tau$. In Driftrichtung trägt hiervon nur

$$\ell = r \cdot \sin\phi = \frac{v_0}{\omega_c} \sin\phi$$

bei. Einwickeln wir $\sin\phi \approx \phi - \phi^3/3!$, so erhalten wir

$$\ell \approx \ell_0 \left(1 - \frac{\omega_c^2\tau^2}{6}\right) \quad . \tag{7.51}$$

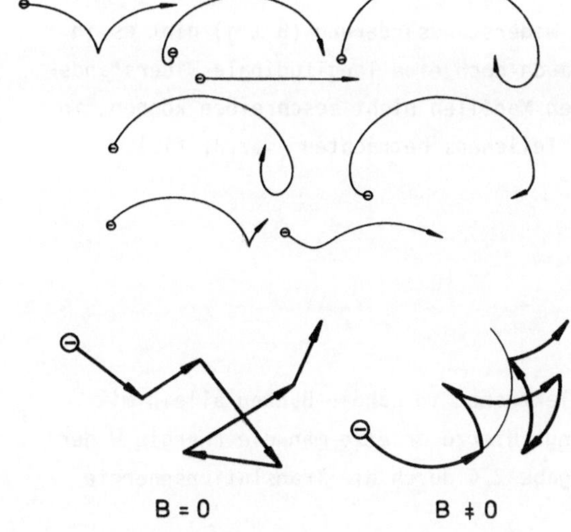

Abb. 7.10. Driftende Elektronen im transversalen Magnetfeld, a) Driftweg $E_H/B\omega_\tau$ bei unterschiedlichen Anfangsbeschwindigkeiten ($\omega_\tau = \omega_c$); b) driftendes Elektron mit $\omega_\tau > \omega_c$

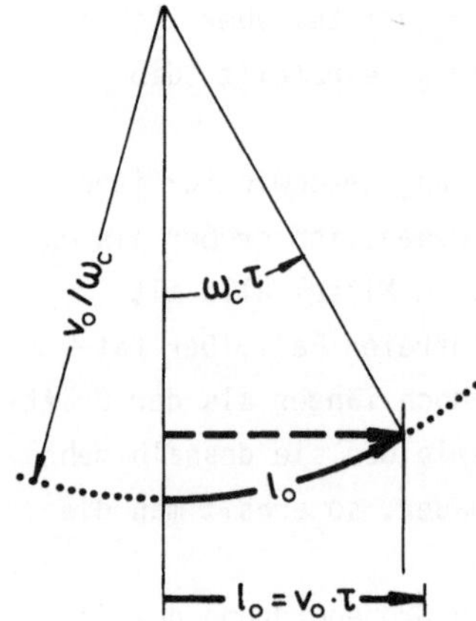

Abb. 7.11. Verkürzung des effektiven Driftweges (---) durch Bahnkrümmung im Magnetfeld

Hiermit ist eine niedrigere Stromdichte, bzw. Leitfähigkeit $\sigma \sim \ell$ verknüpft:

$$\frac{\sigma(B)-\sigma(0)}{\sigma(0)} = \frac{\ell-\ell_0}{\ell_0} \simeq \frac{\omega_c^2\tau^2}{6} \quad .$$

Die zu erwartende magnetische Widerstandsänderung ist ebenfalls von der Größenordnung

$$\frac{\Delta\rho}{\rho} = \frac{\rho(B)-\rho(0)}{\rho(0)} \simeq \left(\frac{\omega_c}{\omega_\tau}\right)^2 \simeq (\mu B)^2 \quad . \tag{7.52}$$

Die magnetische Widerstandsänderung ist für schwache Felder ein quadratischer Effekt.

Neben dieser transversalen magnetischen Widerstandsänderung ($\underline{B} \perp \underline{j}$) gibt es in Kristallen mit richtungsabhängigen Massen auch noch eine longitudinale Widerstandsänderung ($\underline{B} \parallel \underline{j}$), die wir jedoch mit unseren Modellen nicht beschreiben können, in denen wir nur die Bewegung eines mittleren Teilchens betrachten (s.z.B. [1.1, S. 124].

Aufgaben

7.1 Bestimme die Zustandsdichte D(W) der Elektronen in Landau-Bahnen allein mit Rücksicht auf die Bewegung in z-Richtung. Hierzu ersetze man die Energie W der 1-dimensionalen Zustandsdichte der Aufgabe 2.4 durch die Translationsenergie $W_z = W - W_{rot}(n)$.

7.2 Wie groß muß E sein, um im Falle gekreuzter Felder eine Aufheizung $W_{kin} \approx kT$ zu erreichen? (T = 4K, B = 1T)

7.3 Welchen Hall-Winkel erhält man im Germanium bei ca. 30 K in einem Feld 3 T?

7.4 Bestätige (7.42) für den Hall-Winkel in der Mischleitung unter Verwendung von (7.39, 41).

7.5 Bestätige (7.43) für die Stromdichte beim Hall-Effekt im Falle der Mischleitung.

7.6 Zur Herleitung des Hall-Effekts haben wir das Feld $\underline{E}$ gesucht, das eine Stromdichte $\underline{j} = (0, j_y, 0)$ zur Folge hat. Wie heißen die Tensorkoeffizienten σ_{ij} der zugehörigen Vektorgleichung

$$\begin{pmatrix} j_x \\ j_y \end{pmatrix} = \begin{pmatrix} \sigma_{xx} & \sigma_{xy} \\ \sigma_{yx} & \sigma_{yy} \end{pmatrix} \cdot \begin{pmatrix} E_x \\ E_y \end{pmatrix} \quad ?$$

Beim Experiment dagegen prägen wir $\underline{j}$ auf und erhalten die Anwort $\underline{E}$. Wie heißen hier die Tensorkoeffizienten ρ_{ij} zu $\underline{E} = \bar{\bar{\rho}}\underline{j}$? (Betrachte den Fall eines Leiters mit nur einer Teilchensorte und den der n-p-Mischleitung für die Näherung schwacher Felder).

7.7 Berechne die Beweglichkeit und Konzentration der Löcher aus den Leitfähigkeits- und Hall-Effekt-Messungen an einer störleitenden Tellur-Probe sowie die Beweglichkeitsdifferenz aus den Messungen an einer eigenleitenden Probe für T < 500 K (Abb.7.9).

8. Ströme und Felder infolge Temperatur- und Konzentrationsgradienten

Neben elektrischen und magnetischen Feldern werden Ströme auch durch Temperatur- und Konzentrationsgradienten verursacht. Können diese Ströme aus geometrischen Gründen nicht fließen, so stellen sich entsprechende elektrische Felder ein. Die Ladungsströme werden von einer Energieströmung begleitet. Es werden folgende Effekte betrachtet: der Seebeck-Effekt (elektrisches Feld im Temperaturgradienten), der Peltier-Effekt (Ladungsstrom wird von Wärmestrom begleitet), die Wärmeleitung und der Nernst-Effekt (elektrisches Feld senkrecht zu einem Temperaturgradienten im Magnetfeld). Als Beispiel für Ströme im Konzentrationsgradienten schließlich wird die Diffusion betrachtet.

8.1 Die freie Weglänge im Temperatur- und Konzentrationsgradienten

Bisher haben wir als Ursache für Ströme nur elektromagnetische Felder betrachtet. Weitere scheinbare treibende Kräfte, um Ströme hervorzurufen, sind *Temperatur-* und *Konzentrationsgradienten*.

Um wieder das Drude-Lorentz-Konzept des mittleren, freien Elektrons anwenden zu können, betrachten wir unseren Festkörper mit einer "geometrischen Auflösung" von einer freien Weglänge. Das bedeutet die Annahme, daß durch die Wechselwirkung mit dem Wirtskristall das Elektronengas vor bzw. nach dem Durchlaufen einer freien Weglänge durch die zum jeweiligen Ort gehörige Temperatur oder Konzentration beschrieben werden kann (Abb.8.1). Auf diese Weise erhalten wir an Stelle der Gradienten Temperatur- oder Konzentrationsdifferenzen

$$(T_2 - T_1) = \frac{dT}{dx} \cdot \ell \quad n_2 - n_1 = \frac{dn}{dx} \ell \quad . \tag{8.1}$$

Betrachten wir zunächst den Fall $T_2 > T_1$ und $n_1 = n_2 = n$, so erwarten wir einen Te chenstrom von rechts nach links, da die von $+\ell/2$ kommenden Teilchen im Mittel eine höhere thermische Geschwindigkeit haben als die von $-\ell/2$ kommenden. Für die Nettoteilchenstromdichte g_n erhalten wir

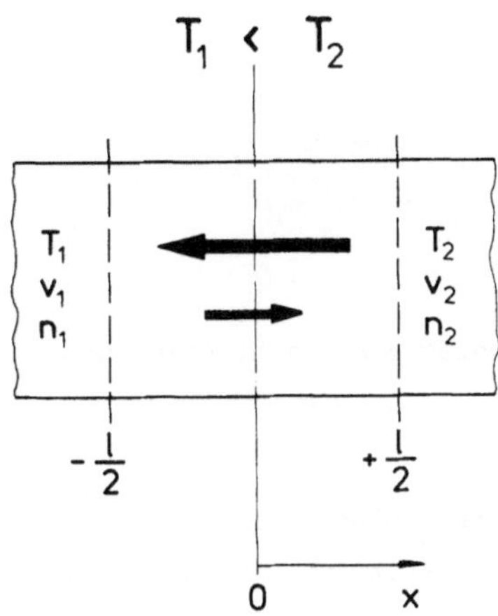

Abb. 8.1. Freie Weglänge ℓ der Elektronen. An den Orten $x = \pm\ell/2$ haben die Elektronen im Mittel die Geschwindigkeit $v_{1,2}$, entsprechend den dort herrschenden Temperaturen

$$g_n = g_{12} - g_{21} = n(v_1 - v_2) = -n \frac{dv}{dx} \cdot \ell \quad . \tag{8.2}$$

Ohne die genaueren Mittelwerte zu berücksichtigen, schätzen wir den Geschwindigkeitsunterschied aus der mittleren kinetischen Energie ab. Für das nichtentartete Elektronengas folgt mit

$$\begin{aligned} v &= \left(\frac{3kT}{m}\right)^{1/2} \; ; \; \frac{dv}{dT} = \frac{1}{2} \left(\frac{3k}{mT}\right)^{1/2} \; ; \quad \ell = v \cdot \tau \\ g_n &= n \frac{dv}{dT} \cdot \frac{dT}{dx} \ell = -n \frac{3k\tau}{2m} \cdot \frac{dT}{dx} \quad . \end{aligned} \tag{8.3}$$

Bei geladenen Teilchen ersetzt man τ oft durch die Beweglichkeit $\mu = q\tau/m$ und erhält somit

$$g_n = -n \frac{3k}{2q} \mu \frac{dT}{dx} \quad . \tag{8.4}$$

Der Strom g_n existiert in jedem Querschnitt unseres Kristalls. Das bedeutet aber nicht, daß die individuellen Teilchen die ganze Kristall-Länge durchlaufen müssen. Vielmehr kann z.B. ein heißes Teilchen bei $-\ell/2$ stoßen, eine kinetische Energie entsprechend T_1 annehmen und als langsames Teilchen nach $+\ell/2$ zurückkehren.

8.2 Thermoelektrische Effekte

Wir betrachten zunächst wieder den Fall $dT/dx \neq 0$, $dn/dx = 0$, lassen jedoch auch zu, daß elektrische Felder auftreten. Je nachdem, ob unsere Teilchen die Ladung q oder die Energie 3kT/2 transportieren, erhalten wir eine Ladungsstromdichte

$$j = q \cdot g_n = qn\mu E + qn(v_1 - v_2) \tag{8.5}$$

oder eine Energiestromdichte

$$w = \frac{3}{2}kT \cdot g_n = \frac{3}{2}kT\, n\mu E + \frac{3}{2}kTn(v_1 - v_2) \quad , \tag{8.6}$$

die durch ein elektrisches Feld oder den Temperaturgradienten verursacht sein können.

8.2.1 Seebeck-Effekt, differentielle Thermokraft

Der Ladungsstrom (8.5) in einem Leiterstück mit nicht kurzgeschlossenen Enden kann nicht unbegrenzt fließen, da Raumladungen aufgebaut werden. Stationäre Verhältnisse sind erreicht, wenn die Raumladungen das Abströmen infolge des Temperaturgradienten verhindern: $j = 0$. Mit (8.3) folgt für das zugehörige elektrische Feld

$$E_x = -\frac{v_1 - v_2}{\mu} = \frac{3k}{2q} \cdot \frac{dT}{dx} \quad ,$$

(Konzentrationsgradienten haben wir dabei vernachlässigt!)

$E_x = -dU/dx$ nennt man die *differentielle Thermospannung*. Die zugehörige Materialeigenschaft ist die *Thermokraft* oder die *Seebeck-Konstante* S

$$E_x \equiv S\frac{dT}{dx} \quad , \quad \frac{dU}{dT} = -S \quad . \tag{8.7}$$

In unserer vereinfachten Beschreibung erhalten wir für S einen universellen Wert

$$S = \frac{3}{2}\,\frac{k}{q} \quad . \tag{8.8}$$

Nur das Vorzeichen hängt von der Ladungsträgerart ab (Abb.8.2). Die Größenordnung beträgt $k/e_0 = 86\mu V/K$.

Anmerkung:

> Zu dem hier behandelten kinetischen Term kommen noch T-abhängige Terme der potentiellen Energie, bzw. des chemischen Potentials, die stark vom Material abhängen. Sie sind von gleicher Größenordnung [6.5] und [7.3, S. 89].

In Metallen ist die Thermokraft wesentlich kleiner als in Halbleitern. Bei unserer Beschreibung verschwindet sie sogar, da wir bei Entartung $v_1 = v_2 = v_F$ angenommen haben.

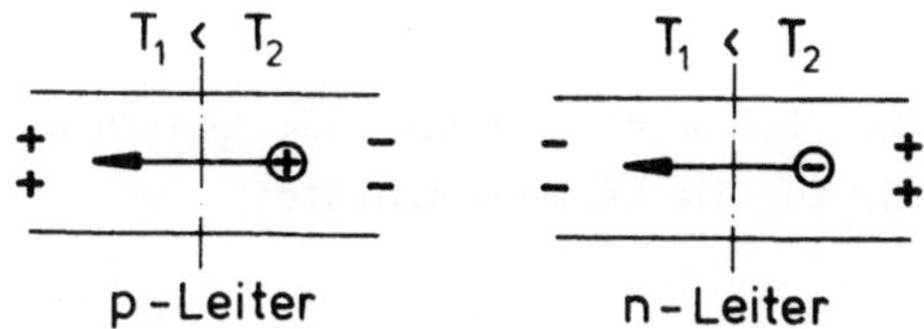

Abb. 8.2. Zum Vorzeichen des Seebeck-Effektes

8.2.2 Peltier-Effekt

Wir betrachten einen Ladungsstrom j = qg. Dieser wird nach (8.6) von einem Wärmestrom begleitet

$$w = \frac{3}{2}\frac{kT}{q}\, j \equiv \Pi \cdot j \quad . \tag{8.9}$$

Π ist die *Peltier-Konstante*

$$\Pi = \frac{3}{2}\frac{k}{q} \cdot T = ST \quad . \tag{8.10}$$

Sie hängt vom Vorzeichen der Ladungsträger ab: der Wärmestrom hat immer die Richtung des begleitenden Teilchenstroms.

Man kann dehalb mit einem elektrischen Strom über einen p-n-Kontakt eine *Wärmepumpe* betreiben (Abb.8.3a). Je nach Polung des elektrischen Stromes fließen die Wärmeströme der Elektronen bzw. Löcher zum p-n-Kontakt hin oder ab. Dieser Effekt wird beim Peltier-Kühler benutzt, (Abb.8.3b).

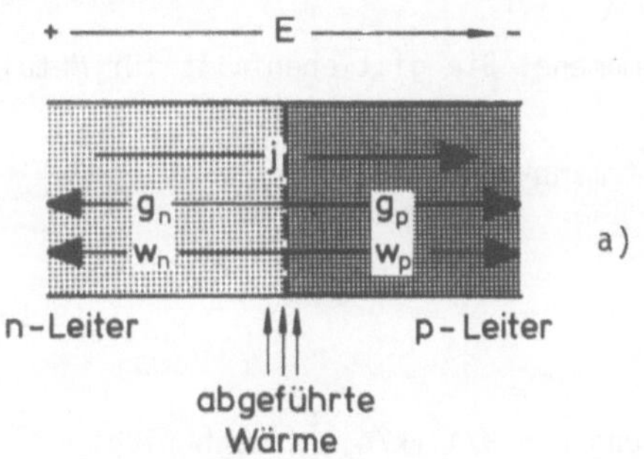

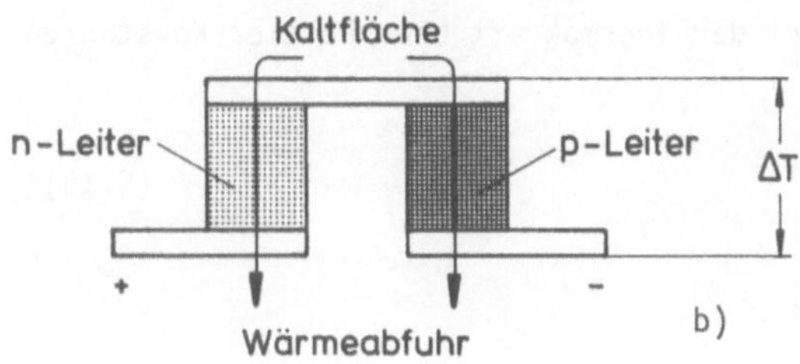

Abb. 8.3. a) Stromdurchflossener p-n-Kontakt als Wärmepumpe, b) Peltier-Kühler (schematisch), Betriebswerte z.B. $\Delta T = -30$ K bei 2 V, 20 A

8.2.3 Wärmeleitung

Der Netto-Teilchenstrom (8.3) zwischen den Orten $\pm\ell/2$ beschreibt den elektronischen Beitrag zur Wärmeleitung. Für E = 0 erhalten wir für die Wärmestromdichte

$$w = \frac{3}{2} kT\, n(v_1 - v_2) = -n\left(\frac{3}{2}\frac{k}{q}\right)^2 q\mu T \frac{dT}{dx} \quad . \tag{8.11}$$

Aus der Definitionsgleichung

$$w \equiv -\lambda \frac{dT}{dx} \tag{8.12}$$

folgt für die *Wärmeleitfähigkeit* λ

$$\lambda = \left(\frac{3}{2}\frac{k}{q}\right)^2 \; q \cdot n \cdot \mu \cdot T = \left(\frac{3}{2}\frac{k}{q}\right)^2 \sigma T \quad . \tag{8.13}$$

Diesem elektronischen Anteil an der Wärmeleitung sind noch Beiträge, die von den Gitterschwingungen verursacht werden, parallel geschaltet. Bei Nichtmetallen sind diese der wesentliche Beitrag zur gesamten Wärmeleitfähigkeit.

8.2.4 Das Wiedemann-Franz-Gesetz und die Lorentz-Zahl

Wir haben gesehen, daß die verschiedenen elektronischen Transportkoeffizienten sehr eng miteinander verknüpft sind. Dabei wird die Aussage von (8.13) das *Wiedemann-Franz-Gesetz* genannt. Die Verknüpfung von λ,σ,T zur *Lorentz-Zahl*.

$$L = \frac{\lambda}{\sigma T} \tag{8.14}$$

folgt auch bei strenger Behandlung unserer Phämomene. Sie gilt ebenfalls für Metalle:

Fermi-Gas	Maxwell-Boltzmann-Gas	
entartet	nichtentartet	
$L = 2\left(\frac{k}{e_o}\right)^2$	$L = \frac{\pi^2}{3}\left(\frac{k}{e_o}\right)^2 \quad .$	(8.15)

(Wir fanden wegen unserer vereinfachten Mittelung $L = 9/4\ (k/e_o)^2$, auch nicht schlecht!).

Der Zusammenhang mit dem kinetischen Term der Thermokraft bzw. Peltier-Konstanten heißt

$$\frac{\lambda}{\sigma T} = S^2 \qquad \frac{\lambda T}{\sigma} = LT^2 = \Pi^2 \quad . \tag{8.16}$$

8.3 Thermomagnetische Effekte, der Nernst-Effekt

Legen wir senkrecht zu einem Strom geladener Teilchen, der durch einen Temperaturgradienten erzeugt wurde, ein Magnetfeld, so wirkt auf diese Teilchen die Lorentz-Kraft. Für einen Gradienten dT/dx und $\underline{B} = (0, 0, B)$ folgt in der Näherung "langer Proben" $\underline{j} = (j_x, 0, 0)$ mit

$$j_x = -\frac{3k}{2q}\,\mu\,\frac{dT}{dx}\cdot n\cdot q$$

aus der Bedingung $j_y = 0$, daß ein E-Feld senkrecht zum Strom existieren muß, ähnlich dem Hall-Feld (Absch. 7.31):

$$E_y = -v_D B \qquad v_D = -\frac{3k}{2q}\,\mu\,\frac{dT}{dx} \quad .$$

Das Auftreten dieses Feldes ist der *Nernst-Effekt*, die zugehörige Materialeigenschaft ist die *Nernst-Konstante* Q

$$E_y \equiv QB_z\,\frac{dT}{dx} \quad , \qquad Q = \frac{3k}{2q}\cdot\mu \quad . \tag{8.17}$$

Tabelle 8.1. Thermoelektrische Effekte im isotropen Medium

	0. Ordnung in B, $\underline{B} = 0$		1. Ordnung in B, $B = (0,0,B_z)$	
	Strom	wird begleitet von	Strom	wird begleitet von
Galvanomagnetische Effekte	j_x	$E_x = -\frac{dU}{dx}$ elektrischer Widerstand	j_x	$E_y = -\frac{dU}{dy}$ Hall-Effekt
		$\frac{dT}{dx}$, w_x Peltier-Effekt		$\frac{dT}{dy}$, w_y Ettingshausen-Effekt
Thermomagnetische Effekte	w_x	$\frac{dT}{dx}$ Wärmeleitung	w_x	$\frac{dT}{dy}$, w_y Leduc-Righi-Effekt
		$E_x = -\frac{dU}{dx}$, j_x Seebeck-Effekt Thermokraft		$E_y = -\frac{dU}{dy}$, j_y Nernst-Effekt

Höhere Ordnung in B

Neben diesen *thermoelektrischen* und *thermomagnetischen Effekten* gibt es noch viele andere (s. Tab.8.1), auch solche, die wie die magnetische Widerstandsänderung in höherer Ordnung von B abhängen. Da sie verschiedene Feld-Vektoren miteinander verknüpfen, haben sie komplizierten Tensor-Charakter. Dies ist besonders in anisotropen Kristallen von großer Bedeutung. Als besonders klare Einführung sei die Monographie von Bhagavantam [8.1] empfohlen, außerdem [8.2].

8.4 Diffusionsströme

Als einziges Beispiel für Ströme, die durch Konzentrationsgradienten verursacht werden, betrachten wir den Fall $dn/dx \neq 0$, jedoch $E = 0$, $dT/dx = 0$. Für die genaue Beschreibung von Transportvorgängen in Halbleitern, bei denen Raumladungen entstehen, ist diese Vereinfachung aber gerade nicht zulässig (s. Abschn. 7.3.6 und 8.2.1). Dort muß man alle Gradienten gemeinsam behandeln.

Die Netto-Teilchenstromdichte (Abb.8.1) beträgt

$$g_n = n_1 v - n_2 v = -v \frac{dn}{dx} \ell \quad . \tag{8.18}$$

Für die *Diffusionskonstante* D folgt daraus

$$g_n \equiv - D \frac{dn}{dx} \qquad D = v \cdot \ell = v^2 \tau = \frac{3kT}{m} \tau \quad . \tag{8.19}$$

Die Proportionalität zwischen Diffusionsstromdichte und Konzentrationsgradient ist das *1. Ficksche-Gesetz*, das "Ohmsche-Gesetz" der Diffusion.

Den inneren Zusammenhang zwischen der Diffusionskonstanten und den elektrischen Transportgrößen zeigt auch die *Einstein-Beziehung*

$$D = \frac{kT}{m} \tau = \frac{kT}{q} \mu \quad , \tag{8.20}$$

die für das nichtentartete Gas auch aus genaueren Modellen folgt.

Alle im Kap. 8 besprochenen Effekte hängen innerlich miteinander zusammen. Sie sind mit Wärmeströmen verknüpft und treten in nicht-isothermen Systemen auf. Zusammenfassend werden diese Phänomene in der irreversiblen Thermodynamik beschrieben [8.3].

Aufgaben

8.1 Zwei Stäbe aus einem p- und einem n-Halbleiter sind zu einem p-n-Kontakt verschweißt. Die Schweißstelle wird mit flüssigem Stickstoff gekühlt (77K), die freien Enden werden auf Raumtemperatur gehalten. Wie groß ist etwa die Thermospannung zwischen den offenen Enden und wie ist ihre Polarität?

8.2 Welche Spannungsdifferenz ist mindestens (Vernachlässigung der Jouleschen Wärme) nötig, um in einem Halbleiterstab mit Hilfe des Peltier-Effekts die Wärmeleitung zu kompensieren, wenn die Temperaturdifferenz zwischen den Stabenden 30 K beträgt?

8.3 Welche Temperaturabhängigkeit ist für die Diffusion freier Elektronen in einem Halbleiter zu erwarten, wenn die Elektronen an Phononen gestreut werden?

9. Die dynamische Leitfähigkeit

Im elektrischen Wechselfeld wird die Bewegung der Elektronen nicht nur durch die Streueffekte begrenzt, sondern auch durch ihre Trägheit. Das führt zu einer frequenzabhängigen, komplexen Leitfähigkeit. Diese dynamische Leitfähigkeit verschwindet für sehr hohe Frequenzen. Nur der Realteil der Leitfähigkeit führt zur Energiedissipation. Der Imaginärteil erzeugt Blindströme, die den Verschiebungsströmen im polarisierbaren Wirtskristall entgegenwirken. Dies wird durch eine komplexe dielektrische Funktion beschrieben. Die Grenzfälle für sehr niedrige und sehr hohe Frequenzen werden diskutiert und das Phänomen der Plasmaresonanz wird erläutert. Die Besonderheiten im Kurvenverlauf der komplexen dielektrischen Funktion werden analysiert und durch Beispiele erläutert. Schließlich wird ein Ersatzschaltbild für das Verhalten der freien Elektronen im polarisierbaren Kristall angegeben.

9.1 Freie Elektronen im elektrischen Wechselfeld

Die Drude-Lorentz-Gleichung (4.1) erhält jetzt folgende Form:

$$m\dot{\underline{v}} + \frac{m}{\tau}\underline{v} = q\,\underline{E}(t) \quad . \tag{9.1}$$

Beschränken wir uns bei der Zeitabhängigkeit des äußeren Feldes E(t) nur auf harmonische Störungen

$$\underline{E}(t) = \underline{E}_0 \exp(-i\omega t) \quad , \tag{9.2}$$

so sind die Lösungen stationär und haben die gleiche Zeitabhängigkeit

$$\underline{v}(t) = \underline{v}_0 \exp(-i\omega t) \quad . \tag{9.3}$$

Aus der Differentialgleichung wird so die lineare Gleichung

$$- i\,\omega m\underline{v} + \frac{m}{\tau}\underline{v} = q\,\underline{E} \tag{9.4}$$

mit der Lösung

$$\underline{v} = \frac{q\tau}{m}\underline{E}\cdot\frac{1}{1-i\omega\tau} \quad . \tag{9.5}$$

Makroskopisch entspricht $\underline{v}$ einer Stromdichte

$$\underline{j} = qn\underline{v} = \frac{q^2 n\tau}{m}\cdot\frac{1}{1-i\omega\tau}\cdot\underline{E} \equiv \sigma(\omega)\underline{E} \quad , \tag{9.6}$$

durch die die dynamische Leitfähigkeit definiert wird

$$\sigma = \frac{\sigma_0}{1-i\omega\tau} = \frac{\varepsilon_0\omega_p^2}{\omega_\tau - i\omega} \quad ; \quad \sigma_0 = \frac{e^2 n\tau}{m} = \varepsilon_0\frac{\omega_p^2}{\omega_\tau} \quad . \tag{9.7}$$

Anmerkung:

Mit dem Ansatz $\tilde{E} = E_0\exp(+i\omega\tau)$, E_0 reell, hätten wir erhalten $\tilde{\sigma} = \sigma_0/(1 + i\omega\tau)$[1]. Beide Formulierungen $\tilde{E} = E_0\exp(\pm i\omega\tau)$ sind gleichwertig, da die physikalisch interessante reelle Lösung $E = (\tilde{E} + \tilde{E}^*)/2 = E_0\cos(\pm\omega\tau) = E_0\cos(\omega\tau)$ von der Wahl des Vorzeichens unabhängig ist. Das gleiche gilt für $j = (\tilde{j} + \tilde{j}^*)/2 = (\tilde{\sigma}\tilde{E} + \tilde{\sigma}^*\tilde{E}^*)/2$. Mit $\tilde{\sigma} = |\tilde{\sigma}|\exp(\mp i\delta)$, je nach Vorzeichenwahl, folgt $j = |\tilde{\sigma}|\cdot E_0\cos(\omega t - \delta)$. Das ist ebenfalls unabhängig von der Wahl des Vorzeichens!

Die komplexe Leitfähigkeit bedeutet eine Phasenverschiebung zwischen Strom und Spannung $j = |\sigma|E_0\cos(\omega t - \delta)$. Bei sinusförmigem Verlauf von E erreicht j erst später sein Maximum als die Ursache E.

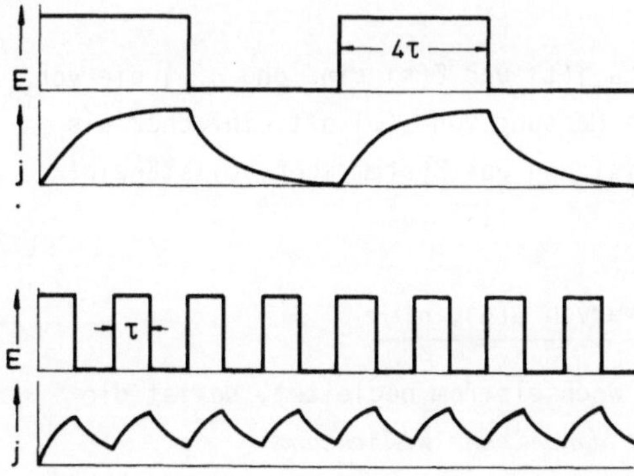

Abb. 9.1. Phasenverschobene Stromdichte bei rechteckigem Feldverlauf für verschiedene Frequenzen

[1] $\tilde{a}$: komplexe Größe, $\tilde{a}^*$: die dazu konjugierte Größe

Für einen "rechteckigen" Feldverlauf (Abb.9.1) können wir dieses Verhalten sofort anschaulich verstehen: nach dem Einschalten von E steigt die Driftgeschwindigkeit zunächst infolge der Trägheit gemäß $\dot{v} = q \cdot E/m$ und mündet dann exponentiell infolge der Reibung in den Sättigungswert $v = qE\tau/m$. Nach dem Abschalten von E klingt j wieder exponentiell ab, der Schwerpunkt unter der j-Kurve liegt später als unter der E-Kurve. Bei schnellerer Folge des Ein- und Ausschaltens erreicht j gar nicht mehr den Sättigungswert!

Bei der Herleitung von (9.7) hatten wir uns auf eine "sinusförmige" Zeitabhängigkeit des E-Feldes beschränkt ("harmonische Lösungen"). Allgemein gilt mit beliebigem E(t'), da die Stromdichte j zur Zeit t von der gesamten Vorgeschichte der Störung E abhängt,

$$j(t) = \int_{-\infty}^{t} G(t, t') \cdot E(t')\, dt' \quad . \tag{9.8}$$

Nimmt man an, daß G(t, t') nur das betrachtete System beschreibt aber nicht selbst von der Störung E abhängt (*"linear response"*), sowie daß der Einfluß von E(t') auf j(t) nur von der Zeitdifferenz t - t' abhängt, so wird aus (9.8)

$$j(t) = \int_{-\infty}^{t} G(t - t')\, E(t')\, dt' \quad . \tag{9.9}$$

Diese *"zeitliche Translationsinvarianz"* bedeutet, daß alle Vorgänge immer wieder gleich ablaufen sollen, wenn sie eine vergleichbare Vorgeschichte haben. Wegen der Eigenschaften der FOURIER-Transformation [9.1 S.29] oder [9.2 S.91] folgt dann aus (9.9)

$$j(\omega) = \sigma(\omega) \cdot E(\omega) \quad , \tag{9.10}$$

worin $j(\omega)$, $E(\omega)$ die Fourier-Transformierten zu j(t) und E(t) sind und $\sigma(\omega)$ die von G(t). In der physikalischen Meßtechnik ist die Messung von $\sigma(\omega)$ oft einfacher als die von G(t - t'). Beide Funktionen charakterisieren das System aber vollständig!

9.1.1 Der dynamische Widerstand und die Ortskurven $\rho(\omega)$, $\sigma(\omega)$

Betrachtet man den Spannungsabfall, der einen Wechselstrom begleitet, so ist die zugehörige Materialeigenschaft der spezifische *dynamische Widerstand*

$$\rho(\omega) = \frac{1}{\sigma(\omega)} = \frac{1}{\sigma_0} - i\,\frac{\omega\tau}{\sigma_0} \quad . \tag{9.11}$$

Ersetzen wir hierin σ_o durch die mikroskopischen bzw. die spektroskopischen Parameter (Abschn.7.3.5)

$$\rho(\omega) = \frac{m}{e_o^2 n} \frac{1}{\tau} - i \frac{m}{e_o^2 n} \omega = \frac{\omega_\tau}{\varepsilon_o \omega_p^2} - i \frac{\omega}{\varepsilon_o \omega_p^2} , \tag{9.12}$$

so sieht man, daß zunächst nur der Realteil ρ' die Streuprozesse enthält und frequenzunabhängig ist. Der Imaginärteil ρ'' ist proportional ω, er beschreibt die Trägheit der Elektronen.

Bei der Zerlegung der dynamischen Leitfähigkeit in Realteil σ' und Imaginärteil σ'' erhält man keine so einfachen Ausdrücke:

$$\sigma' = \sigma_o \frac{1}{1+(\omega/\omega_\tau)^2} \qquad \sigma'' = \sigma_o \frac{\omega/\omega_\tau}{1+(\omega/\omega_\tau)^2}$$
$$|\sigma| = \sigma_o \frac{1}{\sqrt{1+(\omega/\omega_\tau)^2}} . \tag{9.13}$$

(Abb.9.2)

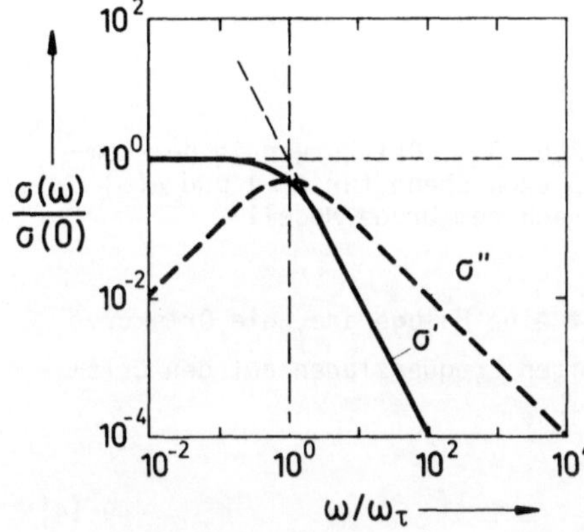

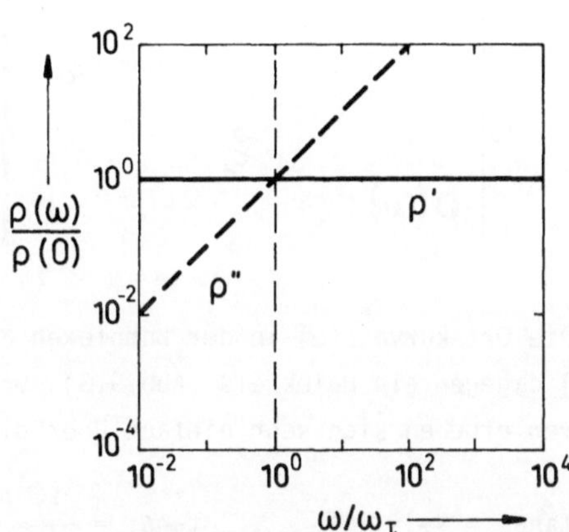

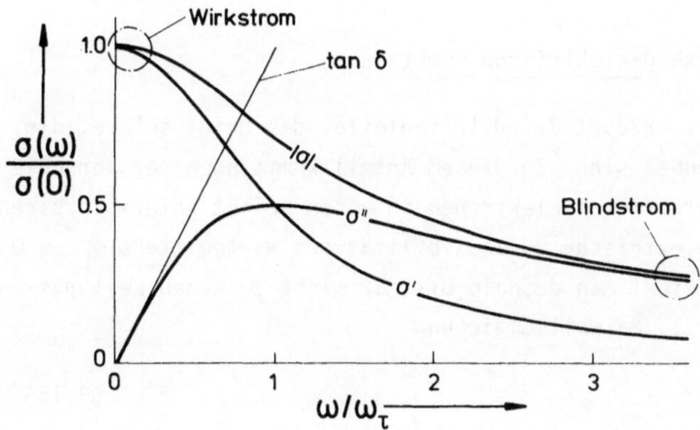

Abb. 9.2. Frequenzabhängigkeit von Leitfähigkeit $\sigma(\omega)$ und spezifischem Widerstand $\rho(\omega)$ nach dem Drude-Modell. a) (——) Realteil, (---) Imaginärteil, b) die dynamische Leitfähigkeit wird durch die Debye-Kurven beschrieben, die für alle exponentiell abklingenden Relaxationsporzesse charakteristisch sind.

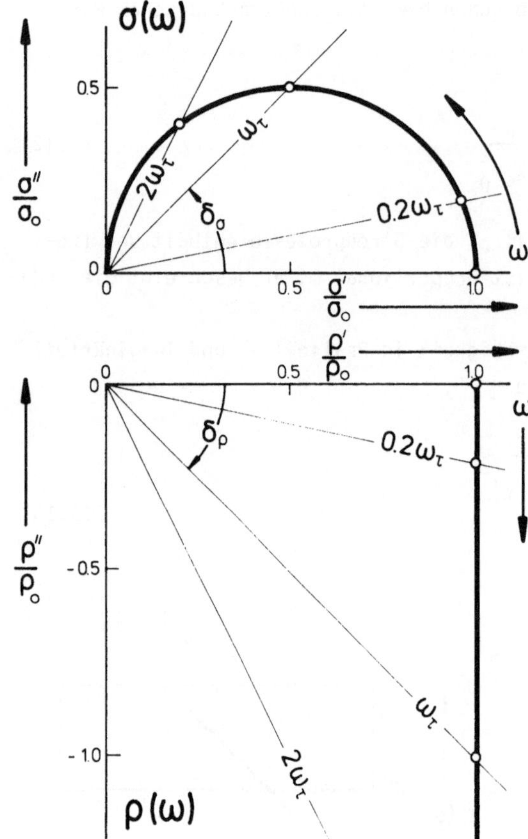

Abb. 9.3. Ortskurven in der komplexen Ebene für $\sigma(\omega)$ und $\rho(\omega)$ nach dem Drude-Modell

Die Ortskurve $\rho(\omega)$ in der komplexen ρ-Ebene ist eine Halbgerade, die Ortskurve $\sigma(\omega)$ dagegen ein Halbkreis (Abb.9.3). Die zugehörigen Frequenzlagen auf den Ortskurven ergeben sich sehr einfach über die Phasenwinkel δ

$$\tan\delta_\rho = \frac{\rho''}{\rho'} = -\frac{\omega}{\omega_\tau} \quad ; \quad \tan\delta_\sigma = \frac{\sigma''}{\sigma'} = \frac{\omega}{\omega_\tau} \quad . \tag{9.14}$$

9.1.2 Blindströme und die komplexe dielektrische Funktion

Der Imaginärteil der Leitfähigkeit erzeugt Blindstromanteile, das heißt solche, die um $\pm\,\pi/2$ gegenüber E phasenverschoben sind. Zu diesem Anteil kommt noch der Verschiebungsstrom $\dot{\underline{D}}$, vor allem wenn unsere freien Elektronen in einen leicht polarisierbaren Wirtskristall eingelagert sind (elektrische Suszeptibilität des Wirtsgitters $\chi_L >> 0$).

In der Elektrodynamik unterscheidet man deshalb oft gar nicht zwischen Leitungs- und Verschiebungsströmen. Mit der 1. Maxwell-Gleichung

$$\nabla\times\underline{H} = \dot{\underline{D}} + \underline{j} = \varepsilon_0\dot{\underline{E}} + \dot{\underline{P}} + \underline{j} \tag{9.15}$$

führt man komplexe Materialeigenschaften ein. Hierzu ersetzt man P und j durch die linearen *Materialgleichungen*

$$\underline{P} = \varepsilon_0 \chi_L \underline{E} \qquad \underline{j} = \sigma \underline{E} \tag{9.16}$$

und erhält für harmonische Lösungen $\underline{E} = \underline{E}_0 \exp(-i\omega t)$, $\dot{\underline{D}} = -i\omega\varepsilon\varepsilon_0 \underline{E}$ aus (9.15)

$$\nabla \times \underline{H} = (-i\omega\varepsilon_0 - i\omega\varepsilon_0\chi_L + \sigma)E = -i\omega\varepsilon_0(1 + \chi_L + i\,\frac{\sigma}{\varepsilon_0\omega})\,\underline{E} \quad .$$

Entsprechend definiert man die komplexen Materialeigenschaften

$$\tilde{\sigma}(\omega) = \sigma' + i\sigma'' \equiv \sigma - i\omega\varepsilon_0\,(1 + \chi_L) \tag{9.17}$$

und

$$\tilde{\varepsilon}(\omega) = \varepsilon' + i\varepsilon'' \equiv 1 + \chi_L + i\,\frac{\sigma}{\varepsilon_0\omega} \quad . \tag{9.18}$$

Die Gleichsetzung der Polarisations- und Leitungs-Ströme in (9.15) entspricht einer Parallelschaltung der Beiträge des Wirtsgitters und der des freien Elektronengases (Abb.9.4). Wir erhalten für diese Parallelschaltung den gleichen Frequenzgang wie in (9.17), wenn wir den Beitrag des polarisierten Wirtskristalls durch eine Kapazität ersetzen

$$C \mathrel{\hat{=}} \varepsilon_0\,(1 + \chi_L) \tag{9.19}$$

und den Beitrag der Leitungselektronen durch eine Serienschaltung eines Ohm'schen Reibungswiderstandes mit einem induktiven Trägheitsterm

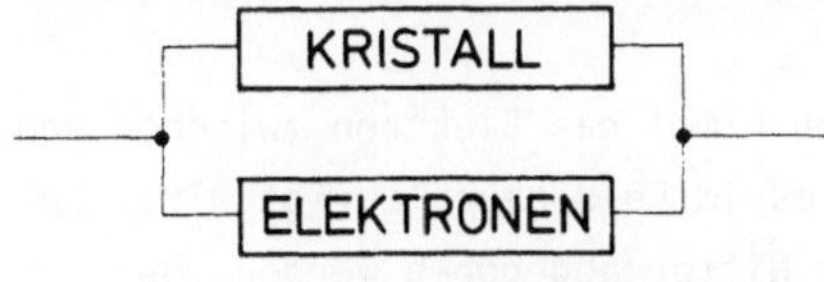

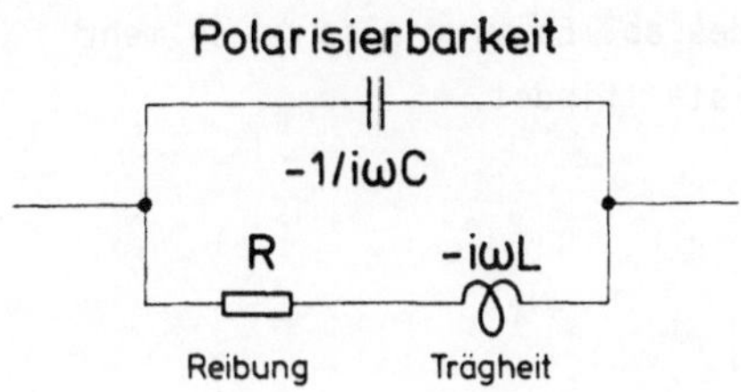

Abb. 9.4. Ersatzschaltbild für freie Elektronen im polarisierbaren Kristall

$$R \mathrel{\hat{=}} \frac{1}{\sigma_0} = \frac{\omega_\tau}{\varepsilon_0 \omega_p^2} \quad , \quad L \mathrel{\hat{=}} \frac{\tau}{\sigma_0} = \frac{1}{\varepsilon_0 \omega_p^2} \quad , \quad \tau = \frac{L}{R} \quad . \tag{9.20}$$

Der Wechselstrom-Leitwert $1/\tilde{R}$ hat dann die Form

$$\frac{1}{\tilde{R}} = -i\omega C + \frac{1}{R - i\omega L} \quad .$$

Die Energiedissipation in dem betrachteten System (Erzeugung *Joulescher Wärme*) wird durch σ' bzw. ε'' verursacht. Denn für die Leistungsdichte P bei aufgeprägtem E-Feld gilt

$$P = \left(\frac{\tilde{j}+\tilde{j}^*}{2}\right) \left(\frac{\tilde{E}+\tilde{E}^*}{2}\right) = \frac{1}{4} \left[\tilde{\sigma}\tilde{E}^2 + \tilde{\sigma}^*\tilde{E}^{*2} + (\tilde{\sigma} + \tilde{\sigma}^*)\, \tilde{E}\tilde{E}^*\right] \quad .$$

Da hierin die beiden ersten Terme symmetrisch um Null oszillieren, trägt nur der dritte zum zeitlichen Mittelwert bei

$$\langle P \rangle_t = \frac{1}{2} \sigma' |E|^2 = \frac{1}{2} \omega\varepsilon_0\varepsilon'' |E|^2 \quad . \tag{9.21}$$

In "passiven" Systemen, d.h. solchen, die keine Generatoren enthalten, muß deshalb immer σ', $\varepsilon'' > 0$ gelten.

Hierin fällt auf, daß bei niedrigen Frequenzen $\omega << 1/\tau$ wegen - vergleiche (9.13) -

$$\sigma' \simeq \varepsilon_0 \omega_p^2 \tau \tag{9.22}$$

die Energieabgabe mit τ wächst, während sie bei hohen Frequenzen $\omega >> 1/\tau$ mit zunehmendem τ fällt:

$$\sigma' \simeq \frac{\varepsilon_0 \omega_p^2}{\omega^2 \tau} \quad . \tag{9.23}$$

Das läßt sich so verstehen: Bei niedrigen Frequenzen nimmt das Elektron zwischen den Stößen umso mehr kinetische Energie auf, je länger es im Feld beschleunigt wird. Bei jedem Stoß muß diese aber im Mittel vollständig ans Gitter abgegeben werden. Bei hohen Frequenzen dagegen hängt wegen der Trägheit der Elektronen die aufgeprägte Geschwindigkeit nur von der Periode des Wechselfeldes ab. Es wird also um so mehr Energie ans Gitter abgegeben, je häufiger ein Stoß stattfindet.

9.2 Die dielektrische Funktion leitender Kristalle

Wir betrachten jetzt den Fall, daß die freien Elektronen der Leitfähigkeit $\sigma(\omega) = \sigma_o/(1 - i\omega\tau)$ in einen Kristall mit einer Wirtsgitterpolarisierbarkeit eingebettet sind, die durch eine frequenzunabhängige, reelle Suszeptibilität χ_L beschrieben wird. Dieses System wird dann durch die komplexe dielektrische Funktion (9.18) beschrieben, die sich zerlegen läßt in

$$\varepsilon' = 1 + \chi_L - \frac{\sigma_o\tau}{\varepsilon_o} \cdot \frac{1}{1+\omega^2\tau^2} = 1 + \chi_L - \frac{\omega_p^2}{\omega_\tau^2} \cdot \frac{\omega_\tau^2}{\omega_\tau^2+\omega^2}$$

$$\varepsilon'' = \frac{\sigma_o}{\varepsilon_o\omega} \cdot \frac{1}{1+\omega^2\tau^2} = \frac{\omega_p^2}{\omega_\tau\omega} \cdot \frac{\omega_\tau^2}{\omega_\tau^2+\omega^2} \quad . \tag{9.24}$$

Man erkennt, daß sich hierin alle Frequenzen auf ω_τ normieren lassen.

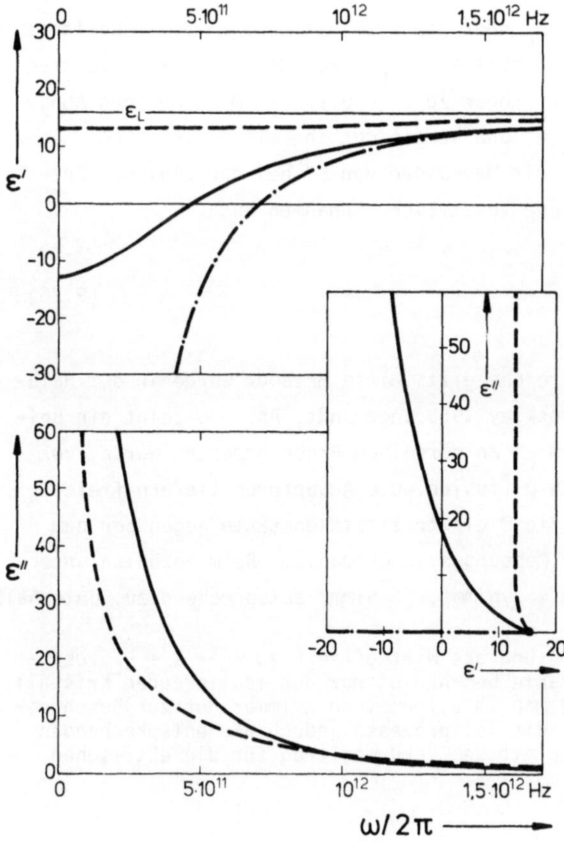

Abb. 9.5. Dielektrische Funktion freier Elektronen im polarisierbaren Kristall nach (9.24), Frequenzabhängigkeit und Ortskurve (Ge-Modell Tab.11.1 $n = 10^{16}$ cm^{-3}, (-·-) $\tau = \infty$, (——) $\tau = 3 \cdot 10^{-13}$ s, (---) $\tau = 10^{-13}$ s)

In den bisherigen Kapiteln sind wir Werten von $\omega_\tau = 10^{10} \ldots 10^{14}\ s^{-1}$ begegnet. Diesen Frequenzen entsprechen elektromagnetische Wellen der Länge λ = 20 cm ... 20 µm, d.h. sie liegen im Mikrowellen-, Submillimeter- und Infrarot-Spektralbereich. In Abb.9.5 ist die Frequenzabhängigkeit der dielektrischen Funktion für unser Germanium-Modell für verschiedene Stoßfrequenzen dargestellt, sowie die dazugehörigen Ortskurven.

9.2.1 Der niederfrequente Bereich

Für $\omega \ll \omega_\tau$ geht (9.24) über in [2]

$$\varepsilon' \simeq \varepsilon_L - \frac{\sigma_0 \tau}{\varepsilon_0} = \varepsilon_L - \frac{\omega_p^2}{\omega_\tau^2}$$

$$\varepsilon'' \simeq \frac{\sigma_0}{\varepsilon_0 \omega} = \frac{\omega_p^2}{\omega_\tau \omega} \quad . \tag{9.25}$$

Der Imaginärteil ist zwar frequenzabhängig, enthält aber nur die gleichen Informationen wie die Gleichstrommessung, d.h. σ_0 oder die Kombination ω_p^2/ω_τ. Der Realteil dagegen zeigt einen Abbau des kapazitiven Beitrages ε_L durch den induktiven Beitrag der freien Elektronen, der für $\omega_p^2/\omega_\tau^2 > \varepsilon_L$ sogar zu $\varepsilon' < 0$ führt. Mißt man den Abbau der Dielektrizitätskonstanten $\Delta\varepsilon = \varepsilon_L - \varepsilon'$ und vergleicht ihn mit Gleichstrommessungen der Leitfähigkeit oder besser mit Messungen von ε'' bei der gleichen Frequenz, so erhält man die Stoßfrequenz ohne zusätzliche Annahmen aus

$$\frac{\Delta\varepsilon}{\varepsilon''} = \frac{\omega}{\omega_\tau} \quad , \tag{9.26}$$

eine Beziehung, die für alle Frequenzbereiche gilt. Diese Methode wurde in der Halbleiterphysik zuerst von Benedict und Shockley 1953 angewandt. Abb.9.6 zeigt ein Beispiel für den Halbleiter Tellur, bei dem ε' an derselben Probe gemessen wurde, vor und nach dem Einbau von Acceptoren durch Diffusion. Die Acceptoren liefern freie Ladungsträger, die im dotierten Tellur die Dielektrizitätskonstante gegenüber dem reinen Material absenken. Abb.9.7 zeigt Messungen an Germanium. Beim Abkühlen unter 200 K fällt ε' stark ab, da beim Kühlen τ zunimmt, ε'' nimmt entsprechend zu. Unterhalb

---

[2] Wir haben hier den Beitrag des Vakuums und des Wirtsgitters zu $\varepsilon_L = 1 + \chi_L$ zusammengefaßt. Diese Dielektrizitätskonstante beschreibt nur den isolierenden Kristall. Wegen der Verknüpfung $D = \varepsilon_0 \varepsilon E$ sollte man im allgemeinen ε immer nur zur Beschreibung des Gesamtsystems verwenden, für die Teilprozesse jedoch die entsprechenden Suszeptibilitäten. Diese addieren sich mit dem Vakuumbeitrag zur dielektrischen Funktion auf, gemäß $\varepsilon = 1 + \chi_1 + \chi_2 + \ldots$.

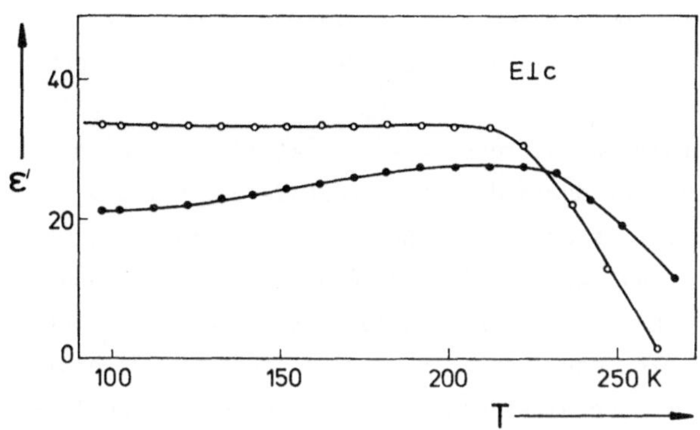

Abb. 9.6. Realteil der dielektrischen Funktion von Tellur bei 9 GHz, (o) reines Tellur, (•) die gleiche Probe, jedoch durch Eindiffundieren von Acceptoren dotiert [9.3]

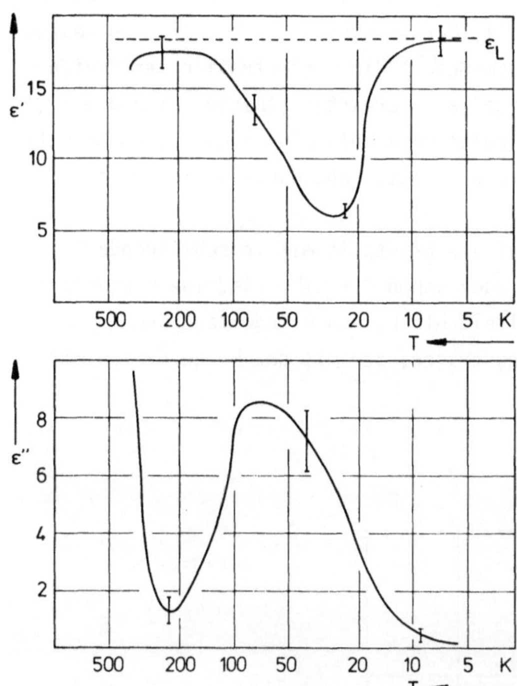

Abb. 9.7. Temperaturabhängigkeit der dielektrischen Funktion einer Germanium-Probe bei 37,4 GHz. Die Strukturen werden durch den Einfluß der Temperatur auf Trägerkonzentration und Streumechanismus verursacht [9.4]

30 K steigt beim weiteren Kühlen ε' wieder an und ε'' fällt, da nun die freien Ladungsträger in den Störstellen eingefroren werden und somit ω_p abnimmt.

9.2.2 Der hochfrequente Bereich

Für $\omega >> \omega_\tau$ geht (9.24) über in

$$\varepsilon' \simeq \varepsilon_L - \frac{\omega_p^2}{\omega^2} \qquad \varepsilon'' \simeq \frac{\sigma_0}{\varepsilon_0\omega} \cdot \left(\frac{\omega_\tau}{\omega}\right)^2 = \frac{\omega_p^2\omega_\tau}{\omega^3} \quad . \tag{9.27}$$

Nach (9.26) kann man wieder ω_τ bestimmen. Doch wegen $\varepsilon'' \sim \omega^{-3}$ wird ε'' hier sehr klein, man bestimmt es deshalb nicht aus Leitfähigkeitsmessungen sondern aus Absorptionsmessungen (s.w.u.).

Der Abbau der Dielektrizitätskonstanten des Gitters $\Delta\varepsilon = \varepsilon_L - \varepsilon'$ ist in diesem Bereich frequenzabhängig. Er wird aber nicht durch die Streuprozesse beeinflußt, da die Oszillationen der Elektronen im E-Feld wegen $\omega \gg \omega_\tau$ nur durch die Trägheit, jedoch nicht durch die Stoßprozesse bestimmt werden. Aus der Dispersion $\varepsilon'(\omega)$ kann man deshalb ω_p bestimmen, ohne den Streumechanismus kennen zu müssen. Abb.9.8 zeigt Messungen an Tellur. Die Werte für ε' trägt man über $\lambda^2 = (2\pi c/\omega)^2$ auf. (9.27) ergibt dann eine Gerade, die die Ordinate bei ε_L schneidet und die Abszisse bei der Wellenlänge, die der Frequenz $\omega = \omega_p/\sqrt{\varepsilon_L}$ entspricht.

In Abb.9.9 sind Messungen am Metall Kalium dargestellt, bei dem wegen der großen Ladungsträgerkonzentration bereits $\varepsilon' < 0$ gilt. Der Vergleich der Meßwerte an festem und flüssigem Kalium zeigt, daß sich in diesem Metall die Konzentration der freien Elektronen nicht ändert. Das ist auch für Metalle zu erwarten (Abschn.2.1 und 3.5), da diese Kristalle nicht wie die Halbleiter durch kovalente Bindungen zusammengehalten werden, die zum Schmelzen aufgebrochen werden müßten und dabei viele freie Elektronen liefern würden.

Fassen wir schließlich die *Supraleiter* auf als Kristalle mit verschwindender Streuung ($\omega_\tau \to 0$), so gilt die Bedingung $\omega \gg \omega_\tau$ auch schon für sehr niedrige Frequenzen. Zwar ist hier ρ ($\omega = 0$) = 0, doch im Wechselfeld bleibt ein Blindwiderstand $\rho'' = -i\omega/\varepsilon_0\omega_p^2$ infolge der Trägheit der Ladungsträger, der mit der Frequenz zunimmt (s.a.Abschn.11.6.3).

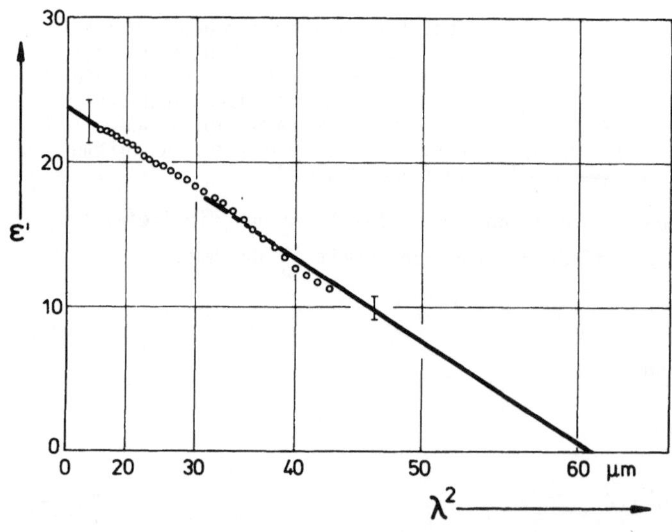

Abb. 9.8. Abbau der Dielektrizitätskonstanten durch freie Ladungsträger in Tellur bei 300 K ($p \simeq 3 \cdot 10^{18}$ cm^{-3}). Die Extrapolation auf $\lambda = 0$ ergibt $\varepsilon_L = 24$, aus der auf $\varepsilon = 0$ folgt $m_p = 0{,}38\ m_0$ [9.5]

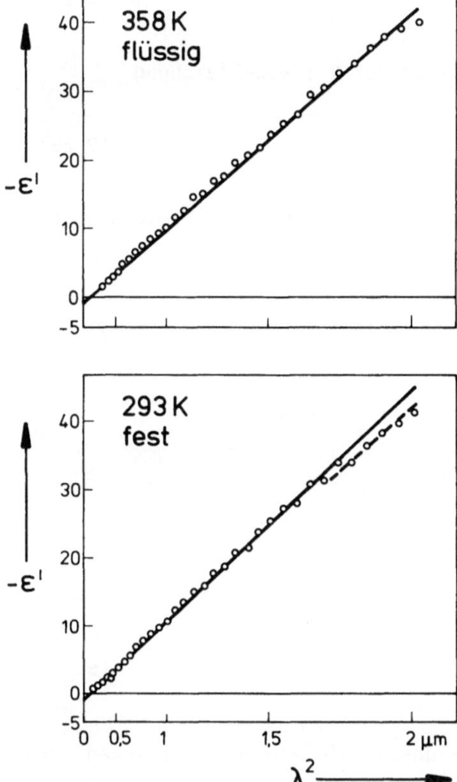

Abb. 9.9. Dielektrische Funktion von festem und flüssigem Kalium [9.6]

9.3 Die Plasmaresonanz

Im dämpfungsfreien Fall hat die dielektrische Funktion bei der Frequenz $\omega_p/\sqrt{\varepsilon_L}$ eine Nullstelle. Diese Frequenz wird oft "Plasmaresonanz"-Frequenz genannt.

Anmerkung:

Da im allgemeinen ε_L frequenzabhängig ist, ist es unzweckmäßig eine Substanz durch $\omega_p/\sqrt{\varepsilon_L}$ zu charakterisieren, da dadurch Eigenschaften des Wirtskristalls und der freien Elektronen miteinander vermischt werden. Die von uns eingeführte Plasmafrequenz ω_p dagegen enthält nur die freien Elektronen. Liegt die Nullstelle in Bereichen, in denen ε_L frequenzunabhängig ist, so verwenden wir $\omega_p^+ = \omega_p/\sqrt{\varepsilon_L}$.

Eine inhomogene Verschiebung der freien Ladungsträger ($\underline{j}$) gegenüber dem positiven Untergrund der Atome erzeugt Raumladungen ρ, die mit j durch die Kontinuitätsgleichung verknüpft sind:

$$\nabla \underset{\sim}{j} = -\dot{\rho} \quad . \tag{9.28}$$

Raumladungen ρ erzeugen aber elektrische Felder gemäß der Poisson-Gleichung

$$\nabla \underline{D} = \varepsilon_L \varepsilon_o \nabla \underline{E} = \rho \quad . \tag{9.29}$$

Diese wirken auf die Elektronenbewegung zurück über die Drude-Lorentz-Gleichung, die wir mit $\underset{\sim}{j} = en\underline{v}$ umformen in

$$\dot{\underset{\sim}{j}} + \frac{1}{\tau} \underset{\sim}{j} = \frac{e_o^2 n}{m} \underline{E} \quad . \tag{9.30}$$

Durch div-Bildung auf beiden Seiten erhalten wir mit (9.28) und (9.29)

$$-\ddot{\rho} - \frac{1}{\tau} \dot{\rho} = \frac{e_o^2 n}{m \varepsilon_L \varepsilon_o} \rho \quad .$$

Diese Gleichung beschreibt die *Plasmaschwingungen*

$$\ddot{\rho} + \omega_\tau \dot{\rho} + \frac{\omega_p^2}{\varepsilon_L} \rho = 0 \quad . \tag{9.31}$$

Eine erzwungene Ladungsinhomogenität oszilliert - unabhängig von der räumlichen Verteilung - um den "neutralen Fall" mit der Frequenz

$$\omega^2 = \frac{\omega_p^2}{\varepsilon_L} - \frac{\omega_\tau^2}{4} \quad . \tag{9.32}$$

Die Oszillationen klingen ab mit der Relaxationszeit 2τ. (Mit dem Lösungsansatz $\rho = \rho_o \exp(-i\omega t)$ erhält man die komplexen Frequenzen

$$\omega_{1,2} = -i \frac{\omega_\tau}{2} \pm \left(\frac{\omega_p^2}{\varepsilon_L} - \frac{\omega_\tau^2}{4} \right)^{1/2} \quad .$$

Der Imaginärteil beschreibt die Dämpfung bzw. die Frequenzunschärfe).
Im dämpfungsfreien Fall gilt

$$\omega^2 = \frac{\omega_p^2}{\varepsilon_L} \equiv \omega_p^{+2} \quad , \tag{9.33}$$

deshalb nennt man ω_p^+ die *Plasmaresonanz-Frequenz*.

Diese Plasmaresonanz entspricht in der Ersatzschaltung Abb.9.4 einer Spannungsresonanz, der Wechselstromleitwert verschwindet für $\omega^2 = 1/LC$ (R = 0). Der Strom fließt im geschlossenen Kreis der Ersatzschaltung, ohne Verluste ist keine Stromzufuhr von außen nötig.

Im Kristall sind bei der Frequenz $\omega_p^+ = \omega_p/\sqrt{\varepsilon_L}$ Verschiebungsstrom $\dot{\underline{D}} = -i\omega\varepsilon_L\varepsilon_o\underline{E}$ und Leitungsstrom $\underline{j} = i(\varepsilon_o\omega_p^2/\omega)\underline{E}$ genau entgegengesetzt gleich. Mit $\dot{\underline{D}} + \underline{j} = 0$ folgt weiter aus der 1. Maxwell-Gleichung

$$\nabla \times \underline{H} = \dot{\underline{D}} + \underline{j} = 0 \quad ,$$

daß diese Ströme nicht von einem Magnetfeld begleitet werden. Es gibt bei der Frequenz ω_p^+ also im Kristall auch keine elektromagnetischen Wellen (s.a. Anhang)!

9.4 Die Abschirmung von Coulomb-Feldern

Ein weiterer Effekt, der durch ein kollektives Verhalten der freien Ladungsträger verursacht wird, ist die Abschirmung statischer, elektrischer Felder. Wir werden hier keine genaue Beschreibung dieser Effekte geben, sondern nur an einem geometrisch einfachen Beispiel die Idee der *Debye-Hückel-Theorie* erläutern.

Wir betrachten hierzu (Abb.9.10) eine positiv geladene, ebene Metall-Elektrode auf einem Halbleiter endlicher Temperatur. Angezogen durch die positiven Ladungen der Platte auf der Oberfläche werden sich innerhalb des Halbleiters in der Nähe seiner Oberfläche mehr Elektronen aufhalten als im Volumen. Dadurch klingt das von der positiven Platte verursachte elektrische Feld im Halbleiter nach innen hin allmählich ab. Für den Verlauf des Feldes im Inneren gilt wieder die Poisson-Gleichung

$$\nabla\underline{D} = \varepsilon_L\varepsilon_o\nabla\underline{E} = \rho \tag{9.34}$$

mit dem dazugehörigen Potential

$$\underline{E} = -\nabla\Phi \quad .$$

Ein Elektron im Halbleiter hat also die potentielle Energie

$$W_{pot} = -e_o\Phi \quad . \tag{9.35}$$

Die effektive Raumladung ρ in (9.34) ist der Überschuß der freien Elektronen über dem positiven Untergrund der Kristallatome bzw. Ionen:

$$\rho(x) = e_on_+ - e_on_-(x) \quad . \tag{9.36}$$

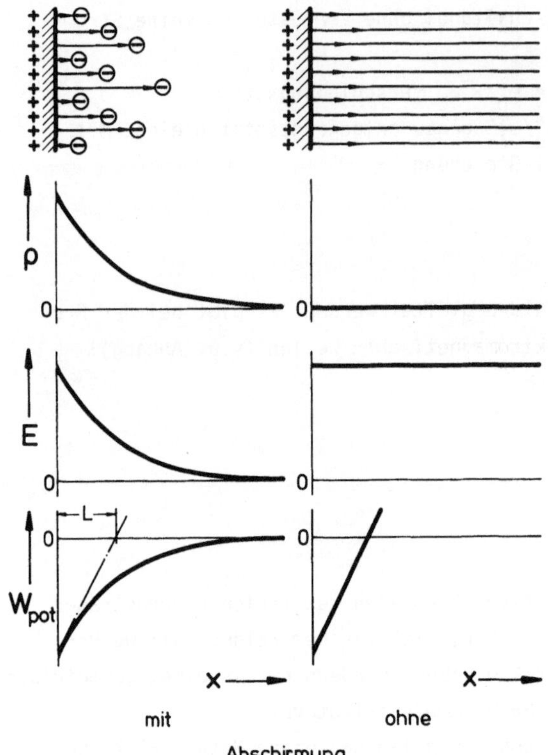

Abb. 9.10. Abschirmung einer positiven Oberflächenladung in einem n-Halbleiter im Vergleich zum Isolator

Die Elektronen, die das Feld der Oberflächenelektrode abschirmen wollen, sammeln sich nicht in einer beliebig dünnen Schicht an der Oberfläche, da ihre Temperaturbewegung dem entgegenwirkt, vielmehr bilden sie eine Raumladungsschicht beachtlicher Tiefe. Dies ist der gleiche Prozeß, der die Druckverteilung in Gasen z.B. im Schwerefeld der Erde verursacht, die durch die isotherme barometrische Höhenformel beschrieben wird. Da im Volumen mit $\Phi = 0$ die Elektronenkonzentration gleich der ortsunabhängigen Ionenkonzentration n_+ ist, erhalten wir vor der Oberfläche

$$n_-(x) = n_+ \exp(-\frac{W_{pot}}{kT}) \quad . \tag{9.37}$$

Mit der Annahme, daß das Feld der Elektrode die Eigenschaften des Elektronengases noch nicht wesentlich verändert hat, insbesondere daß es noch keine "warmen" Elektronen erzeugt hat, d.h. $W_{pot} \ll kT$, erhalten wir die Näherung

$$n_-(x) \simeq n_+ (1 - \frac{W_{pot}}{kT}) \quad , \tag{9.38}$$

und für die Raumladung nach (9.36)

$$\rho(x) = e_o n_+ \frac{W_{pot}}{kT} \quad .$$

Die eindimensionale Poisson-Gleichung heißt nun

$$\varepsilon_L \varepsilon_o \frac{d^2 W}{dx^2} = e_o n_+ \frac{W_{pot}}{kT} \quad , \tag{9.39}$$

mit der Lösung

$$W_{pot}(x) = W(0) \exp(-\frac{x}{L}) \quad . \tag{9.40}$$

Diese Lösung erfüllt die Bedingung, daß tief im Kristall ($x \to \infty$) die potentielle Energie Null wird und daß dort keine Felder mehr auftreten [$(dW/dx)_\infty = 0$]. Für den Verlauf des Potentials erhalten wir entsprechend

$$\Phi(x) = \Phi(0) \exp(-\frac{x}{L})$$

und für das elektrische Feld

$$E(x) = \frac{\Phi(x)}{L} = E(0) \exp(-\frac{x}{L}) \quad . \tag{9.41}$$

Den in den Lösungen auftretenden charakteristischen Parameter L nennen wir die *Debye-Hückel-Abschirmlänge*. Für sie gilt mit $n_e = n_+ = n$

$$L_{DH}^2 \equiv \frac{\varepsilon_L \varepsilon_o kT}{e_o n} \quad . \tag{9.42}$$

Sie beschreibt, wieviel stärker ein Coulomb-Potential abklingt, wenn es durch bewegliche Ladungsträger abgeschirmt wird, als dies im Vakuum ($\varepsilon = 1$) oder in einem polarisierbaren Medium mit nur gebundenen Ladungen ($\varepsilon > 1$) der Fall wäre.

Diese Länge beschreibt auch analog zu (9.41) die Abschirmung dreidimensionaler Felder, z.B. das einer Punktladung. Ihr Potential im isolierenden Medium heißt

$$\Phi(r) = - \frac{1}{4\pi\varepsilon_L \varepsilon_o} \cdot \frac{q}{r} \quad . \tag{9.43}$$

Mit freien Ladungsträgern klingt es wieder schneller ab, man erhält

$$\Phi(r) = - \frac{1}{4\pi\varepsilon_L \varepsilon_o} \cdot \frac{q}{r} \cdot \exp(-\frac{r}{L}) \quad . \tag{9.44}$$

Potentiale dieser Form nennt man *Yukawa-Potentiale*.

Zusammen mit den Überlegungen des Abschn.9.3 können wir die Entstehung der Abschirmlänge anschaulich auch folgendermaßen deuten, wenn wir die Größen $\omega_p^2 = e_o^2 n/\varepsilon_o m$ und $m v_{th}^2/2 = kT$ in L einsetzen:

$$L_{DH}^2 = \frac{\varepsilon_L v_{th}^2}{2\omega_p^2} \quad . \tag{9.45}$$

Eine Ladungsdichte-Inhomogenität oszilliert nach (9.32) mit der Periode $\tau_p = 2\pi \sqrt{\varepsilon_L}/\omega_p$ Die ideale Abschirmung in einer beliebig dünnen Schicht wird durch die thermische Bewegung der freien Elektronen verhindert. Die aus der idealen dünnen Abschirm-Schicht entweichenden Elektronen können mit ihrer thermischen Geschwindigkeit v_{th} etwa bis zum Abstand

$$L \simeq v_{th} \cdot \tau_p \tag{9.46}$$

entweichen, dann sind sie vom elektrischen Feld ($\nabla \underline{E} = \rho/\varepsilon_L \varepsilon_o$) der anderen Raumladungen abgebremst und kehren wieder zurück.

Aufgrund dieser Überlegung können wir für einen Leiter mit einem entarteten Elektronengas eine gegenüber der Debye-Hückel-Länge modifizierte Abschirmlänge erwarten, indem wir v_{th} durch v_F ersetzen

$$L^2 = \frac{\varepsilon_L v_F^2}{2\omega_p^2} \quad .$$

Genauere Überlegungen ergeben einen 20% kleineren Wert, nämlich die *Thomas-Fermi-Abschirmlänge* des entarteten Elektronengases

$$L_{TF}^2 = \frac{2}{3} \cdot \frac{\varepsilon_L v_F^2}{2\omega_p^2} \quad . \tag{9.47}$$

Für Germanium ($\varepsilon = 16$) mit einer Elektronenkonzentration von $n = 10^{16}\ \mathrm{cm}^{-3}$ erhält man bei 300 K eine Abschirmlänge von

$$L_{DH} = 480\ \text{Å} \quad .$$

In einem Metall wie Kupfer ($\varepsilon = 1$, $m^* = m_o$) findet man

$$L_{TF} = 0{,}6\ \text{Å} \quad ,$$

d.h. hier reichen die Felder nicht weiter als atomare Abstände!

Anmerkung:

Abschirmeffekte werden besonders wichtig, wenn die zu erwartenden Abschirmlängen groß sind im Vergleich zu den Wellenlängen der beteiligten freien Elektronen. Das Elektronengas kann keine kurzreichweitigeren räumlichen Strukturen erzeugen als seinen kürzesten Wellenlängen entspricht. Genauso, wie man mit Licht infolge der Grenzen durch Beugung bei der Bilderzeugung keine schärferen Profile erzeugen kann als der kürzesten Lichtwellenlänge entspricht.

Im entarteten Elektronengas sind die kurzwelligsten Elektronen die mit der Fermi-Energie $W_F = \hbar^2 k_F^2/2m^*$. Die eingangs gestellte Forderung nach großen Abschirmlängen heißt also

$$L_{TF} \cdot k_F \gg 1 \quad . \tag{9.48}$$

Ersetzt man L_{TF} und k_F durch die mikroskopischen Parameter und Naturkonstanten, so erhält man

$$L_{TF}^2\, k_F^2 = \frac{(3\pi^5)^{1/3}}{4} \cdot \frac{a^*}{r_s} \quad .$$

Darin bedeutet a^* den effektiven BOHR-Radius

$$a^* \equiv a_o \frac{\varepsilon_L}{m^*/m_o} \qquad a_o = \frac{4\pi\varepsilon_o\hbar^2}{m_o^2} \tag{9.49}$$

und $r_s \equiv n^{-1/3}$ den mittleren Abstand der freien Elektronen, wenn man diese als Punktladungen auffaßt. Die Forderung (9.48) heißt jetzt also

$$a^* \gg r_s \quad . \tag{9.50}$$

Diese Bedingung ist damit äquivalent, daß die kinetische Energie der freien Elektronen viel größer ist als ihre potentielle aufgrund der gegenseitigen Coulomb-Abstoßung (*"high density limit"*). Überraschender Weise wird diese Bedingung aber in Halbleitern eher erreicht als in Metallen. Denn in Halbleitern sind zwar die Elektronenkonzentrationen viel kleiner und damit r_s größer als in Metallen. Doch der effektive Bohr-Radius ist viel größer als in Metallen, wegen der großen Untergrundpolarisierbarkeit ε_L des Wirtsgitters und der meist kleinen effektiven Elektronenmasse! (Vergl.Aufgabe 9.7).

Aufgaben

9.1 Berechne den zeitlichen Verlauf der Stromdichte in einem periodischen, elektrischen Feld in Form einer Rechteckfunktion, mit einem Tastverhältnis von 1:1 und einer Periode von 2τ bzw. 8τ (Abb.9.1).

9.2 Zeige analytisch, daß $\sigma(\omega)$ als Abbildung der Halbgeraden $0 \leqq \omega < \infty$ ein Halbkreis ist.
Anmerkung:
Alle Abbildungen $z' = (az + b)/(cz + d)$ mit komplexen a,b,c,d und $ad - bc \neq 0$ sind kreistreu. D.h. Kreise und Geraden der z-Ebene gehen wieder in Kreise oder Geraden in der z'-Ebene über. Dadurch ist mit den Bildpunkten z' zu drei Punkten eines Kreises in der z-Ebene die ganze Bildkurve bekannt. Übe selbst gewählte Beispiele!

9.3 Berechne aus den Meßwerten der Abb.9.7 die Größen ω_τ, ω_p, n für die Temperaturen 100, 50, 20 K. Da wegen der Meßfrequenz 37,4 GHz die Bedingung $\omega \ll \omega_\tau$ nicht mehr erfüllt ist, ist (9.24) zu benutzen!

9.4 Berechne die Konzentration der freien Elektronen in Kalium aus den Meßwerten der Abb.9.9 ($m^* = m_0$, $\varepsilon_L = 1$). Vergleiche damit die Atomdichte im festen Kalium (Atommassenzahl $A_K = 33{,}1$, Massendichte $\rho_K = 0.862\ \mathrm{gcm^{-3}}$).

9.5 Der Imaginärteil ε'' der dielektrischen Funktion eines speziellen Halbleiters nimmt beim Abkühlen bei einer bestimmten Frequenz zweimal den gleichen Wert an, obwohl die Ladungsträgerkonzentration ungeändert bleibt.
Was folgt daraus für die Stoßfrequenzen?

9.6 Wie weit können die freien Elektronen infolge ihrer thermischen Geschwindigkeit während einer Viertelperiode der Plasmaschwingungen fliegen? (Streuung vernachlässigt!)
a) im Halbleiter ($\varepsilon_L = 16$, $m^* = 0{,}1\ m_0$, $n = 2 \cdot 10^{13}\ \mathrm{cm^{-3}}$, T = 300 K)
b) im Metall ($\varepsilon_L = 1$, $m^* = m_0$, $n = 10^{22}\ \mathrm{cm^{-3}}$).

9.7 Berechne die Abschirmlänge im Elektronengas für entartete Halbleiter mit einer Elektronenkonzentration von $n = 10^{14}\ \mathrm{cm^{-3}}$ bzw. $n = 10^{18}\ \mathrm{cm^{-3}}$ (z.B. Ge: $\varepsilon_L = 16$, $m^* = 0.1\ m_0$ und InSb: $\varepsilon_L = 17{,}9$, $m^* = 0.01\ m_0$). Vergleiche für diese Fälle den effektiven Bohr-Radius a* mit dem mittleren Elektronenabstand r_s. Wie sind die Verhältnisse im Vergleich dazu im Kupfer ($\varepsilon = 1$, $m^* = m_0$, $n = 8{,}4 \cdot 10^{22}\ \mathrm{cm^{-3}}$)?

10. Ausbreitung elektromagnetischer Wellen in kondensierter Materie

Die Untersuchung der Festkörpereigenschaften mit elektrischen Wechselfeldern geschieht meist bei so hohen Frequenzen, daß man keine einfachen "Wechselstrom-Messungen" mehr durchführen kann. Wegen der kurzen Wellenlängen - oft wesentlich kleiner als die Probendimensionen - der zugehörigen elektromagnetischen Felder muß die Wellenausbreitung untersucht werden und hieraus auf die interessierenden Materialeigenschaften geschlossen werden.

Es wird deshalb aus den Maxwell-Gleichungen und den Materialgleichungen eine Wellengleichung abgeleitet, die die Kopplung zwischen benachbarten Bereichen des Festkörpers beschreibt. Die selbstkonsistente Beschreibung des Wechselspiels mikroskopischer Anregungen und der sie begleitenden Felder führt zum Begriff der Polaritonen.

Die Formeln zur Beschreibung der Reflexion und Absorption eines Halbraumes und einer planparallelen Platte werden in einem Anhang (S.226) zusammengestellt und begründet.

10.1 Fernwirkung und Maxwell-Gleichungen, Polaritonen

Die in Festkörpern auftretenden spektralen Strukturen (Resonanzlinien, Absorptionskanten, Reflexionskanten u.s.w.) liegen bei hohen Frequenzen. Sie werden deshalb durch Beobachtung der Wellenausbreitung im Material mit Verfahren der Mikrowellentechnik oder mit optischen Verfahren untersucht.

Bei diesen hohen Frequenzen interessieren nicht nur die Amplitude und zeitliche Verzögerung der Antwort eines Mediums auf die Änderung eines Feldes am gleichen Ort, sondern auch räumliche Strukturen der Erregung. Denn infolge der endlichen Ausbreitungsgeschwindigkeit der Felder wird sich eine Feld-Änderung an einem Ort erst später an einem anderen auswirken. Diese räumlich-zeitliche *Verzögerung* nennt man in der Elektrodynamik die *Retardierung*.

Die einfache zeitliche Verzögerung führt zu Frequenzabhängigen ($\omega = 2\pi/T$), komplexen Materialeigenschaften, sie wird durch eine *lokale "Nachwirkungstheorie"* gemäß (9.8) beschrieben. Die räumliche Verzögerung führt zu Wellenzahl-abhängigen ($k = 2\pi/\lambda$) Materialeigenschaften, sie verlangt eine Beschreibung durch eine nicht-lokale *"Fernwirkungstheorie"*.

Wir betrachten hier nur den einfachsten Fall einer elektromagnetischen Fernwirkungstheorie, indem wir annehmen, daß die Antwort unseres Mediums nur von den Feldern am betrachteten Ort abhängt, daß jedoch die verzögerte Reaktion in der Umgebung unseres Orts ausschließlich auf das dort verzögerte Eintreffen des elektromagnetischen Feldes zurückzuführen ist, jedoch nicht auf irgendwelche anderen "inneren" Kopplungen zwischen den Bausteinen unseres Mediums. Die zugehörige Fernwirkungstheorie führt in diesem Falle zu einer *Wellengleichung*, in der wir die *Phasengeschwindigkeit* durch die "lokalen" Materialeigenschaften erklären müssen. Die Frequenz ω und die Wellenzahl k sind jetzt nicht mehr frei wählbar; denn hat man für ω aus den Materialeigenschaften die Phasengeschwindigkeit c bestimmt, so ergibt sich k aus der Wellengleichung durch $\omega/k = c$.

Die *Wellengleichung* erhalten wir aus den Maxwell-Gleichungen [1]

$$\frac{1}{\mu_0}\,\nabla\times\underline{B} = \varepsilon_0\dot{\underline{E}} + \dot{\underline{P}} + \underline{j} + \nabla\times\underline{M} \tag{10.1}$$

$$\nabla\times\underline{E} = -\dot{\underline{B}} \tag{10.2}$$

$$\varepsilon_0\nabla\underline{E} = \rho - \nabla\underline{P} \tag{10.3}$$

$$\nabla\underline{B} = 0 \quad . \tag{10.4}$$

Die Maxwell-Theorie ist eine Fernwirkungstheorie. Sie wird durch Differentialgleichungen dargestellt, die zeitliche Ableitungen mit r ä u m l i c h e n (rot, div) verknüpfen. Aus der Kenntnis der Felder an einem Ort (Randbedingungen) folgt die Erregung an den anderen Orten.

Am Beispiel unmagnetischer Medien ($M = 0$) erläutern wir, welche Aufgabe zu lösen ist:

Nach (10.2) sind die Quellen für die E-Felder an einem Ort r die zeitlich schwankenden B-Felder in der Nachbarschaft r'. Die Quellen für die B-Felder sind die in der Nachbarschaft zeitlich schwankenden E-Felder und Polarisationen P, sowie Ströme j (10.1).

Die Größe von P und j hängt selbst wieder über die (linearen, lokalen) Materialgleichungen

$$\underline{P} = \varepsilon_0\chi_e\underline{E} \quad (10.5) \qquad \text{und} \qquad \underline{j} = \sigma\underline{E} \quad (10.6)$$

[1] Wir benutzen hier die Schreibweise mit dem Nabla-Operator
$\nabla\times\underline{a} \equiv \mathrm{rot}(\underline{a})$ $\quad\nabla\cdot\underline{a} \equiv \mathrm{div}(\underline{a})$ $\quad\nabla\alpha \equiv \mathrm{grad}(\alpha)$

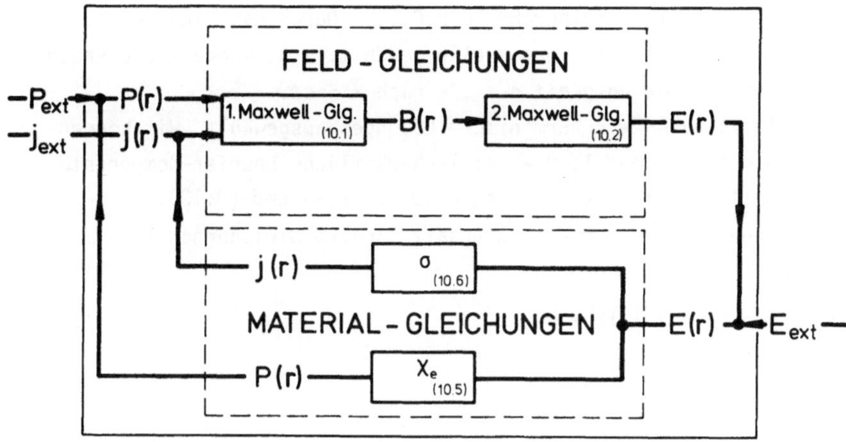

Abb. 10.1. Die Entstehung von Polaritonen durch Kopplung zwischen den elektromagnetischen Feldern und dem Material (unmagnetisches Medium M = 0)

vom E-Feld am gleichen Ort ab, das nach (10.2) durch B in der Nachbarschaft bestimmt wird. Damit ist der Kreis geschlossen!

Wir müssen also eine selbstkonsistente Lösung suchen, die diesem Kreisprozeß zwischen *Feld-* und *Materialgleichungen* genügt (Abb. 10.1).

Dabei brauchen P und j nicht allein durch elektrische Felder verursacht werden. Z.B. können auch die thermischen Fluktuationen der geladenen Bausteine Polarisationen verursachen ("Wärmestrahlung"). Außerdem kann ein Teil des E-Feldes von außen durch den Experimentator eingeschaltet worden sein. Solche Beiträge sind in Abb.10.1 durch den Index "ext" gekennzeichnet.

Die Materialeigenschaften χ_e und σ - verallgemeinert "Suszeptibilitäten" genannt - müssen aus dem Experiment bestimmt werden und von der Theorie durch mikroskopische Modelle erklärt werden.

Hat man die Aufgabe 10.1 gelöst, so kennt man zu den erlaubten (ω,k)-Paaren die möglichen mikroskopischen Anregungen der Materie, die von makroskopischen elektromagnetischen Feldern begleitet werden. Man nennt solche Anregungen *Polaritonen*.

10.2 Die Wellengleichung für elektromagnetische Felder

Wir beschränken uns auf die Betrachtung *ebener Wellen*

$$\psi = \psi_0 \exp[i(\underline{\underline{k}}\underline{\underline{r}} - \omega t)] \quad . \tag{10.7}$$

Darin ist ψ die jeweilige komplexe Feldgröße: E,B,P... . Durch das Minuszeichen im Argument ist eine nach "rechts" laufende Welle gewählt: z.B. wandert die Phase $0 = kx - \omega t$ mit der Phasengeschwindigkeit $c = \omega/k$ nach $x = ct$.

Durch den Ansatz (10.7) haben wir harmonische Lösungen ausgewählt. Wir können diese Lösungen aber auch auffassen als die zeitlich-räumliche Fourier-Komponente $\omega,\underline{k}$ eines beliebigen Wellenfeldes - vergl. Abschn.9.1, (9.9) und (9.10).

Die Maxwell-Gleichungen werden für diesen Ansatz lineare Gleichungen [2]:

$$\frac{1}{\mu_0} i\underline{k} \times \underline{B} = -i\omega(\varepsilon_0\underline{E} + \underline{P}) + \underline{j} + i\underline{k} \times \underline{M} \tag{10.8}$$

$$\underline{k} \times \underline{E} = \omega\underline{B} \tag{10.9}$$

$$i\varepsilon_0\underline{k} \cdot \underline{E} = \rho - i\underline{k} \cdot \underline{P} \tag{10.10}$$

$$\underline{k} \cdot \underline{B} = 0 \quad . \tag{10.11}$$

Wir eliminieren B aus (10.8) und (10.9) und erhalten

$$\underline{k} \times (\underline{k} \times \underline{E}) = -\omega^2\mu_0(\varepsilon_0\underline{E} + \underline{P}) - i\omega\mu_0 j + \omega\mu_0\underline{k} \times \underline{M} \quad . \tag{10.12}$$

Bisher haben wir keinerlei Einschränkungen bezüglich der Richtung zwischen den Feldvektoren $\underline{E}, \underline{B}, \ldots$ und der Ausbreitungsrichtung $\underline{k}$ vorgenommen. Wir zerlegen jetzt alle Feldvektoren in eine transversale (T) und eine longitudinale (L) Komponente

$$\begin{aligned} &\underline{E} = \underline{E}_T + \underline{E}_L \quad \text{mit} \quad \underline{k} \cdot \underline{E}_T \equiv 0 \quad , \quad \underline{k} \times \underline{E}_L \equiv 0 \quad , \\ &\underline{P} = \underline{P}_T + \underline{P}_L \quad \text{u.s.w.} \end{aligned} \tag{10.13}$$

Mit dieser Zerlegung und wegen $\underline{a}\times(\underline{b}\times\underline{c}) = \underline{b}(\underline{a}\underline{c}) - \underline{c}(\underline{a}\underline{b})$ erhalten wir dann für die linke Seite von (10.12)

$$\underline{k} \times (\underline{k} \times \underline{E}) = \underline{k}(\underline{k}\underline{E}_T + \underline{k}\underline{E}_L) - k^2\underline{E}_T - k^2\underline{E}_L \quad . \tag{10.14}$$

In (10.12) müssen sich also die longitudinalen Anteile auf der rechten Seite gerade kompensieren. Wir können die Gleichungen also in zwei voneinander unabhängige Gleichungen zerlegen, je eine für die longitudinalen Anteile

$$0 = \omega(\varepsilon_0\underline{E}_L + \underline{P}_L) + i\underline{j}_L \tag{10.15}$$

---

[2] Man bezeichnet diese Schreibweise oft auch als die "Fourier-transformierte Form der Maxwell-Gleichungen".

und eine für die transversalen

$$k^2\underline{E}_T = \omega^2\mu_o(\varepsilon_o\underline{E}_T + \underline{P}_T) + i\omega\mu_o\underline{j}_T - \omega\mu_o\underline{k} \times \underline{M} \quad . \tag{10.16}$$

Diese beiden Gleichungen gelten auch in anisotropen Medien!

10.3 Longitudinale Wellen

Wir prüfen jetzt, welche Bedingungen die Materialeigenschaften erfüllen müssen, damit *longitudinale* E-Wellen auftreten können.

(10.15) sagt, daß sich im longitudinalen Fall Verschiebungsstrom $\varepsilon_o\dot{\underline{E}} + \dot{\underline{P}}_L$ und Leitungsstrom $\underline{j}_L$ kompensieren müssen. Diese Bedingung war auch notwendig für das Auftreten von Plasmaschwingungen (Abschn.9.3). Plasmaschwingungen sind ein Beispiel für einen Vorgang, der von longitudinalen E-Wellen begleitet wird.

Ersetzen wir P und j durch die Materialgleichungen (10.5) und (10.6), so folgt aus (10.15)

$$0 = \underline{E}_L + \chi_e\underline{E}_L + i\,\frac{\sigma}{\varepsilon_o\omega}\,\underline{E}_L \quad . \tag{10.17}$$

Für den isotropen Fall, wo χ_e und σ Skalare sind, muß also die komplexe dielektrische Funktion bei der Frequenz ω_L eine Nullstelle haben

$$\tilde{\varepsilon} = 1 + \chi_e + i\,\frac{\sigma}{\varepsilon_o\omega} = 0 \quad . \tag{10.18}$$

Da sich bei den Frequenzen dieser Nullstellen Polarisations- und Leitungsströme kompensieren, wird die zugehörige Welle auch nicht nach (10.1) durch ein Magnetfeld begleitet. Damit ist die elektromagnetische Fernwirkung abgeschaltet. Zu jeder Nullstelle ω sind deshalb beliebige q-Werte erlaubt.

Im ω-q-Diagramm (z.B.Abb.13.4) werden die longitudinalen Anregungen durch eine Horizontale dargestellt [3].

---

[3] Dieses Ergebnis rührt daher, daß wir für die Materialgleichungen (10.5) und (10.6) nur einen l o k a l e n Zusammenhang angenommen haben. Irgendwelche Kopplungen zwischen Nachbarorten, die nicht durch elektromagnetische Felder entstehen, haben wir damit ausgeschlossen!

10.4 Transversale Wellen

Ähnlich prüfen wir die Bedingungen für das Auftreten *transversaler Wellen*. Da die Magnetisierung in (10.1) aber sowohl durch magnetische wie auch elektrische Felder (z.B. bei der optischen Aktivität) verursacht werden kann, andererseits aber diese magnetischen Wechselwirkungen der elektromagnetischen Wellen mit der Materie oft sehr schwach sind, betrachten wir wieder den Fall $M = 0$.

Mit der Abkürzung $k_o^2 = \omega^2\mu_o\varepsilon_o = \omega^2/c_o^2$ (k_o ist die Vakuum-Wellenzahl einer elektromagnetischen Welle der Frequenz ω) und mit dem komplexen Brechungsindex (s.Abschn.10.5)

$$\tilde{n}^2 = \frac{k^2}{k_o^2} = \frac{c_o^2}{c^2} \quad , \tag{10.19}$$

der die Wellenzahlen k,k_o bzw. die Phasengeschwindigkeiten c,c_o der Welle im Medium und im Vakuum vergleicht, erhalten wir für (10.16)

$$\tilde{n}^2\underline{E}_T = \underline{E}_T + \frac{\underline{P}_T}{\varepsilon_o} + i\,\frac{\underline{j}_T}{\varepsilon_o\omega} \quad . \tag{10.20}$$

Mit den Materialgleichungen - zunächst wieder nur für den isotropen Fall - folgt die Dispersionsbeziehung

$$k^2 = \frac{\omega^2}{c_o^2}\tilde{n}^2 \quad \text{mit} \quad \tilde{n}^2 = \tilde{\varepsilon} = 1 + \chi_e + i\,\frac{\sigma}{\varepsilon_o\omega} \quad , \tag{10.21}$$

nach der sich transversale E-Wellen ausbreiten müssen.

Für Frequenzen, bei denen sich longitudinale E-Wellen ausbreiten können, also $\tilde{\varepsilon} = 0$ gilt, entarten die transversalen Wellen zu Schwingungen. Denn aus $\tilde{n}^2 = \tilde{\varepsilon} = 0$ folgt $k = 0$, $c \to \infty$, überall herrscht der gleiche Phasenzustand.

10.5 Der komplexe Brechungsindex

Der komplexe Brechungsindex $\tilde{n}$ wird in einen reellen Brechungsindex n und einen Absorptionsindex κ zerlegt

$$\tilde{n} = n + i\kappa \quad . \tag{10.22}$$

Unsere ebene Welle (10.9) läßt sich damit darstellen als

$$\underline{E} = \underline{E}_o \exp[i(\underline{k}\underline{r} - \omega t)] = \underline{E}_o \exp[i(n\underline{k}_o\underline{r} - \omega t)] \cdot \exp(-\kappa \underline{k}_o \underline{r}) \quad . \tag{10.23}$$

Das ist eine Welle, die sich mit der Phasengeschwindigkeit c_o/n ausbreitet und dabei räumlich exponentiell gedämpft wird.

Da in unmagnetischen Medien gilt $\tilde{n}^2 = \tilde{\varepsilon}$, folgt für Real- und Imaginärteil

$$\varepsilon' = n^2 - \kappa^2 \qquad \varepsilon'' = 2n\kappa \quad . \tag{10.24}$$

Dies sind die zwei wichtigsten Gleichungen, um Experimente mit Theorien zu vergleichen. Sie gestatten, aus dem Ausbreitungsverhalten elektromagnetischer Wellen Suszeptibilitätsfunktionen zu bestimmen.

Die Gesetzmäßigkeiten der Reflexion und Absorption von transversalen Wellen am Halbraum und bei einer planparallelen Platte werden in einem Anhang hergeleitet. Dort diskutieren wir auch die Wellenausbreitung für den allgemeinen Fall, der auch die magnetischen Substanzen ($M \neq 0$) einschließt.

Aufgaben zum Abschnitt 10 werden im Anschluß an den Anhang gestellt (S.262).

11. Optische Eigenschaften von Leitern

Aus der dielektrischen Funktion, die wir in Kap.9 für leitende Materialien angegeben haben, berechnen wir das Reflexions- und Transmissionsverhalten des Halbraums bzw. der planparallelen Platte. Dabei unterscheiden wir zwischen Metallen und Halbleitern. Bei den Metallen werden die dielektrischen Eigenschaften allein durch die Leitungselektronen bestimmt. In Halbleitern überwiegt bei höheren Frequenzen der Beitrag der Polarisierbarkeit den der freien Ladungsträger.

Neben dem allgemeinen spektralen Verhalten, werden wir charakteristische Strukturen wie Plasmakante und Hagen-Rubens-Reflexion diskutieren und für bestimmte Spektralbereiche Näherungsformeln angeben. Wir werden zeigen, daß die Untersuchung der Drude'schen Leitungsabsorption ein besonders leistungsfähiges Verfahren ist, um die Frequenz- bzw. Energieabhängigkeit der Stoßzeiten zu ermitteln. Bei Metallen betrachten wir weiterhin das geringe Eindringen der Lichtwelle, den sogenannten Skineffekt.

11.1 Allgemeines optisches Verhalten eines Halbleiters

Wir betrachten einen Halbleiter in einem Spektralbereich für Frequenzen, die kleiner sind als die Resonanzen der Valenzelektronen (Abschn.3.6) (diese Resonanzen nennt man oft auch *"Valenzband-Leitungsband-Anregungen"* oder *"elektronische Grundabsorption"*). Für den so ausgewählten Frequenzbereich kann man den Valenzelektronenbeitrag zur dielektrischen Funktion allein durch eine reelle, frequenzunabhängige Suszeptibilität χ_{VE} beschreiben. Ihr Imaginärteil ist vernachlässigbar. Es ist üblich, den Beitrag des Vakuums und den der Valenzelektronen zusammenzufassen zu

$$\varepsilon_\infty = 1 + \chi_{VE} \quad . \tag{11.1}$$

Da die Valenzelektronenresonanzen der Halbleiter mit der "elektronischen Bandkante" einsetzen, die bei Halbleitern etwa zwischen 0,3 ... 2 eV liegt, befinden wir uns im infraroten Spektralbereich und noch niedrigeren Frequenzen ($\tilde{\nu}$ < 2.000...15.000 cm^{-}

$f < 7 \cdot 10^{13} \dots 5 \cdot 10^{14}$ Hz, $\lambda > 4 \dots 0.2$ µm). Die Annahme einer rein reellen Valenzelektronen-Suszeptibilität bedeutet anschaulich, daß das Licht zwar die Valenzelektronenhülle im Rhythmus der Lichtfrequenz gegenüber dem Rumpf verformt ("virtuelle Anregungen"), daß aber andererseits die Frequenzen bzw. die Photonen-Energien noch zu niedrig sind, um die Elektronen aus den Valenzband-Zuständen in die Leitungsbänder zu befreien (keine Anregung in "reelle Zustände").

Weiter nehmen wir vorläufig an, daß die Gitterschwingungen keinen Beitrag zur Polarisierbarkeit liefern. Das ist eine realistische Annahme, wenn wir unseren Halbleiter bei Frequenzen betrachten, die merklich höher sind als die Resonanzfrequenzen der schweren Gitteratome. Diese können dann dem schnellen Rhythmus unserer Lichtwelle nicht mehr folgen. Oder wir betrachten speziell Elementkristalle, die in Strukturen kristallisieren mit höchstens zwei Atomen pro Elementarzelle (z.B. Diamant, Si, Ge oder As, Sb, Bi). In diesen Substanzen kann aus Symmetriegründen eine langwellige Gitterverzerrung keine Polarisation erzeugen. Wie weit die Gitterschwingungen optische Eigenschaften von unseren Leitern modifizieren, werden wir in Kap.13 genauer untersuchen.

Mit diesen beiden Annahmen läßt sich der Suszeptibilitätsbeitrag des Wirtsgitters, in das wir unsere freien Ladungsträger einbetten, durch eine reelle, frequenzunabhängige "Untergrund"-Dielektrizitätskonstante $\varepsilon_L = \varepsilon_\infty = 1 + \chi_{VE}$ darstellen.

Eine reelle, frequenzunabhängige Dielektrizitätskonstante erhält man auch für Frequenzen, die sehr viel kleiner als die Resonanzen der (optischen) Gitterschwingungen sind, so daß die Atome in Phase mit der Lichtwelle schwingen können, aber keine Energie dissipiert wird ("virtuelle Anregung"). Die Gitterschwingungen tragen dann mit der Suszeptibilität χ_{ph} zur Untergrund-Dielektrizitätskonstanten bei

$$\varepsilon_L = 1 + \chi_{VE} + \chi_{ph} \quad . \tag{11.2}$$

Man nennt diese Kombination oft auch ε_s, den "statischen" Wert (eines Isolators).

Zur weiteren Diskussion betrachten wir Real- und Imaginärteil der Dielektrischen Funktion (9.24) und normieren dann die Frequenzen auf ω_τ

$$\varepsilon' = \varepsilon_L - \frac{\omega_p^2}{\omega_\tau^2} \cdot \frac{\omega_\tau^2}{\omega_\tau^2+\omega^2} = \varepsilon_L - \Pi^2 \frac{1}{1+\Omega^2} \tag{11.3}$$

$$\varepsilon'' = \frac{\omega_p^2}{\omega_\tau \omega} \cdot \frac{\omega_\tau^2}{\omega_\tau^2+\omega^2} = \frac{\Pi^2}{\Omega} \cdot \frac{1}{1+\Omega^2} \quad , \tag{11.4}$$

mit $\Pi \equiv \omega_p/\omega_\tau$, $\Omega \equiv \omega/\omega_\tau$.

Hoch konzentrierte ($\Pi^2 \sim n$), stark streuende Proben geben bei hohen Frequenzen also die gleichen Strukturen wie niedrig konzentrierte, schwach streuende bei niedrigen Frequenzen.

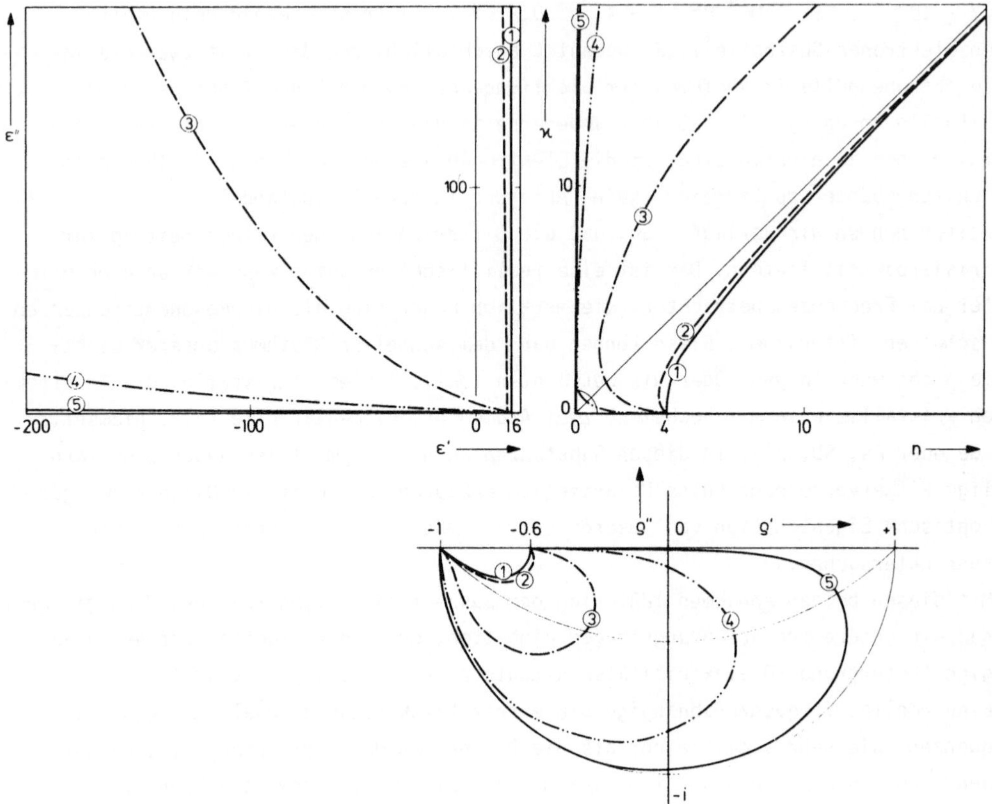

Abb. 11.1. Ortskurven für $\tilde{\varepsilon}$, $\tilde{n}$ und $\tilde{\rho}$ eines Halbleiters bei unterschiedlicher Trägerkonzentration und Streuung (Ge-Modell Tab.11.1)

So erhalten wir für die Germanium-Modelle (ε_L = 16, m* = 0,1 m_o) der Abb.11.1 die gleichen Ortskurven von $\tilde{\varepsilon}$ und damit auch von $\tilde{n}$ und $\tilde{\rho}$, wenn wir die Konzentrationen und die Stoß-Zeiten so wählen, daß sie den gleichen Parameter Π ergeben (s.Tab.11.1).

Tabelle 11.1. Germanium-Modell der Abbildungen Kap. 9...12. ε_L = 16,0, m* = 0,1m_o; (0) symbolisiert reines Ge: n = 0.

	(1)	(2)	(3)	(4)	(5)	(∞)
Konzentration n [cm^{-3}]	Stoßzeit τ [s]					
10^{14}	10^{-13}	10^{-12}	10^{-11}	10^{-10}	10^{-9}	∞
10^{16}	10^{-14}	10^{-13}	10^{-12}	10^{-11}	10^{-10}	∞
10^{18}	10^{-15}	10^{-14}	10^{-13}	10^{-12}	10^{-11}	∞
$\Pi=\omega_p/\omega_\tau$	0,18	1,8	18	180	1800	∞

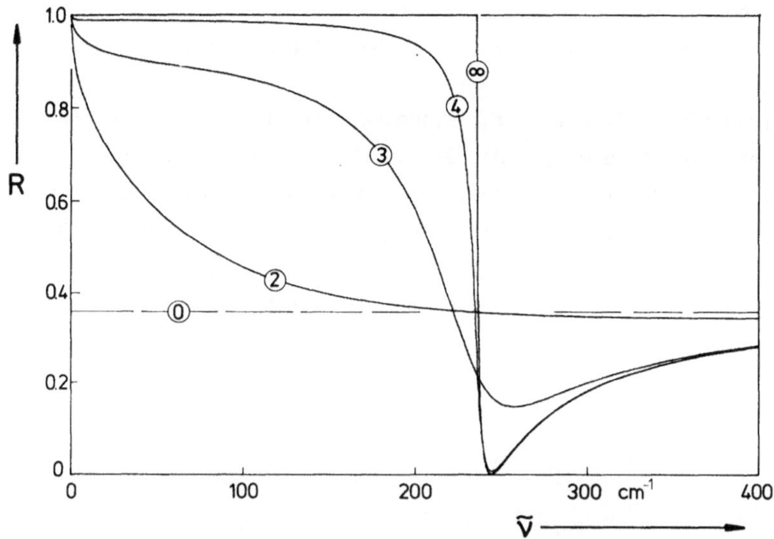

Abb. 11.2. Reflexionsvermögen eines Halbleiters ($n = 10^{18}$ cm^{-3}) in der Nähe der Plasmakante (Ge-Modell Tab.11.1)

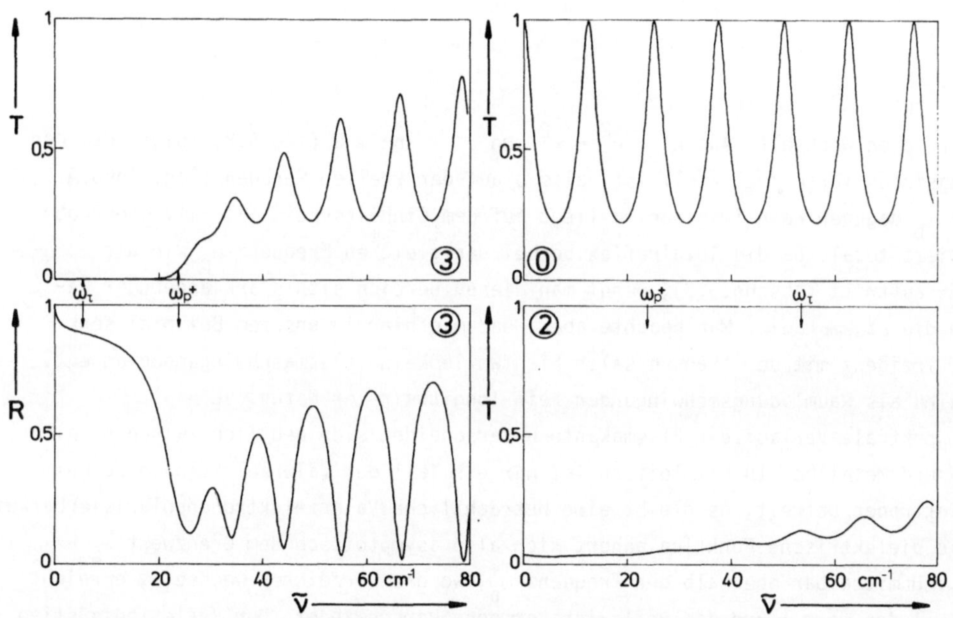

Abb. 11.3. Transmission und Reflexion einer planparallelen Halbleiterplatte (Ge-Modell Tab.11.1, $n = 10^{16}$ cm^{-3}, $d = 100$ µm)

Die Ortskurven für den Brechungsindex $\tilde{n}$ und den Reflexions-Koeffizienten $\tilde{\rho}$ zeigen, daß je nachdem ob ε' sein Vorzeichen wechselt (3,4,5) oder nicht (1,2) sich die $\tilde{n}$-Kurve von oben oder unten an die Gerade $n = \kappa$ schmiegt.

In Abb.11.2 sind zugehörige Reflexionsspektren dargestellt. Bei geringer Streuung (Kurve 4) tritt eine scharfe Reflexionskante auf, bei starker Streuung (Kurve 2) ist sie breit verschmiert.

Abb.11.3 zeigt die Transmissionsspektren für planparallele Platten der gleichen Materialien, berechnet nach (A.84) bzw. (A.90). Die auffälligsten Strukturen in diesen Spektren sind die Fabry-Perot-Resonanzen. Das komplementäre Spektrum, die Reflexion, (A.85), einer planparallelen Platte ist ebenfalls für ein Beispiel in Abb. 11.3 dargestellt.

In den folgenden Abschnitten werden wir uns nun mit den einzelnen spektralen Strukturen genauer beschäftigen.

11.2 Die Plasmakante

Die Spektren der Abb.11.2 zeigen eine mehr oder weniger ausgeprägte Reflexionskante. Im Fall der idealen, streuungsfreien Probe erkennt man sofort ihre Ursache: $\varepsilon' = \varepsilon_L - \omega_p^2/\omega^2$ ist eine monoton steigende Kurve, die bei

$$\omega_p^{+2} = \frac{\omega_p^2}{\varepsilon_L}$$

ihr Vorzeichen wechselt. Aus $\varepsilon' = n^2 - \kappa^2$ und $\varepsilon'' = 2n\kappa = 0$ (Tab.A.2) folgt, daß der Brechungsindex für $\omega \geq \omega_p^+$ reell ist, also $\tilde{\rho}$ auf der reellen Geraden liegt (Abb.A.5), für $\omega < \omega_p^+$ dagegen rein imaginär. $\tilde{\rho}$ liegt auf dem Einheitskreis $|\tilde{\rho}| = 1$, die Probe reflektiert total. Da die Totalreflexion bei der gleichen Frequenz ω_p^+ wie die *Plasmaresonanz* auftritt (Abschn.9.3), nennt man diesen Bereich sich stark ändernder Reflexion die *Plasmakante*. Man beachte aber, daß man hier in unserem Beispiel senkrechter Inzidenz mit der transversalen Lichtwelle keine Plasmaschwingungen anregt. Diese sind als Raumladungsschwingungen rein longitudinaler Natur ($\nabla \underline{D} = \rho$).

Der spektrale Verlauf der Plasmakante unterscheidet sich deutlich zwischen Halbleitern und Metallen. In Halbleitern ist nur ein Teil der Valenzelektronen zu Leitungselektronen befreit, es bleibt eine beträchtliche Valenzelektronenpolarisierbarkeit χ_{VE}. Die dielektrische Funktion nähert sich also asymptotisch dem Grenzwert $\varepsilon_L = 1 + \chi_{VE}$. Unmittelbar oberhalb der Frequenz ω_p^+, wo das Vorzeichen wechselt, erreicht deshalb ε' den Wert 1 und das Reflexionsvermögen verschwindet. Der Reflexionsanstieg der Plasmakante ereignet sich deshalb in Halbleitern in einem relativ schmalen spektralen Bereich, und es tritt ein Reflexionsminimum auf. In idealen Metallen dagegen sind bereits alle "Valenzelektronen" frei, das Gas der freien Elektronen besorgt die Kohäsion. Es gibt keine Untergrundpolarisation, d.h. $\varepsilon_L \simeq 1$. Die Reflexion fällt also asymptotisch auf 0 ab, die Plasmakante ist sehr breit ausgedehnt.

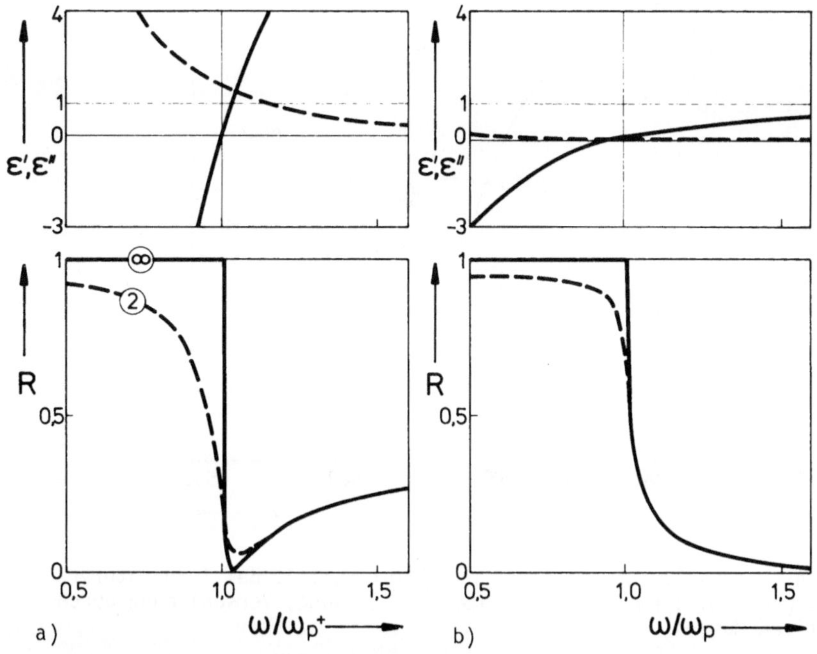

Abb. 11.4. Plasmakante im Reflexionsspektrum a) eines Halbleiters (Modell Tab.11.1) und b) eines Metalls $\omega_p/\omega_\tau \simeq 50$. (——) ε', R ohne Streuung, (---) ε'', R mit Streuung

Dieses Verhalten ist in Abb.11.4 gegenübergestellt. Berücksichtigt man auch einen realistischen Absorptionsbeitrag ($\varepsilon'' \simeq 0$), so wird der Brechungsindex gemischt komplex, d.h. n und κ können beide gleichzeitig von Null verschieden sein. Dadurch wird generell die Totalreflexion abgeschwächt (s.a.Abb.A.5). Außerdem wird das Reflexionsminimum bei n = 1 angehoben, weil jetzt eine endliche Reflexion $R = \kappa^2/(2 + \kappa^2)$ übrig bleibt.

Da die Ursache für das Auftreten der Plasmakante der Vorzeichenwechsel von ε' ist, kann man sie nur in genügend hoch dotierten Proben bzw. bei schwacher Streuung beobachten, nämlich nur, wenn die Bedingung $\Pi^2 = \omega_p^2/\omega_\tau^2 > \varepsilon_L$ erfüllt ist (Abb.11.1,2).

Abb.11.5 zeigt sehr deutlich ausgeprägte Plasmakanten, die am Halbmetall Wismut gemessen wurden [11.1].

In Metallen ist trotz der hohen Streuraten (ω_τ bis zu 10^{15} s^{-1}) wegen der hohen Ladungsträgerkonzentrationen ($n \simeq 8 \cdot 10^{22}$ cm^{-3}) die Bedingung $\omega_p^2 \gg \omega_\tau^2$ immer erfüllt. Die Plasmakanten liegen im Ultraviolett ($\omega_p \simeq 1{,}6 \cdot 10^{16}$ s^{-1}, $\lambda_p = 0{,}1$ µm, $\hbar\omega_p = 11$ eV). Im langwelligeren, sichtbaren Spektralbereich sind die Metalle also annähernd totalreflektierend. Die Plasmakante ist die Ursache für den charakteristischen Glanz der *Metalle*.

Anmerkung:

Der Glanz vieler Halbleiter (z.B. Si, Ge, Te, Pyrit FeS_2) im sichtbaren Spektralbereich wird dagegen durch große Werte von n und κ infolge der Valenzelektronen-Anregungen verursacht (Abschn.3.6)!

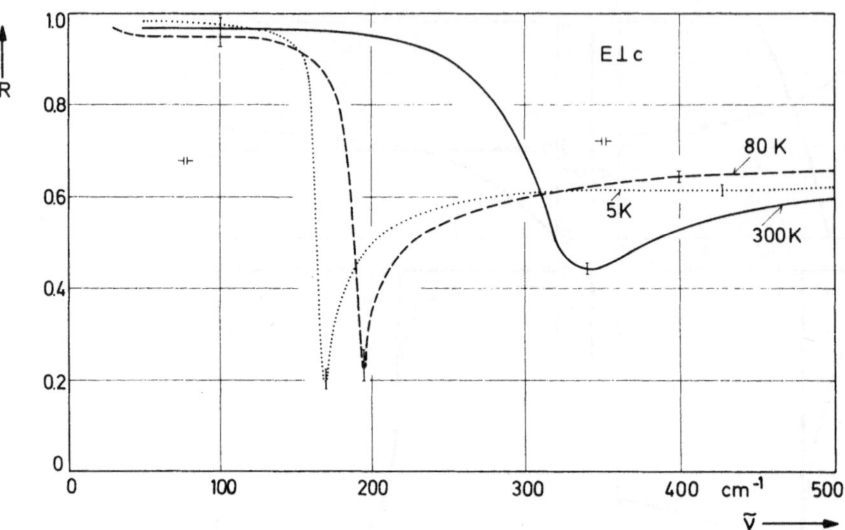

Abb. 11.5. Plasmakante im Reflexionsspektrum von Wismut [11.1]. Bei Temperaturerhöhung: Verbreiterung des Minimums durch Zunahme der Streuung, Verschiebung durch Änderung der effektiven Massen.

Aus dem spektralen Verlauf der Reflexion im Bereich der Plasmakante lassen sich die spektroskopischen Parameter ω_p, ω_τ und ε_L bzw. die mikroskopischen n/m* und τ bestimmen.

Ist die Kante sehr steil, so gibt ihre Lage - z.B. der Wendepunkt der S-förmigen Reflexionskurve - ein ungefähres Maß für ω_p^+.

Die Lage und Tiefe des Reflexionsminimum erlaubt die Bestimmung von ω_p^+ und ω_τ. Doch gibt es hierfür keine analytischen Näherungsformeln, denn in der Umgebung der Plasmakante sind Real- und Imaginärteil von $\tilde{\varepsilon}$ bzw. $\tilde{n}$ von gleicher Größenordnung. Man paßt deshalb durch geeignete Wahl von ω_p^+ und ω_τ Modellrechnungen für R an die Meßkurven an ("Parameter-Fit").

Oberhalb der Plasmakante gilt oft $\varepsilon' >> \varepsilon''$. Das Reflexionsvermögen wird dann praktisch nur vom $n = \sqrt{\varepsilon'}$ bestimmt, s. (A.49). Man rechnet die R-Daten in $\varepsilon' = \varepsilon_L - \omega_p^2/\omega^2$ um und trägt sie über $1/\omega^2$ auf (Abb.9.8), Extrapolation auf $\varepsilon' = 0$ bzw. $\omega \to \infty$ ergeben ω_p und ε_L. Im stark reflektierenden Bereich, in dem $\kappa \simeq n$ oder sogar $\kappa >> n$ gilt, ist eine Deutung der Reflexionsdaten nur möglich, wenn gleichzeitig der Phasenwinkel der Reflexion bekannt ist.

Bei Metallen, bei denen wegen $\kappa >> n$ für senkrechten Einfall $R \simeq 1$ gilt, bestimmt man den Phasenwinkel durch Methoden der *"Ellipsometrie"*. Man mißt dabei das Verhältnis der Reflexionsvermögen bei zwei verschiedenen, nicht senkrechten Einfallswinkeln für Wellen, die senkrecht und parallel zur Einfallsebene polarisiert sind. Hieraus lassen sich n und κ getrennt berechnen. Der Verlauf von ε' für Kalium (Abb.9.9) wurde nach diesem Verfahren bestimmt [9.6].

Bei Halbleitern wird der Wert $R \simeq 1$ im allgemeinen nicht erreicht. R zeigt auch unterhalb der Plasmakante noch Strukturen. Kennt man R für alle Frequenzen, so folgt der Phasenwinkel δ nach der *Dispersionsrelation* von Kramers und Kronig (KKR) [11.2]

$$\delta(\omega) = \frac{\omega}{\pi} \int_0^\infty \frac{\ln[R(z)] - \ln[R(\omega)]}{\omega^2 - z^2} dz \quad .$$

Da man die Reflexion aber nur in endlichen Frequenzintervallen messen kann, muß man geeignete Extrapolations-Modelle für $\omega \to 0$ und $\omega \to \infty$ zu Hilfe nehmen. Grundsätzlich liefert die Anwendung der KKR nur brauchbare Resultate, wenn das Reflexionsvermögen sich noch deutlich meßbar mit der Frequenz ändert.

Eine weitere Möglichkeit, Amplitude und Phase der Reflexion zu messen, ist ein Verfahren der Interferenzspektroskopie, die *asymmetrische Fourierspektroskopie*, [11.3].

11.2.1 Die Ultraviolett-Transparenz der Metalle

Bei Metallen nähert sich der Realteil der dielektrischen Funktion dem Wert 1, da es im Gegensatz zu den Halbleitern keine polarisierbare Valenzelektronenhülle gibt. Anregungen der tiefer liegenden Elektronen, z.B. der d-Elektronen (Interband-Übergänge), geben zwar Beiträge zur Absorption, können aber ε' nicht mehr wesentlich beeinflussen. Sieht man von diesen Beiträgen ab, so werden die Metalle für $\omega > \omega_p$ ungewöhnlich transparent. Das Reflexionsvermögen nimmt sehr schnell ab, da der Brechungsindex gegen 1 geht (Abb.11.6). Bereits bei $\omega \simeq 1{,}5\ \omega_p$ beträgt die Reflexion nur noch ca. 2% (Abb.11.4b). Für die Transmission einer Schicht gilt deshalb - (A.90) -

$$T_0 = (1 - R)^2 \exp(-Kd) \simeq \exp(-Kd) \quad . \qquad (11.5)$$

Mit $\varepsilon'' \simeq \omega_p^2 \omega_\tau / \omega^3$ und $n \simeq 1$ erhalten wir für die Absorptionskonstante - (A.81) -

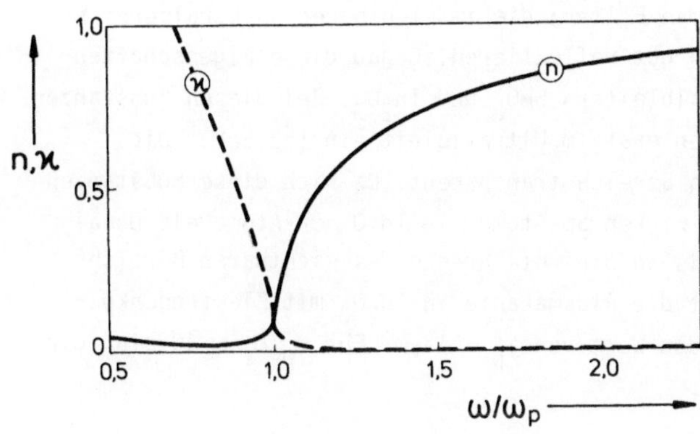

Abb. 11.6. Optische Konstanten n,κ in der Nähe der Plasmakante für ein Metall($\omega_p/\omega_\tau \simeq 50$)

$$K = \frac{\omega\varepsilon''}{c_0 n} \simeq \frac{\omega_p^2}{\omega^2} \cdot \frac{\omega_\tau}{c_0} . \qquad (11.6)$$

Im Beispiel unserer Abb.11.4,6 war $\omega_\tau \simeq 3 \cdot 10^{14}\ s^{-1}$ und damit $c_0/\omega_\tau \simeq 1\ \mu m$. Die Schicht erreicht also bei einer Dicke d = 1/K eine Transparenz von 1/e = 37%, d.h. in unserem Beispiel mit $\hbar\omega_p$ = 10,8 eV für eine Schicht mit $d \simeq 2\ \mu m$ bei $\omega \simeq 1{,}5\ \omega_p$, bzw. $\hbar\omega$ = 16 eV, λ = 77 nm.

Diese Transparenz der Metalle nimmt weiter zu bis zum Einsetzen oder Überwiegen anderer optischer Anregungen. Besonders ausgeprägt zeigen dies die Alkali-Metalle, da diese eine besonders einfache elektronische Struktur haben. Das einzige Valenzelektron der Atome wird bei der Bildung des Festkörpers ein freies Metallelektron. Alle anderen Elektronen bilden abgeschlossene Edelgasschalen und sind deshalb sehr fest gebunden.

Der Vergleich der optisch ermittelten Werte für ω_p in der Reihe der Alkali-Metalle zeigt, daß sich die unterschiedlichen Werte im wesentlichen durch die Packungsdichten in diesen Metallen erklären lassen (Tab.11.2). Das bedeutet, daß in allen die effektiven Massen und die Zahl der Leitungselektronen pro Metall-Atom gleich sind [1.4, S.291] und [9.6].

Tabelle 11.2. Plasmafrequenz und Packungsdichte für die Alkalimetalle

	λ_p [nm]	$\hbar\omega_p$ [eV]	$\left(\frac{\omega_p}{\omega_{p,Li}}\right)^2$	$\frac{n_a}{n_{a,Li}}$
Li	155	8,01	1	1
Na	210	5,91	0,55	0,55
K	315	3,94	0,24	0,29
Rb	340	3,65	0,21	0,23
Cs				0,18

11.2.2 Transparente Wärmespiegel

Für verschiedene Anwendungen sucht man Filter, die im sichtbaren Spektralbereich transparent sind, im Infrarot jedoch gut reflektieren. Genau diese Eigenschaften haben Schichten aus den dotierten Halbleitern SnO_2 und In_2O_3. Bei diesen Substanzen setzen die Valenzelektronenanregungen erst im Ultraviolett ein (>2.5eV). Die Schichten sind deshalb im sichtbaren Bereich transparent. Da sich diese Substanzen sehr hoch dotieren lassen - in SnO_2 wirken Sb-Atome, in In_2O_3 Sn-Atome als Donatoren -, kann man die Plasmakante bis an die rote Grenze des sichtbaren Bereichs heranschieben. Zum Beispiel erreicht die Plasmakante in In_2O_3 mit Elektronenkonzentrationen von ca. $10^{21}cm^{-3}$ fast den Wert von $\lambda_p = 1\ \mu m$. Für $\omega_p/\omega_\tau \simeq 40$ sind die Reflexionskanten auch relativ steil.

Für die Anwendung werden diese Halbleiterschichten auf Glas aufgebracht. Wir wollen hier einige Beispiele erläutern [11.4].

Um zu Beleuchtungszwecken eine Gasentladung in einer *Natriumdampflampe* brennen zu lassen, muß das Entladungsrohr auf einer Temperatur von 540 K gehalten werden, damit der erfoderliche Dampfdruck aufrecht erhalten wird. Um Wärmeverluste nach außen zu vermeiden, umgibt man das Rohr mit einem evakuierten Schutzmantel, der Konvektion und Leitung unterbindet. Es bleiben die Strahlungsverluste im Infraroten, mit einem Maximum bei λ_{max} = 5,4μm entsprechend 540 K. Durch Verspiegeln des Schutzmantels kann man diese Verluste vermeiden, wenn der Spiegel dort transparent ist, wo das Nutzlicht der Lampe emittiert wird, nämlich bei λ_{Na-D} = 0,59 μm. Diese Eigenschaft hat unsere Halbleiterschicht (Abb.11.7a)[1].

Bei anderen Anwendungen will man das Tageslicht einfangen, aber die Wärmeabstrahlung am Nutzort vermeiden. Dies ist der Fall bei *Sonnenkollektoren* und Zimmerfenstern. Das Strahlungsmaximum der Sonnenstrahlung liegt bei λ_{max} = 0,5 μm. Im Sonnenkollektor heizt die Einstrahlung einen Absorber auf ca. 400 K. Beim *Zimmerfenster* wird ein Raum von ca. 300 K durch die Einstrahlung beleuchtet. In beiden Fällen strahlt aber der Nutzort Verlustwärme ab mit einem Maximum bei λ_{max} = 6...8 μm gegen eine kältere Umgebung (beim Zimmer zumindest im Winter). Auch hier kann man die Verluste durch unser Halbleiter-Filter vermeiden (Abb.11.7b,c). Durch geeignet beschichtete Doppelfenster kann man die Verluste um mehr als die Hälfte gegenüber unbeschichteten Doppelfenstern senken!

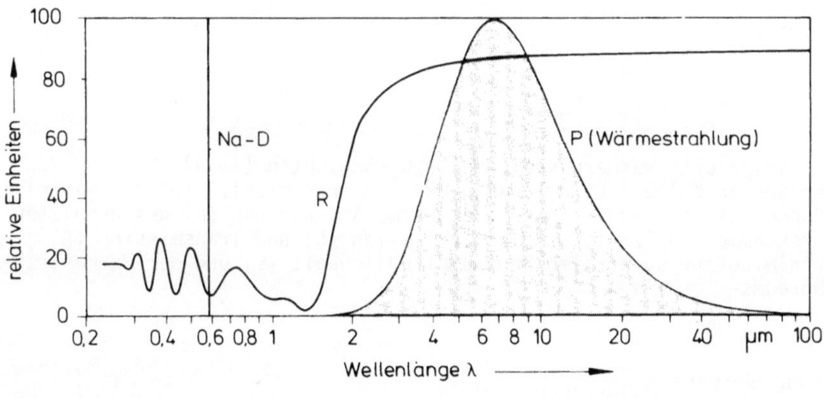

a)

Abb. 11.7. Transparente Wärmespiegel aus In_2O_3-Schichten [11.4]. a) Wärmeschutzmantel um eine Na-Dampflampe; Reflexion (R) des Mantels im Vergleich zur spektralen Lage der Emission der Na-Entladung (Na-D) und ihrer Wärme-Abstrahlung (P)

---

[1] Die Abbildungen wurden freundlicherweise von Herrn Prof. KAUER, Aachen zur Verfügung gestellt

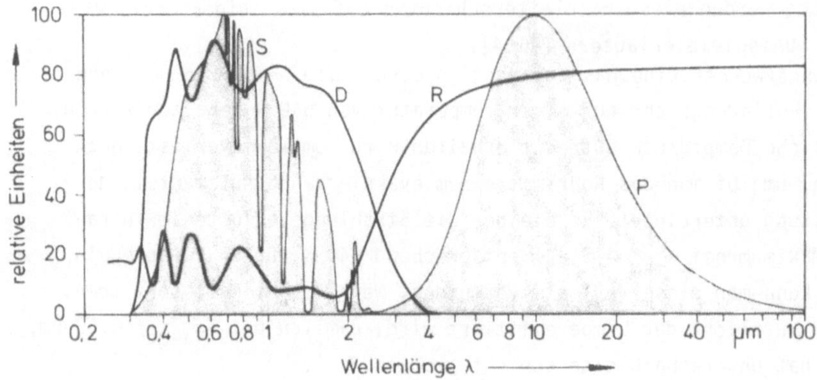

b)

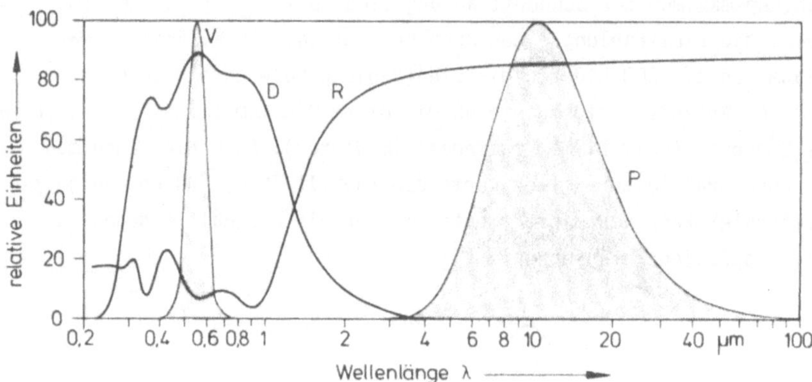

c)

Abb. 11.7b und c Transparente Wärmespiegel aus In_2O_3-Schichten [11.4]. b) Mantel für einen Sonnen-Kollektor, Reflexion (R) und Transmission (D) des Mantels im Vergleich zur Sonnen-Einstrahlung (S) und der Wärme-Abstrahlung (P) des geheizten Kollektors. c) Wärmesammelnde Fensterscheibe; Reflexion (R) und Transmission (D) des Fensters im Vergleich zur spektralen Augenempfindlichkeit (V) und der Wärmestrahlung (P) eines Wohnraums

11.3 Der Hagen-Rubens-Bereich

Für niedrige Frequenzen $\omega \ll \omega_\tau$ kann man die dielektrische Funktion annähern gemäß (9.25):

$$\varepsilon' \simeq \varepsilon_L - \frac{\omega_p^2}{\omega_\tau^2} \qquad\qquad \varepsilon'' \simeq \frac{\omega_p^2}{\omega_\tau \omega} = \frac{\sigma_o}{\varepsilon_o \omega} \quad .$$

Da ε' hier konstant ist und $\varepsilon'' \sim 1/\omega$ wird für genügend kleine Frequenzen $\varepsilon'' >> |\varepsilon'|$ und somit $n \simeq \kappa \simeq \sqrt{\varepsilon''/2}$ (Tab.A.2). Dies ist der Hagen-Rubens-Bereich, in dem die optischen Eigenschaften allein durch die Gleichstromleitfähigkeit bestimmt werden:

$$n \simeq \kappa \simeq \sqrt{\frac{\sigma_0}{2\varepsilon_0\omega}} \quad . \tag{11.7}$$

Wegen $\varepsilon'' >> |\varepsilon'|$ gilt auch $n, \kappa >> 1$. Damit erhalten wir für die Reflexionskonstante die Näherung

$$R = \frac{(n-1)^2+\kappa^2}{(n+1)^2+\kappa^2} \simeq \frac{2n^2-2n}{2n^2+2n} \simeq \frac{n-1}{n+1} \simeq 1 - \frac{2}{n} \quad .$$

Für die Abweichung von der Totalreflexion ergibt dies die *Hagen-Rubens-Formel*

$$1 - R \simeq \sqrt{\frac{8\varepsilon_0\omega}{\sigma_0}} \quad . \tag{11.8}$$

Leiter, besonders die Metalle, reflektieren also umso schlechter, desto schlechter ihre Leitfähigkeit ist.

Als Beispiel berechnen wir hiermit die Reflexion eines Germanium- und eines Kupfer-Spiegels für Mikrowellen mit λ_0 = 1 cm, aufgrund der gemessenen Leitfähigkeiten (Abschn.6.4):

Germanium	Kupfer
$\sigma_0 = 62\ (\Omega\mathrm{cm})^{-1}$	$\sigma_0 = 6{,}5 \cdot 10^4\ (\Omega\mathrm{cm})^{-1}$
$1 - R = 4{,}6\%$	$1 - R = 0{,}14\%$.

HAGEN und RUBENS haben diese geringen Abweichungen von der Totalreflexion für verschiedene Metalle durch *Emissionsmessungen* untersucht und die Abhängigkeit von der Leitfähigkeit und der Frequenz nach (11.8) bestätigen können [11.5]. Nach dem *Kirchhoff'schen Gesetz* ist das Absorptionsvermögen A eines Körpers gleich seinem Emissionsvermögen E.

Mit R + A + T = 1 folgt für undurchlässige Proben (T = 0)

$$1 - R = A = E \quad . \tag{11.9}$$

Im Experiment wurde die Emission blanker Metalle mit einem schwarzen Strahler (E = 1) verglichen).

Durch diese Anordnung wurde die "Dynamik" des Meßverfahrens um viele Größenordnungen verbessert und damit die Anforderungen an die Genauigkeit drastisch reduziert:

Während man bei einem Reflexionsexperiment das Reflexionsverhalten auf Bruchteile von Promille genau hätte messen müssen, ist im Emissionsexperiment nur ausreichende Empfindlichkeit erforderlich, um das schwache Emissions-Signal des Metalls nachzuweisen.

Der Hagen-Rubens-Bereich war durch das Überwiegen von ε'' in der dielektrischen Funktion charakterisiert. Wegen $1 - R \sim \sqrt{\omega}$ hat das Reflexionsvermögen hier eine konkave Krümmung ($d^2R/d\omega^2 > 0$). Die hohe Reflexion im Bereich der Plasmakante wird durch $\varepsilon' < 0$ bestimmt. Hier findet man eine konvexe Krümmung ($d^2R/d\omega^2 < 0$). Eine Extrapolation von Reflexionsspektren zu kleinsten Frequenzen hin, gemäß (11.8) ist also nur möglich, wenn die Spektren bereits konkav gekrümmt sind (Abb.11.8).

Im Hagen-Rubens-Bereich ist schließlich nach (11.7) auch die Eindringtiefe $d_p = 1/\kappa k_o$ - (A.46) - allein durch die Gleitstromleitfähigkeit bestimmt

$$d_p = \frac{1}{\kappa k_o} = \sqrt{\frac{2}{\mu_o \omega \sigma_o}} \quad . \tag{11.10}$$

Für unsere Beispiele erhalten wir für $\lambda_o = 1$ cm bei

Germanium	Kupfer
$d_p = 37\ \mu m$	$d_p = 1{,}1\ \mu m$.

Da man in Metallen bei 300 K für die Stoßfrequenz $\omega_\tau \simeq 10^{15}\ s^{-1}$ findet, gilt die Hagen-Rubens-Näherung bis ins nahe Infrarot!

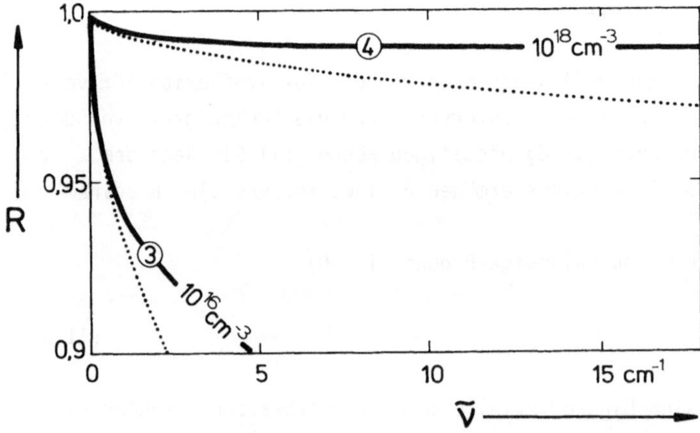

Abb. 11.8. Reflexionsvermögen eines Halbleiters (Ge-Modell Tab.11.1. $\tau = 10^{-12}$ s). (·····) Hagen-Rubens-Näherung für niedrige Frequenzen

11.3.1 Die Woltersdorff-Schicht

In Spektralbereichen, in denen die Hagen-Rubens-Näherung gut ist, werden die optischen Eigenschaften sehr *dünner Metallschichten* frequenzunabhängig. Denn in den Formeln (A.105-107) für eine dünne, stark wechselwirkende Schicht, erhält man jetzt für $\varepsilon'' k_0 d = \sigma_0 d/\varepsilon_0 c_0 = z_0 \sigma_0 d$ einen frequenzunabhängigen Ausdruck. Mit $\varepsilon' \ll \varepsilon''^2$ folgt schließlich

$$R = \left(\frac{z_0\sigma_0 d}{z_0\sigma_0 d+2}\right)^2 \quad , \tag{11.11}$$

$$T = \left(\frac{2}{z_0\sigma_0 d+2}\right)^2 \quad , \tag{11.12}$$

$$A = \frac{4z_0\sigma_0 d}{(z_0\sigma_0 d+2)^2} \quad . \tag{11.13}$$

Während R und T monotone Funktionen in d sind (Abb.11.9), erreicht die Absorption bei der *Woltersdorff-Dicke* [11.6]

$$d_W = \frac{2}{z_0\sigma_0} = \frac{2\varepsilon_0 c_0}{\sigma_0} = \frac{2c_0\omega_\tau}{\omega_p^2} \tag{11.14}$$

ein Maximum von A = 0,5. Außerdem gilt hier R = T = 0,25. Metallschichten dieser Dicke sind sehr geeignete *Absorptionsschichten* für Infrarot- und Submillimeterwellen-

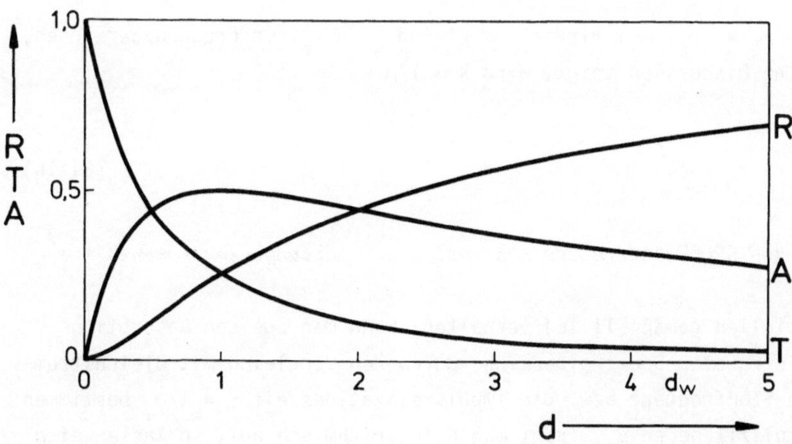

Abb. 11.9. Reflexion, Transmission und Absorption einer dünnen Metallsicht. d_W: Woltersdorff-Dicke (11.14)

Detektoren, da sie bei geringer Reflexion eine verhältnismäßig hohe, frequenzunabhängige Absorption haben.

Mit den gemessenen Leitfähigkeiten (Abschn.11.3) erhalten wir für

Germanium	Kupfer
$d_W = 0{,}8\ \mu m$	$d_W = 8\ Å$.

Tatsächlich sind die Woltersdorff-Dicken in Metallen wesentlich größer als die mit der Volumenleitfähigkeit berechneten, da die freien Weglängen schon vergleichbar sind mit d_W (Abschn.6.4). Außerdem haben so dünne Schichten keine homogene Struktur mehr und auch deshalb wesentlich geringere Leitfähigkeiten. Man kann deshalb gerade durch Vergleich der Volumen-Gleichstromleitfähigkeit mit den optischen Messungen an dünnen Schichten die zusätzliche *Streuung an den Oberflächen* untersuchen.

11.4 Die Drude-Leitungsabsorption

Für die Absorptionskonstante (A.81) $K = \omega\varepsilon''/c_0 n$ erhalten wir in einem leitenden Material, in dem die Absorption allein durch die freien Ladungsträger verursacht wird, mit (9.24) den Ausdruck

$$K = \frac{1}{c_0 n} \cdot \frac{\omega_p^2}{\omega_\tau} \cdot \frac{\omega_\tau^2}{\omega_\tau^2 + \omega^2} \quad . \tag{11.15}$$

Bei hohen Frequenzen ($\omega \gg \omega_p, \omega_\tau$) wird $\varepsilon'' \ll \varepsilon'$ und $\varepsilon' \simeq \varepsilon_L$. In Frequenzbereichen, in denen $n = \sqrt{\varepsilon_L}$ keine Dispersion zeigt, wird $K \sim 1/\omega^2$

$$K \simeq \frac{1}{c_0 n} \frac{\omega_p^2 \omega_\tau}{\omega^2} = \frac{z_0}{n} \cdot \sigma_0 \left(\frac{\omega_\tau}{\omega}\right)^2 \quad . \tag{11.16}$$

Das ist die bereits von DRUDE angegebene *Absorption der Leitungselektronen* $K \sim \lambda^2$ [4.1].

Soweit sich Materialien gemäß (11.16) verhalten, kann man aus den Absorptionsmessungen (z.B. im infraroten Spektralbereich) durch den Vergleich mit Gleichstrommessungen von σ_0 die Stoßfrequenz bzw. die Impulsrelaxationszeit $\tau = 1/\omega_\tau$ bestimmen. Denn K enthält ω_τ explizit neben σ_0. Trägt man K logarithmisch auf, so lassen sich die hochfrequenten Meßwerte zu niedrigen Frequenzen durch eine Gerade extrapolieren, die die Horizontale $K_0 \equiv z_0\sigma_0/n$ bei $\omega = \omega_\tau$ schneidet (Abb.11.10).

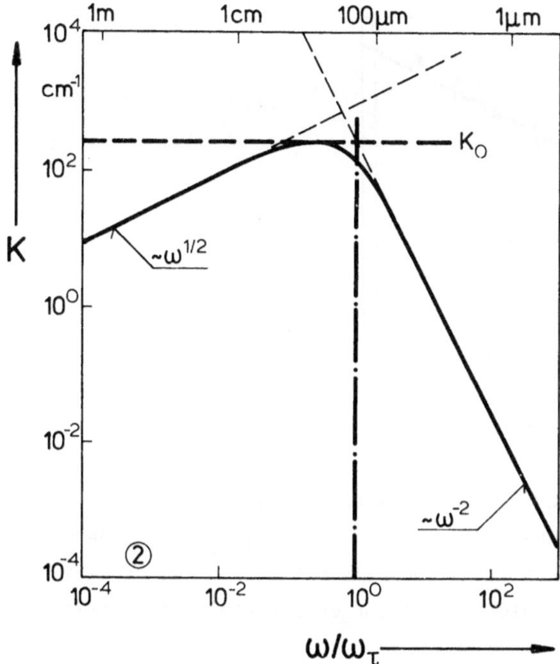

Abb. 11.10. Drude-Leitungsabsorption für einen Halbleiter (Ge-Modell Tab.11.1. n = 10^{16} cm^{-3})

Zu kleinen Frequenzen ($\omega \ll \omega_\tau$) hin nimmt die Absorptionskonstante wieder ab. Hier können wir $K = 2\kappa k_0$ mit der Hagen-Rubens-Näherung (11.7) extrapolieren

$$K \simeq \frac{1}{c_0}\sqrt{\frac{2\omega_p^2\omega}{\omega_\tau}} = \sqrt{2\mu_0\sigma_0\omega} \quad . \tag{11.17}$$

Hier ist also $K \sim \omega^{1/2}$.

Auch unter einem anderen Aspekt teilt ω_τ die Frequenz-Skala in zwei Bereiche: für $\omega \ll \omega_\tau$ ist $K \sim \omega_\tau^{-1/2}$, die Absorption nimmt also bei zunehmender Streuung ab, für $\omega \gg \omega_\tau$ dagegen findet man mit $K \sim \omega_\tau$ das gegenteilige Verhalten (s. Abschn.9.1).

Abbildung 11.11 zeigt ein Beispiel, bei dem der klassische Verlauf $K \sim \lambda^2$ in etwa erfüllt ist. Im allgemeinen findet man aber wesentlich andere Absorptionsspektren. Das liegt im wesentlichen daran, daß die Stoßzeiten, bzw. die Impulsrelaxationszeiten von der Energie der Elektronen abhängen (s.Kap.6). Aber gerade deshalb ist die Messung der Leitungsabsorption bzw. der dynamischen Leitfähigkeit eines der leistungsfähigsten Verfahren zur Untersuchung der Streuprozesse in Halbleitern, wie wir im folgenden Kapitel an Beispielen zeigen wollen.

Anmerkung:

Eine Ursache für die Abweichungen von (11.16) tritt bei höheren Temperaturen auf. Für $kT \gg \hbar\omega$ wird nicht nur Energie aus der elektromagnetischen Welle absorbiert,

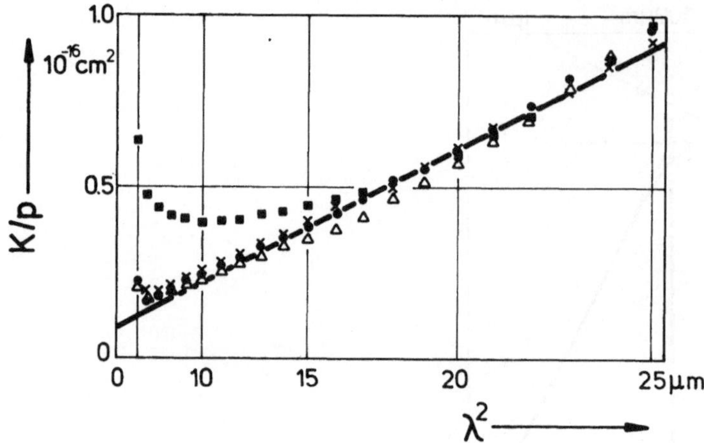

Abb. 11.11. Leitungsabsorption von Tellur unterschiedlicher Dotierung ($p = 6 \cdot 10^{16} ... 3 \cdot 10^{18}$ cm^{-3}). Aufgetragen ist der "*Absorptionsquerschnitt* der Löcher" K/p. Die schwach dotierte Probe (■) zeigt deshalb bei kurzen Wellen starke Abweichungen vom Verlauf $\sim\lambda^2$ infolge der nicht abgetrennten Bandkanten-Absorption [11.7

vielmehr *induziert* die Welle auch *Emissionsprozesse*, da jetzt genügend Elektronen thermisch bis zu Energien $W > \hbar\omega$ angeregt sind. Eine Schicht der Dicke dz absorbiert $dI_{absorp} = IK \cdot dz$, gleichzeitig emittiert sie den Intensitätsbeitrag $dI_{emiss} = IK \cdot \exp(-\hbar\omega/kT) \cdot dz$. Bestimmt man die Absorptionskonstante durch den Vergleich der einfallenden und austretenden Intensität, so mißt man eine kleinere effektive Absorptionskonstante $K_{eff} = K[1 - \exp(-\hbar\omega/kT)]$ [11.8].

11.5 Leitungsabsorption und dynamische Leitfähigkeit bei verschiedenen Streuprozessen

11.5.1 Die Messung der dynamischen Leitfähigkeit

Da bei einem optischen Experiment alle Prozesse, die an das elektromagnetische Wellenfeld koppeln, zu den makroskopischen Eigenschaften beitragen, muß man nach geeigneten Wegen suchen, um den Beitrag der freien Ladungsträger abzutrennen.

Zunächst bestimmt man durch Reflexions- bzw. Transmissionsmessungen n und κ (s.Anhang). Aus diesen berechnet man nach $\varepsilon' = n^2 - \kappa^2$ und $\varepsilon'' = 2n\kappa$ die dielektrische Funktion, die sich aus verschiedenen Suszeptibilitätsbeiträgen zusammensetzt

$$\tilde{\varepsilon} = \varepsilon' + i\varepsilon'' = 1 + \underbrace{\chi_{VE}}_{\text{Valenz-elektronen}} + \underbrace{\chi_{PH}}_{\text{polare Phononen}} + \underbrace{\chi_{FC}}_{\text{freie Ladungsträger}} + \dots \quad (11.18)$$

In Spektralbereichen, die genügend weit von den Resonanzstellen in χ_{VE} und χ_{PH} entfernt sind, sind diese Beiträge rein reell und frequenzunabhängig, man kann sie zu der Untergrund-Dielektrizitätskonstanten $\varepsilon_L = 1 + \chi_{VE} + \chi_{PH}$ des Wirtskristalls zusammenfassen.

Da man aber auch in der Umgebung der Resonanzstellen χ_{FC} messen will, kann man in manchen Fällen auch χ_{FC} abtrennen, indem man Messungen an isolierenden Proben und an gut leitenden vergleicht. Wegen $\chi_{FC} \sim \omega_p^2 \sim n$ und mit der Annahme, daß χ_{VE} und χ_{PH} in erster Ordnung nicht von der Ladungsträgerkonzentration n abhängen, erhält man

$$\chi_{FC} = \tilde{\varepsilon}_{\text{leitend}} - \tilde{\varepsilon}_{\text{isolierend}} \quad . \tag{11.19}$$

Ist die Abtrennung von χ_{FC} gelungen, so empfiehlt es sich, die dynamische Leitfähigkeit bzw. den dynamischen spezifischen Widerstand zu diskutieren (s. Abschn.9.1 und 9.1.2)

$$\sigma(\omega) = - i\varepsilon_o\omega\, \chi_{FC} \qquad \rho(\omega) = \frac{1}{\sigma(\omega)} = \frac{i}{\varepsilon_o\omega\, \chi_{FC}} \quad . \tag{11.20}$$

Insbesondere zeigt die Auftragung von $\rho(\omega)$ unmittelbar Abweichungen vom Drude-Modell, da in diesem Modell $\rho(\omega)$ in einen frequenzunabhängigen *Streuterm* und einen von der Streuung unabhängigen *Trägheitsterm* zerfällt (Abb.9.2a)

$$\rho(\omega) = \underset{\text{Streu-}}{\frac{\omega_\tau}{\varepsilon_o\omega_p^2}} - i \underset{\text{Trägheitsterm}}{\frac{\omega}{\varepsilon_o\omega_p^2}} \quad . \tag{11.21}$$

Auch ist es üblich, die Meßwerte als $\varepsilon_o\omega_p^2\, \rho(\omega)$ aufzutragen, da diese Kombination die anschauliche Bedeutung einer Stoßfrequenz hat.

Im allgemeinen deuten wir Abweichungen vom Drude-Verhalten durch die Annahme eines frequenzabhängigen, komplexen Streuterms $\hat{\rho}$ [6.2]

$$\hat{\rho}(\omega) \equiv \hat{\rho}' + i\hat{\rho}'' \equiv \rho(\omega) + i \frac{\omega}{\varepsilon_o\omega_p^2} \quad , \tag{11.22}$$

da wir bereits wissen, daß ω_τ von der Elektronenenergie abhängt (Kap.6).

$\sigma(\omega)$ und $\rho(\omega)$ sind wie folgt untereinander verknüpft

$$\sigma' + i\sigma'' = \frac{1}{\rho' + i\rho''} = \frac{1}{\hat{\rho}' + i(\hat{\rho}'' - \omega/\varepsilon_o\omega_p^2)} \quad , \tag{11.23}$$

Für niedrige Frequenzen $\omega \ll \omega_p$ gilt im allgemeinen $\rho'' \ll \rho'$

$$\sigma' \simeq \frac{1}{\rho'} \simeq \frac{1}{\hat{\rho}'} \quad , \qquad \sigma'' \simeq 0 \quad . \tag{11.24}$$

Für hohe Frequenzen $\omega \gg \omega_p$ gilt meistens $\hat{\rho}'$, $\hat{\rho}'' \ll \omega/\varepsilon_o\omega_p^2$, woraus folgt

$$\sigma' \simeq \hat{\rho}' \cdot \left(\frac{\varepsilon_o\omega_p^2}{\omega}\right)^2 \quad , \qquad \sigma'' \simeq \frac{\varepsilon_o\omega_p^2}{\omega} \quad , \tag{11.25}$$

d.h. hier ist σ' proportional zu $\hat{\rho}'$. Außerdem erkennt man, daß σ' für große Frequenzen immer gegen Null geht (vorausgesetzt, daß $\hat{\rho}'$ langsamer als proportional zu ω^2 wächst). Das ist aber wegen der Gültigkeit eines allgemeinen Summen-Satzes immer der Fall (vergl. Aufgabe 11.5).

11.5.2 Die dynamische Leitfähigkeit bei verschiedenen Temperaturen

Durch die Absorption eines Photons wird die Energie des Elektronengases zunächst um $\hbar\omega$ erhöht. Für niedrige Frequenzen bzw. hohe Temperaturen $\hbar\omega \ll kT$ wird die Elektronenverteilung also durch das Licht nicht merklich verändert. Man kann die elektromagnetische Strahlung durch ein Wechselfeld beschreiben. Die Materialeigenschaften werden durch den gleichen Mittelwert der Stoßfrequenz ω_τ bestimmt wie Leitfähigkeit oder Widerstand bei Gleichstrommessungen.

Für große Frequenzen $\hbar\omega \gg kT$ werden die Elektronen durch Absorption der Photonen jedoch zu Energien "aufgeheizt", die weit über den thermisch besetzten Werten liegen (Abb.11.12). Man kann deshalb nicht mehr den Gleichstromwert für ω_τ erwarten, der nur durch Mittelung über Elektronen mit Energien $W_e \simeq kT$ gebildet wird. Vielmehr ist bei hohen Frequenzen der aus den Messungen bestimmte Wert τ unmittelbar

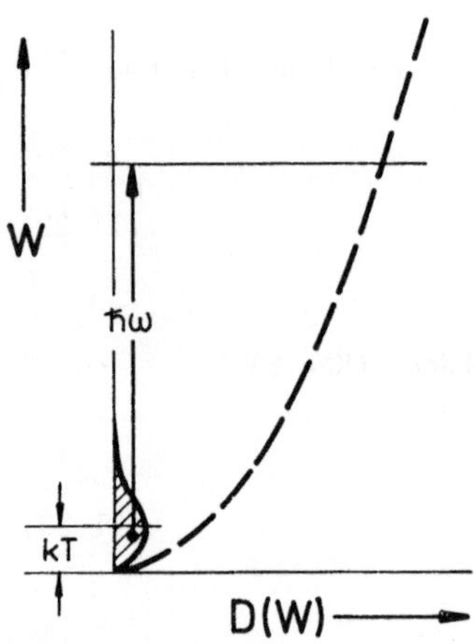

Abb. 11.12. "Aufheizung" der freien Elektronen durch Absorption von Photonen mit $\hbar\omega \gg kT$

die Stoßzeit für Elektronen der Energie $W_e = \hbar\omega$. Die Abweichungen vom Drude-Verlauf geben deshalb unmittelbar die Energie-Abhängigkeit von τ wieder.

Die Frequenz $\omega_t \equiv kT/\hbar$ teilt also ebenfalls die Frequenz-Achse in zwei charakteristische Bereiche: für $\omega \ll \omega_t$ erhält man den gleichen Mittelwert für τ wie bei Gleichstrommessungen. Zusätzlich muß in diesem Spektralbereich die induzierte Emission berücksichtigt werden. Für $\omega \gg \omega_t$ erhält man unmittelbar die Energieabhängigkeit von τ, induzierte Emission kann man vernachlässigen.

11.5.3 Die dynamische Leitfähigkeit bei hohen Frequenzen für verschiedene Streumechanismen

Für hohe Frequenzen, bei denen die Energie der betrachteten Elektronen etwa gleich der Energie $\hbar\omega$ der absorbierten Photonen wird, können wir den Frequenzgang der dynamischen Leitfähigkeit, bzw. des dynamischen Widerstandes durch Potenzgesetze ausdrücken, wenn die zugehörigen Streuquerschnitte S wie in Kap. 6 gemäß einfacher Potenzgesetze von der Elektronenenergie abhängen. Wenn für die Photonenenergie auch noch gilt $\hbar\omega \gg W_F$, tritt kein Unterschied mehr zwischen entartetem und nichtentartetem Elektronengas auf.

Eine Temperaturabhängigkeit ist nur zu erwarten, wenn der Streuquerschnitt unmittelbar temperaturabhängig ist, wie z.B. bei der Streuung an Phononen, und nicht nur mittelbar über die Elektronenenergie.

Schließlich treten für Frequenzen $\omega \gg \omega_p^+$ auch keine Abschirmeffekte mehr auf, wie wir sie bei der Streuung an ionisierten Störstellen betrachtet haben (Abschn. 6.5 und 9.4). Denn die abschirmenden Raumladungswolken oszillieren mit der Plasmaresonanzfrequenz ω_p^+, s. (9.32). Wenn unser Elektronengas aber periodisch mit einer Frequenz $\omega \gg \omega_p^+$ über die Störstellen hin und her bewegt wird, können sich die Abschirmwolken nicht mehr schnell genug einstellen.

Mit $W_e \simeq \hbar\omega$ und $v_e = (2\hbar\omega/m^*)^{1/2}$, sowie dem Potenzgesetz

$$S \sim W_e^{\eta} \tag{11.26}$$

für den Streuquerschnitt erhalten wir folgende Proportionalitäten

$$\begin{aligned}
\omega_\tau &= v_e \cdot n_s \cdot S \sim \omega^{\eta+0,5} \\
\hat{\rho}'(\omega) &= \frac{\omega_\tau}{\varepsilon_o \omega_p^2} \sim \omega^{\eta+0,5} \\
\sigma'(\omega) &= \frac{\varepsilon_o \omega_p^2 \omega_\tau}{\omega^2} \sim \omega^{\eta-1,5}
\end{aligned} \tag{11.27}$$

$$K(\omega) = \frac{1}{c_o n} \cdot \frac{\omega_p^2 \omega_\tau}{\omega^2} \sim \omega^{\eta-1,5} \quad .$$

In Tabelle 11.3 sind die Potenzgesetze für die Streuprozesse des Kap.6, sowie einige weitere zusammengestellt.

Sind mehrere Streuprozesse wirksam, so addieren sich die Streuterme des dynamischen Widerstandes

$$\hat{\rho}(\omega) = \hat{\rho}_1(\omega) + \hat{\rho}_2(\omega) + \ldots$$

so lange die *Matthiesensche Regel* erfüllt ist, analog zu den Verhältnissen bei Gleichstrom (Abschn.6.7). Nur wenn einer der Prozesse dominiert, ist also eines unserer Potenzgesetze zu erwarten. Abb.11.13 zeigt als Beispiel Messungen an Tellur, bei dem im untersuchten Spektralbereich bei tiefen Temperaturen die Streuung an ionisierten Störstellen ($\sigma \sim \omega^{-7/2}$) und bei hohen Temperaturen die an polaren optischen Phononen ($\sigma \sim \omega^{-5/2}$) überwiegt. Eine strenge Theorie zur einheitlichen Beschreibung dieser dynamischen Größen wurde von Gerlach entwickelt. In dieser werden insbesondere die Abschirmprozesse voll berücksichtigt und auch der Übergangsbereich zwischen dem niederfrequenten Drude-Verhalten und dem hochfrequenten Bereich der Potenzgesetze berechnet. Unsere Potenzgesetze der Tabelle 11.3 folgen aus dieser Theorie als Grenzwert für $\omega \to \infty$. Die genauen analytischen Ausdrücke und die Grenzwerte für $\omega \to 0$ und $\omega \to \infty$ finden sich in [6.2].

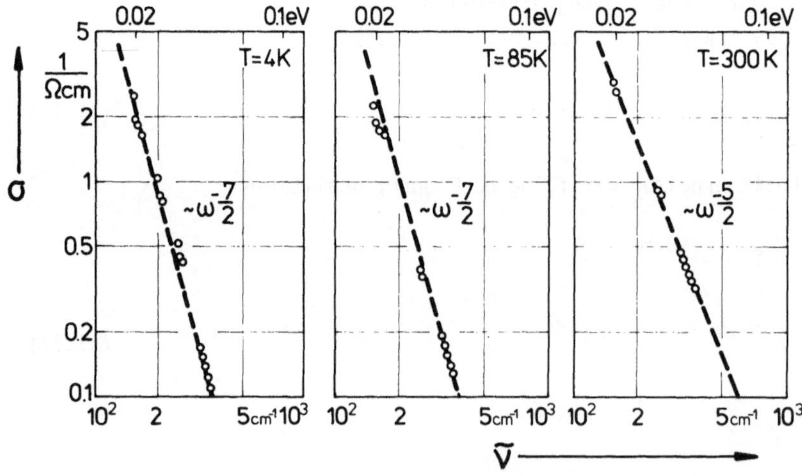

Abb. 11.13. Dynamische Leitfähigkeit von Tellur [6.2, p.172]

Tabelle 11.3. Potenzgesetze für dynamischen Widerstand, Leitfähigkeit und Absorptions-Konstante bei sehr hohen Frequenzen. (Streuquerschnitt $S = S^* \cdot W_e^{\eta}$)

Streuung an	Gl.	η	$\omega_\tau, \hat{\rho}'$	σ', K
neutralen Störstellen	(6.8)	0	$\sim\omega^{1/2}$	$\sim\omega^{-3/2}$
akustischen Phononen	(6.16)	0	$\sim\omega^{1/2}$	$\sim\omega^{-3/2}$
geladenen Störstellen	(6.29)	-2	$\sim\omega^{-3/2}$	$\sim\omega^{-7/2}$
piezoelektr. Phononen	-	-1	$\sim\omega^{-1/2}$	$\sim\omega^{-5/2}$
polare opt. Phononen	-	-1	$\sim\omega^{-1/2}$	$\sim\omega^{-5/2}$
geladenen Linien	-	-	$\sim\omega^{-2}$	$\sim\omega^{-4}$

Abb.11.14 zeigt die Ortskurve für die Leitfähigkeit bei Streuung an ionisierten Störstellen, wie sie nach dieser Theorie berechnet und im Experiment bestätigt wird. Zum Vergleich ist die Drude-Leitfähigkeit eingezeichnet, aus dem niederfrequenten Verhalten extrapoliert.

In Abb.11.15 ist der Streuterm $\hat{\rho}(\omega)$ dargestellt, berechnet für Streuung an akustischen Phononen. Solange $\hat{\rho}$ horizontal verläuft, findet man ein Drude-Verhalten. Etwa bei $\hbar\omega \simeq kT$ biegen die Kurven hiervon ab und laufen oberhalb $\hbar\omega \simeq 5kT$ asymptotisch in ein Potenzgesetz $\hat{\rho} \sim \omega^{1/2}$, was dem bei diesen Bedingungen oft beobachteten Verlauf der Absorptionskonstante $K \sim \omega^{-3/2}$ entspricht (Abb.11.16).

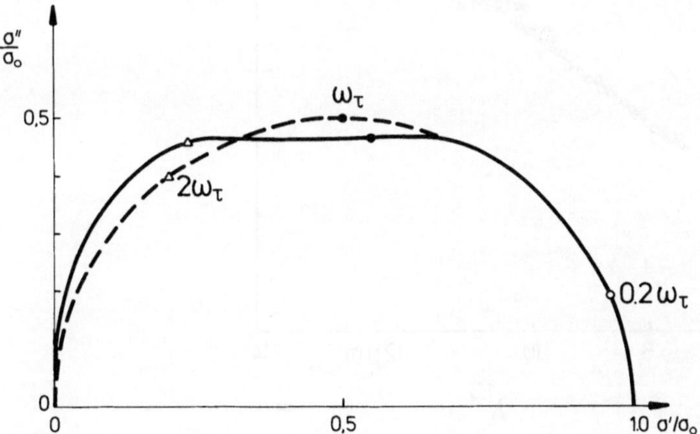

Abb. 11.14. Dynamische Leitfähigkeit (——) bei Streuung an ionisierten Störstellen, (---) Verlauf nach Drude-Modell

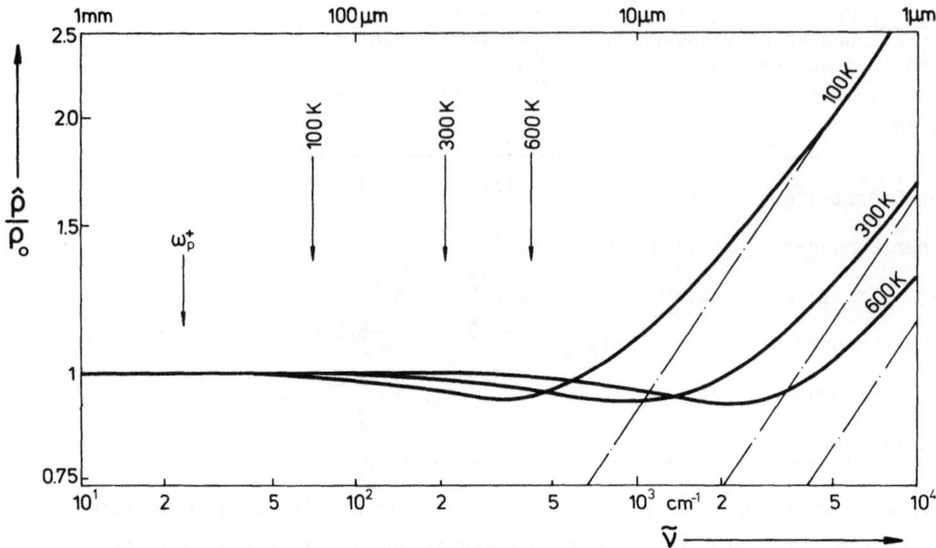

Abb. 11.15. Streuung an akustischen Phononen in Germanium ($n = 10^{16}$ cm^{-3}). Zum Vergleich sind die Positionen $\tilde{\nu} = kT/hc_0$ bei T = 100, 300, 600 K eingezeichnet, sowie Geraden entsprechend dem Potenzgesetz $K \sim \omega^{-3/2}$ (—·—)

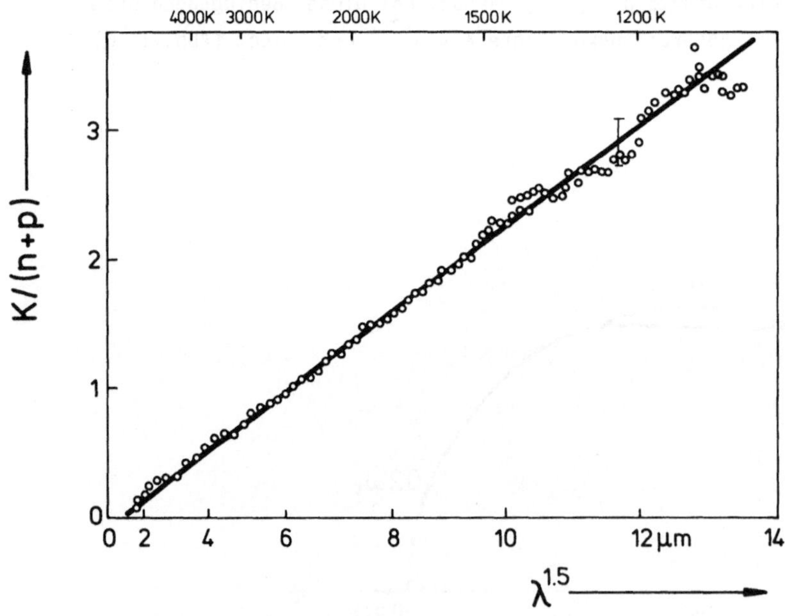

Abb. 11.16. Absorptionsquerschnitt K(n + p) von photoelektrisch erzeugten Elektron-Loch-Paaren in Silizium (relative Einheiten) [11.9]

11.6 Der Skin-Effekt

In stark absorbierenden oder reflektierenden Medien dringt das elektromagnetische Feld nur sehr gering ein. Nur in einer äußeren "Haut" mit der *Eindringtiefe* - (A.46) -

$$d_p = \frac{1}{\kappa k_o} \tag{11.28}$$

existiert ein Feld. Diese Erscheinung nennt man *Skin-Effekt*.

Bei der Berechnung der Eindringtiefe nehmen wir magnetisch verlustfreie Medien an ($\mu'' \simeq 0$). Aus (A.47) $\tilde{n} = n + i\kappa = \sqrt{\tilde{\varepsilon}\tilde{\mu}}$ folgt dann in Fällen $\kappa \gg 0$, in denen also die Eindringtiefe besonders klein ist, näherungsweise (s.a.Tab.A.2)

a) stark absorbierend $\varepsilon''^2 \gg \varepsilon'^2$

$$d_p = \sqrt{\frac{2}{\mu\varepsilon'' k_o^2}} \quad . \tag{11.29}$$

b) stark reflektierend $\varepsilon' < 0$, $\varepsilon''^2 \ll \varepsilon'^2$

$$d_p = \sqrt{\frac{1}{-\mu\varepsilon' k_o^2}} \quad . \tag{11.30}$$

Im Fall starker Reflexion infolge $\varepsilon' \gg 0$ dringt zwar auch nur ein sehr schwaches elektromagnetisches Feld ein, aber es ist nicht auf eine dünne Haut konzentriert.

11.6.1 Der Skin-Effekt in Metallen

Besonders ausgeprägt ist der Skin-Effekt in Metallen infolge ihrer hohen Leitfähigkeit. Wenn wir die Metalle genügend weit unterhalb der Plasmakante in der Hagen-Rubens-Näherung beschreiben, so wird aus (11.10) bei Berücksichtigung der magnetischen Eigenschaften μ gemäß (11.28)

$$d_p = \sqrt{\frac{2}{\mu\mu_o\omega\sigma_o}} \quad . \tag{11.31}$$

In Abb.11.17 ist die Eindringtiefe von Kupfer dargestellt [σ_o(300 K) = $6{,}5 \cdot 10^4 \Omega^{-1}\mathrm{cm}^{-1}$]. Im MHz-Bereich beträgt die Eindringtiefe nur noch ca. 100 μm. Gut leitende Metalle schirmen also hochfrequente elektrodynamische Felder sehr gut ab. Tatsächlich werden die niederfrequenten aber auch gut abgeschirmt, da hier das Reflexionsvermögen nach (11.8) noch näher bei 1 liegt. Das hohe Reflexionsvermögen erzwingt jedoch nur einen Knoten des elektrischen Feldes in der Oberfläche (s. Abschn.A.10), das Magnetfeld dagegen hat hier einen Bauch. Innerhalb der abschirmenden Platte klingt es dann ab gemäß der Eindringtiefe (11.31). Wenn man also niederfrequente Magnetfelder abschirmen will, nützt das hohe Reflexionsvermögen der freien Elektronen nichts.

Man hilft sich hier mit magnetischen Werkstoffen beim Abschirmen, da die ferromagnetischen Metalle gerade bei sehr niedrigen Frequenzen sehr hohe Permeabilitäten von $\mu \simeq 10^3 \ldots 10^5$ haben (z.B. reines Eisen, Mu-Metall).

11.6.2 Der anomale Skin-Effekt

Bei der Berechnung der Eindringtiefen haben wir die dynamische Leitfähigkeit verwandt, die aus dem Drude-Modell gewonnen wurde. Hierin wurden die im Phasenraum (Orts-Impuls-Raum) statistisch verteilten Elektronen durch ein mittleres Elektron und eine ortsunabhängige Dichte ersetzt (Kap.4). Die Ergebnisse dieses Modells können also nur sinnvoll sein, wenn die charakteristischen Größen (Wellenlänge, Eindringtiefe u.s.w.), die die räumlichen Veränderungen des elektromagnetischen Feldes beschreiben, sehr groß sind im Vergleich zu den mikroskopischen Größen (atomare Abstände, freie Weglänge u.s.w.). Denn die Drude-Gleichung (4.1) beschreibt eine *lokale Wechselwirkung*. Ein Elektron aber, das an einem Ort z.B, vom elektrischen Feld beschleunigt wird, trägt diese Information um eine freie Weglänge weiter. Wenn man solche Prozesse wegen der Mittelung über die mikroskopischen Strukturen nicht vernachlässigen darf, braucht man zur Beschreibung eine *Fernwirkungstheorie*. Gleichungen wie (4.1) oder (A.8) und (A.9) sind dann nicht mehr ausreichend. Die Materialeigenschaften werden dann orts- bzw. nach einer Fourier-Transformation k-abhängig!

Ein solcher Fall kann nun beim Skin-Effekt - vor allem in Metallen - auftreten, wenn die berechnete Eindringtiefe d_p vergleichbar wird mit der freien Weglänge ℓ.

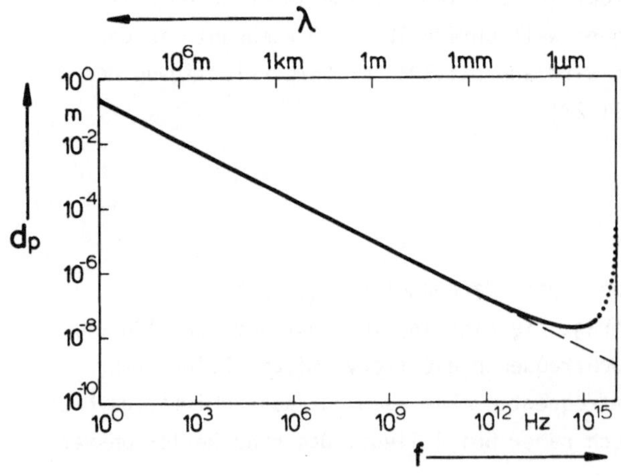

Abb. 11.17. Eindringtiefe für Kupfer bei 300 K (Modell, $\tau = 2{,}8 \cdot 10^{-15}$ s)

Für Kupfer hatten wir bei 300 K abgeschätzt (Abschn.6.4 und 11.3)

freie Weglänge	Eindringtiefe bei $\lambda_o = 1$ cm
$\ell = 16$ Å	$d_p = 1{,}1\ \mu m$.

Mit der Näherung (6.16) $\ell \sim 1/T$ finden wir bei 3 K bereits $\ell > d_p$: $\ell \simeq 1600$ Å, $d_p \simeq 1100$ Å. Für Submillimeterwellen wäre der Unterschied $\ell > d_p$ noch deutlicher.

Bei der formalen Berechnung von d_p nach (11.31) erhalten wir in den Metallen so kleine Werte wegen der großen Zahl freier Elektronen. Da die Elektronen ihre vom elektromagnetischen Feld aufgeprägten Informationen ca. eine Weglänge ℓ weit tragen, erhalten wir also eine größere effektive Eindringtiefe $d^* > d_p$. Der Einfluß des Feldes reicht tiefer, dies ist der *anomale Skin-Effekt*.

Wir schätzen die anomale Eindringtiefe nach Pippard[2] ab aufgrund der Überlegung, daß nur die Elektronen mit Geschwindigkeiten $\underline{v}$ parallel zur Oberfläche voll zur Abschirmung beitragen. Die überwiegend senkrecht zur Oberfläche diffundierenden dagegen erhöhen das Eindringen des Feldes, stören also die Abschirmung. Nur etwa der Bruchteil

$$n_{eff} = \frac{d}{\ell}\, n \tag{11.32}$$

entfernt sich nicht mehr als d nach einem Stoß von der Oberfläche, reagiert also abschirmend auf das Feld (s. Aufgabe 11.8).

Für die Eindringtiefe d_p erhalten wir aus (11.31) ganz allgemein

$$d_p^2 = \frac{2c_o^2\omega_\tau}{\omega_p^2\omega} = \frac{2c_o^2}{\omega} \cdot \frac{\varepsilon_o m^*}{e_o^2 n\tau} \quad .$$

Hieraus folgt die anomale Eindringtiefe d^*, wenn wir die Konzentration n durch die effektive Konzentration (11.32) ersetzen

$$d^{*2} = \frac{2c_o^2}{\omega} \cdot \frac{\varepsilon_o m^*}{e_o^2 n_{eff} \cdot \tau} = \frac{2c_o^2}{\omega} \cdot \frac{\varepsilon_o m^*}{e_o^2} \cdot \frac{\ell}{nd^*\tau} \quad . \tag{11.33}$$

Für das entartete Elektronengas der Metalle folgt hieraus mit $\tau = \ell/v_F$:

$$d^* = \left(\frac{2c_o^2}{\omega} \cdot \frac{v_F}{\omega_p^2}\right)^{1/3} \quad . \tag{11.34}$$

---

[2] für genauere Theorien s. [11.10]

Die anomale Eindringtiefe hängt also nicht mehr von ℓ ab; denn großes ℓ bedeutet nicht nur wenig Stoßprozesse, sondern gleichzeitig Abnahme der effektiven Elektronendichte. Bei sehr hohen Frequenzen wird die Schicht aber so dünn, daß für die abschirmenden Elektronen die Streuprozesse an der Oberfläche wichtiger werden als die an den Streuzentren des Volumens. Die Eindringtiefe nimmt dann wieder ab, besonders wenn die Elektronen an der Oberfläche nicht diffus sondern reflektiert gestreut werden.

Der anomale Skin-Effekt wurde an vielen Metallen untersucht (Mg, Al, Cu, Ag, Zn, Cd, Cr, Mo, W, Bi). Zur Messung wurden Hohlraumresonatoren aus diesen Metallen hergestellt und ihre Güte gemessen. Zur Verlustleistungsmessung wurden kalorimetrische Methoden verwandt.

Der anomale Skin-Effekt wirkt sich auch in der Totalreflexion aus. Im Hagen-Rubens-Bereich haben wir genähert $R \simeq 1 - 2/\kappa$. Mit $\kappa = 1/d^*k_o$ erhalten wir somit

$$1 - R = 2k_o d^* = \left(\frac{16\omega^2 v_F}{c_o \omega_p^2}\right)^{1/3} . \tag{11.35}$$

Die Absenkung der Totalreflexion ist also beim anomalen Skin-Effekt stärker als im klassischen Fall, und zwar in der Pippard-Näherung um den Faktor $(\ell/d_p)^{1/3}$. Aus der effektiven Eindringtiefe d^* kann man die Fermi-Geschwindigkeit v_F bestimmen!

11.6.3 Der Skin-Effekt in Supraleitern

Im Rahmen des Drude-Modells beschreiben wir einen Supraleiter als einen Kristall ohne Streuung der Ladungsträger ($\omega_\tau \to 0$). Ströme erzeugen deshalb keine Joule'sche Wärme, für $\omega > 0$ gilt somit $\varepsilon'' = 0$. Wegen $\varepsilon' = n^2 - \kappa^2 = 1 - \omega_p^2/\omega^2$ und $\varepsilon'' = 2n\kappa = 0$ finden wir für $\omega < \omega_p$ dennoch nur eine endliche Eindringtiefe $d_p = 1/\kappa k_o = 1/k_o\sqrt{-\varepsilon'}$. Für kleine Frequenzen $\omega \ll \omega_p$ führt das zur frequenzunabhängigen *London'schen Eindringtiefe* für elektromagnetische Felder im Supraleiter:

$$d_{LONDON} = \frac{c_o}{\omega_p} . \tag{11.36}$$

Nehmen wir an, daß alle Leitungselektronen zur Supraleitung beitragen ($n \simeq 8 \cdot 10^{22}\ cm^{-3}$), so erhalten wir $d_L \simeq 200$ Å.

Anmerkung:

Tatsächlich verdrängt ein Supraleiter (I. Art) ein statisches Magnetfeld bis auf die Eindringtiefe d_L, wenn man ihn vom normalleitenden Zustand unter die Sprungtemperatur abkühlt. Diese Feldverdrängung ist der *Meissner-Effekt*. Unsere Eindringtiefe gilt auch für den Grenzfall $\omega \to 0$, erklärt also scheinbar den Meissner-Effekt. Tatsächlich wurden aber unsere Gleichungen für die Wellenausbreitung aus den Maxwell-Gleichungen gewonnen, also für zeitlich veränderliche

Felder. Statische, nur von Strömen erzeugte Magnetfelder H_0 waren ohne Einfluß! Für die "reibungsfreien" supraleitenden Elektronen erhalten wir analog zum Drude-Modell

$$m\dot{\underline{v}} = e_0\underline{E} \qquad \underline{j} = e_0 n\underline{v}$$

$$\frac{d\underline{j}}{dt} = \frac{e_0^2 n}{m}\underline{E} \quad , \tag{11.37}$$

das ist die *1. London-Gleichung*.

Den Strom begleitet ein Magnetfeld $\nabla \times \underline{B}/\mu_0 = \underline{j}$. Wird das E-Feld selbst durch zeitlich veränderliche Magnetfelder erzeugt, so gilt $\nabla \times \underline{E} = -\dot{\underline{B}}$. Aus diesen drei Gleichungen folgt mit der Identität $\nabla \times (\nabla \times \underline{a}) = \nabla(\nabla\underline{a}) - \Delta\underline{a}$ und $\nabla\underline{B} = 0$ die Gleichung

$$\Delta\dot{\underline{B}} = \frac{1}{d_L^2}\dot{\underline{B}} \quad , \tag{11.38}$$

die das räumliche Eindringen zeitlich langsam veränderlicher Magnetfelder in einen Supraleiter beschreibt. Räumliche Integration der Gleichungen gibt Lösungen vom Typ $\dot{B} = \dot{B}_0 \exp(-x/d_L)$, d.h. nur die zeitlichen Änderungen dürften nicht eindringen. Um den Meissner-Effekt mit zu erfassen, wird deshalb diese Differentialgleichung auch auf die statischen Magnetfelder ausgedehnt

$$-\Delta\underline{B} = \mu_0\nabla \times \underline{j} = -\frac{1}{d_L^2}\underline{B} \quad .$$

Jetzt sind auch für statische Felder die Lösungen vom Typ $B = B_0 \exp(-x/d_L)$. Mit der Beschreibung des Magnetfeldes durch das Vektorpotential $\nabla \times \underline{A} \equiv \underline{H}$ führt dies zur Form der *2. London-Gleichung*

$$j = -\frac{1}{d_L^2}\underline{A} \quad . \tag{11.39}$$

Das Verhalten eines Supraleiters $\varepsilon' = 1 - \omega_p^2/\omega^2$, $\varepsilon'' = 0$, das mit $n = 0$, $\kappa \simeq \omega_p/\omega$ zur idealen Totalreflexion führt, ändert sich bei höheren Frequenzen, wenn die Photonenenergie $\hbar\omega$ ausreicht, um die Cooper-Paare (Paare von Elektronen komplementären Spins, die die Supraleitung verursachen) aufzubrechen (Abb.11.18):

$$\hbar\omega > W_g = 3{,}5\ kT_c$$

(W_g: Bindungsenergie zweier Elektronen zu einem Cooper-Paar, T_c: Sprungtemperatur Normalleiter/Supraleiter).

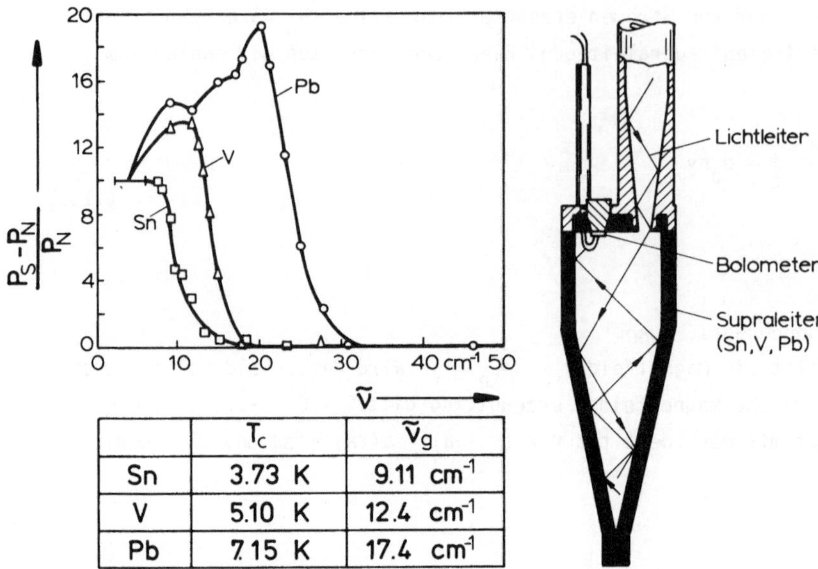

	T_c	$\tilde{\nu}_g$
Sn	3.73 K	9.11 cm^{-1}
V	5.10 K	12.4 cm^{-1}
Pb	7.15 K	17.4 cm^{-1}

Abb. 11.18. Messung der Absorptionsverluste eines supraleitenden Hohlraums im Submillimeterbereich [11.11]

Da diese Supraleiter auch bei Millimeterwellen, d.h. für $\omega > \omega_g$, noch immer fast total reflektieren, ist der Nachweis des Einsetzens der Absorptionsprozesse sehr schwierig. RICHARDS und TINKHAM [11.11] haben deshalb die Vielfachreflexionen in einem Hohlraum, der aus dem supraleitenden Material hergestellt war, zur Verstärkung benutzt. Im Schatten der Einstrahlöffnung war ein Bolometer so angeordnet (Abb.11.18), daß es nur nach vielen Umweg-Reflexionen beleuchtet wurde.

Außerdem haben sie die Nachweisempfindlichkeit erhöht durch Anwendung eines Differenzverfahrens. Durch Anlegen eines hinreichend starken Magnetfeldes kann die Supraleitung zerstört werden. Es wurden deshalb die Signale mit und ohne äußerem Magnetfeld verglichen. Am Bolometer traf dann, je nachdem ob die Wände supraleitend ("S") oder normalleitend ("N") waren, eine stärkere oder schwächere Leistung ein. Wenn für Photonenenergie $\hbar\omega > W_g$ die Wände nicht mehr "supra"leiten, wird $P_S \to P_N$. In Abb.11.18 sind die experimentellen Daten als $(P_S - P_N)/P_N$ aufgetragen. Mit der Signalleistung am Bolometer

$$P_{Bolometer} = P_{S,N} = P_o R^{\nu}_{S,N}$$

bei ν Umwegreflexionen und mit $R \simeq 1 - 2/\kappa$ bedeutet diese Auftragung

$$\frac{P_S - P_N}{P_N} = \frac{R_S^{\nu} - R_N^{\nu}}{R_N^{\nu}} \simeq 2\nu \left(\frac{1}{\kappa_N} - \frac{1}{\kappa_S}\right) \quad . \qquad (11.40)$$

Der geringe Unterschied des Absorptionsindizes wurde durch die Vielfachreflexion bis um den Faktor $\nu = 100$ verstärkt!

Aufgaben

11.1 Berechne die Plasmafrequenz ω_p für die Alkalimetalle unter der Annahme $n_e = n_a$ und $m^* = m_o$. Vergleiche diese Werte mit den gemessenen der Tab.11.2. (Li: $\rho = 0{,}53$ gcm^{-3}, A = 6,94; Na: $\rho = 0{,}97$ gcm^{-3}, A = 23,0; K: $\rho = 0{,}86$ gcm^{-3}, A = 39,1; Rb: $\rho = 1{,}53$ gcm^{-3}, A = 85,5; Cs: $\rho = 1{,}88$ gcm^{-3}, A = 133)

11.2 Wie unterscheidet sich das nach dem Drude-Modell berechnete Reflexionsvermögen eines Germanium- bzw. Kupferspiegels von dem nach der Hagen-Rubens-Formel abgeschätzten für 9 GHz-Mikrowellen und 890 GHz-Submillimeterwellen, die mit einem HCN-Laser erzeugt werden? (Modellparameter: Germanium $\varepsilon_L = 16$, $m^* = 0{,}1\ m_o$, $n = 10^{18}$ cm^{-3}, $\tau = 5 \cdot 10^{-13}$s; Kupfer $\varepsilon_L = 1$, $m^* = m_o$, $n = 8{,}4 \cdot 10^{22}$ cm^{-3}, $\tau = 3 \cdot 10^{-15}$ s)

11.3 Wie transparent ist eine 0,3 μm dicke In_2O_3-Schicht bei $\lambda = 0{,}5$ μm und $\lambda = 10$ μm, und wie stark reflektiert sie dort? (Parameter: $\varepsilon_L = 4$, $m^* = m_o$, $n = 10^{21}$ cm^{-3}, $\tau = 2{,}5 \cdot 10^{-14}$ s)

11.4 Mit etwa welcher Leistung strahlt eine blanke Kupferplatte bei 600 K? Verwenden Sie als integrales Emissionsvermögen näherungsweise das spektrale Emissionsvermögen des Kupfers im Strahlungsmaximum eines 600 K-Wärmestrahlers. [$\tau(600\ K) \simeq 1{,}5 \cdot 10^{-15}$ s, alle anderen Parameter wie in Aufgabe 11.2].

11.5 Leitfähigkeitsprozesse müssen generell die Summenregel

$$\int_0^\infty \sigma' d\omega = C \cdot n$$

erfüllen. Die Konstante C darf dabei nicht vom speziellen Streumechanismus abhängen. Zeige, daß das Drude-Modell die Summenregel erfüllt. Welchen Wert hat die Konstante C?

11.6 Wie stark wird ein elektrisches bzw. magnetisches Feld bei einer Frequenz von 12 Hz, 50 Hz und 1 MHz durch eine 1 mm dicke Kupferplatte geschwächt (300 K)? Wie ändern sich Reflexion, Eindringtiefe und Transmission, wenn man die Kupferplatte auf 77 K bzw. 4,2 K abkühlt?

11.7 Berechne die Eindringtiefe einer Mu-Metall-Platte für 12 Hz und 50 Hz ($\mu = 10^4$; $\sigma_o = 2{,}5 \cdot 10^4$ $(\Omega cm)^{-1}$). Wie dick muß hieraus eine Platte sein, um die elektrodynamischen Felder innerhalb dieser Platte auf 1°/oo abzuschwächen?

11.8 Etwa welcher Bruchteil der Leitungselektronen in einem Metall dringt nach einem Stoß an der Oberfläche nicht tiefer als bis zu einer Tiefe d in das Metall ein? Man nehme hierzu an, daß die Elektronen völlig isotrop von der Oberfläche ins Volumen zurück gestreut werden!

11.9 Verfolgen Sie durch graphische Konstruktion den Weg eines Strahls von der Eintrittsöffnung zum Bolometer in einem nicht resonanten Hohlraum der Form wie in Abb.11.18. Wieviele Reflexionen erfährt der von Ihnen gewählte Strahl auf seinem Weg?

12. Magnetooptische Eigenschaften von Leitern

Wir berechnen die dielektrische Funktion für leitende Materialien, die sich in einem statischen Magnetfeld befinden. Bereits für isotrope Materialien wird nun die dielektrische Funktion ein Tensor, da das aufgeprägte Magnetfeld eine Richtung auszeichnet. Es wird deshalb zwischen der Faraday- und Voigt-Konfiguration unterschieden, je nachdem ob sich die Welle parallel oder senkrecht zum Magnetfeld ausbreitet.

Spezielle Effekte wie Zyklotron-Resonanz, Faraday-Drehung und Voigt-Effekt werden wir diskutieren und ihre Anwendbarkeit für diagnostische Zwecke in der Festkörperphysik untersuchen.

Schließlich werden wir als Beispiele für Magnetoplasma-Effekte die Eigenschaften von Helicon- und Alfvén-Wellen herleiten.

12.1 Der dynamische Magnetoleitfähigkeitstensor

Wir beschreiben jetzt das Gas freier Elektronen mit der Drude-Lorentz-Gleichung (4.1)

$$m\dot{\underline{v}} + \frac{m}{\tau}\,\underline{v} = q(\underline{E} + \underline{v} \times \underline{B}) \qquad (12.1)$$

für den Fall, daß $\underline{B} = (0,0,B)$ ein statisches Magnetfeld ist. Für E beschränken wir uns wieder auf harmonische Störungen $\underline{E}(t) = \underline{E}_0 \exp(-i\omega t)$. Die Lösungen sind dann wieder stationär und von gleicher Periodizität wie die Störung. Hätten wir auch ein periodisches B-Feld zugelassen, so wäre die Gleichung wegen des Produktterms $\underline{v} \times \underline{B}$ nicht mehr linear in den periodischen Anteilen.

Die Beschränkung auf statische B-Felder ist sinnvoll, wenn die Lorentz-Kraft im B-Feld der elektromagnetischen Welle vernachlässigbar ist neben der Coulomb-Kraft des E-Feldes. Da zwischen diesen beiden Feldern in einer Welle nach (A.24) gilt

$$\frac{E}{B} = c = \frac{c_0}{\tilde{n}} \quad ,$$

folgt für die beiden Kräfte

$$F_{Coulomb} = qE \qquad F_{Lorentz} = qvB = \frac{v}{c}\, qE \quad . \tag{12.2}$$

Die Lorentz-Kraft auf ein freies Elektron ist also um den Faktor v/c kleiner. Mit den Geschwindigkeiten, die wir in Abschn.2.4.3 angegeben haben, bedeutet das für

Germanium (300 K)	Kupfer
$\frac{v_{th}}{c_o} = 1{,}2 \cdot 10^{-3}$	$\frac{v_F}{c_o} = 5{,}3 \cdot 10^{-3}$.

Hier ist die Vernachlässigung gerechtfertigt. In gewissen Halbleitern mit sehr kleinen effektiven Massen und extrem hohen Polarisierbarkeiten (d.h. großen Brechungsindizes) kann der Faktor v/c aber leicht einige Prozent erreichen ("narrow gap"-Halbleiter)!

Mit dem Lösungsansatz $\underline{v} = \underline{v}_o \exp(-i\omega t)$ erhalten wir die lineare Gleichung

$$-i\omega m\underline{v} + \frac{m}{\tau}\underline{v} = q(\underline{E} + \underline{v} \times \underline{B}) \quad , \tag{12.3}$$

in der wir direkt die Driftgeschwindigkeit $\underline{v}$ durch die Stromdichte $\underline{j} = qn\underline{v}$ ersetzen. In Komponenten zerlegt führt sie mit den spektroskopischen Parametern ω_p^2, ω_τ und $\omega_c^* = qB/m^*$ (s.Abschn.7.3.5) zu den drei Gleichungen

$$\begin{aligned}
(-i\omega + \omega_\tau)\, j_x &= \varepsilon_o\omega_p^2 E_x + \omega_c^* j_y \\
(-i\omega + \omega_\tau)\, j_y &= \varepsilon_o\omega_p^2 E_y - \omega_c^* j_x \\
(-i\omega + \omega_\tau)\, j_z &= \varepsilon_o\omega_p^2 E_z \quad .
\end{aligned} \tag{12.4}$$

Mit der dynamischen Leitfähigkeit $\sigma_\sim$ für B = 0 und Φ als Abkürzung

$$\sigma_\sim \equiv \frac{\varepsilon_o\omega_p^2}{\omega_\tau - i\omega} \qquad \Phi \equiv \frac{\omega_c^*}{\omega_\tau - i\omega} \tag{12.5}$$

erhält der dynamische Magnetoleitfähigkeitstensor

$$j_i = \sigma_{ij}(B)\, E_j \tag{12.6}$$

die Form

$$\{\sigma_{ij}(B)\} = \frac{\sigma_\sim}{1+\Phi^2}\begin{Bmatrix} 1 & \Phi & 0 \\ -\Phi & 1 & 0 \\ 0 & 0 & 1+\Phi^2 \end{Bmatrix} , \tag{12.7}$$

bzw. voll ausgeschrieben

$$\{\sigma_{ij}(B)\} = \begin{Bmatrix} \dfrac{\varepsilon_0\omega_p^2(\omega_\tau - i\omega)}{(\omega_\tau - i\omega)^2 + \omega_c^{*2}} & \dfrac{\varepsilon_0\omega_p^2\omega_c^*}{(\omega_\tau - i\omega)^2 + \omega_c^{*2}} & 0 \\ \dfrac{-\varepsilon_0\omega_p^2\omega_c^*}{(\omega_\tau - i\omega)^2 + \omega_c^{*2}} & \dfrac{\varepsilon_0\omega_p^2(\omega_\tau - i\omega)}{(\omega_\tau - i\omega)^2 + \omega_c^{*2}} & 0 \\ 0 & 0 & \dfrac{\varepsilon_0\omega_p^2}{\omega_\tau - i\omega} \end{Bmatrix} \tag{12.8}$$

Wir diskutieren einige einfache Eigenschaften dieses Tensors:

Zunächst stellen wir fest, daß die z-Komponente $\sigma_{zz} = \sigma_\sim$ nicht vom B-Feld beeinflußt wird. Im Rahmen des Drude-Modells finden wir auch für $B \neq 0$ das gleiche Verhalten wie in Kap.9 bei $B = 0$.

Der Fall $B = 0$ führt mit $\omega_c^* = 0$ und somit $\Phi = 0$ ebenfalls zur einfachen dynamischen Leitfähigkeit $\{\sigma_{ij}\} = \sigma_\sim$.

Die Magnetfeldabhängigkeit der Diagonalterme in (12.7) infolge des Nenners $1 + \Phi^2$ bedeutet nicht etwa eine *"Magnetische Widerstandsänderung"* (s.Abschn.7.4). Denn bilden wir wegen $E_i = \rho_{ij} \cdot j_j$ durch Invertieren des σ-Tensors gemäß

$$\{\rho_{ij}(B)\}\,\{\sigma_{ij}(B)\} = \mathbb{1}$$

den Magnetowiderstandstensor

$$\{\rho_{ij}\} = \frac{1}{\sigma_\sim}\begin{Bmatrix} 1 & -\Phi & 0 \\ \Phi & 1 & 0 \\ 0 & 0 & 1 \end{Bmatrix} , \tag{12.9}$$

so zeigt sich keine Magnetfeldabhängigkeit bei den Diagonaltermen.

Die Nichtdiagonalterme beschreiben im Gleichstromfall $\omega = 0$ den Hall-Effekt: mit $\underline{j} = (0, j_y, 0)$ folgt $E_x/E_y = -\Phi = \tan\phi_H$, s.(7.37). Im dynamischen Fall $\omega \neq 0$ verursachen die Nichtdiagonalterme die Faraday-Drehung (s.Abschn.12.6). Man bezeichnet deshalb den *Faraday-Effekt* freier Ladungsträger auch als den *"dynamischen Hall-Effekt"*.

Der ρ-Tensor (12.9) hat eine einfachere Struktur als der σ-Tensor (12.7). Im Gleichstromexperiment wird er auch unmittelbar gemessen: man prägt einen Strom auf und beobachtet die begleitenden Felder als Antwort. Im optischen Experiment dagegen stören wir die Probe durch das elektrische Feld der Welle und beobachten die entstehenden Polarisations- und Leitungsströme. Wir messen also Leitfähigkeiten bzw. eine dielektrische Funktion. Diese erhält nun auch Tensor-Charakter.

12.2 Die dielektrische Funktion leitender Kristalle im Magnetfeld

Wir betrachten jetzt wieder, analog zu Abschn.11.1, einen Halbleiter, bei dem die freien Ladungsträger in einen polarisierbaren Wirtskristall eingebettet sind, den wir durch eine Untergrund-Dielektrizitätskonstante ε_L beschreiben können.

ε_L soll weder von der Frequenz noch vom Magnetfeld abhängen. Die letztere Forderung ist in unmagnetischen Medien ($\mu = 1$) und abseits von den Resonanzstellen von ε_L erfüllt.

Die dielektrische Funktion setzt sich nun wieder aus dem Beitrag des Gitters und der freien Ladungsträger zusammen:

$$\{\varepsilon_{ij}(\omega,B)\} = \{\varepsilon_L\} + \frac{i}{\varepsilon_0\omega}\{\sigma_{ij}(\omega,B)\} \quad . \tag{12.10}$$

In einem Medium mit isotroper Polarisierbarkeit

$$\{\varepsilon_L\} = \begin{Bmatrix} \varepsilon_L & 0 & 0 \\ 0 & \varepsilon_L & 0 \\ 0 & 0 & \varepsilon_L \end{Bmatrix} \quad ,$$

das wir hier lediglich der Einfachheit halber annehmen, erhalten wir ausgeschrieben

$$\{\varepsilon_{ij}(\omega,B)\} =$$

$$\begin{Bmatrix} \varepsilon_L + i\,\frac{\omega_p^2}{\omega}\cdot\frac{(\omega_\tau - i\omega)}{(\omega_\tau - i\omega)^2 + \omega_c^{*2}} & i\,\frac{\omega_p^2}{\omega}\cdot\frac{\omega_c^*}{(\omega_\tau - i\omega)^2 + \omega_c^{*2}} & 0 \\ -\,i\,\frac{\omega_p^2}{\omega}\cdot\frac{\omega_c^*}{(\omega_\tau - i\omega)^2 + \omega_c^{*2}} & \varepsilon_L + i\,\frac{\omega_p^2}{\omega}\cdot\frac{(\omega_\tau - i\omega)}{(\omega_\tau - i\omega)^2 + \omega_c^{*2}} & 0 \\ 0 & 0 & \varepsilon_L + i\,\frac{\omega_p^2}{\omega}\cdot\frac{1}{\omega_\tau - i\omega} \end{Bmatrix} \quad . \tag{12.1}$$

Dieser Tensor hat für unseren Fall $\underline{B} = (0, 0, B)$ folgende Symmetrie

$$\{\varepsilon_{ij}\} = \begin{Bmatrix} \varepsilon_{xx} & \varepsilon_{xy} & 0 \\ -\varepsilon_{xy} & \varepsilon_{xx} & 0 \\ 0 & 0 & \varepsilon_{zz} \end{Bmatrix} \quad . \tag{12.12}$$

E-Felder in z-Richtung erzeugen nur Polarisations- und Leitungsströme in z-Richtung. Für E-Felder mit x- und y-Komponenten sind die induzierten Ströme nicht mehr parallel zur Feldrichtung!

12.3 Die Ausbreitung elektromagnetischer Wellen bei Anwesenheit eines statischen Magnetfeldes

Wir untersuchen jetzt, wie sich Wellen in einem Medium ausbreiten, das durch den Tensor (12.11) bzw. (12.12) beschrieben wird [1]. Es ist dies der Fall des Beispiels Abschn.A.2.2 des Anhangs. Wir unterscheiden deshalb die zwei durch Symmetrie ausgezeichneten Fälle:

Faraday-Konfiguration	*Voigt-Konfiguration*
$\underline{k} = (0, 0, k_z) \parallel \underline{B}$	$\underline{k} = (k_x, k_y, 0) \perp \underline{B}$

12.3.1 Faraday-Konfiguration

In der Anordnung $\underline{k} \parallel \underline{B}$ erhalten wir nach (A.18) für den Brechungsindex

$$\tilde{n}_\pm^2 = \varepsilon_{xx} \pm i\varepsilon_{xy} \quad . \tag{12.13}$$

Die Eigenmoden sind die beiden zirkular polarisierten Wellen

$$\underline{E}_\pm = E_0(1, \pm i, 0) \quad , \tag{12.14}$$

(siehe (A.20) und Abb.A.2). Mit den Tensorkoeffizienten (12.11) wird der Brechungsindex

[1] Sehr ausführlich wurden die verschiedenen magnetooptischen Phänomene freier Ladungsträger von PALIK und FURDYNA dargestellt [12.1]

$$\tilde{n}_{\pm}^2 = \varepsilon_L + i\,\frac{\omega_p^2}{\omega}\cdot\frac{(\omega_\tau - i\omega)\pm i\omega_c^*}{(\omega_\tau - i\omega)^2 + \omega_c^{*2}}$$

$$\tilde{n}_{\pm}^2 = \varepsilon_L - \frac{\omega_p^2}{\omega}\cdot\frac{1}{\omega \pm \omega_c^* + i\omega_\tau} \quad . \qquad (12.15)$$

Die Brechungsindizes für die beiden zirkularen Moden unterscheiden sich durch den magnetfeldabhängigen Term $\pm\omega_c^*$. Da $\omega_c^* = qB/m^*$ von der Richtung des B-Feldes abhängt, kann man durch Umpolen des B-Feldes das Verhalten der beiden Moden im Medium vertauschen. Wegen der Abhängigkeit des Parameters ω_c^* vom Vorzeichen der Ladung q kann man durch Experimente mit den zirkularen Moden das Ladungsvorzeichen der freien Ladungsträger bestimmen (s.Aufg.12.3).

Wegen des Umlaufsinnes der Felder der zirkularen Moden bzw. der Ladungsträger merke man sich folgende Verhältnisse (Abb.12.1):

Erzeugt man ein B-Feld durch eine Drahtschleife bzw. eine Spule, so hat die Stromdichte j (nicht die Geschwindigkeit der Metallelektronen!) im Draht den gleichen Umlaufsinn wie ein Elektron auf einer induzierten Landau-Bahn ($\omega_c^* = -e_0B/m^* < 0$). Mit dem gleichen Umlaufsinn rotiert an einem festen Ort z der elektrische Feldvektor der zirkularen Mode $E_+ = E_0(1, +i, 0)\exp[i(kz-\omega t)]$ und der entgegen laufenden Mode $E_- = E_0(1, -i, 0)\exp[i(-kz-\omega t)]$.

Je nach Vorzeichen läuft das elektrische Feld der zirkularen Moden den Ladungsträgern hinterher oder entgegen. Beschreibt man die Wechselwirkung der Ladungsträger mit dem Feld nicht durch $\tilde{n}_{\pm}$, sondern durch die entsprechende Leitfähigkeit

$$\sigma(B)_{\pm} = \sigma_{xx} \pm i\sigma_{xy} = \frac{\varepsilon_0\omega_p^2}{\omega_\tau - i(\omega \pm \omega_c^*)} \quad ,$$

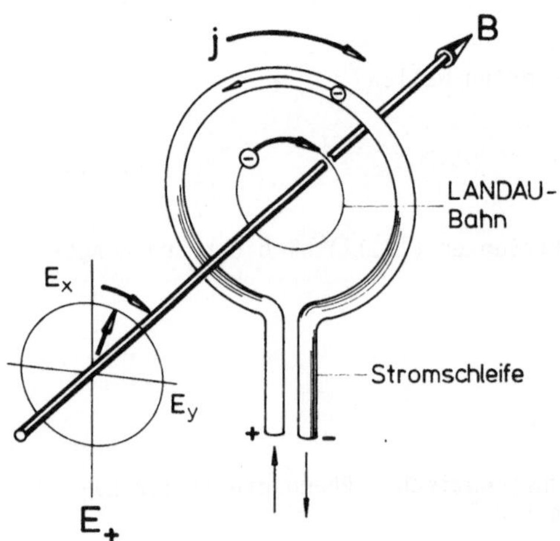

Abb. 12.1. Umlaufsinn der zirkularen Mode $\underline{E} = E_0(1,i,0)\exp[i(kz - \omega t)]$ im Vergleic zu einem Elektron in einer Landau-Bahn

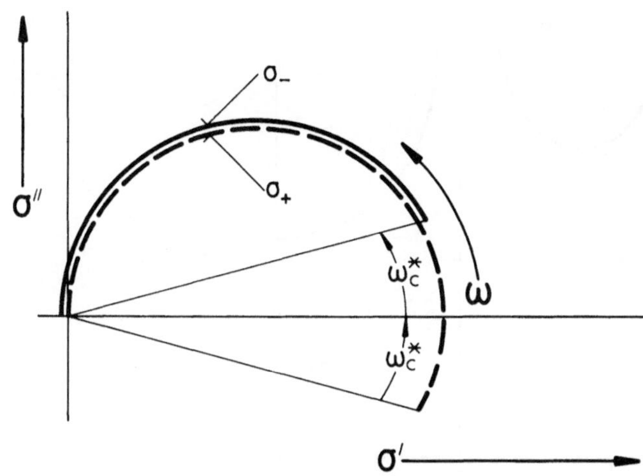

Abb. 12.2. Ortskurve der dynamischen Magnetoleitfähigkeit für Elektronen bei Faraday-Konfiguration

so sieht man, daß dieser Ausdruck dem (12.5) für B = 0 entspricht, wenn man ω durch $\omega \pm \omega_c^*$ ersetzt. Die Elektronen sehen also, je nachdem ob sie auf den Landau-Bahnen dem rotierenden Feld entgegen oder hinterher eilen, den gleichen Feld-Zustand häufiger bzw. seltener als der Frequenz des von außen angelegten Feldes entspricht (Abb.12.2). Insbesondere bleiben Ladungsträger und E-Feld genau in Phase für $\omega \pm \omega_c^* = 0$, also bei $\omega = e_0B/m^*$. Das ist das Phänomen der *Zyklotronresonanz*, die Ladungsträger werden in den Landau-Bahnen ständig vom E-Feld beschleunigt. Man nennt die jeweilige Mode, für die die Resonanz auftritt, die *Zyklotronresonanz-aktive Mode (CRA)* - d.h. für Elektronen wegen $\omega_c^* < 0$ im Falle der E_+-Mode, für Löcher bei der E_--Mode -, die komplementäre entsprechend die *inaktive (CRI)*.

Um die fundamentalen Strukturen im Fall der Faraday-Konfiguration erkennen zu können, vergleichen wir zunächst die Brechungsindizes $\tilde{n}_\pm$ mit $\tilde{n}$ (B = 0) bei Vernachlässigung der Dämpfung ($\omega_\tau = 0$). Für Elektronen ($\omega_c^* = -\omega_c = -e_0B/m^*$) erhalten wir (Abb.12.3a)

aktive Mode (CRA) inaktive Mode (CRI)

$$\tilde{n}_+^2 = \varepsilon_L + \frac{\omega_p^2}{\omega} \cdot \frac{1}{\omega_c - \omega} \qquad \tilde{n}_-^2 = \varepsilon_L - \frac{\omega_p^2}{\omega} \cdot \frac{1}{\omega_c + \omega} \quad . \tag{12.16}$$

Der auffälligste Unterschied ist, daß für $\omega < \omega_c$ $\tilde{n}_+^2$ bis zu niedrigsten Frequenzen positiv bleibt. Hieraus folgt $n > \kappa$, die CRA-Mode kann also in den Leiter eindringen und sich als Welle ausbreiten. Die um das Magnetfeld kreisenden Elektronen können offensichtlich das Feld der elektromagnetischen Welle nicht mehr voll abschirmen. $\tilde{n}_-^2$ dagegen wird negativ, was zur Totalreflexion führt, wie im Magnetfeld-freien Fall.

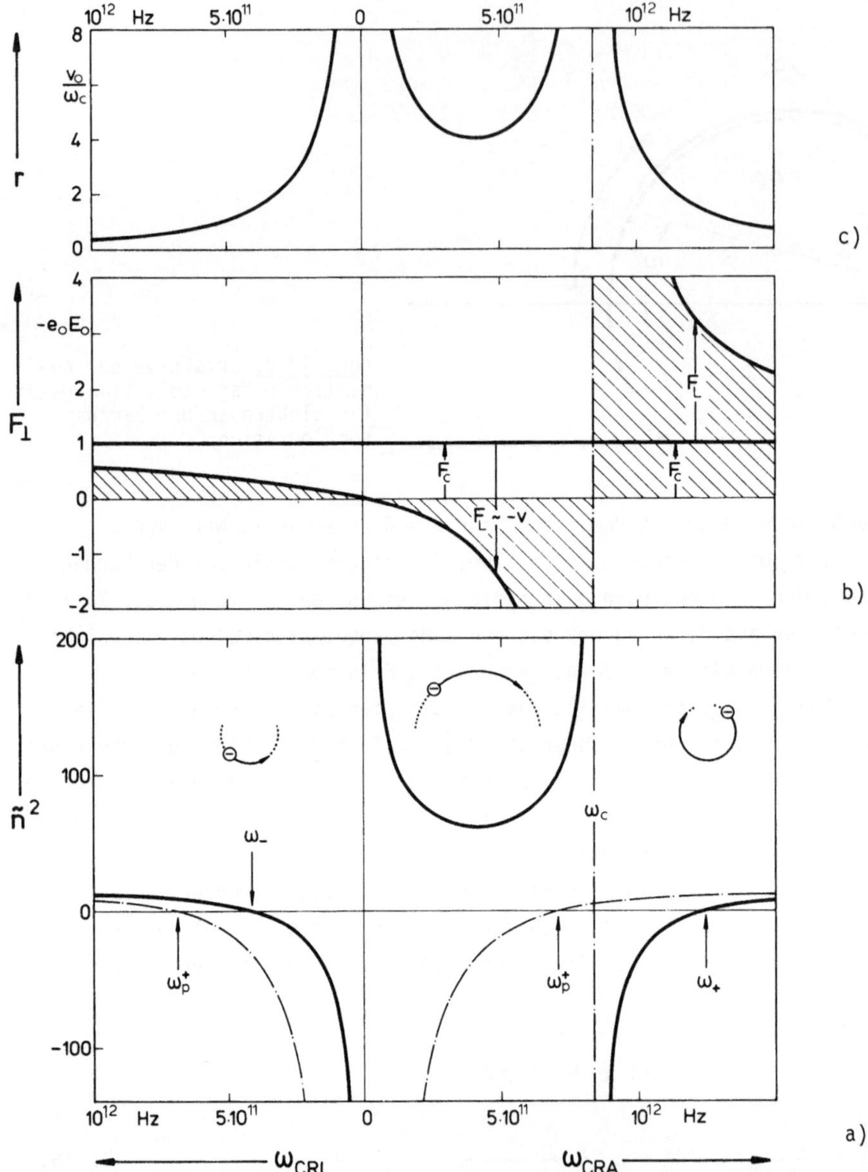

12.3. Halbleiter bei Faraday-Konfiguration (Ge-Modell Tab.11.1, $n = 10^{16}$ cm^{-3}, $\tau = \infty$, B = 3T) a) Brechungsindex [-•- $\tilde{n}^2$ (B = 0)], b) Zentripetalkraft $F_\perp$ im Vergleich zu Coulomb- und Lorentz-Kraft, c) Bahnradius

Unter dem Einfluß des zirkularen elektrischen Feldes müssen sich die Elektronen auf Kreisbahnen bewegen, im allgemeinen mit Winkelgeschwindigkeiten $\omega \neq \omega_c$ [2], für

---

[2] Wir betrachten hier das Elektron als klassisches Teilchen. Drehimpuls-Quantisierungs-Vorschriften gibt es deshalb nicht (vergl.(7.7))!

die CRI-Mode sogar entgegengesetzt zum Umlaufsinn in der Landau-Bahn. Als Zentripetalkraft (s.Abschn.7.1) muß die Lorentz-Kraft je nachdem also verstärkt, abgeschwächt oder überkompensiert werden. Hierfür sorgt die Coulomb-Kraft, die für $\omega \neq \omega_c$ stets senkrecht auf der Bahnkurve des Elektrons steht. Man findet für Elektronen als Zentripetalkraft $F_\perp$ (Aufg.12.4)

$$(F_\perp)_\pm = F_{Coulomb} + F_{Lorentz} = F_c \frac{\omega/\omega_c}{\omega/\omega_c \mp 1} = \pm F_L \frac{\omega}{\omega_c} \quad . \tag{12.17}$$

Bei $\omega = \omega_c$ verursacht F_c im Falle der CRA-Mode eine reine Bahnbeschleunigung. Wir finden in $\tilde{n}_+^2$ eine Resonanzstelle. Ohne Vernachlässigung der Reibung wäre F_c nie genau senkrecht zur Elektronenbahn gewesen. Sie hätte immer etwas bahnbeschleunigend gewirkt, um die Reibungsverluste zu decken!

Die positiven Werte für $\tilde{n}_{CRA}^2$ im Bereich $0 < \omega < \omega_c$ haben bei $\omega_c/2$ das Minimum $\mathrm{Re}\,\tilde{n}^2 = \varepsilon_L + 4\omega_p^2/\omega_c^2$. Hier kann deshalb die zirkulare Welle besonders gut in die Probe eindringen (s.Abschn.12.8).

Die Plasmakante $\tilde{n}^2 = 0$, die wir für $B = 0$ bei $\omega_p^+ = \omega_p/\sqrt{\varepsilon_L}$ fanden, tritt im Magnetfeld für die beiden Moden bei den Frequenzen $\omega_\pm$ auf. Aus

$$\tilde{n}_\pm^2 = \varepsilon_L - \frac{\omega_p^2}{\omega} \cdot \frac{1}{\omega \pm \omega_c^*} = 0$$

folgt

$$\omega_+ = -\frac{\omega_c^*}{2} + \sqrt{\frac{\omega_c^{*2}}{4} + \omega_p^{+2}} \qquad \omega_- = \frac{\omega_c^*}{2} + \sqrt{\frac{\omega_c^{*2}}{4} + \omega_p^{+2}} \tag{12.18}$$

sowie

$$\omega_- - \omega_+ = \omega_c^* \quad .$$

Wellen können sich nur ausbreiten für $0 < \tilde{n}^2 < \infty$. Für $\tilde{n}^2 < 0$ verschwindet wegen $\kappa > n$ die Wellenausbreitung (*"evanescent modes"*). Für den ungedämpften Fall kann man nach PALIK und FURDYNA [12.1] die Frequenz-Magnetfeld-Bereiche, in denen sich Wellen ausbreiten können, bzw. in denen sie total reflektiert werden (*"stop bands"*), sehr übersichtlich in einem *Ausbreitungsdiagramm* darstellen. In Abb.12.4 sieht man sehr deutlich, daß die stop-Frequenzbänder im Magnetfeld für beide Moden sehr viel schmäler sind als für $B = 0$.

In mischleitenden Halbleitern, in denen Elektronen und Löcher nebeneinander vorliegen, findet man für beide zirkulare Moden eine Resonanz. Mehrere Resonanzen können außerdem in Halbleitern auftreten mit anisotropen effektiven Massen bzw.

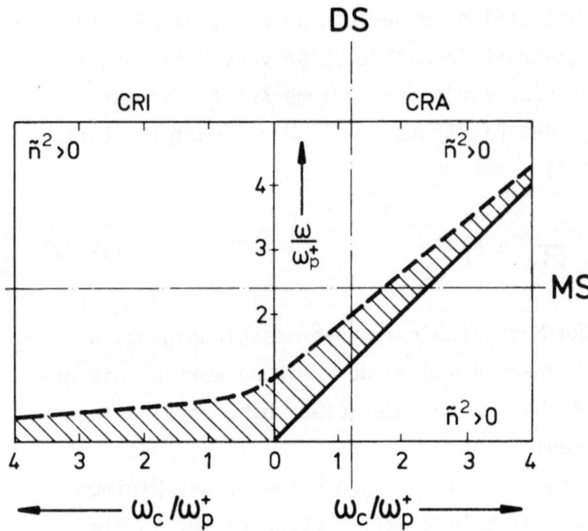

Abb. 12.4. Ausbreitungsdiagramm für Wellen in einem Halbleiter bei Faraday-Konfiguration, (—) $\tilde{n}^2 = \infty$, (---) $\tilde{n}^2 = 0$, -·- Querschnitt bei magnetischer (MS) bzw. dispersiver Spektroskopie (DS)

wenn mehrere Trägersorten gleicher Ladung, aber unterschiedlicher Massen nebeneinander vorkommen[3].

12.3.2 Voigt-Konfiguration

In der Anordnung $\underline{k}\perp\underline{B}$ erhalten wir zwei ganz verschiedene Moden, je nachdem ob das E-Feld parallel oder senkrecht zum statischen B-Feld orientiert ist (gewählte Orientierung: $\underline{B} = (0, 0, B)$, $\underline{k} = (k, 0, 0)$).

Für die Mode E||B erhalten wir nach (A.21) für den Brechungsindex

$$\tilde{n}_{||}^2 = \varepsilon_{zz} = \varepsilon_L - \frac{\omega_p^2}{\omega} \cdot \frac{1}{\omega + i\omega_\tau} \quad . \tag{12.19}$$

Diese Mode ist rein transversal. Der Brechungsindex ist hier im Rahmen des Drude-Modells gleich dem im Falle B = 0 und somit unabhängig von B. Man nennt sie deshalb die *inaktive Mode* der Voigt-Konfiguration (CRI). Genauere Modelle, die im Gegensatz zum Drude-Modell eine *magnetische Widerstandsänderung* ergeben (s. Abschn.7.4), würden zu einer B-abhängigen Stoßfrequenz $\omega_\tau(B)$ führen. Damit würde auch $\tilde{n}_{||}$ B-abhängig und könnte sogar Resonanzen zeigen (z.B. "*Magnetophonon-Resonanz*").

Für die andere Mode, die *aktive Mode* der Voigt-Konfiguration (CRA) mit E ⊥ B, folgt nach (A.22) für den Brechungsindex

---

[3] Siehe hierzu [12.1]. Dort sind auch die Ausbreitungsdiagramme für Halbleiter komplizierterer Struktur und für andere magnetooptische Konfigurationen dargestellt.

$$\tilde{n}_\perp^2 = \varepsilon_{xx} + \frac{\varepsilon_{xy}^2}{\varepsilon_{xx}} \quad . \tag{12.20}$$

Mit $n_{||} \neq n_\perp$ wird das Medium also im B-Feld *doppelbrechend*! Diese Mode hat nach (A.23) den gemischten Polarisationszustand

$$\underline{E} = E_o\ (-\ \varepsilon_{xy}/\varepsilon_{xx},\ 1,\ 0) \quad . \tag{12.21}$$

Die *longitudinale* Komponente E_x wird durch das Magnetfeld induzierte Nichtdiagonalglied ε_{xy} bestimmt. Die longitudinale Komponente der D-Welle verschwindet jedoch, wie unmittelbar aus $\underline{D} = \varepsilon_o \bar{\bar{\varepsilon}}\ \underline{E}$ folgt. Verschiebungsstrom plus Polarisationsstrom werden vom Leitungsstrom kompensiert.

Obwohl die Koeffizienten des Magnetoleitfähigkeitstensors (12.8) resonantes Verhalten für $\omega^2 = \omega_c^{*2}$ zeigen, sind diese Strukturen in $\tilde{n}_\perp$ beim Voigt-Effekt nicht mehr unmittelbar wiederzuerkennen. Das kommt vor allem daher, daß die Beiträge der Nichtdiagonalterme σ_{xy} bzw. ε_{xy} durch die Wichtung der longitudinalen Komponenten mit $\varepsilon_{xy}/\varepsilon_{xx}$ nicht mehr linear von den Polarisations- und Leitungseigenschaften abhängen.

Wir betrachten zunächst wieder den ungedämpften Fall, um die charakteristischen Strukturen zu erkennen. Aus (12.19) und (12.20) erhalten wir für $\omega_\tau = 0$

$$\tilde{n}_{||}^2 = \varepsilon_{zz} = \varepsilon_L\ (1 - \omega_p^{+2}/\omega^2) \quad . \tag{12.22}$$

Für $\tilde{n}_\perp^2$ berechnen wir zunächst

$$\varepsilon_{xx} = \varepsilon_L \left(1 - \frac{\omega_p^{+2}}{\omega^2 - \omega_c^{*2}} \right) \quad .$$

und

$$\frac{\varepsilon_{xy}^2}{\varepsilon_{xx}} = -\ \varepsilon_L\ \frac{\omega_c^{*2}\ \omega_p^{+4}}{\omega^2(\omega^2 - \omega_c^{*2})\ (\omega^2 - \omega_c^{*2} - \omega_p^{+2})} \quad .$$

Der erste Term hat eine Resonanzstelle bei $\omega^2 = \omega_c^{*2}$, der zweite aber auch noch eine bei $\omega = 0$ und eine bei $\omega^2 = \omega_c^{*2} + \omega_p^{+2}$, die vom Verschwinden von ε_{xx} herrührt. Die Beiträge der beiden Pole bei $\omega^2 = \omega_c^{*2}$ kompensieren sich aber. Denn mit $\omega \to \omega_c^*$ geht

$$\varepsilon_{xx} \to -\ \frac{\omega_p^{+2}}{\omega^2 - \omega_c^{*2}} \quad \text{und} \quad \frac{\varepsilon_{xy}^2}{\varepsilon_{xx}} \to +\ \frac{\omega_p^{+2}}{\omega^2 - \omega_c^{*2}} \quad .$$

Beide Terme heben sich auf, wenn man sie zu $\tilde{n}_\perp^2$ verknüpft

$$\tilde{n}_\perp^2 = \varepsilon_{xx} + \frac{\varepsilon_{xy}^2}{\varepsilon_{xx}} = \varepsilon_L \left(1 - \frac{\omega_p^{+2}}{\omega^2} \cdot \frac{\omega^2 - \omega_p^{+2}}{\omega^2 - (\omega_c^{*2} + \omega_p^{+2})} \right) . \tag{12.23}$$

Den Verlauf von $\tilde{n}_{||}^2$ und $\tilde{n}_\perp^2$ zeigt Abb.12.5. Die wesentlichen Strukturen sind folgende:
Für kleine Frequenzen geht für beide Moden $\tilde{n}^2 \to -\infty$. Eine weitere Magnetfeld-abhängige Resonanz liegt bei

$$\omega^2 = \omega_c^2 + \omega_p^{+2} , \tag{12.24}$$

nur für geringe Konzentrationen bzw. hohe Felder liegt die Resonanz bei ω_c. Ihr Auftreten hängt nicht vom Vorzeichen der Ladungsträger oder der Richtung von B ab. Die Stop-Bänder bei den Resonanzen $\omega = 0$ und (12.24) werden zu hohen Frequenzen hin begleitet durch die Nullstellen für

$$\tilde{n}_{||}^2 = 0 \quad \text{bei} \quad \omega^2 = \omega_p^{+2} \tag{12.25}$$

und für

$\tilde{n}_\perp^2 = 0$ bei

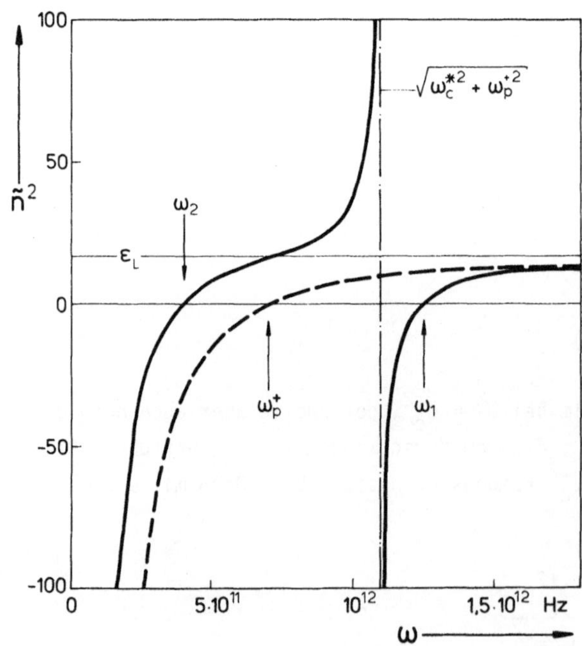

Abb. 12.5. Brechungsindex eines Halbleiters bei Voigt-Konfiguration (Ge-Modell Tab. 11.1, $n = 10^{16}$ cm^{-3}, $\tau = \infty$, B = 3 T). (—) $\tilde{n}^2_{\perp,CRA}$, (---) $\tilde{n}^2_{||}$ und $\tilde{n}^2$ (B = 0)

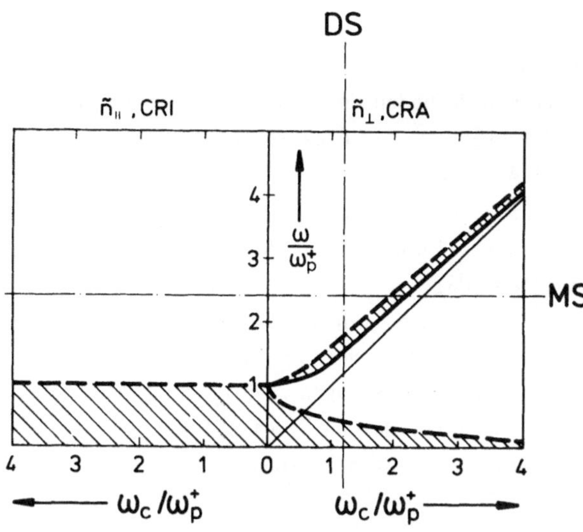

Abb.12.6. Ausbreitungsdiagramm für Wellen in einem Halbleiter bei Voigt-Konfiguration (Symbole s.Abb.12.4)

$$\omega_{1,2}^2 = \omega_p^{+2} + \frac{\omega_c^{*2}}{2} \pm \sqrt{\frac{\omega_c^{*4}}{4} + \omega_c^{*2}\,\omega_p^{+2}} \quad . \tag{12.26}$$

Letztere Formel beschreibt eine Hyperbel mit den Asymptoten für große B-Felder ($\omega_c \to \infty$)

$$\omega_1^2 = 2\omega_p^{+2} + \omega_c^{*2} \qquad \omega_2^2 = 0 \quad .$$

Bei $\omega = \omega_p^+$, der Nullstelle für B = 0, kompensieren sich die Trägerbeiträge. Man findet die reine Untergrundpolarisierbarkeit $\tilde{n}_\perp^2 = \varepsilon_L$.

Das Ausbreitungsdiagramm für die Voigt-Konfiguration zeigt Abb.12.6

12.4 Zyklotronresonanz-Effekte

Der Brechungsindex von leitenden Kristallen im Magnetfeld zeigt im Falle der Faraday-Konfiguration eine Resonanz ($\tilde{n}^2 \to \infty$) bei $\omega = \omega_c$ und in der Voigt-Konfiguration bei $\omega^2 = \omega_c^2 + \omega_p^{+2}$.

Das charakteristische optische Verhalten von Festkörperproben im Spektralbereich dieser Resonanzfrequenzen nennt man die *Zyklotronresonanz-Effekte*. Ihre Untersuchung liefert die spektroskopischen Parameter ω_c^*, ω_τ, ω_p bzw. die mikroskopischen Parameter m*, n, τ und z.B. deren Temperatur- und Konzentrationsabhängigkeit.

Magnetooptische Messungen sind deshalb für die Lösung diagnostischer Aufgaben in der Festkörperphysik sehr leistungsfähig.

Man mißt zu diesen Zwecken entweder mit den Methoden der *dispersiven Spektroskopie*, d.h. man variiert bei konstantem B-Feld die Frequenz der elektromagnetischen Strahlung. Im Ausbreitungsdiagramm (Abb.12.4,6) bewegt man sich also auf einer Vertikalen (DS). Oder man benützt die *magnetische Spektroskopie*, d.h. man variiert das Magnetfeld, während man bei fester Frequenz einstrahlt. Im Ausbreitungsdiagramm entspricht dieses Abtasten einer Horizontalen (MS).

Während bei der dispersiven Spektroskopie das Verhalten bei allen B-Feldern prinzipiell gleich ist, zeigt sich bei der magnetischen Spektroskopie doch ein prinzipieller Unterschied: mißt man mit einer Arbeitsfrequenz $\omega < \omega_p^+$, so findet man als spektrale Struktur nur eine Reflexionskante, da man bereits für B = 0 in einem Stop-Band startet. Um Resonanzstrukturen beobachten zu können, muß hier deshalb die Bedingung

$$\omega > \omega_p^+ \tag{12.27}$$

erfüllt sein.

Die magnetische Spektroskopie wird sehr häufig eingesetzt, weil sie apparativ einfacher ist: Magnetfelder lassen sich bequem variieren, außerdem kann man sich auf die verfügbaren, leistungsfähigen, monochromatischen Lichtquellen beschränken (Mikrowellengeneratoren, Submillimeterlaser). Bei der dispersiven Spektroskopie dagegen braucht man kontinuierliche Lichtquellen und einen Spektralapparat!

Für die weitere Diskussion realistischer Zyklotronresonanz-Effekte können wir die Streuung im Gegensatz zu den vorhergehenden Abschnitten nicht mehr vernachlässigen. Insbesondere verschwindet für beide Konfigurationen die Resonanzstruktur, wenn ω_τ sehr groß wird. Das erkennt man sofort an der dielektrischen Funktion (12.11).

Um diesen Einfluß von ω_τ auf die Ausbildung spektraler Strukturen genauer zu erläutern, ist in Abb.12.7 für die Faraday-Konfiguration Real- und Imaginärteil von $\tilde{n}_{CRA}^2$ bei dispersiver und magnetischer Spektroskopie aufgetragen. Formal tritt zwar bei MS im Imaginärteil immer ein Maximum auf, aber bereits bei $\omega_\tau/\omega = 1$ ist es schon völlig verschmiert. Bei DS findet man für $\omega_\tau^2 > \omega_c^2/3$ überhaupt kein Maximum mehr (s.Aufgabe 12.8). Um ausgeprägte Resonanzstrukturen erhalten zu können, muß also auch noch die Bedingung

$$\omega_c > \omega_\tau \tag{12.28}$$

erfüllt sein. Das bedeutet anschaulich, daß die Elektronen die Landau-Bahnen ein beachtliches Stück durchlaufen haben müssen, ehe sie durch einen Stoß wieder herausgestreut werden.

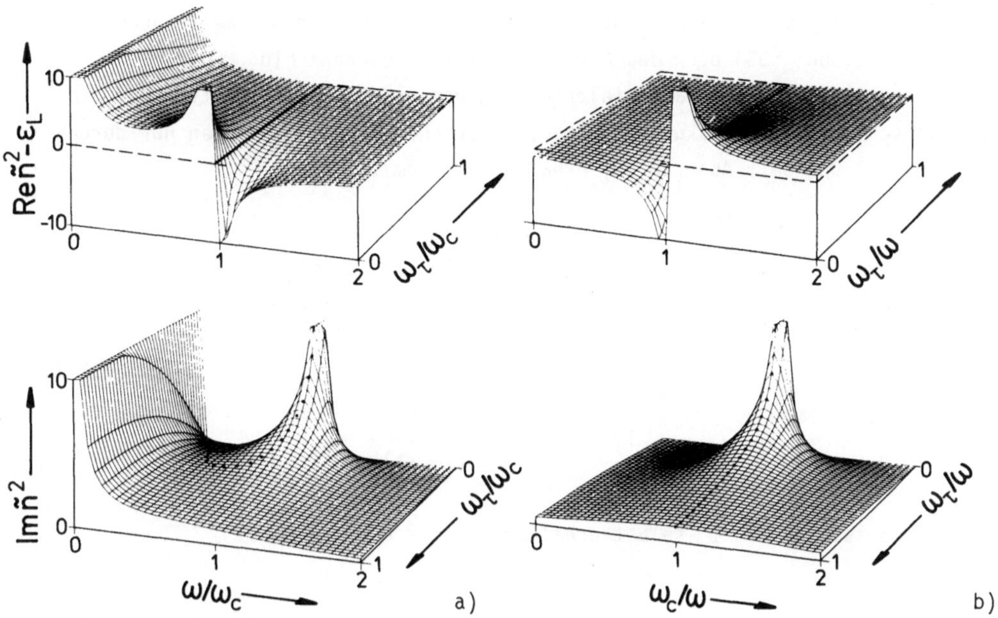

Abb. 12.7. Zyklotronresonanzprofile bei Faraday-Konfiguration a) dispersive Spektroskopie (DS), b) magnetische Spektroskopie (MS). Ordinateneinheiten $(\omega_p/\omega_c)^2$, (···) Ortskurven der Extrema in Im $\{\tilde{n}^2\}$.

Im kommenden Abschnitt werden wir nun Näherungsformeln angeben für den Fall, daß die Bedingungen (12.27) und (12.28) besonders gut erfüllt sind.

12.4.1 Zyklotronresonanz-Effekte bei geringer Konzentration - Faraday-Konfiguration -

In Halbleitern mit geringen Ladungsträgerkonzentrationen kann man oft die Bedingungen

$$\omega \gg \omega_p^+ \qquad \omega \gg \omega_\tau$$

gut erfüllen. Um die Bedingung $\omega \gg \omega_\tau$ zu erfüllen, muß man diese Untersuchungen meist bei sehr niedrigen Temperaturen durchführen, um die Streuung an Phononen möglichst niedrig zu halten (s.Abschn.6.4).Unter diesen Umständen wird in (12.15) der Beitrag der freien Ladungsträger klein gegen ε_L, der Realteil des Brechungsindex wird hauptsächlich durch die Untergrundpolarisierbarkeit bestimmt. Die Resonanzstruktur liegt dann in einem verhältnismäßig schmalen Band um ω_c. Wir entwickeln deshalb (12.15) an der Resonanzstelle ω_c nach δ:

$$\omega \equiv \omega_c + \delta \quad . \tag{12.29}$$

Je nach spektroskopischer Methode bedeutet δ dann den Abstand der Meßfrequenz von der Resonanzfrequenz (DS) oder des Magnetfeldes vom Resonanzfeld (MS).

Da wir die Bedeutung der Magnetfeldrichtung und des Ladungsträgertyps auf die magnetooptischen Effekte diskutiert haben, unterscheiden wir die Moden nur durch die Indizes CRA und CRI. Aus (12.15) erhalten wir somit:

CRA *CRI*

$$\mathrm{Re}\{\tilde{n}^2\} = \varepsilon_L - \frac{\omega_p^2}{\omega} \cdot \frac{\delta}{\delta^2+\omega_\tau^2} \qquad \mathrm{Re}\{\tilde{n}^2\} = \varepsilon_L - \frac{\omega_p^2}{\omega} \cdot \frac{(2\omega_c+\delta)}{(2\omega_c+\delta)^2+\omega_\tau^2}$$

$$\mathrm{Im}\{\tilde{n}^2\} = \frac{\omega_p^2}{\omega} \cdot \frac{\omega_\tau}{\delta^2+\omega_\tau^2} \qquad \mathrm{Im}\{\tilde{n}^2\} = \frac{\omega_p^2}{\omega} \cdot \frac{\omega_\tau}{(2\omega_c+\delta)^2+\omega_\tau^2} \tag{12.30}$$

In der Resonanzstelle $\omega = \omega_c$ selbst erhalten wir für die CRA-Mode

$$\mathrm{Re}\{\tilde{n}^2\} = \varepsilon_L \qquad \mathrm{Im}\{\tilde{n}^2\} = \frac{\omega_p^2}{\omega\omega_\tau} \tag{12.31}$$

und für die CRI-Mode

$$\mathrm{Re}\{\tilde{n}^2\} = \varepsilon_L - \frac{2\omega_p^2}{4\omega_c^2+\omega_\tau^2} \qquad \mathrm{Im}\{\tilde{n}^2\} = \frac{\omega_p^2}{\omega} \cdot \frac{\omega_\tau}{4\omega_c^2+\omega_\tau^2} \quad . \tag{12.32}$$

Der Brechungsindex für die CRI-Mode ist in der Umgebung der Resonanzstelle praktisch frequenzunabhängig. Die CRA-Mode dagegen zeigt in der Umgebung $\omega \simeq \omega_c$ ein typisches Resonanzverhalten, d.h. eine "z-förmige" Struktur im Realteil ("dispersive Struktur") und eine glockenförmige Struktur im Imaginärteil ("absorptive Struktur"). Für die Betrachtung der Breite der Strukturen wählen wir als Variable das Verhältnis $\Delta \equiv (\omega - \omega_c)/\omega_\tau$. Wir erhalten hiermit (Abb.12.8)

$$\mathrm{Re}\{\tilde{n}^2\} = \varepsilon_L - \frac{\omega_p^2}{\omega_c \cdot \omega_\tau} \cdot \frac{\Delta}{1+\Delta^2} \qquad \mathrm{Im}\{\tilde{n}^2\} = \frac{\omega_p^2}{\omega_c\omega_\tau} \cdot \frac{1}{1+\Delta^2} \quad . \tag{12.33}$$

Diese Ausdrücke gelten streng für MS. Für DS gelten sie nur in der Näherung $\omega \simeq \omega_c$, da in (12.30) der Vorfaktor ω_p^2/ω nicht mehr konstant bleibt.

Für die z-förmige Struktur des Realteils erhalten wir aus $d(\mathrm{Re}\{\tilde{n}^2\}/d\Delta = 0$ für die Extrema $\Delta_{1,2} = \pm 1$, das heißt bei

$$\text{DS: } \omega_{1,2} = \omega_c \pm \omega_\tau \qquad \text{und MS: } \omega_{c1,2} = \omega \mp \omega_\tau \quad , \tag{12.34}$$

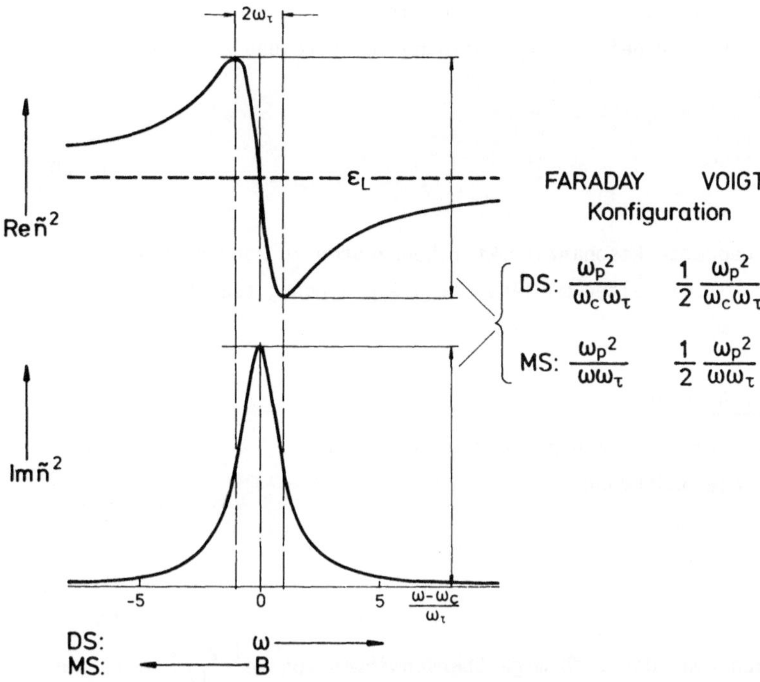

Abb. 12.8. Resonanzstruktur im komplexen Brechungsindex bei Faraday- und Voigt-Konfiguration

mit einem Unterschied zwischen Maximum und Minimum von

$$(\mathrm{Re}\{\tilde{n}^2\})_{\mathrm{Max}} - (\mathrm{Re}\{\tilde{n}^2\})_{\mathrm{Min}} = \frac{\omega_p^2}{\omega_c\omega_\tau} \quad . \tag{12.35}$$

Für den glockenförmigen Imaginärteil erhalten wir aus der Bedingung

$$\mathrm{Im}\{\tilde{n}^2(\Delta_{1,2})\} = \frac{1}{2}\,\mathrm{Im}\{\tilde{n}^2(0)\}$$

die gleichen Werte $\Delta_{1,2} = \pm\,1$ für die Halbwertsbreite wie für die Extrema des Realteils, bzw. für die zugehörigen Frequenzen

$$\Delta\omega = \omega_2 - \omega_1 = 2\omega_\tau \quad . \tag{12.36}$$

Die Linienbreite ist also unmittelbar ein Maß für die Stoßfrequenz. Das Produkt aus Glockenhöhe und Breite $\Delta\omega$ ergibt die Konzentration der Ladungsträger, die die Linien verursacht haben:

$$\mathrm{Im}\{\tilde{n}^2(0)\} \cdot \Delta\omega = 2\,\frac{\omega_p^2}{\omega_c} = \frac{2e_o}{\varepsilon_o B} \cdot n \quad . \tag{12.37}$$

Will man bei MS eine Reflexionsbande beobachten und nicht nur eine Reflexionskante [vergl.(12.27)], so erhalten wir bei Berücksichtigung der Streuung aus der Forderung $\mathrm{Re}\{\tilde{n}^2\} > 0$ die Bedingung

$$\omega_p^{+2} < \omega^2 + \omega_\tau^2 \quad . \tag{12.38}$$

Da wir aber, um eine ausgeprägte Resonanzstruktur beobachten zu können, gleichzeitig die Bedingung $\omega_\tau \ll \omega$ einhalten müssen, ist die Bedingung (12.38) kaum schwächer als die frühere $\omega_p^+ < \omega$.

12.4.2 Zyklotronresonanz-Absorption

In sehr reinen Halbleitern erreicht man neben der Bedingung $\omega, \omega_c \gg \omega_\tau$ für eine scharfe Resonanzstruktur die Bedingung

$$\frac{\omega_p^2}{\omega_c \omega_\tau} \ll \varepsilon_L \quad . \tag{12.39}$$

Unter diesen Umständen kann man das z-förmige Überschwingen von $\mathrm{Re}\left\{n_{CRA}^2\right\}$ um ε_L vernachlässigen. Für den Brechungsindex erhält man $\tilde{n}_\pm^2 \simeq \varepsilon_L$. Der Einfluß des Magnetfeldes wirkt sich dann nur noch aus über die Absorptionskonstante

$$K_\pm = \frac{\omega\varepsilon''}{c_0 n} \simeq \frac{\omega \mathrm{Im}\{n_\pm^2\}}{c_0\sqrt{\varepsilon_L}} \quad , \tag{12.40}$$

jedoch nicht mehr über das Reflexionsvermögen $R \simeq [(\sqrt{\varepsilon_L} - 1)/(\sqrt{\varepsilon_L} + 1)]^2$. Transmissionsspektren lassen sich deswegen besonders leicht interpretieren.

Drücken wir K durch die spektroskopischen Parameter aus

$$K_\pm = \frac{\omega}{c_0\sqrt{\varepsilon_L}} \cdot \frac{\omega_p^2}{\omega} \cdot \frac{\omega_\tau}{(\omega \pm \omega_c^*)^2 + \omega_\tau^2} \quad , \tag{12.41}$$

so sieht man, daß sich der Vorfaktor $1/\omega$ des Imaginärteils ε'' kürzen läßt. K unterscheidet sich also nicht mehr bei DS und MS.

In der Nähe der Resonanzstelle $\omega \simeq \omega_c$ folgt

$$\frac{K_{CRA}}{K_{CRI}} = \frac{(\omega+\omega_c)^2 + \omega_\tau^2}{(\omega-\omega_c)^2 + \omega_\tau^2} \simeq 1 + 4\,\frac{\omega_c^2}{\omega_\tau^2} \quad . \tag{12.42}$$

Solange $\omega_c >> \omega_\tau$, wird die aktive Mode also sehr viel stärker absorbiert! Beim Vergleich mit dem Fall ohne Magnetfeld ist der Unterschied etwas schwächer

$$\frac{K_{CRA}}{K(B=0)} \simeq \frac{\omega^2+\omega_\tau^2}{\omega_\tau^2} \simeq 1 + \frac{\omega_c^2}{\omega_\tau^2} \quad .$$

Bestrahlt man die Probe mit linear polarisiertem Licht, so ist das äquivalent zur Bestrahlung mit einer rechts- und linkszirkularen Welle [4]. Bei Vernachlässigung der Vielfachinterferenzen erhalten wir dann nach (A.91) für das totale Transmissionsvermögen

$$T_{linear} = \frac{T_+ + T_-}{2} = \frac{1}{2} \cdot (1-R)^2[(\exp(-K_+d) + \exp(-K_-d)] .$$

Paßt man für die Transmissionsmessungen die Probendicke d so an, daß $K_{CRA} \cdot d \simeq 1$, so folgt aus $K_{CRI} << K_{CRA}$

$$T_{linear} \simeq (1 - R)^2 \left(\frac{1}{2} - \frac{K_{CRI}d}{2} + \frac{\exp(-K_{CRA}d)}{2} \right) \quad . \tag{12.43}$$

Die Probe zeigt also von vornherein neben den Reflexionsverlusten ca. 50% Transmission durch die inaktive Mode.

Um die Dynamik der Transmissionsmessungen zu verbessern, empfiehlt es sich deshalb, direkt zirkular polarisiertes Licht zu verwenden . Zur Erzeugung des *zirkularen Lichtes* verwendet man einen linearen und einen zirkularen Polarisator, z.B. eine *λ/4-Platte* (Abb.12.9). Dreht man die λ/4-Platte gegen den linearen Polarisator, so ändert sich der Polarisationszustand von linkszirkular über linear nach rechtszirkular [12.2], man überführt die aktive Mode in die inaktive Mode. Die Aktivität kann man ebenfalls durch Umpolen des B-Feldes vertauschen. Abb.12.10 zeigt Transmissionsmessungen bei verschiedenen Winkeln α zwischen den Achsen der λ/4-Platte und des linearen Polarisators, bzw. für die beiden Feldrichtungen. Ist die inaktive Mode wirksam, so kann kein Einfluß des Magnetfeldes auf die Transmission beobachtet werden, d.h. man findet $T_{CRI} \simeq T(B = 0)$. Für die aktive Mode fällt die Tramsmission durch das Einschalten des B-Feldes auf ca. 20%. Abb.12.11 zeigt Absorptionspektren, die mit einem HCN-Laser als Strahlungsquelle (λ = 311 μm und 337 μm) mit der Anordnung Abb.12.9 gemessen wurde. Bei der Berechnung der Absorptionskonstanten K aus den Spektren wurden die Vielfachinterferenzen gemäß (A.89) und (A.90) mit berücksichtigt (Vergl. Aufgabe 12.9).

---

[4] Wenn man sich nicht für die Lage der Polarisationsebene interessiert, so entspricht dieser Fall auch der Bestrahlung mit unpolarisiertem Licht!

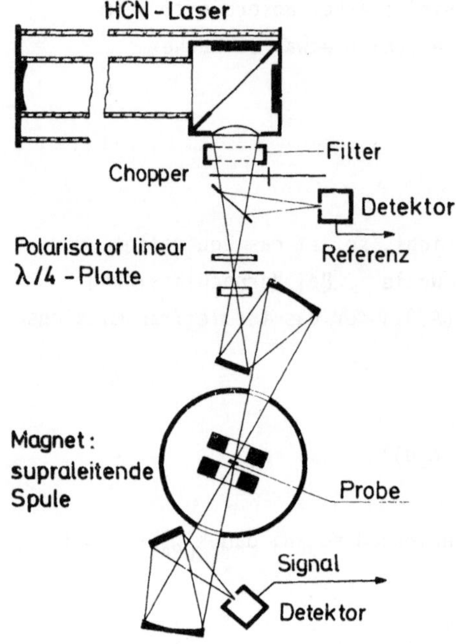

Abb. 12.9. Meßplatz für magnetooptische Transmissionsmessungen mit Submillimeterwellen (λ = 311 μm und 337 μm) in Faraday-Konfiguration

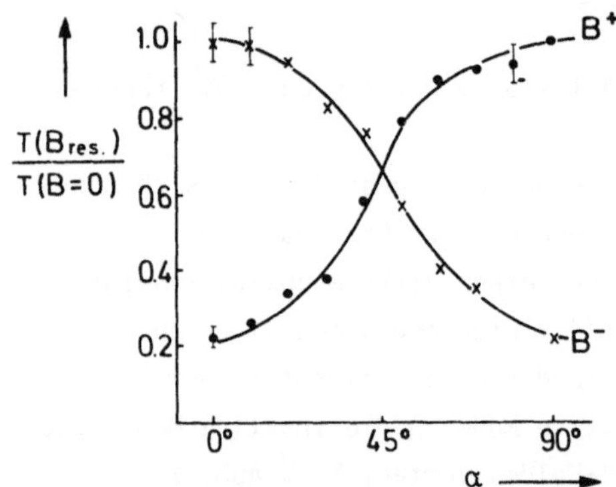

Abb. 12.10. Zyklotronresonanz-Absorption in Tellur für die CRA und CRI-Mode bei Faraday-Konfiguration. Vertauschen des Moden-Charakters durch Umpolen des B-Feldes oder durch Verdrehen der $\lambda/4$-Platte gegen den linearen Polarisator um $\alpha = 90^\circ$ [12.3]

12.4.3 Zyklotronresonanz-Effekte bei geringer Konzentration - Voigt-Konfiguration -

Wegen der komplizierten Struktur von (12.20)

$$\tilde{n}_\perp^2 = \varepsilon_{xx} + \frac{\varepsilon_{xy}^2}{\varepsilon_{xx}}$$

erhalten wir nur eine einfache Näherungs-Formel, wenn wir die Bedingung

$$\omega_c \gg \omega_p^+ \quad \text{und} \quad \omega_c \gg \omega_\tau$$

sehr stark beanspruchen.

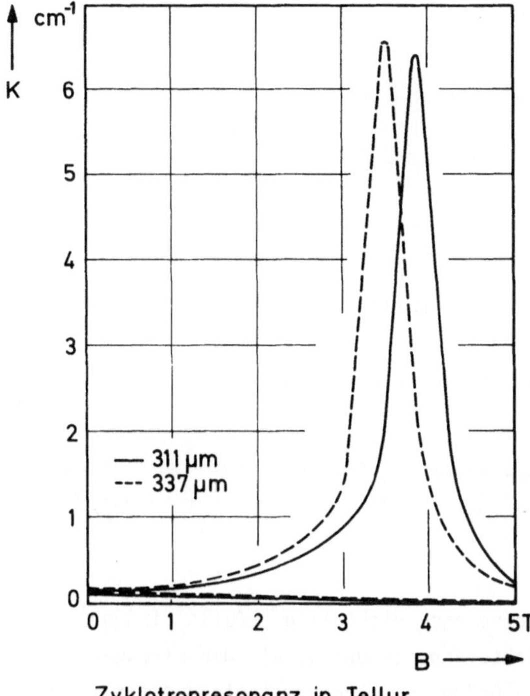

Abb. 12.11. Zyklotronresonanzabsorption in Tellur. Absorptionskonstanten berechnet aus Transmissionsspektren (MS)

Die Resonanzfrequenz (12.23) liegt damit etwa bei ω_c. In der Umgebung dieser Resonanzstelle $\omega \simeq \omega_c$ ersetzen wir die Tensorkoeffizienten (12.11) näherungsweise durch

$$\varepsilon_{xx} \simeq \varepsilon_L + \frac{\omega_p^2}{\omega_c^2-(\omega+i\omega_\tau)^2} \quad , \quad \varepsilon_{xy} \simeq i\,\frac{\omega_p^2}{\omega_c^2-(\omega+i\omega_\tau)^2} \quad .$$

Wenn nun die Ladungsträgerkonzentration so niedrig ist, daß auch noch $\omega_p < \omega_\tau$ gilt, so wird der Brechungsindex für $\omega \simeq \omega_c$ nur noch von ε_{xx} bestimmt:

$$\tilde{n}_\perp^2 \simeq \varepsilon_{xx} \simeq \varepsilon_L + \frac{\omega_p^2}{\omega_c^2-(\omega+i\omega_\tau)^2} \quad . \tag{12.44}$$

Ohne zusätzliche Annahmen nähern wir, zugleich wieder mit der Abkürzung δ gemäß $\omega \equiv \omega_c + \delta$, den Nenner durch

$$\omega_c^2 - (\omega + i\omega_\tau)^2 \simeq -2\omega_c(\delta + i\omega_\tau) \quad .$$

Damit bekommen Real- und Imaginärteil bis auf einen Faktor 1/2 die gleiche Form wie bei der Faraday-Konfiguration (12.13). Mit $\Delta \equiv (\omega - \omega_c)/\omega_\tau$ folgt

$$\mathrm{Re}\{\tilde{n}_\perp^2\} = \varepsilon_L - \frac{1}{2}\frac{\omega_p^2}{\omega_c\omega_\tau}\cdot\frac{\Delta}{1+\Delta^2}$$

$$\mathrm{Im}\{\tilde{n}_\perp^2\} = \frac{1}{2}\frac{\omega_p^2}{\omega_c\omega_\tau}\cdot\frac{1}{1+\Delta^2} \quad . \tag{12.45}$$

Halbwertsbreite und Stärke der Resonanzstruktur verhalten sich analog wie in der Faraday-Konfiguration (Abb.12.8).

Zur Beschreibung der Zyklotronresonanzabsorption erhalten wir für die Absorptionskonstante im Rahmen der gleichen Näherung

$$K_\perp \simeq \frac{\omega \mathrm{Im}\{n_\perp^2\}}{c_0\sqrt{\varepsilon_L}} \simeq \frac{1}{2c_0\sqrt{\varepsilon_L}} \cdot \frac{\omega_p^2\omega_\tau}{(\omega-\omega_c)^2+\omega_\tau^2} \quad . \tag{12.46}$$

Im allgemeinen wird man unsere Näherungsbedingungen nicht alle erfüllt finden. Dann bleibt im Falle der Voigt-Konfiguration nichts anderes übrig, als die strengen Formeln numerisch auszuwerten, d.h. aus $\tilde{n}^2$ die Größen n, κ zu ermitteln und mit ihnen die Reflexion und Transmission zu berechnen (s.Abschn.12.5).

12.4.4 Zyklotronresonanz-Effekte bei hoher Konzentration - Azbel-Kaner-Resonanzen -

In Metallen sind die Elektronenkonzentrationen und die Stoßfrequenzen so hoch, daß zunächst keine Zyklotronresonanzeffekte zu erwarten wären. Bei Elektronenmassen von $m^* \simeq m_0$ würden wir in den gegenwärtig höchsten statischen Feldern von ca. 20 T für die Zyklotronfrequenz $\omega_c = 3{,}5 \cdot 10^{12}\ \mathrm{s}^{-1}$ finden. Mit den Parametern für Kupfer ($\omega_p = 1{,}6 \cdot 10^{16}\ \mathrm{s}^{-1}$, ω_τ (30 K) $\simeq 3{,}6 \cdot 10^{13}\ \mathrm{s}^{-1}$) folgt aus den kritischen Bedingungen

$$\frac{\omega_c}{\omega_p} \simeq 2 \cdot 10^{-4} \qquad \frac{\omega_c}{\omega_\tau} \simeq 10^{-1} \quad ,$$

daß Resonanzstrukturen nicht möglich sind.

In Abschn.11.6.2 haben wir aber gezeigt, daß im Bereich des anomalen Skin-Effekts die elektromagnetischen Wellen tiefer eindringen als nach einer Kontinuumstheorie zu erwarten wäre, da die vom Feld beschleunigten Elektronen entsprechend der freien Weglänge tief eindringen. Im Falle der Magnetooptik ist die charakteristische Länge, über die die einzelnen Elektronen wirken, der Durchmesser der Landau-Bahnen, für den wir nach (7.6) mit B = 20 T und $v_F = 1{,}6 \cdot 10^6$ m/s (s.Abschn. 2.4.3) finden

$$r = \frac{v_F}{\omega_c} = 0{,}5\ \mu m \quad ,$$

also viel größer als die klassische Eindringtiefe!

Man findet deshalb in der Voigt-Konfiguration folgendes Verhalten (Abb.12.12). Ein Oberflächen-nahes Elektron spürt das E-Feld einer senkrecht zur Oberfläche einfallenden Welle nur auf einem kleinen Teil seiner Bahn. Doch kann das E-Feld das Elektron in der Landau-Bahn resonant anregen, wenn seine Frequenz harmonisch zur Zyklotronfrequenz ist:

$$\omega = n\omega_c \quad , \quad n = 1,2, \ldots \tag{12.47}$$

Für diese Bedingung tritt Resonanzabsorption ein, die als Störung der Reflexion nachgewiesen wird. Diese Strukturen nennt man Azbel-Kaner-Resonanzen [12.4].

Bei DS erhält man Resonanzstrukturen bei den Frequenzen

$$\omega_n = n\,\frac{e_o B}{m^*} \quad , \tag{12.48}$$

bei MS für die Felder B_n

$$\frac{1}{B_n} = n \cdot \frac{e_o}{m^* \omega} \quad . \tag{12.49}$$

Man trägt deshalb bei MS die Resonanzfelder als 1/B über der Ordnung n auf. Ein Beispiel für Messungen an Kupfer zeigt Abb.12.13. Um die Dynamik der Messung zu verbessern, beobachtet man dabei nicht unmittelbar das Reflexionsvermögen $R(B) \simeq 1$, sondern die Ableitung dR/dB. Hierzu läßt man das B-Feld mit konstanter Anstiegsgeschwindigkeit anwachsen und überlagert ihm ein schwaches niederfrequentes Feld

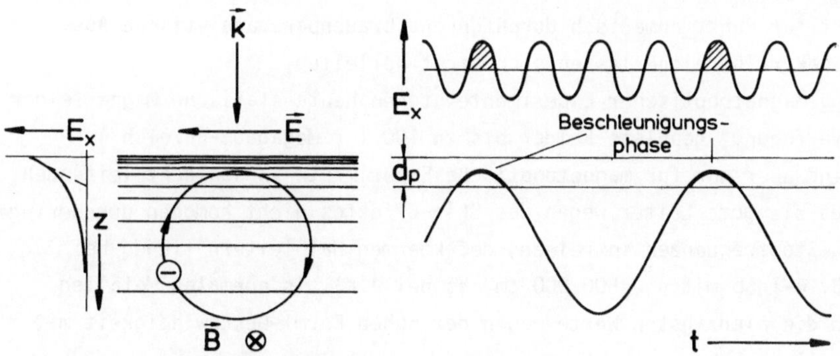

Abb. 12.12. Beschleunigung von oberflächennahen Elektronen bei geringer Eindringtiefe d_p durch ein Wechselfeld der Frequenz $\omega = 4\omega_c$

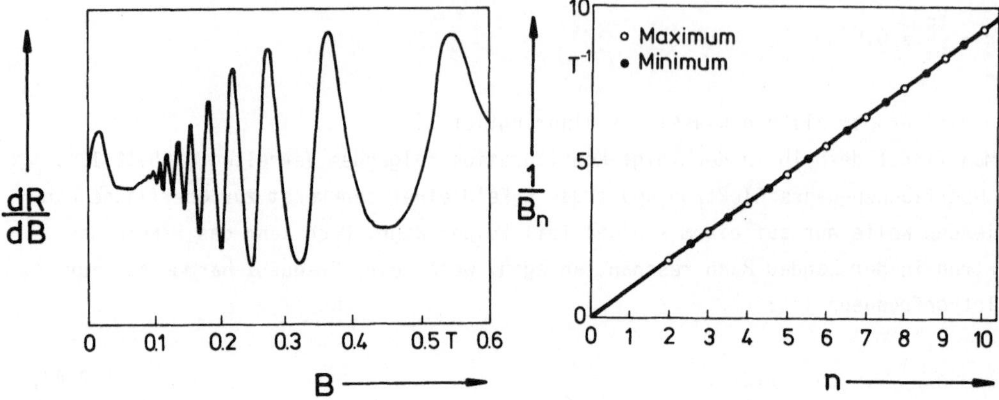

Abb. 12.13. Azbel-Kaner-Resonanzen im Reflexionsvermögen von Kupfer, beobachtet bei 24 GHz [12.5]

("Wobble"-Technik). Die niederfrequenten Schwankungen des Reflexionssignals sind dann proportional zu dR/dB (s.Aufgabe 12.10).

12.5 Modellbeispiele magnetooptischer Spektren

Bisher haben wir vor allem die magnetooptischen Eigenschaften besprochen für die Grenzfälle verschwindender Streuung und des Resonanzverhaltens in Proben extrem niedriger Ladungsträgerkonzentration. Um aber auch einen Eindruck von den magnetooptischen Spektren in allgemeinen Fällen zu gewinnen, betrachten wir jetzt für dispersive (DS) und magnetische Spektroskopie (MS) die Reflexion und Transmission für Modellhalbleiter bei Faraday- und Voigt-Konfiguration. Die Verknüpfung der Transmission und Reflexion mit der dielektrischen Funktion (12.10) auf dem Umweg über den komplexen Brechungsindex ist außerordentlich unübersichtlich (s.Anhang). Sie läßt sich nur Punkt für Punkt numerisch durchführen. Brauchbare analytische Ausdrücke für weite Spektralbereiche lassen sich nicht herleiten.

Zur Durchführung magnetooptischer Experimente stehen heute statische Magnetfelder bis ca. 20 T zur Verfügung, gepulste Felder bis zu 100 T ("Megagauß-Bereich"). Gepulste Felder sind aber nur für magnetooptische Experimente an schlecht leitenden Proben geeignet, da sie gute Leiter wegen des Skin-Effektes nicht homogen durchdringen.

Die niedrigsten Stoßfrequenzen in reinen, defektarmen Halbleitern liegen bei $\omega_\tau \simeq 10^{11}\ s^{-1}$ (z.B. n-InSb mit μ = 500.000 cm^2/Vs bei 4 K). In normalen Metallen mit $m^* \simeq m_o$ liegen die niedrigsten Werte wegen der hohen Fermi-Geschwindigkeit mit $\omega_\tau \simeq 10^{13}\ s^{-1}$ wesentlich höher.

Die effektiven Massen liegen bei m^* = 0,01 ... 1 m_o (z.B. InSb: m_n = 0,01 m_o, Ge: m_n = 0,1 m_o, K: m_n = m_o). In Kristallen mit komplizierter Bandstruktur findet

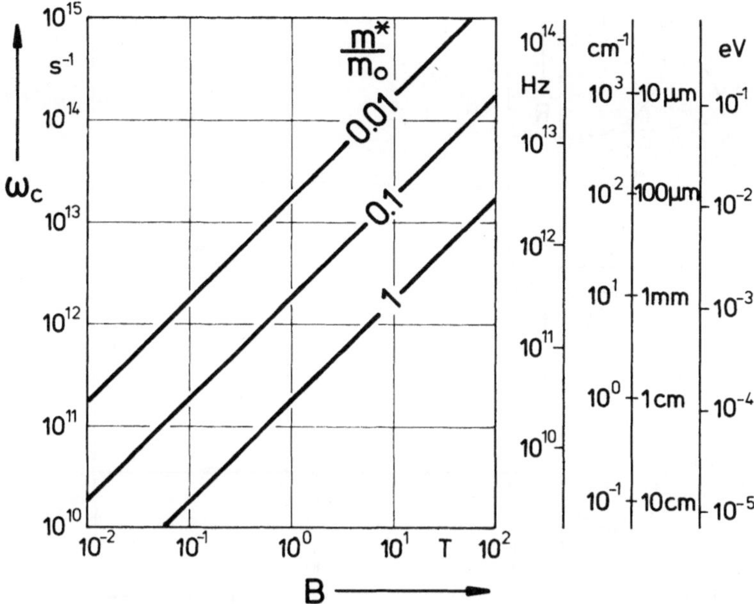

Abb. 12.14. Magnetfeld-Abhängigkeit der Zyklotronresonanzfrequenz für unterschiedliche effektive Massen

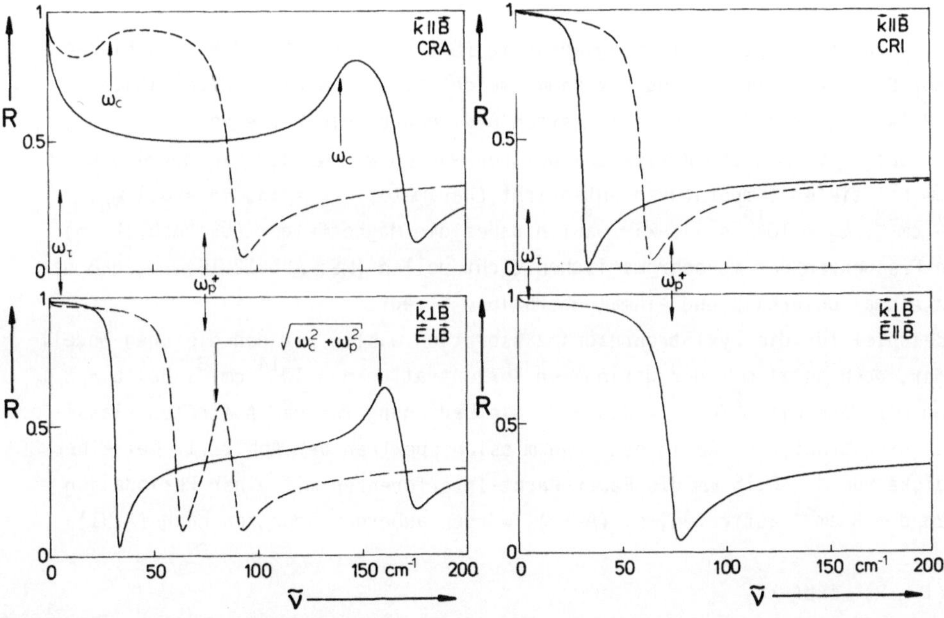

Abb. 12.15. Magnetoreflexion in Faraday- und Voigt-Konfiguration, DS: (---) B = 3 T, (——) B = 15 T (Ge-Modell Tab.11.1 n = 10^{17} cm^{-3}, $\tau = 10^{-12}$ s)

man für bestimmte Magnetfeldrichtungen oft wesentlich kleinere effektive Massen als aus Leitfähigkeitsmessungen zu erwarten ist. In diesen Substanzen ist die effektive

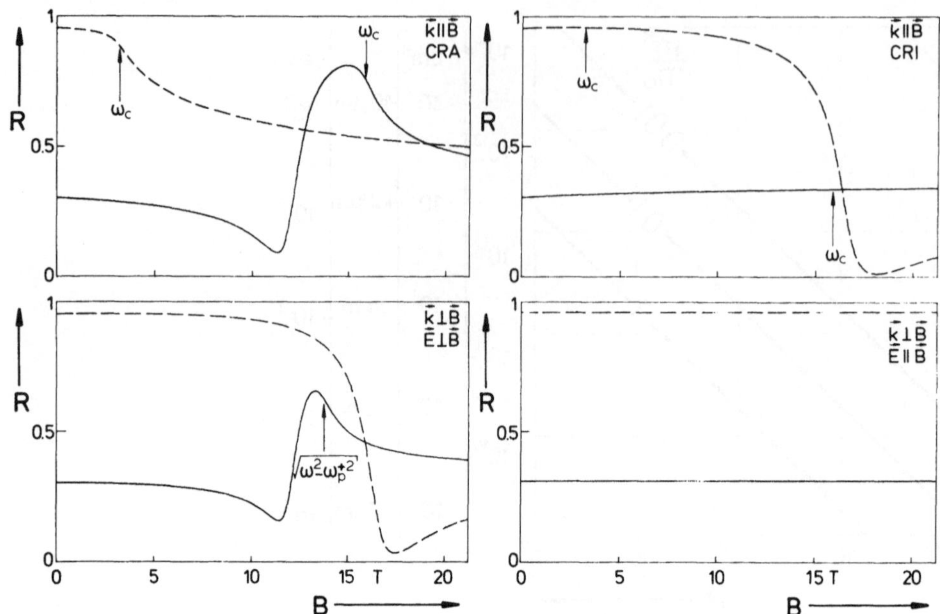

Abb. 12.16. Magnetoreflexion wie Abb.12.15, jedoch MS: (---) $\tilde{\nu}$ = 30 cm^{-1}, (—) $\tilde{\nu}$ = 150 cm^{-1}

Masse außerordentlich stark richtungsabhängig (Die Fermi-Fläche, d.h. die Fläche konstanter Energie im Impuls- oder k-Raum, weicht stark von einer Kugel ab).

Abb.12.14 zeigt für die eben erläuterten Bedingungen die Werte von ω_c.

Als Beispiel für Magneto-Reflexionsspektren wählen wir wieder ein Modell, das Germanium bei tiefen Temperaturen entspricht (Parameter: $\varepsilon_L = 16$, $m^* = 0{,}1\ m_0$, $n = 10^{17}\ cm^{-3}$, $\omega_\tau = 10^{12}\ s^{-1}$). Wir wählen dabei die Magnetfelder (DS: Abb.12.15) bzw. die Frequenzen der monochromatischen Lichtquellen (MS: Abb.12.16) so, daß die Resonanz einmal unterhalb und einmal oberhalb ω_p^+ liegt.

Als Beispiel für die Zyklotronresonanzabsorption wählen wir den gleichen Modellhalbleiter, doch jetzt mit der geringeren Konzentration $n = 10^{14}\ cm^{-3}$. Bei B = 3 T erreichen wir dann mit $\omega_p^2/\omega_c\omega_\tau = 0.6 < \varepsilon_L$ die Bedingung für das Auftreten klassischer Resonanzstrukturen. Da in den Transmissionsspektren der Abb.12.17 bei einer Plattendicke von d = 0,15 mm die Fabry-Perot-Interferenzen mit einer Periode von $\Delta\tilde{\nu} = 1/2n_L d \simeq 8\ cm^{-1}$ auftreten, s. (A.89), wurden außerdem Spektren nach (A.91)

$$T = (1 - R)^2 \exp(-Kd)$$

berechnet (Abb.12.19,20). Die Vernachlässigung der Vielfachinterferenzen entspricht einer Messung mit einer geringen spektralen Auflösung. Für sehr niedrige Frequenzen erhält man hierbei wegen $R \to 1$ keine Transmission. Das ist nicht realistisch (s. Aufgabe 12.11)!

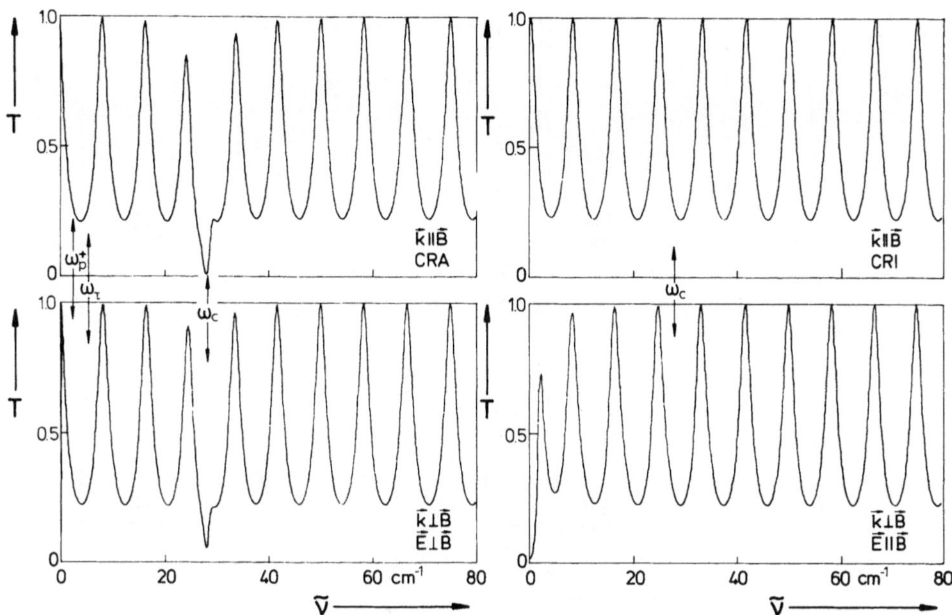

Abb. 12.17. Zyklotronresonanzabsorption in Faraday- und Voigt-Konfiguration, DS: B = 3 T. Transmissionsspektren mit Fabry-Perot-Interferenzen, d = 150 μm (Ge-Modell Tab.11.1, $n = 10^{14}\ cm^{-3}$, $\tau = 10^{-11}$ s)

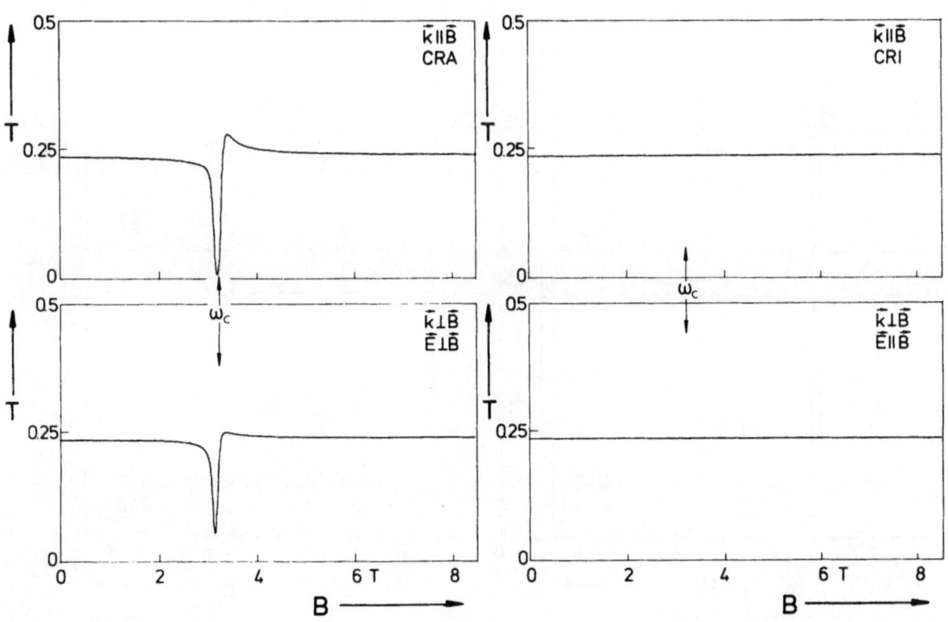

Abb. 12.18. Zyklotronresonanzabsorption wie Abb.12.17, jedoch MS: $\tilde{\nu} = 30\ cm^{-1}$

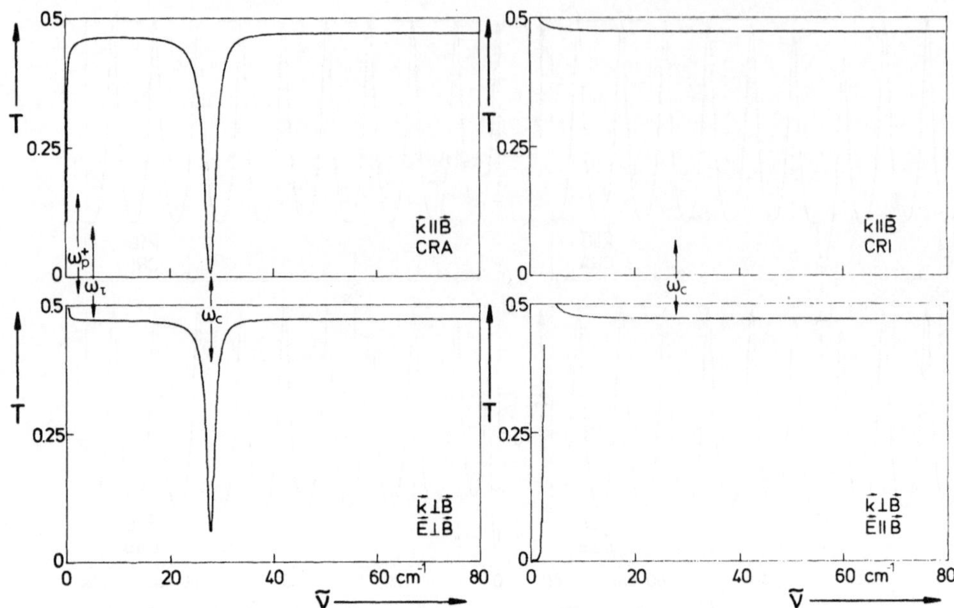

Abb. 12.19. Zyklotronresonanzabsorption, DS, wie Abb.12.17, jedoch bei Vernachlässigung der Vielfachreflexionen und Interferenzen

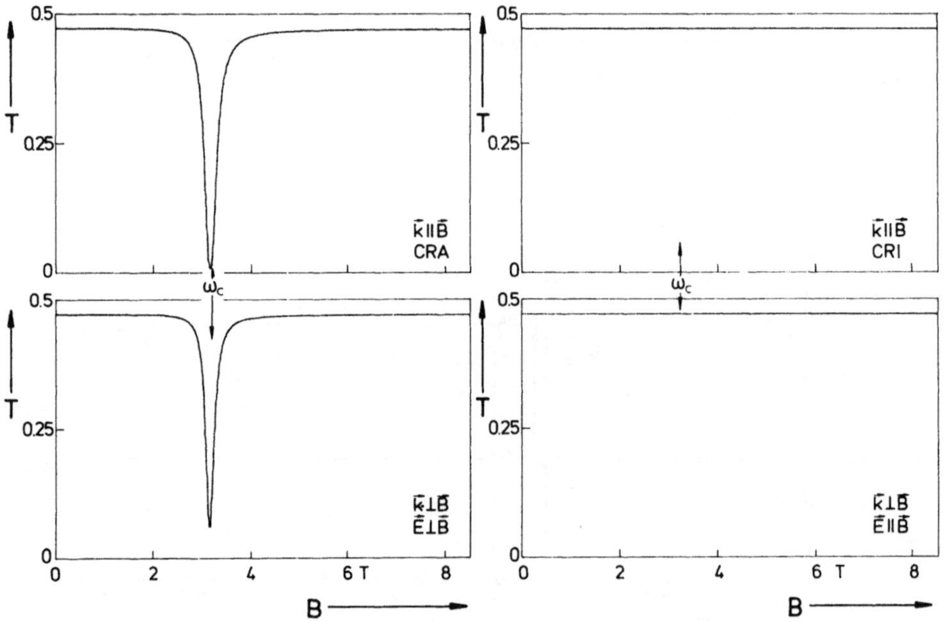

Abb. 12.20. Zyklotronresonanzabsorption wie Abb.12.19, jedoch MS

12.6 Der Faraday-Effekt

Im Falle der Faraday-Konfiguration sind die Eigenmoden zirkular polarisierte Wellen mit unterschiedlichen Phasengeschwindigkeiten ($\tilde{n}_+ \neq \tilde{n}_-$). Erregt man deshalb eine Probe an der Oberfläche mit linear polarisiertem Licht, so werden die reflektierte bzw. transmittierte Welle im allgemeinen elliptisch polarisiert sein. (s.Abschn.A.7). Dabei wird die *Drehung* der Hauptschwingungsrichtung im wesentlichen durch den Gangunterschied der zirkular polarisierten Moden verursacht, durch die man die linear polarisierte Welle ersetzen kann, die *Elliptizität* durch ihre unterschiedliche Dämpfung. Das Auftreten von Drehung und Elliptizität infolge eines äußeren Magnetfeldes nennt man bei Beobachtung in Transmission den *Faraday-Effekt*, bei Beobachtung in Reflexion den *magnetooptischen Kerr-Effekt*.

12.6.1 Die Ausbreitung zirkular polarisierter Wellen

Wir betrachten eine linear polarisierte Welle, deren E-Vektor in der x-Richtung schwingt. Dieses Wellenfeld läßt sich äquivalent durch die beiden komplementären, zirkularen Moden (A.66)

$$\underline{E}_\pm = E_0 \, (1, \pm i, 0) \exp\,[i\,(k_\pm z - \omega t)] \tag{12.50}$$

beschreiben. In einem *zirkular-dichroitischen* ($\tilde{n}_+ \neq \tilde{n}_-$) bzw. *zirkular-dispersiven* Medium ($n_+ \neq n_-$) gilt

$$k_\pm = \tilde{n}_\pm k_0 \qquad \text{mit} \quad \tilde{n}_\pm \equiv \bar{n} \pm \frac{\Delta\tilde{n}}{2} \ . \tag{12.51}$$

Für den speziellen Fall der Faraday-Konfiguration folgt hierfür mit $\tilde{n}_\pm^2 = \varepsilon_{xx} \pm i\varepsilon_{xy}$

$$\tilde{n}_+^2 - \tilde{n}_-^2 = (\tilde{n}_+ + \tilde{n}_-)\,(\tilde{n}_+ - \tilde{n}_-) = 2\bar{n} \cdot \Delta\tilde{n} = i\; 2\varepsilon_{xy}$$

$$\Delta\tilde{n} = i\,\frac{\varepsilon_{xy}}{\bar{n}} \ . \tag{12.52}$$

Wenn die beiden Moden im Medium den Weg z zurückgelegt haben, so folgt aus

$$\underline{E}_\pm = E_0(1, \pm i, 0) \exp[i\,(\bar{n}\,k_0 z - \omega t) \cdot \exp[i\,(\pm \frac{\Delta\tilde{n}}{2}\,k_0 z)]$$

für den komplexen Phasenunterschied zwischen den beiden Moden

$$\exp[i(\pm \frac{\Delta\tilde{n}}{2}\,k_0 z)] = a_\pm \exp(\pm\, i\Theta) = \exp(\mp \frac{\Delta\kappa}{2}\,k_0 z) \cdot \exp[i(\pm \frac{\Delta n}{2}\,k_0 z)] \ .$$

Das bedeutet nach (A.67) eine Drehung um

$$\Theta = \frac{\Delta n}{2} k_o z = \frac{n_+ - n_-}{2} \cdot \frac{\omega}{c_o} z \tag{12.53}$$

und nach (A.68) eine Elliptizität von

$$\tan\eta = \frac{\exp\left(-\frac{\Delta\kappa}{2} k_o z\right) - \exp\left(+\frac{\Delta\kappa}{2} k_o z\right)}{\exp\left(-\frac{\Delta\kappa}{2} k_o z\right) + \exp\left(+\frac{\Delta\kappa}{2} k_o z\right)}$$

$$\tan\eta = \tanh\left(-\frac{\Delta\kappa}{2} k_o z\right) = \tanh\left(\frac{\kappa_- - \kappa_+}{2} \cdot \frac{\omega}{c_o} z\right) \quad . \tag{12.54}$$

Für kleine Argumente kann man dabei tan und tanh entwickeln, so daß

$$\eta \simeq \frac{\kappa_- - \kappa_+}{2} \cdot \frac{\omega}{c_o} z \quad . \tag{12.55}$$

Für große Argumente konvergiert tanh gegen ± 1, das bedeutet mit $\tan\eta = \pm 1$, daß nur noch eine der beiden zirkularen Moden existiert, die andere ist völlig gedämpft.

Bei der Reflexion wird die Stärke der beiden Moden durch das komplexe Reflexionsvermögen

$$\tilde{\rho}_\pm = \rho_\pm \exp(i\delta_\pm)$$

bestimmt. Daraus folgt für die Drehung und Elliptizität beim magnetooptischen Kerr-Effekt

$$\Theta = \frac{\delta_+ - \delta_-}{2} \qquad \tan\eta = \frac{\rho_+ - \rho_-}{\rho_+ + \rho_-} \quad . \tag{12.56}$$

Beschreibt man δ und ρ durch den komplexen Wellenwiderstand bzw. - hier im unmagnetischen Medium - durch den Brechungsindex, so folgt nach (A.78) und (A.88)

$$\rho_\pm = \sqrt{\frac{(n_\pm - 1)^2 + \kappa_\pm^2}{(n_\pm + 1)^2 + \kappa_\pm^2}} \qquad \tan\delta_\pm = \frac{-\kappa_\pm}{1 - (n_\pm^2 + \kappa_\pm^2)} \quad , \tag{12.57}$$

daß beim Kerr-Effekt Drehung und Elliptizität gleichzeitig in unübersichtlicher Weise von Real- und Imaginärteil bestimmt werden, im Gegensatz zum reinen Faraday-Effekt, s.(12.53) und (12.54).

Beim Kerr- und Faraday-Effekt an der planparallelen Platte, schließlich, muß man, wenn die Fabry-Perot-Interferenzen zu berücksichtigen sind, die aufwendigen Gleichungen (A.58) und (A.59) für jede Mode einzeln anwenden. Durch die Vielfachreflexionen sind dann reiner Kerr- und Faraday-Effekt im Reflexions- und Transmissionssignal vermischt.

12.6.2 Der Faraday-Effekt bei hohen Frequenzen

In schwachen Magnetfeldern bzw. bei hohen Frequenzen ($\omega \gg \omega_c$) spalten die Brechungsindizes symmetrisch zum magnetischen Feld auf

$$n_+ + \tilde{n}_- = 2\bar{n} \simeq 2\tilde{n}\ (B = 0) \quad ,$$

außerdem wird folgende Näherung zulässig

$$\varepsilon_{xy} = i\,\frac{\omega_p^2}{\omega} \cdot \frac{\omega_c^*}{(\omega_\tau - i\omega)^2 + \omega_c^2} \simeq i\,\frac{\omega_p^2\omega_c^*}{\omega} \cdot \frac{(\omega_\tau^2 - \omega^2) + 2i\omega\omega_\tau}{(\omega_\tau^2 + \omega^2)^2} \quad .$$

Gilt nun auch noch $\omega \gg \omega_\tau$, so folgt für die Aufspaltung der Real-und Imaginärteile aus $\Delta\tilde{n} = i\varepsilon_{xy}/\bar{n}$

$$\Delta n \simeq \frac{1}{n(B=0)} \cdot \frac{\omega_p^2\omega_c^*}{\omega^3} \quad , \qquad \Delta\kappa \simeq -\frac{1}{n(B=0)} \cdot \frac{\omega_p^2\omega_c^*}{\omega^3} \cdot \frac{2\omega_\tau}{\omega} \quad .$$

Bei nicht zu großen Konzentrationen der freien Ladungsträger kann man wegen $\omega \gg \omega_p$ bei dem reellen Brechungsindex $n(B = 0) = (\varepsilon_L - \omega_p^2/\omega^2)^{1/2}$ auch noch den Trägerbeitrag vernachlässigen, d.h. $n(B = 0) \simeq \varepsilon_L^{1/2}$. Eine linear polarisierte Welle wird also nach einmaligem Durchlaufen einer Schicht der Dicke d elliptisch polarisiert mit der Drehung

$$\Theta = \frac{d}{2c_0 n} \cdot \frac{\omega_p^2\omega_c^*}{\omega^2} \tag{12.58}$$

und der Elliptizität

$$\eta = \frac{d}{2c_0 n} \cdot \frac{2\omega_p^2\omega_c^*\omega_\tau}{\omega^3} = 2\Theta\,\frac{\omega_\tau}{\omega} \quad . \tag{12.59}$$

Die Elliptizität ist in diesem Spektralbereich wesentlich kleiner als die Drehung.

Die Drehung ist proportional zur Schichtdicke d und mit ω_c^* auch proportional zu B. In solchen Fällen definiert man als spezifische Drehung die *Verdet-Konstante*

$V \equiv \Theta/d \cdot B$. Drehung und Elliptizität sind mit ω_c^* vom Ladungsvorzeichen der Trägersorte abhängig. Sind gleichzeitig Elektronen und Löcher vorhanden, so werden sich die Beiträge teilweise kompensieren.

Man kann die Messung der Faraday-Drehung auch als Dispersionsmessung auffassen (Abb.12.21). Denn aus $n_+ - n_- = \omega_c^* \cdot dn/d\omega$ folgt mit $n^2(B = 0) = \varepsilon_L - \omega_p^2/\omega^2$

$$n_+ - n_- = \frac{1}{n(B=0)} \cdot \frac{\omega_p^2 \omega_c^*}{\omega^3} \quad .$$

Sie gestattet es, den in diesem Spektralbereich schwachen, frequenzabhängigen Ladungsträger-Einfluß auf den Brechungsindex neben dem starken Untergrund $\sqrt{\varepsilon_L}$ der Wirtsgitterpolarisation nachzuweisen.

Da der Faraday-Effekt wegen $\tilde{n}_+^2 - \tilde{n}_-^2 = 2i\varepsilon_{xy}$ im wesentlichen durch die Nichtdiagonalterme der dielektrischen Funktion verursacht wird, der Hall-Effekt entsprechend durch die Nichtdiagonalterme σ_{xy} bzw ρ_{xy} des Magnetotransporttensors, bezeichnet man den Faraday-Effekt oft auch als "*dynamischen Halleffekt*" (s.Abschn. 12.1). Die Messung des Faraday-Effekts im infraroten Spektralbereich hat in der Festkörper-Diagnostik besondere Bedeutung, da man mit ihm aus $\omega_p^2 \cdot \omega_c^*$ die effektiven Massen auch bei hohen Temperaturen bestimmen kann und zwar ohne Kenntnis des Streumechanismus.

Für die Faraday-Drehung der freien Ladungsträger gilt im betrachteten Spektralbereich $\Theta \sim \omega^{-2} \sim \lambda^2$. Ein Beispiel zeigt Abb.12.22.

Für unser Germanium-Modell ($\varepsilon_L = 16$, $m^* = 0{,}1\ m_o$, $n = 10^{16}\ cm^{-3}$) erhalten wir im mittleren Infrarotbereich bei $\tilde{\nu} = 1000\ cm^{-1}$ bzw. $\lambda = 10\ \mu m$ eine Verdet-Konstante

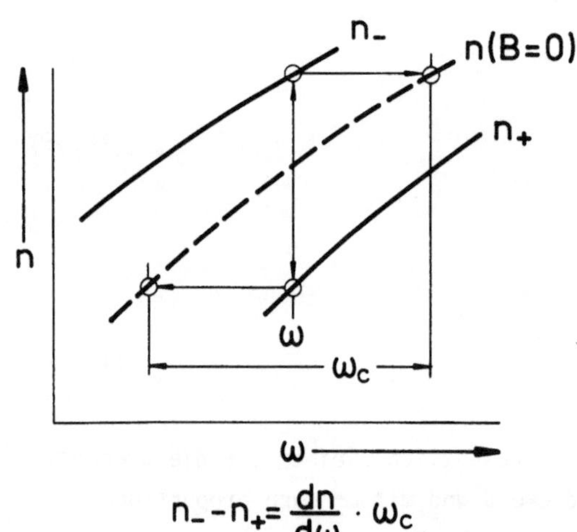

Abb. 12.21. Bestimmung der Dispersion $dn/d\omega$ aus Faraday-Effekt-Messungen an einem n-Halbleiter

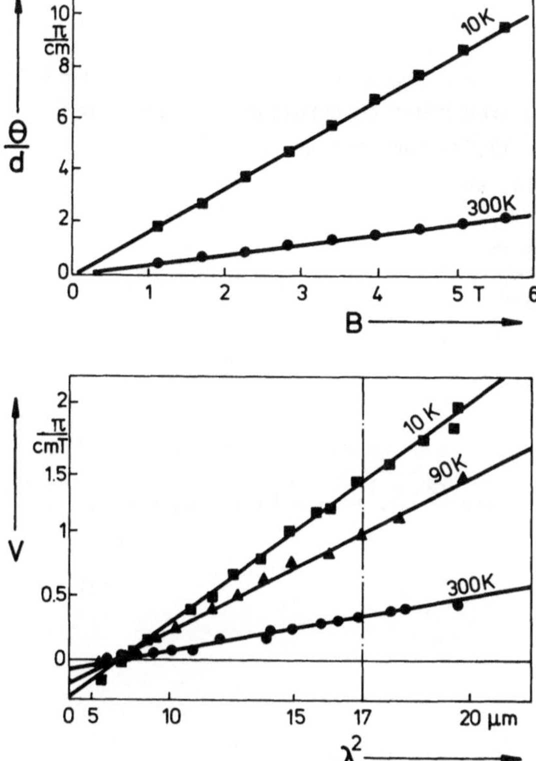

Abb. 12.22. Faraday-Drehung in Tellur ($p = 5{,}9 \cdot 10^{17}\ cm^{-3}$), spektraler Verlauf der Verdet-Konstante und Feldabhängigkeit für $\lambda = 17\ \mu m$ [12.6]

$$V = \frac{\Theta}{d \cdot B} = \frac{1}{2c_o\sqrt{\varepsilon_L}} \cdot \frac{e_o^3 n}{\varepsilon_o m^{*2}} \cdot \frac{1}{\omega^2} \tag{12.60}$$

von $V = -2{,}1\ \pi \cdot m^{-1}\ T^{-1}$. Bei $B = 5$ T und $d = 1$ mm entspricht das einer Drehung von ca. 2°. Bei einer Stoßzeit von $\tau \simeq 10^{-12}$ s wäre die Elliptizität um den Faktor 10^{-2} kleiner, bei $\tau \simeq 10^{-14}$ s dagegen wäre wegen $\omega \simeq 1{,}9 \cdot 10^{14}\ s^{-1}$ die benutzte Näherung $\omega \gg \omega_\tau$ nicht mehr zulässig.

12.6.3 Der Kerr-Effekt bei hohen Frequenzen

Die Berechnung des magnetooptischen Kerr-Effekts ist noch eine Stufe unübersichtlicher als die des Faraday-Effekts, denn aus der dielektrischen Funktion im Magnetfeld müssen nicht nur n und κ berechnet werden, sondern mit diesen Größen auch noch das komplexe Reflexionsvermögen. Um die Drehung und Elliptizität einer linear polarisierten Welle nach der Reflexion abschätzen zu können, werden wir die bereits beim hochfrequenten Faraday-Effekt benutzten Näherungen

$$\bar{n} \simeq \sqrt{\varepsilon_L} \qquad |\Delta n| \ll \bar{n}$$

noch stärker beanspruchen.

Das Reflexionsvermögen der beiden zirkularen Moden beschreiben wir durch die Amplitude $\rho_\pm$ und den Phasenwinkel $\delta_\pm$ nach (12.57) näherungsweise wie folgt: Mit der Abkürzung $\rho_L \equiv (\bar{n} - 1)/(\bar{n} + 1)$ folgt aus

$$\rho_\pm = \sqrt{\frac{(n_\pm-1)^2+\kappa_\pm^2}{(n_\pm+1)^2+\kappa_\pm^2}} = \rho_L \sqrt{\frac{1\pm \frac{2\Delta n}{\bar{n}-1} + \frac{(\Delta n^2)+\kappa_\pm^2}{(\bar{n}-1)^2}}{1\pm \frac{2\Delta n}{\bar{n}+1} + \frac{(\Delta n)^2+\kappa_\pm^2}{(\bar{n}+1)^2}}}$$

und mit der Näherungsformel $[(1 + 2a)/(1 + 2b)]^{1/2} \simeq 1 + (a - b)$ für $a, b \ll 1$

$$\rho_\pm \simeq \rho_L \left(1 \pm \frac{2\Delta n}{\varepsilon_L - 1}\right) . \tag{12.61}$$

Hieraus erhalten wir für die Elliptizität

$$\eta \simeq \frac{2\Delta n}{\varepsilon_L - 1} \simeq \frac{2}{(\varepsilon_L - 1)\varepsilon_L^{1/2}} \cdot \frac{\omega_p^2 \omega_c^*}{\omega^3} . \tag{12.62}$$

Aus der Näherung für den Phasenwinkel

$$\tan\delta_\pm = \frac{-\kappa_\pm}{1-(n_\pm^2+\kappa_\pm^2)} \simeq \frac{\kappa_\pm}{\varepsilon_L - 1} \tag{12.63}$$

erhalten wir für die Drehung der Polarisationsebene $\Theta = (\delta_+ - \delta_-)/2$

$$\Theta \simeq \frac{1}{2} \frac{\Delta\kappa}{\varepsilon_L - 1} \simeq \frac{1}{(\varepsilon_L - 1)\varepsilon_L^{1/2}} \cdot \frac{\omega_p^2 \omega_c^*}{\omega^3} \cdot \frac{\omega_\tau}{\omega} \simeq \frac{\eta}{2} \frac{\omega_\tau}{\omega} . \tag{12.64}$$

Vergleicht man dieses Ergebnis mit dem für den Faraday-Effekt ($\Theta = \Delta n \cdot k_0 z/2$, $\eta \simeq - \Delta\kappa\, k_0 z/2$), so sieht man, daß die unterschiedlichen Brechungsindizes beim Kerr-Effekt die Elliptizität verursachen, die unterschiedlichen Absorptionsindizes die Drehung, also komplementär zum Faraday-Effekt!

Für das Germanium-Modell (Abschn.12.6.2) erhalten wir bei B = 3T eine Elliptizität von $\eta = 4{,}8 \cdot 10^{-4\circ}$, bzw. bei der Stoßzeit $\tau \simeq 10^{-12}$ s eine Drehung $\Theta = 2{,}5 \cdot 10^{-6\circ}$.

Der Kerr-Effekt ist in diesem Frequenzbereich also wesentlich schwächer als der Faraday-Effekt. Bei der Auswertung von Faraday-Messungen, insbesondere bei der Berücksichtigung von Vielfachinterferenzen, kann er deshalb unter ähnlichen Umständen wie in unserem Beispiel vernachlässigt werden.

Die Stärke der beiden Effekte im gesamten Spektralbereich zeigt für unser Modell Abb.12.23. Dabei wurde der Faraday-Effekt für einen einmaligen Durchgang durch eine 1 mm dicke Schicht und der Kerr-Effekt für den Halbraum mit Hilfe der strengen Formeln berechnet.

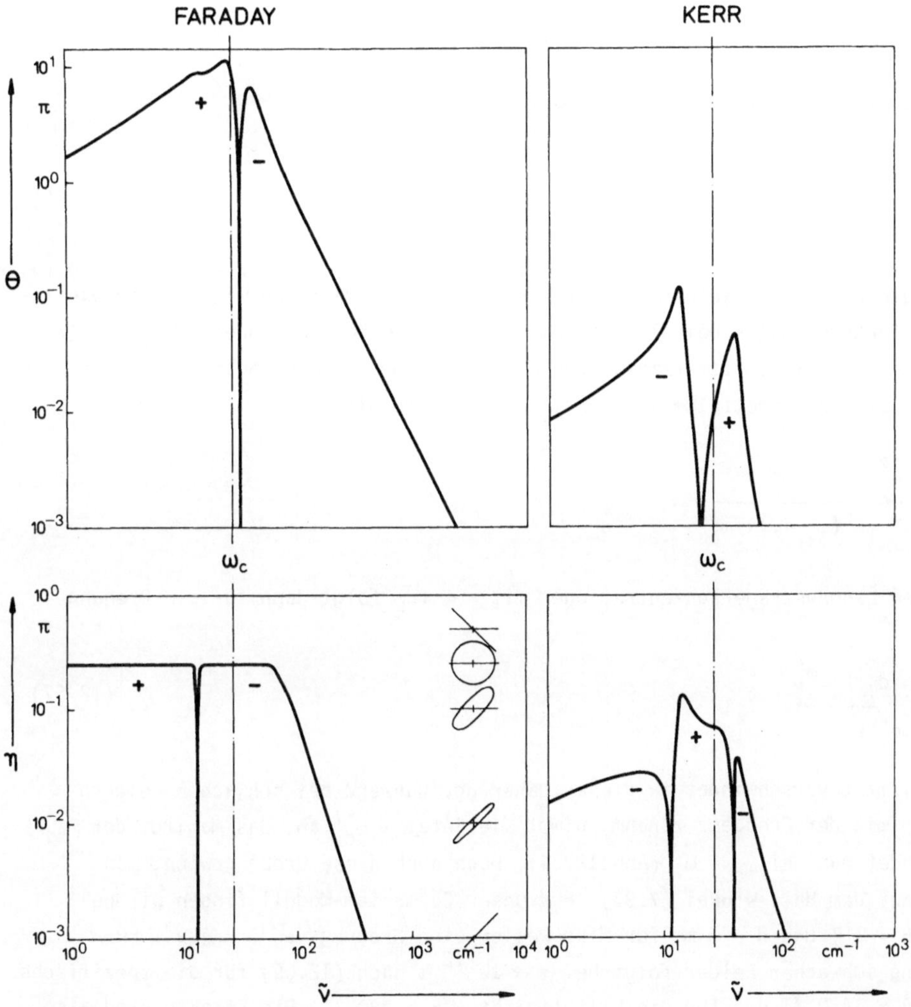

Abb. 12.23. Faraday- und Kerr-Drehung Θ bzw. Elliptizität η eines Halbleiters (Ge-Modell Tab.11.1, $n = 10^{16}$ cm^{-3}, $\tau = 10^{-12}$ s, B = 3 T, Dicke der Faraday-Schicht: 1 mm)

12.6.4 Der Faraday-Effekt bei niedrigen Frequenzen

Für Mikrowellen mit Frequenzen von ca. 30 GHz und weniger gilt im allgemeinen $\omega \ll \omega_\tau$. Wir betrachten dabei zunächst wie in Abschn.12.6.2 den Fall sehr kleiner Felder ($\omega_c \ll \omega$). Diese Bedingung wird jetzt aber bereits bei Feldern $B \simeq 0{,}01$ T verletzt! (s.Abb.12.14). Die Aufspaltung wird dann wieder symmetrisch. Für geringe Ladungsträgerkonzentrationen ($\omega_p \ll \omega$) wird der mittlere Brechungsindex wieder allein durch das Wirtsgitter bestimmt $\bar{n} \simeq \sqrt{\varepsilon_L}$. In dieser Näherung finden wir für die Drehung

$$\Theta = -\frac{d}{2c_0\sqrt{\varepsilon_L}} \cdot \frac{\omega_p^2\omega_c^*}{\omega_\tau^2} \tag{12.65}$$

und für die Elliptizität

$$\eta = -\frac{d}{2c_0\sqrt{\varepsilon_L}} \cdot \frac{\omega_p^2\omega_c^*}{\omega_\tau^2} \cdot \frac{\omega}{\omega_\tau} \quad . \tag{12.66}$$

Die Messung der Drehung liefert dabei die gleichen Informationen wie Leitfähigkeits- und Hall-Effekt-Messungen bei Gleichstrom, nämlich die Kombinationen ω_p^2/ω_τ und ω_c^*/ω_τ. Erst zusammen mit Elliptizitätsmessungen könnte man ω_τ getrennt bestimmen.

Für sehr starke Magnetfelder ($\omega_c \gg \omega_\tau > \omega$) nähern wir

$$\varepsilon_{xy} = i\,\frac{\omega_p^2}{\omega} \cdot \frac{\omega_c^*}{(\omega_\tau - i\omega)^2 + \omega_c^{*2}} \simeq i\,\frac{\omega_p^2}{\omega\omega_c^*} \quad .$$

Bei geringen Ladungsträgerkonzentrationen mit $\bar{n} \simeq \sqrt{\varepsilon_L}$ folgt dann für die Drehung

$$\Theta = -\frac{d}{2c_0\sqrt{\varepsilon_L}} \cdot \frac{\omega_p^2}{\omega_c^*} \quad . \tag{12.67}$$

Die Elliptizität verschwindet in dieser Näherung. Während bei schwachen Feldern die Drehung mit der Frequenz zunahm, nimmt sie jetzt $\sim \omega_c^{-1}$ ab. Das Maximum der Drehung findet man bei $\omega_c = \omega_\tau$ (Abb.12.24). Doch auch diese Größe gewinnt man einfacher aus dem Hall-Winkel (7.37). Für unser Germanium-Modell finden wir bereits bei $B = 1$ T und $d = 1$ mm für Mikrowellen eine Drehung von $\Theta = 479^\circ$! Für die Näherung schwacher Felder folgt bei $\tau \simeq 10^{-12}$ s nach (12.65) für die spezifische Drehung $\Theta/B = 1480^\circ/\mathrm{T}$ und für die Elliptizität $\eta/B = 280^\circ/\mathrm{T}$. Die Effekte sind also hier viel stärker als bei kurzen Wellen!

Die magnetooptischen Effekte, die in Halbleitern und Halbmetallen mit sehr hohen Ladungsträgerkonzentrationen auftreten, wenn man diese in Faraday-Konfiguration

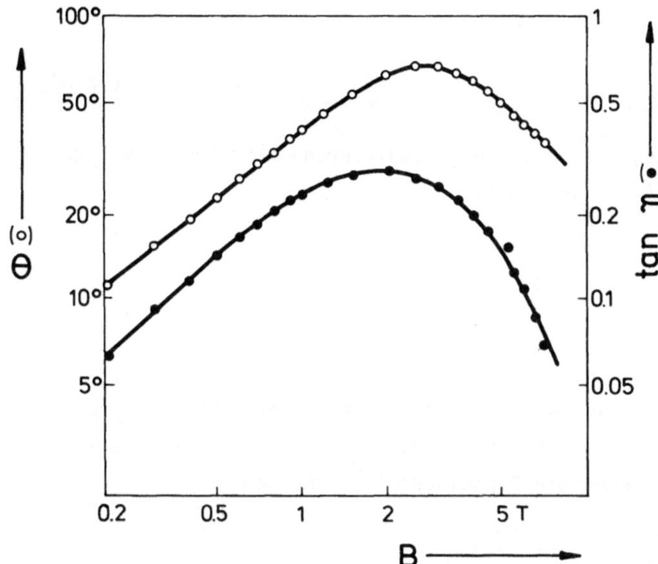

Abb. 12.24. Messung der Faraday-Drehung und Elliptizität in Tellur mit Mikrowellen von 33 GHz ($p = 9 \cdot 10^{14}$ cm^{-3}, T = 80 K, Probendicke 1 mm) [12.7]

untersucht, werden wir im Abschnitt über die Magneto-Plasma-Effekte diskutieren (Abschn.12.8,9).

12.7 Der Voigt-Effekt

Betrachtet man die Ausbreitung elektromagnetischer Wellen in Voigt-Konfiguration ($\underline{B} = (0, 0, B_z)$, $\underline{k} = (k_x, 0, 0)$), so ist die eine Eigenmode eine rein transversale Welle mit einem elektrischen Polarisationsvektor $\underline{E}_{||} = (0, 0, E_z)$. Die andere ist senkrecht dazu polarisiert, hat jedoch auch einen longitudinalen Anteil $\underline{E}_{\perp} = (E_x, E_y, 0)$.

Erregen wir zunächst beide Moden gleich stark, z.B. indem wir eine unter 45° linear polarisierte Welle einstrahlen ($\underline{E} = E_0(0, 1, 1)$), so werden sie auf dem Weg x unterschiedlich gedämpft und gegeneinander phasenverschoben

$$E_{||,\perp} = E_0 \exp(-\kappa_{||,\perp} k_0 x) \cdot \exp[i(n_{||,\perp} k_0 x - \omega t)] \quad .$$

Für das Amplitudenverhältnis $E_{||}/E_{\perp}$ erhält man

$$\tan\alpha = \frac{\exp(-\kappa_{||} k_0 x)}{\exp(-\kappa_{\perp} k_0 x)} = \exp[-(\kappa_{||} - \kappa_{\perp}) k_0 x] \quad , \qquad (12.68)$$

für den Phasenunterschied

$$\Theta = (n_{\parallel} - n_{\perp})\, k_o x \quad . \tag{12.69}$$

Diese charakteristischen Winkel α, ϕ sind mit der resultierenden Drehung Θ und der Elliptizität η nach (A.62) und (A.63) verknüpft

$$\tan(2\Theta) = \tan(2\alpha) \cdot \cos\phi$$

$$\sin(2\eta) = \pm \sin(2\alpha) \cdot \sin\phi \quad .$$

Zur Abschätzung von α und ϕ beschränken wir uns wieder der unübersichtlichen Formeln wegen auf den Fall geringer Ladungsträgerkonzentration $\omega_p \ll \omega$. Dann können wir mit der Näherung $\tilde{n}_{\parallel} + \tilde{n}_{\perp} \simeq 2\sqrt{\varepsilon_L}$ wieder die Doppelwurzeln vermeiden durch

$$(\tilde{n}_{\parallel}^2 - \tilde{n}_{\perp}^2) \simeq (\tilde{n}_{\parallel} - \tilde{n}_{\perp})\, 2\sqrt{\varepsilon_L} \quad .$$

Außerdem gilt dann $|\varepsilon_{xy}| \ll |\varepsilon_{xx}|$ und somit

$$\tilde{n}_{\parallel} - \tilde{n}_{\perp} \simeq \frac{\tilde{\varepsilon}_{zz} - \tilde{\varepsilon}_{xx}}{2\sqrt{\varepsilon_L}} \quad . \tag{12.70}$$

Für den hochfrequenten Fall $\omega \gg \omega_\tau$ entwickeln wir nun auch noch $\tilde{\varepsilon}_{zz}$ und $\tilde{\varepsilon}_{xx}$:

$$\tilde{\varepsilon}_{xx} \simeq \varepsilon_L + \frac{\omega_p^2}{\omega_c^2 - \omega^2} + i\, \frac{\omega_p^2 \omega_\tau}{\omega} \cdot \frac{\omega_c^2 + \omega^2}{(\omega_c^2 - \omega^2)^2}$$

$$\tilde{\varepsilon}_{zz} \simeq \varepsilon_L - \frac{\omega_p^2}{\omega^2} + i\, \frac{\omega_p^2 \omega_\tau}{\omega^3} \quad ,$$

woraus für den Unterschied der komplexen Brechungsindizes folgt

$$\Delta n \equiv n_{\parallel} - n_{\perp} = \frac{1}{2\sqrt{\varepsilon_L}} \cdot \frac{\omega_p^2}{\omega^2} \cdot \frac{\omega_c^2}{\omega^2 - \omega_c^2}$$

$$\Delta \kappa \equiv \kappa_{\parallel} - \kappa_{\perp} = \frac{1}{2\sqrt{\varepsilon_L}} \cdot \frac{\omega_p^2 \omega_\tau \omega_c^2}{\omega^3} \cdot \frac{\omega_c^2 - 3\omega^2}{(\omega_c^2 - \omega^2)^2} \quad .$$

Hierfür betrachten wir noch die Grenzfälle schwacher und starker Magnetfelder

$$\omega \gg \omega_c,\ \omega \gg \omega_\tau \qquad\qquad \omega_c \gg \omega \gg \omega_\tau$$

$$\Delta n \simeq \frac{1}{2\sqrt{\varepsilon_L}} \frac{\omega_p^2\omega_c^2}{\omega^4} \qquad\qquad \Delta n \simeq -\frac{1}{2\sqrt{\varepsilon_L}} \frac{\omega_p^2}{\omega^2}$$

$$\Delta\kappa \simeq -\frac{1}{2\sqrt{\varepsilon_L}} \frac{\omega_p^2\omega_c^2}{\omega^4} \frac{3\omega_\tau}{\omega} \qquad\qquad \Delta\kappa \simeq \frac{1}{2\sqrt{\varepsilon_L}} \cdot \frac{\omega_p^2}{\omega^2} \cdot \frac{\omega_\tau}{\omega} \quad . \tag{12.71}$$

Im Resonanzfall $\omega = \omega_c$ selbst dürfen wir die ω_τ-Terme nicht mehr vernachlässigen.

Für sehr kleine Aufspaltungen (Δn, κ) $k_o x \ll 1$ entkoppeln α und ϕ in den Gleichungen für Θ und η. Aus $\tan(2\Theta) \simeq \tan(2\alpha)$ folgt mit (12.68) für die Lage der Polarisationsellipse

$$\tan\Theta \simeq 1 - \Delta\kappa \cdot k_o x \quad .$$

Ohne Magnetfeld war $\tan\Theta = 1$. Für die durch das Magnetfeld induzierte Drehung $\Delta\Theta \equiv \Theta(B) - \Theta(0)$ folgt daraus mit

$$\left(\frac{d\tan\Theta}{d\Theta}\right)_{\frac{\pi}{4}} \cdot \Delta\Theta = \tan\Theta(B) - \tan\Theta(0)$$

die Beziehung

$$\Delta\Theta = -\frac{\Delta\kappa}{2} \cdot k_o x \quad . \tag{12.72}$$

Für die magnetfeldinduzierte Elliptizität folgt mit $\sin(2\alpha) \simeq 1$

$$\eta \simeq \pm\frac{\phi}{2} = \pm\frac{\Delta n}{2} k_o x \quad . \tag{12.73}$$

Wie beim magnetooptischen Kerr-Effekt erzeugen hier die unterschiedlichen Dämpfungen eine Drehung, die unterschiedlichen Phasengeschwindigkeiten die Elliptizität!

An Stelle der Bezeichnung Voigt-Effekt für die magnetfeldinduzierte *lineare Doppelbrechung*, bzw. den *Dichroismus* wird auch der Name *Cotton-Mouton-Effekt* gebraucht. Letzterer wird aber für die Doppelbrechung im Magnetfeld bevorzugt, die auf die Orientierung von gelösten Molekülen zurückzuführen ist, die ein permanentes oder induziertes magnetisches Moment besitzen.

Zum Schluß schätzen wir noch mit den Näherungsformeln (12.71, 72, 73) den Voigt-Effekt für unser Germanium-Modell ab ($\varepsilon_L = 16$, $m^* = 0{,}1\ m_o$, $n = 10^{16}\ \text{cm}^{-3}$, $\tau = 10^{-12}$ s), bei Beobachtung an einer 1 mm-dicken Schicht im mittleren Infrarot

($\tilde{\nu}$ = 1000 cm^{-1}). Wegen $\tilde{\nu}_c/B$ = 9,3 cm^{-1}/T erreichen wir hier nur den Fall schwacher Felder $\omega \gg \omega_c$. Da Drehung und Elliptizität quadratisch von B abhängen, ist die Definition einer Verdet-Konstante nicht sinnvoll; wir beziehen deshalb die Winkel auf B^2:

$$\frac{\Delta\Theta}{B^2} = 2{,}8 \cdot 10^{-5\,\circ}/T^2, \quad \frac{\eta}{B^2} = 1{,}8 \cdot 10^{-3\,\circ}/T^2 \quad .$$

Der Voigt-Effekt ist also im kurzwelligen Infrarot nur ein sehr schwacher Effekt.

Wie in Faraday-Konfiguration beobachtet man auch in Voigt-Konfiguration einen magnetooptischen Kerr-Effekt. Außerdem muß man bei ellipsometrischen Messungen an einer planparallelen Platte - besonders bei langen Wellen - gegebenenfalls die Vielfachinterferenzen mit berücksichtigen.

Einen Hinweis auf die Stärke von Faraday- und Voigt-Effekt in weiten Spektralbereichen gibt auch das Intensitäts-Reflexions- und Transmissions-Vermögen, das für ein Modell in Abb.12.15...20 dargestellt wurde.

12.8 Helicon-Wellen

Im Falle der Faraday-Konfiguration gibt es abhängig vom Magnetfeld breite Frequenzbänder, in denen sich nur eine der beiden zirkular polarisierten Wellen ausbreiten kann (Abb.12.4). Für niedrige Frequenzen $0 < \omega < \omega_c$ kann sich nur die CRA-Mode ausbreiten, für die CRI-Mode ist der Brechungsindex imaginär. Ihres Polarisationscharakters wegen nennt man diese CRA-Mode die *Helicon-Welle*. Sie zeichnet sich aus durch ihr für elektromagnetische Wellen ungewöhnliches parabolisches Dispersionsverhalten bei kleinen Frequenzen.

Zur Untersuchung dieser Eigenschaften betrachten wir zunächst den Brechungsindex (12.15)

$$\tilde{n}_\pm^2 = \varepsilon_L - \frac{\omega_p^2}{\omega} \cdot \frac{1}{\omega \pm \omega_c^* + i\omega_\tau} \qquad (12.74)$$

für Elektronen ($\omega_c^* = -\omega_c$), bei Vernachlässigung der Streuung ($\omega_\tau = 0$). Die CRA-Mode mit

$$\tilde{n}_+^2 = \varepsilon_L - \frac{\omega_p^2}{\omega} \cdot \frac{1}{\omega - \omega_c}$$

kann sich für Frequenzen $0 < \omega < \omega_c$ ausbreiten, oberhalb ω_c ist für die CRA-Mode ein Stop-Band. Für Magnetfelder mit $\omega_c < \omega_p^+/\sqrt{2}$ gibt es ein Frequenzband, in dem sich keine der beiden Moden ausbreiten kann. Für $\omega = \omega_p^+/\sqrt{2}$ wird gerade $\tilde{n}_- = 0$ und $\tilde{n}_+ = \infty$, für größere Frequenzen kann sich die CRI-Mode ausbreiten, für kleinere die CRA-Mode.

In Abb.12.25 sind deshalb für je ein B-Feld unter- und oberhalb $\omega_c = \omega_p^+/\sqrt{2}$ die Dispersionkurven $\omega(k)$ für elektromagnetische Wellen dargestellt. Man erhält die Dispersionskurven über die Definition des Brechungsindex

$$\tilde{n}^2(\omega) = \frac{c_o^2}{c^2} = \frac{c_o^2 k^2}{\omega^2} \quad . \tag{12.75}$$

Das führt zu einer Gleichung 3. Grades in ω

$$\omega^3 \mp \omega_c \omega^2 - \left(\omega_p^{+2} + \frac{c_o^2 k^2}{\varepsilon_L}\right) \omega \pm \frac{c_o^2 k^2}{\varepsilon_L} \omega_c = 0 \tag{12.76}$$

bzw. zu einer quadratischen Gleichung in k

$$k^2 = \frac{\varepsilon_L}{c_o^2} \omega^2 \left(1 - \frac{\omega_p^{+2}}{\omega^2 \mp \omega\omega_c}\right) \quad . \tag{12.77}$$

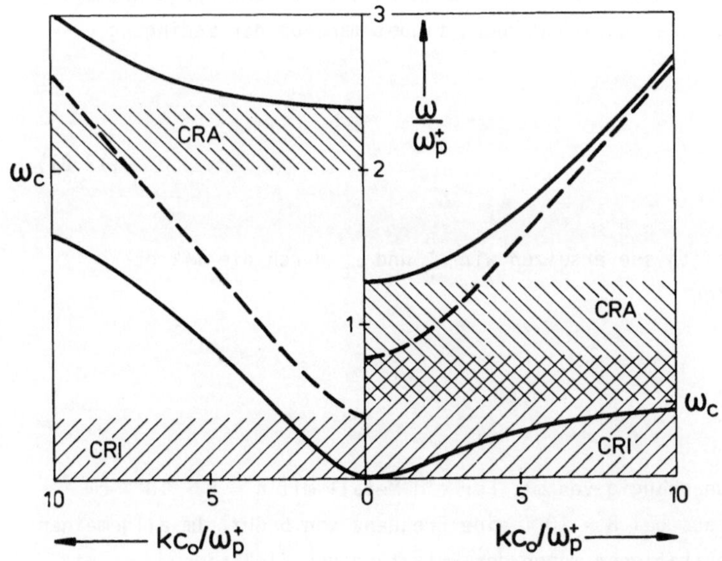

Abb. 12.25. Dispersion von Helicon-Wellen bei zwei verschiedenen Magnetfeldern ($\omega_c = 2\omega_p^+$ und $\omega_c = 0{,}5\ \omega_p^+$), (——) CRA-Mode, (---) CRI-Mode, Stoppbänder schraffiert

Die hochfrequenten Kanten der Stop-Bänder findet man aus der Bedingung $k^2 = 0$:

CRA CRI

$$\omega = \frac{\omega_c}{2} + \frac{\omega_c}{2}\sqrt{1 + \frac{4\omega_p^{+2}}{\omega_c^2}} \qquad \omega = -\frac{\omega_c}{2} + \frac{\omega_c}{2}\sqrt{1 + \frac{4\omega_p^{+2}}{\omega_c^2}} \quad . \tag{12.78}$$

Die Dispersion der CRA-Mode bei sehr kleinen Frequenzen erhalten wir, wenn wir in (12.76) die Terme in ω^3 und ω^2 vernachlässigen

$$\omega = \frac{c_o^2 k^2 \omega_c}{\omega_p^2 + c_o^2 k^2} \quad . \tag{12.79}$$

Der Ausdruck ist unabhängig von ε_L. Für kleine Frequenzen wird $\omega \sim k^2$. Das bedeutet, daß die Phasengeschwindigkeit

$$c = \frac{\omega}{k} \simeq c_o^2 \frac{\omega_c k}{\omega_p^2} \tag{12.80}$$

linear in k ist und somit beliebig klein werden kann, also auch vergleichbar mit der Schallgeschwindigkeit. Es ist deshalb in diesem Bereich eine starke Wechselwirkung mit akustischen Phononen zu erwarten. Die charakteristische Frequenz, bei der beide Phasengeschwindigkeiten gleich werden, findet man aus der Bedingung $c = v_s$:

$$\omega = \frac{v_s^2}{c_o^2} \cdot \frac{\omega_p^2}{\omega_c} \quad . \tag{12.81}$$

Zur Abschätzung dieser Verhältnisse ersetzen wir ω_p^2 und ω_c durch die mikroskopischen Größen und erhalten

$$\omega = \frac{v_s^2}{c_o^2} \cdot \frac{e\,n}{\varepsilon_o B} \quad .$$

Dadurch wird der Ausdruck unabhängig von m*. Für ein Metall mit $n = 8 \cdot 10^{22}\ cm^{-3}$ und $v_s = 5000$ m/s folgt daraus bei B = 10 T eine Frequenz von 6 GHz. Im allgemeinen ist aber bei so hohen Konzentrationen wegen der Entartung des Elektronengases die Stoßfrequenz sehr hoch.

Damit sich aber überhaupt ein propagierendes Wellenfeld ausbilden kann, muß $n \gg \kappa$ sein (für $n = \kappa$ gilt $d_p = \lambda/2\pi$). Dies ist der Fall, wenn $\mathrm{Re}\{\tilde{n}^2\} > \mathrm{Im}\{\tilde{n}^2\}$. Um diese Bedingung zu prüfen, zerlegen wir für die CRA-Mode (12.74) in Real- und Imaginärteil

$$\mathrm{Re}\{\tilde{n}^2\} = \varepsilon_L + \frac{\omega_p^2}{\omega} \cdot \frac{\omega_c - \omega}{(\omega_c-\omega)^2+\omega_\tau^2}$$

$$\mathrm{Im}\{\tilde{n}^2\} = \frac{\omega_p^2}{\omega} \cdot \frac{\omega_\tau}{(\omega_c-\omega)^2+\omega_\tau^2} \quad . \tag{12.82}$$

Vernachlässigen wir den Gitteranteil ε_L, so erhalten wir daraus die Bedingung $\omega_c > \omega_\tau + \omega$, eine Forderung, die nur durch hohe Magnetfelder erfüllt werden kann. In Abb.12.26 sind die Verhältnisse quantitativ für das Metall-Modell dargestellt unter der Annahme einer verhältnismässig großen Stoßzeit von $\tau = 10^{-12}$ s. Wegen des komplexen Brechungsindex erhält man bei Erregung mit einer scharfen Frequenz ω eine komplexe Wellenzahl $\tilde{k} = k' + ik'' = (n + i\kappa)\omega/c_0$. Das ist eine gedämpfte Welle,

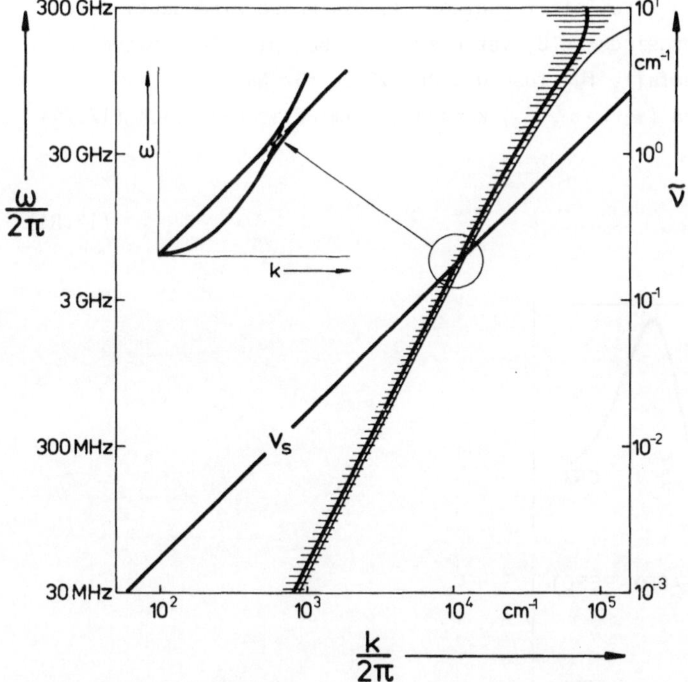

Abb. 12.26. Kopplung von Helicon-Wellen mit Schallwellen in einem Metall (Modellparameter: $n = 8 \cdot 10^{22}$ cm^{-3}, $\tau = 10^{-12}$ s, $m^* = m_0$, $\varepsilon_L = 1$, $v_s = 5000$ m/s, B = 10 T), (——) berechnet nach (12.82), k-Unschärfe schraffiert, (—) nach (12.79)

die also nicht durch ein scharfes k beschrieben werden kann. Die Unschärfe entspricht k", was durch eine Schraffur in Abb.12.26 angedeutet wird.

Wenn die Schallwellen mit den Helicon-Wellen koppeln, erwartet man eine Aufspaltung in der Umgebung des Schnittpunktes beider Dispersionskurven, wie es innerhalb der Abb.12.26 schematisch dargestellt ist. Solche Kopplungen wurden im Metall Kalium experimentell nachgewiesen [12.8,9].

Die starke Abhängigkeit des Brechungsindex vom Magnetfeld bei niedrigen Frequenzen - (12.74) - kann man durch die Beobachtung von Fabry-Perot-Resonanzen im Transmissionsvermögen nachweisen (s.Abschn.A.9.1). Diese Extrema im Transmissionsvermögen treten nach (A.90) jeweils auf, wenn die Bedingung

$$2n(B)\,\tilde{\nu}\,d = 0,\ \pm 1,\ \pm 2\ \ldots \qquad (12.83)$$

erfüllt ist. Dabei haben wir von einer Frequenzverschiebung infolge des Phasenwinkels bei der Reflexion abgesehen. Messungen solcher Fabry-Perot-Interferenzen an InSb zeigt Abb.12.27.

Eine andere Möglichkeit ist die Beobachtung von Rayleigh-Interferenzen. Man bringt die Probe in einen Arm eines Zweistrahlinterferometers, der zweite Arm bleibt leer. Bei der Überlagerung der beiden Wellenfelder treten je nach ihrer relativen Phase konstruktive oder destruktive Interferenzen auf. Die Phase wird dabei durch das Magnefeld über den Brechungsindex n(B) verändert. Ein Beispiel für solche Messungen zeigt Abb.12.27 ebenfalls für InSb und Abb.12.28 für Na.

In sehr hohen Magnetfeldern ($\omega_c \gg \omega,\ \omega_\tau$) können wir im Helicon-Bereich (12.74) annähern durch

$$n_\pm^2 = \varepsilon_L \mp \frac{\omega_p^2}{\omega\omega_c^*} \quad . \qquad (12.84)$$

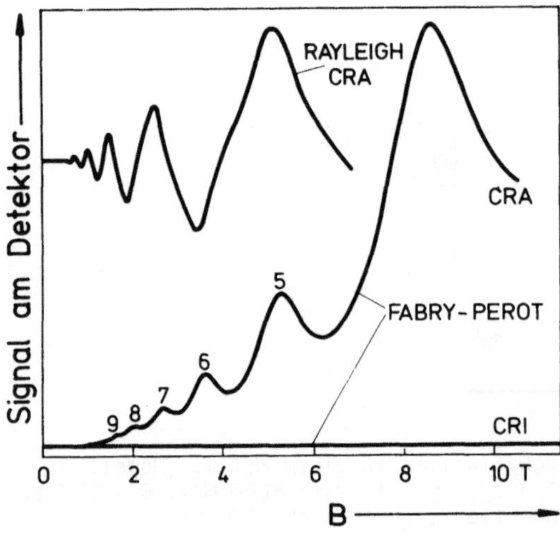

Abb. 12.27. Helicon-Wellen in InSb. Rayleigh- und Fabry-Perot-Interferenzen im Magnetfeld [12.1,10]

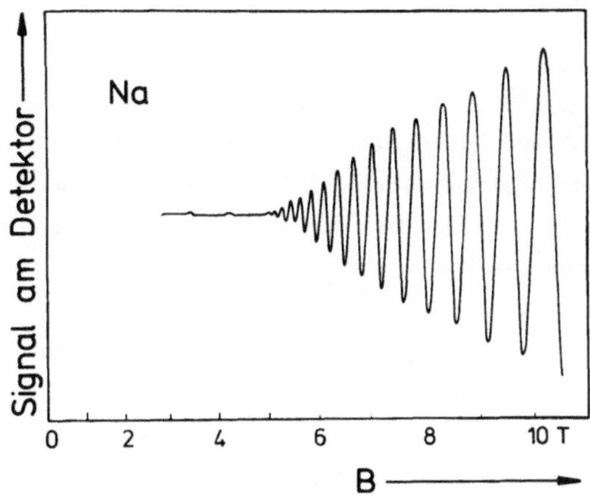

Abb. 12.28. Helicon-Wellen in Na. Rayleigh-Interferenzen [12.8]

Je größer das Magnetfeld wird, desto schwächer wird der Beitrag der freien Ladungsträger. Der Brechungsindex wird nur noch vom Wirtsgitter bestimmt. Die freien Ladungsträger sind so fest an die Landau-Bahnen gebunden, daß sie kaum noch mit dem elektromagnetischen Feld der Frequenz $\omega \neq \omega_c$ wechselwirken können. Somit verschwindet auch die für die freien Ladungsträger charakteristische Abschirmung elektromagnetischer Wellen, die "metallische Reflexion".

Ein Beispiel für die Anwendung dieses Verhaltens ist die Messung der Untergrundpolarisierbarkeit ε_L in hochleitenden Proben der IV-VI-Verbindungen (PbTe...PbSnTe... SnTe). In Abb.12.29 sind die Ordnungszahlen m der Fabry-Perot-Interferenzen quadratisch über 1/B aufgetragen. Nach (12.84) lassen sich diese Werte mit $1/B \to 0$ linear auf ε_L extrapolieren (s. Aufgabe 12.12).

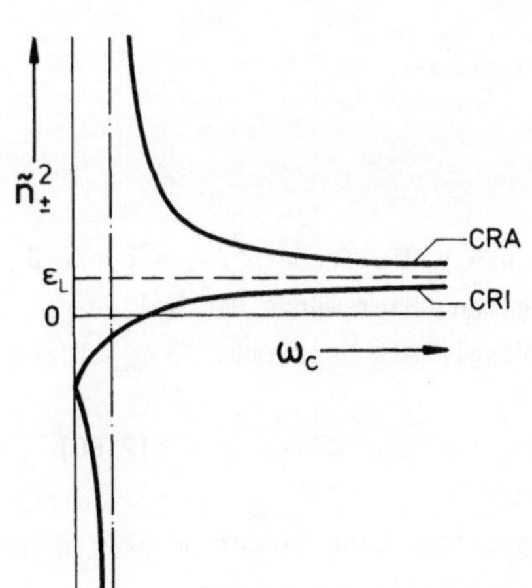

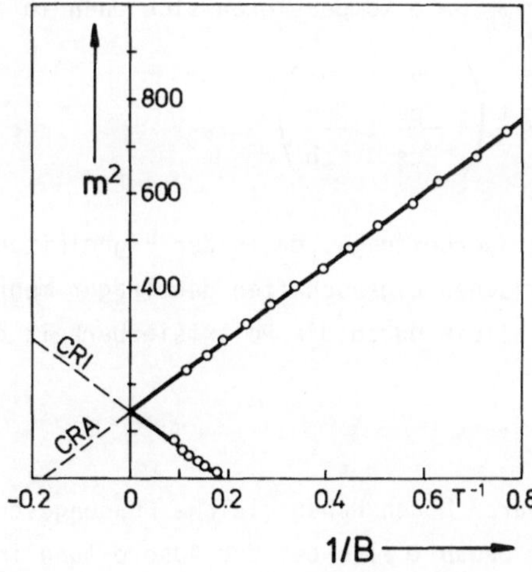

Abb. 12.29. Dispersion der Helicon-Wellen im Magnetfeld. Bestimmung der Untergrundpolarisierbarkeit ε_L von $Pb_{0,91}Sn_{0,09}Te$ bei 47,9 GHz durch Extrapolation $B \to \infty$ [12.11]

12.9 Magnetoplasma-Effekte, Alfvén-Wellen

Unter einem Plasma versteht man eine Anordnung von beweglichen positiven und negativen Ladungsträgern, die im Mittel nach außen neutral ist. Es ist üblich, auch das System der festen positiven Ionen eines Metalls zusammen mit den freien Elektronen als Plasma zu bezeichnen. In diesem Sinne waren die bisher besprochenen Effekte bereits Plasma- bzw. Magnetoplasma-Effekte.

Wir wollen uns in diesem Abschnitt aber auf Systeme beschränken, in denen gleich viele positive und negative Ladungsträger vergleichbarer Beweglichkeit vorliegen. Das sind z.B. die Verhältnisse in einem eigenleitenden Halbleiter. Solange sich die Kräfte, die auf die freien Ladungsträger wirken, durch eine lineare Gleichung wie die Drude-Lorentz-Gleichung (12.1,3) beschreiben lassen, koppeln die Ladungsträger untereinander nur durch die elektromagnetischen Felder und wir können die Teilsuszeptibilitäten zur dielektrischen Funktion additiv überlagern.

Im Fall der Faraday-Konfiguration führt das zu neuen Effekten, da nun die beiden Ladungsträgersorten an je eine der beiden zirkularen Komponenten aktiv koppeln können.

Unterscheiden wir die verschiedenen Parameter der beiden Trägersorten durch die Indizes "e" (electron) und "h" (hole), so erhalten wir für den Brechungsindex

$$n_\pm^2 = \varepsilon_L - \frac{1}{\omega}\left(\frac{\omega_{pe}^2}{\omega\mp\omega_{ce}+i\omega_{\tau e}} + \frac{\omega_{ph}^2}{\omega\pm\omega_{ch}+i\omega_{\tau h}}\right) . \tag{12.85}$$

Zur Vereinfachung vernachlässigen wir wieder die Streuung $\omega_{\tau e,h} = 0$. Für sehr große Magnetfelder $\omega_c >> \omega$ kompensieren sich dann in

$$\tilde{n}_\pm^2 = \varepsilon_L - \frac{1}{\omega}\left(\mp\frac{\omega_{pe}^2}{\omega_{ce}} \pm \frac{\omega_{ph}^2}{\omega_{ch}}\right)$$

die Ladungsträgerbeiträge, da in der Eigenleitung mit $n = p$ die Terme $\omega_p^2/\omega_c = e_0 n/\varepsilon_0 B$ keine spezifischen Eigenschaften der Träger mehr enthalten. Hier würde die Wellenausbreitung allein durch die Polarisierbarkeit des Wirtsgitters bestimmt:

$$\tilde{n}_\pm^2 = \varepsilon_L \quad . \tag{12.86}$$

Beide zirkularen Moden haben gleiche Phasengeschwindigkeiten. Eine linear polarisierte Welle bewahrt also bei der Ausbreitung ihren Polarisationscharakter.

Um den unterschiedlichen Einfluß der beiden Ladungsträgersorten erkennen zu können, schwächen wir die Forderung $\omega_c >> \omega$ etwas ab und entwickeln (12.85) nach ω/ω_c:

$$\tilde{n}_\pm^2 = \varepsilon_L + \frac{\omega_p^2}{\omega\omega_c}\left(\frac{1}{\pm 1-\omega/\omega_{ce}} + \frac{1}{\mp 1-\omega/\omega_{ch}}\right) .$$

Mit der Abkürzung $\omega_p^2/\omega_c \equiv \omega_{pe}^2/\omega_{ce} = \omega_{ph}^2/\omega_{ch}$ folgt

$$\tilde{n}_\pm^2 = \varepsilon_L + \frac{\omega_p^2}{\omega_c}\left(\frac{1}{\omega_{ce}} + \frac{1}{\omega_{ch}}\right) . \tag{12.87}$$

Beide Moden haben die gleiche Phasengeschwindigkeit und zeigen keine Dispersion. Auch für kleinste Frequenzen tritt kein Stop-Band mehr auf, da stets $\tilde{n}_\pm^2 > 0$. Diese Wellen, die durch den Einfluß des Magnetfeldes auch bei niedrigen Frequenzen propagieren können, nennt man *Alfvén-Wellen* [5].

Das Ausbreitungsdiagramm für einen eigenleitenden Halbleiter im Magnetfeld zeigt Abb.12.30. Für B = 0 wird durch die Anwesenheit beider Trägersorten das Stop-Band noch vergrößert. Denn aus (12.85) folgt aus der Bedingung $\tilde{n}_\pm^2 \geqq 0$ bei $\omega_c = 0$ für den oberen Rand des Stop-Bandes

$$\omega^2 \geqq \omega_{pe}^{+\,2} + \omega_{ph}^{+\,2} . \tag{12.88}$$

Ohne Magnetfeld verstärken sich also die verschiedenen Trägerbeiträge, die unterschiedlichen Ladungsvorzeichen kommen nicht wie bei der Anwesenheit eines Feldes zu Geltung.

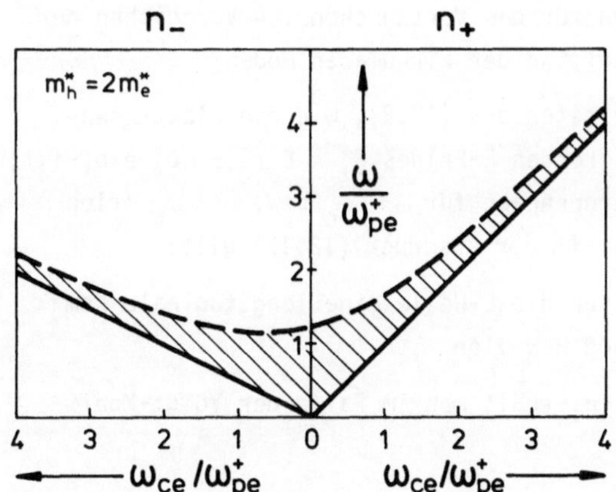

Abb. 12.30. Ausbreitungsdiagramm für Wellen in einem eigenleitenden Halbleiter bei Faraday-Konfiguration, (——) $\tilde{n}^2 = \infty$, (---) $\tilde{n}^2 = 0$

---

5 ALFVEN hat die Ausbreitung solcher Wellen zunächst im Plasma der Ionosphäre unter dem Einfluß des Erdmagnetfeldes studiert [12.12].

Neben diesem einfachsten Beispiel für die magnetooptischen Effekte des Elektron-Loch-Plasmas gibt es eine Fülle interessanter Erscheinungen, auch für die Voigt-Konfiguration. Hierzu verweisen wir auf die Spezialliteratur, z.B. [12.1, 13].

Aufgaben

12.1 Berechne die Komponenten des Magnetowiderstandstensors $\{\rho_{ij}\}$, der durch Umkehren der Gleichung $\underline{j} = \bar{\bar{\sigma}}\underline{E}$ in $\underline{E} = \bar{\bar{\rho}}\underline{j}$ aus dem Magnetoleitfähigkeitstensor hervorgeht.

12.2 Bestimme den Umlaufsinn des elektrischen Feldes der zirkularen Moden $\underline{E}_\pm = E_o\ (1,\pm i,0)\ \exp[i(kz - \omega t)]$ an einem festen Ort und die Feldorientierung im Raum bei einer "Momentaufnahme" (vergl. Abschn.12.1 und A.2).

12.3 Zeige, daß in der Faraday-Konfiguration für den Brechungsindex folgende Symmetrie-Beziehungen gelten:

$$\tilde{n}^2_\pm(\omega,\omega_c^*) = \tilde{n}^2_\mp(\omega,-\omega_c^*)$$

und für $\omega_\tau = 0$

$$\tilde{n}^2_\pm(\omega) = \tilde{n}^2_\mp(-\omega) \quad .$$

Was bedeuten diese Symmetriebeziehungen für das Vertauschen von Vorzeichen der Ladung, Richtung des B-Feldes und Umlaufsinn der zirkularen Moden?

12.4 Zeige mit Hilfe des Magnetoleitfähigkeitstensors (12.8), wie die Elektronenbahnen unter dem Einfluß eines zirkulierenden E-Feldes $\underline{E}_\pm = E_o(1,\pm i,0)\ \exp(-i\omega t)$ aussehen ($\omega_\tau = 0$). Wie ist $\underline{E}$ zur Elektronenbahn für $\omega > \omega_c$ bzw. $\omega < \omega_c$ orientiert? Zeige, daß für die Zentripetalkraft der Ausdruck (12.17) gilt!

12.5 Zeige, daß in der Voigt-Konfiguration nur die E-Welle eine longitudinale Komponente hat, jedoch nicht die D-, B- und H-Wellen.

12.6 Für die Stromkomponenten der CRA-Modelle erhält man im Falle der Voigt-Konfiguration

$$j_x = (\sigma_{xy} - \sigma_{xx}\ \varepsilon_{xy}/\varepsilon_{xx})\ E_o \quad ; \quad j_y = (\sigma_{xx} + \sigma_{xy}\ \varepsilon_{xy}/\varepsilon_{xx})\ E_o \quad .$$

Wie heißen die Geschwindigkeitskomponenten v_x, v_y unseres mittleren Elektrons, ausgedrückt in spektroskopischen Parametern? Beschreibe qualitativ die Bahnkurve!

<u>12.7</u> Zeichne das Ausbreitungsdiagramm für elektromagnetische Wellen ($\omega_\tau = 0$) in Voigt-Konfiguration mit den Achsen ω^2/ω_p^{+2} über ω_c^2/ω_p^{+2}.

<u>12.8</u> Das Auftreten von spektralen Strukturen für die CRA-Mode in Faraday-Konfiguration kann durch die Extrema der Funktion $\tilde{n}^2$ charakterisiert werden. Gebe die Bestimmungsgleichungen an für die Ortskurven $\omega_\tau(\omega)$ bzw. $\omega_\tau(\omega_c^*)$, die die Lage der Extrema in den Funktionen Re$\{\tilde{n}^2\}$ und Im$\{\tilde{n}^2\}$ bei DS bzw. MS angeben. Zeige, daß die Extrema von Im$\{\tilde{n}^2\}$ bei DS durch eine Ellipse $\omega_\tau(\omega)$ beschrieben werden.

<u>12.9</u> Bestimme aus den Absorptionsspektren der Abb.12.11 die effektive Masse, die Stoßfrequenz und die Konzentration der freien Ladungsträger, die diese Absorption verursacht haben ($\varepsilon_L = 29$). Wie groß ist etwa K_{CRI}? Wie gut sind die Ungleichungen (12.27,28) erfüllt?

<u>12.10</u> Zur Verbesserung der Dynamik bei der Messung der Azbel-Kaner-Resonanzen verwendet man eine Wobbeltechnik. Wir nehmen für die B-Abhängigkeit des Reflexionsvermögens die vereinfachte Form an

$$R(B) = R_o - \delta\cos(2\pi\, m^*\omega/e_oB) \quad , \quad \delta \ll R_o \quad .$$

Das B-Feld werde wie folgt geändert

$$B(t) = Ct + b\,\sin(\omega_{NF}t) \quad .$$

Zeige, daß die mit ω_{NF} periodischen Änderungen des Reflexionsvermögens proportional zu dR/dB sind und daß sie die gleichen Perioden in der B-Abhängigkeit zeigen wie R.

<u>12.11</u> Berechne die Transmission einer Halbleiterplatte im Magnetfeld entsprechend Abb.12.19 bei Berücksichtigung der Vielfachinterferenzen für den Grenzfall sehr niedriger Frequenzen ($\omega \to 0$).

<u>12.12</u> Abb.12.29 zeigt die Ordnung m von Fabry-Perot-Interferenzen in Pb/SnTe-Proben in Abhängigkeit vom Magnetfeld. Die Interferenzen wurden mit Mikrowellen von 47,9 GHz an einer 0,9 mm dicken Probe gewonnen. Wie groß war deren Wirtsgitterpolarisierbarkeit ε_L, wenn die Extrapolation für $B \to \infty$ auf eine Ordnung $m^2 \simeq 140$ führt? Wie groß war ihre Ladungsträgerkonzentration, wenn die Extrapolation für $m^2 \to 0$ auf ein Feld $1/B = 0{,}195\ T^{-1}$ führt?

13. Elektron-Phonon-Kopplung

In den bisherigen Kapiteln wurde die Wechselwirkung der freien Ladungsträger mit den Gitterschwingungen nur als Ursache für die Streuung berücksichtigt. Auch bei der Untersuchung der dielektrischen Funktionen freier Ladungsträger in einem polarisierbaren Wirtsgitter haben wir eine frequenzunabhängige Untergrundpolarisation ε_L angenommen. Das bedeutet, daß wir uns in Frequenzbereichen aufhielten, die genügend unter- oder oberhalb der Resonanzfrequenzen "polarer" Gitterschwingungen lagen. Wir werden uns jetzt nach einer kurzen Betrachtung über langwellige Phononen genauer mit solchen Gitterschwingungen beschäftigen, deren Gitterverzerrung mit einer elektrischen Polarisation verknüpft ist. Diese Polarisation wird von elektrischen Feldern begleitet, wodurch eine Kopplung mit dem elektromagnetischen Wellenfeld entsteht. Wir müssen deshalb die Ausbreitung solcher Gitterwellen als Polaritonen beschreiben. Betrachtet man diese Gitterschwingungen nicht in einem Isolator, sondern in einem Leiter, so findet man über die Polarisationsfelder auch noch eine Kopplung an die freien Ladungsträger. Die Ausbreitung der Gitterwellen wird hierdurch noch einmal ganz erheblich beeinflußt. Man nennt die neuen, gekoppelten Anregungen deshalb Plasmon-Phonon-Polaritonen.

13.1 Langwellige Gitterschwingungen

Die Gitterwellen, die sich in einem Kristall ausbreiten können, werden nach Wellenvektoren $\underline{q}$ klassifiziert, die aus der *1. Brillouin-Zone* des reziproken Gitters stammen. Ihre Werte liegen also etwa zwischen 0 und π/a (a: Gitterkonstante). In dreidimensionalen *primitiven Gittern* gibt es dabei zu jedem $\underline{q}$ im allgemeinen drei Gitterwellen unterschiedlicher Frequenz. Man kann diese in einfacheren Gittern 2 transversalen und 1 longitudinalen Zweig zuordnen. Man nennt sie die *"akustischen"* Zweige, da das langwellige Ende dieser Zweige die makroskopischen Schallwellen darstellt. In einfachen Gittern entsprechen zwei transversale Zweige den akustischen *Scherwellen* und der longitudinale den *Kompressionswellen*. Die Dispersion dieser

Wellen wird durch die *Schallgeschwindigkeit* v_s beschrieben

$$\omega = v_s \cdot q \quad .$$

Die *Gruppengeschwindigkeit* $d\omega/dq$ ist für diese Wellen gleich der Phasengeschwindigkeit ω/q. Eine Frequenz $\omega \neq 0$, mit der die Gitterbausteine um ihre Ruhelage schwingen, tritt nur auf für $q \neq 0$, d.h. wenn sich die Verzerrung des Gitters von Elementarzelle zu Elementarzelle ändert. $q = 0$ bedeutet, daß die Wellenlänge der Verzerrungswelle unendlich lang wird, d.h. daß alle Elementarzellen gleich verzerrt sind. Das ist aber eine makroskopische Verrückung des Kristalls. Rückstellkräfte entstehen nicht, daher gilt $\omega = 0$. Die akustischen Zweige treten ebenso in *nicht-primitiven* Gittern auf, d.h. in solchen, in denen jede Elementarzelle nicht nur ein Atom enthält, sondern mehrere Atome, nämlich die *Basis* oder das Basismolekül (z.B. NaCl, Ge_2, HgJ_2 usw.). Im langwelligen Grenzfall schwingt das Basismolekül unverzerrt. Nur die Folge der Basismoleküle von Zelle zu Zelle ist nicht mehr periodisch mit der Gitterkonstanten a, sondern moduliert entsprechend q, der reziproken Periode der Schallwelle. Diese akustischen Wellen können nicht unmittelbar im Volumen durch elektromagnetische Wellen angeregt werden; denn da $v_s \ll c_0$, gibt es bei gegebener Frequenz ω keine Schallwelle q mit der gleichen räumlichen Periode wie die der elektromagnetischen Welle. Nur unter besonderen Umständen ist eine Anregung durch elektromagnetische Wellen möglich. Zum Beispiel in piezoelektrischen Kristallen über die Oberfläche [13.1] oder, wenn die Dispersion der elektromagnetischen Wellen durch Kopplung an dritte Anregungen erheblich gegenüber dem Vakuum verändert ist, wie z.B. bei den Helicon-Wellen (Abb.12.26).

In nicht-primitiven Gittern gibt es neben den akustischen Zweigen auch noch solche, die für den langwelligen Grenzfall $q = 0$ eine endliche Frequenz zeigen. Es sind dies die "Eigenschwingungen" des Basismoleküls. Denn wegen $q = 0$ und $\omega \neq 0$ ist die Phasengeschwindigkeit unendlich groß, alle Zellen schwingen gleich.

Stellt man sich ein nicht-primitives Gitter, z.B. NaCl, aufgebaut vor durch mehrere ineinander verschachtelte primitive Gitter, also in unserem Beispiel ein primitives aus Na- und ein primitives aus Cl-Atomen, so entsprechen die optischen Gitterschwingungen $q = 0$ einer dynamischen Verschiebung der starren unverzerrten primitiven Untergitter gegeneinander. Es werden deshalb nur die Gitterkräfte zwischen den Untergittern, also z.B. zwischen den Na- und den Cl-Atomen, beansprucht aber keine innerhalb der Untergitter; also z.B. nicht zwischen Na-Na oder Cl-Cl. Diese werden erst bei $q \neq 0$ beansprucht, so wie bei den langwelligen akustischen Wellen. Die optischen Gitterwellen können im allgemeinen unmittelbar an elektromagnetische Wellen koppeln. Für den langwelligen Grenzfall lassen sich ihre für uns wichtigen Eigenschaften an einem sehr einfachen Modell zeigen (s.Abschn.13.2). Wegen allgemeineren Eigenschaften der Gitterschwingungen, bzw. der "Phononen", sei auf die entsprechende Literatur verwiesen [1.2, 4, 13.2-4].

13.2 Die optischen Phononen

Denkt man an einfache zweiatomige Gitter vom Typ AB mit einer hohen Symmetrie, wie der des NaCl-Gitters, so gibt es nur einen Typ langwelliger optischer Phononen, nämlich die bereits erwähnte Schwingung des starren Untergitters der A-Atome gegen das starre Untergitter der B-Atome. In diesem Falle kann man die Gitterschwingungen bereits durch eine "lineare Kettte" aus periodisch angeordneten A- und B-Atomen beschreiben (Abb.13.1). Jedes A- bzw. B-Atom einer solchen Kette repräsentiert dann eine senkrecht zur Kette unendlich ausgedehnte, starre A- bzw. B-Netzebene. Für die Atome der A- bzw. B-Untergitter kann man dann folgende Kraftgleichungen aufstellen

$$M_A\ddot{\underline{r}}_A + D(\underline{r}_A - \underline{r}_B) = 0$$
$$M_B\ddot{\underline{r}}_B + D(\underline{r}_B - \underline{r}_A) = 0 \quad . \tag{13.1}$$

M sind dabei die Massen der Atome A, B und r die Verrückungs-Koordinaten gegenüber der Gleichgewichtslage der Atome. Eine Rückstellkraft tritt in diesem Fall nur dann auf, wenn sich das A- gegen das B-Gitter relativ verschiebt, also wenn $\underline{r}_A - \underline{r}_B \neq 0$. Die zu dieser Rückstellkraft gehörige "Federkonstante" beschreibt die kurzreichweitigen chemischen Bindungskräfte, d.h. die ionische, kovalente oder metallische Bindung zusammen mit der geringen Kompressibilität der Atomhülle. Des linearen Kraftgesetzes wegen symbolisiert man diese Kräfte durch "Federn". Es ist dies aber nur ein Ausdruck dafür, daß die Atome des unverzerrten Gitters in einer Potentialmulde liegen. Diese kann für kleine Auslenkungen immer durch eine Parabel angenähert werden, was dann einem linearen Kraftgesetz entspricht. Daß wir in (13.1)

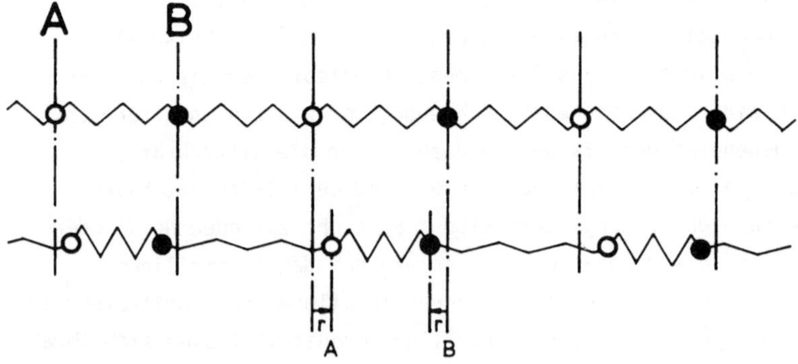

Abb.13.1. Unverzerrte lineare Kette aus A- und B-Atomen und ihre optische Eigenschwingung für q = 0

beide Male das gleiche D annehmen, liegt an der Symmetrie unseres Modells Abb.13.1, da die Verhältnisse zwischen den Atomen A-B genauso sind wie zwischen B-A.

Mit der relativen *Verrückungskoordinate*

$$\underline{u} \equiv \underline{r}_A - \underline{r}_B \tag{13.2}$$

und der *reduzierten Masse*

$$\frac{1}{M^*} \equiv \frac{1}{M_A} + \frac{1}{M_B} \tag{13.3}$$

können wir die über $(\underline{r}_A - \underline{r}_B)$ gekoppelten Gleichungen (13.1) in eine einfache homogene Schwingungsgleichung umwandeln

$$M^*\ddot{\underline{u}} + D\,\underline{u} = 0 \tag{13.4}$$

oder

$$\ddot{\underline{u}} + \Omega_o^2\,\underline{u} = 0 \quad \text{mit} \quad \Omega_o^2 = \frac{D}{M^*} \quad .$$

In Abb.13.1 ist eine Kompressionsschwingung dargestellt. Betrachtet man die Beanspruchungen der "Federn" im dreidimensionalen NaCl-Gitter genauer, so sieht man, daß bei diesem Beispiel bei den Scherschwingungen genau die gleichen Federn beansprucht werden wie bei den Kompressionsschwingungen. Man erhält also für beide Verzerrungstypen die gleiche Eigenfrequenz. In weniger symmetrischen Gittern muß das nicht mehr so sein.

Außerdem sind in Gittern mit einem Basismolekül aus mehr als zwei Atomen noch weitere Eigenschwingungen möglich, die man nicht mehr mit einer einzigen relativen Verrückungskoordinate beschreiben kann. Einen beliebigen Verzerrungszustand des Basismoleküls kann man dann aber in Linear-Kombinationen aus geeigneten *Eigenschwingungen* zerlegen. Für jede dieser Eigenschwingungen gilt wieder eine Gleichung vom Typ (13.4) (siehe z.B. [13.5]). Ein Basismolekül aus N Atomen kann dreidimensional 3 N Eigenschwingungen ausführen. 3 davon sind einfache Verschiebungen des starren Moleküls, sie entsprechen den akustischen Gitterschwingungen $q = 0$. Es bleiben also $3(N - 1)$ "*optische Zweige*". Im Falle unseres Modell-Kristalls war $N = 2$. Die zugehörigen 3 optischen Schwingungen haben alle die gleiche Eigenfrequenz ("*Symmetrieentartung*").

Betrachtet man nun nicht mehr den strengen Fall $q = 0$, sondern läßt einen geringen Phasenunterschied von Zelle zu Zelle zu, also nur $q \simeq 0$, so wird sich die zugehörige Eigenfrequenz nur relativ wenig von $\Omega_o = \Omega\,(q = 0)$ unterscheiden, da die Federn i n n e r h a l b des A- bzw. B-Gitters im Vergleich zu den Federn z w i s c h e n den beiden Gittern kaum verformt werden. Bei den akustischen Zweigen war das komplementär. Da man aber bei q = 0 mit $\Omega_{ak} = 0$ beginnt, ist hier die Abhängigkeit der Eigenfrequenzen von q wesentlich!

Hat man eine Schwingung mit $q \neq 0$, so kann auch die Ausbreitungsrichtung der Gitterwelle wichtig sein, da $\underline{q}$ ein Vektor ist. In einfachen Gittern, in denen man die Verzerrung durch einen Vektor $\underline{u}$ - etwa wie in (13.2) - beschreiben kann, kann man für die Gitterwellen eine *gitterdynamische Polarisation* definieren. Man unterscheidet dann zwischen

longitudinalen Phononen, wenn $\underline{u} \parallel \underline{q}$

und

transversalen Phononen, wenn $\underline{u} \perp \underline{q}$.

In Abb.13.2 sind die Dispersionskurven für Germanium und GaAs dargestellt, ein einfaches zweiatomiges Gitter, und zwar für Ausbreitungsrichtung parallel zur

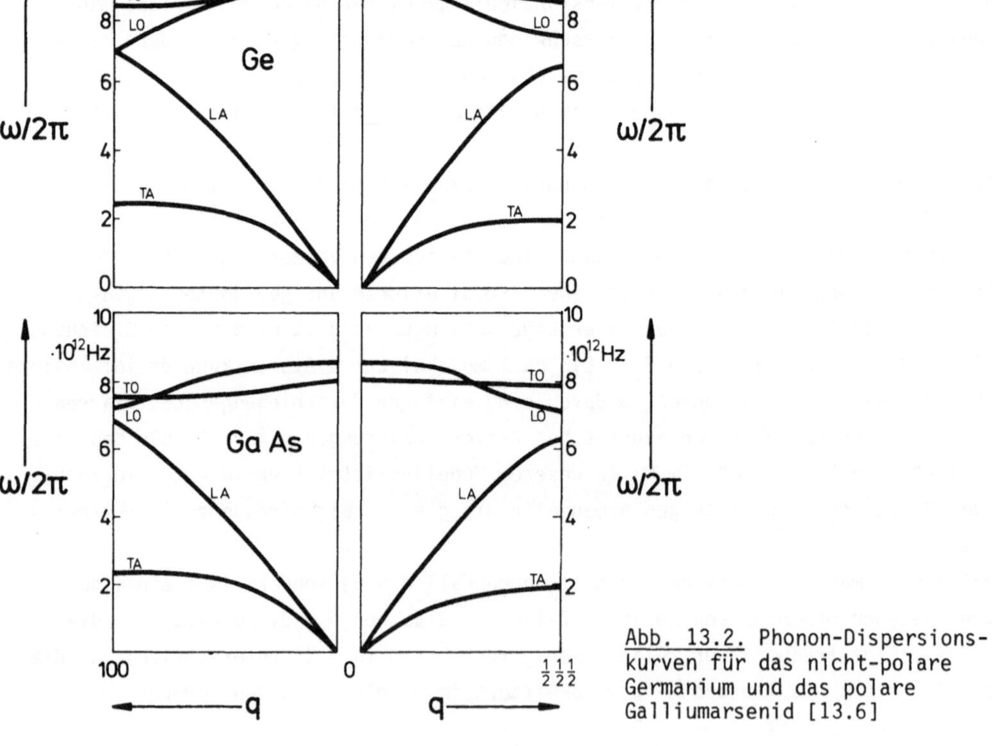

Abb. 13.2. Phonon-Dispersionskurven für das nicht-polare Germanium und das polare Galliumarsenid [13.6]

Würfelkante des kubischen Gitters [100] und parallel zur Raumdiagonalen [111]. Dem von uns besprochenen langwelligen Grenzfall entsprechen die Zweige $q \simeq 0$.

13.2.1 Polare optische Phononen

In dem von uns gewählten Beispiel des Kochsalzgitters sind die beteiligten Atome Ionen komplementärer Ladung: das Kation Na^+ und das Anion Cl^- mit den Ladungen $\pm e_0$. Im unverzerrten Gitter erzeugen diese verschiedenen Ladungen keine makroskopische Polarisation, da sich die Beiträge aller Dipolmomente der Basismoleküle AB wegen der kubischen Symmetrie aufheben. Im verzerrten Gitter sitzen die B-Atome aber nicht mehr zentriert zwischen zwei A-Atomen und umgekehrt. Es resultiert daraus pro Basismolekül ein Dipolmoment

$$\underline{p} = e_0 \underline{u} \quad . \tag{13.5}$$

Diese kompensieren sich nun nicht mehr aus Symmetrie-Gründen, sondern führen zu einer makroskopischen Polarisation

$$\underline{P} = n\underline{p} = n\, e_0 \underline{u} \quad . \tag{13.6}$$

n ist darin die Dichte der Basismoleküle AB.

Umgekehrt kann ein angelegtes, elektrisches Feld $\underline{E}$ das Gitter verzerren, da die Coulomb-Kraft am A- bzw. B-Untergitter mit entgegengesetzter Kraft angreift. Unter dem Einfluß eines elektrischen Feldes wird deshalb die Kraftgleichung (13.4) inhomogen

$$M^* \ddot{\underline{u}} + D\underline{u} = e_0 \underline{E} \quad . \tag{13.7}$$

Im harmonischen, elektrischen Feld $\underline{E} = \underline{E}_0 \exp(i\omega t)$ folgt daraus für das mit der induzierten Verzerrung $\underline{u}$ verknüpfte Dipolmoment pro Basismolekül

$$\underline{p} = e_0 \underline{u} = \frac{e_0^2}{M^*} \cdot \frac{1}{\Omega_0^2 - \omega^2} \underline{E} \quad .$$

Beschreibt man die gesamte Polarisation durch eine Suszeptibilität χ_0, so erhält man aus

$$\underline{P} \equiv \varepsilon_0 \chi_0 \underline{E}$$

für diese Suszeptibilität

$$\chi_o = \frac{\Omega_p^2}{\Omega_o^2} \cdot \frac{\Omega_o^2}{\Omega_o^2 - \omega^2} \quad , \qquad \Omega_p^2 \equiv \frac{ne_o^2}{\varepsilon_o M^*} \quad . \tag{13.8}$$

Diese Suszeptibilität χ_o ist aber noch keine brauchbare Größe, da das Feld $\underline{E}$ nicht das gemittelte makroskopische Feld bedeutet, sondern das mikroskopische Feld, das sich von Ion zu Ion stark verändert. Dieses *lokale Feld* $\underline{E}_{loc}$ enthält [vergl. Abb.3.3 und (3.24)] nicht nur das makroskopische Feld $\underline{E}_a$ sondern auch einen Beitrag der benachbarten Dipole, der durch die makroskopische Polarisation berücksichtigt wird

$$\underline{E}_{loc} = \underline{E}_a + \frac{1}{3} \frac{\underline{P}}{\varepsilon_o} \quad . \tag{13.9}$$

Nur bei extrem geringer Dipoldichte wäre $\underline{E}_{loc} \simeq \underline{E}_a$, was aber nur in Gasen oder bei extrem schwachen Dipolen vorkommt. Da wir außerdem eine dynamische Verzerrung bzw. Polarisation betrachten ($\omega \neq 0$), müssen wir zusätzlich berücksichtigen, daß eine zeitlich veränderliche Polarisation am Ort r' über die Maxwell-Gleichungen ein elektrisches Feld am Ort r erzeugt. Diese Berücksichtigung der "*Retardierung*" führt zu *Polaritonen* (vergl.Abschn.10.1). Das sind die über die elektrischen Felder gekoppelten Schwingungen des elastisch schwingenden Kristalls mit denen des elektromagnetischen Feldes. Erstere werden durch (13.7) beschrieben, letztere durch die Maxwell-Gleichungen bzw. die Wellengleichung (10.12) (s.Abb.10.1).

Sowohl bei der Berücksichtigung des lokalen Feldes als auch der Retardierung müssen wir die makroskopische Polarisation berücksichtigen. In Kap.3 haben wir aber gezeigt, daß hierzu auch die Valenzelektronenhülle einen beträchtlichen Beitrag liefern kann. Im Falle unseres Beispiels NaCl bedeutet das, daß die Ionen keine starren Monopole sind, sondern daß unter dem Einfluß eines Feldes die Elektronenhülle gegen den Kern dipolartig verschoben werden kann. Durch diese *Valenzelektronenpolarisierbarkeit* werden die elektronischen und gitterdynamischen ("phononischen") Eigenschaften intensiv miteinander verknüpft.

Wir werden im nächsten Kapitel diese drei Einflüsse berücksichtigen. Vorher weisen wir aber noch darauf hin, daß unser Modell wesentlich über das Beispiel einer linearen Kette aus Ionen bzw. das NaCl-Gitter hinaus verallgemeinert werden kann. Zunächst muß das Gitter nicht aus Ionen aufgebaut sein. Bereits kleine Unsymmetrien in der Valenzelektronendichte in kovalenten Verbindungen führen zu einem Dipolmoment bei Verzerrung (z.B. GaAs). Besteht das Basismolekül aus mehr als 2 Atomen, so können sogar Elementkristalle eine Verzerrungspolarisation zeigen [13.7]. Lediglich bei einer Basis von zwei Atomen kann bei einer Verzerrung keine solche Unsymmetrie der Ladungsverteilung entstehen, die einen Dipolanteil enthält (z.B. Ge, Abb.2.1). Zum ersten Male wurde diese Polarisation eines Elementkristalls infolge Gitterschwingungen in Tellur nachgewiesen [13.8]. Hier besteht das Basismolekül aus drei Atomen. Der Beitrag zur Polarisation ist größer als in den Ionenkristallen!

Alle optischen Gitterschwingungen, die mit einem Dipolmoment verknüpft sind, nennt man *polare* optische Phononen, gleichgültig ob es sich um heteropolare oder homöopolare Kristalle handelt. Zu ihrer quantitativen Beschreibung führt man eine *effektive Ladung* Q* ein

$$\underline{p} = Q^*\underline{u} \quad . \tag{13.10}$$

Im Falle von Basismolekülen mit mehr als zwei Atomen ist $\underline{u}$ keine einfache relative Verrückungskoordinate, sondern eine für eine bestimmte Eigenschwingung charakteristische Kombination der Verrückungskoordinaten aller N Basis-Atome. Der *Eigenvektor* $\underline{u}$ ist somit - wie schon früher erwähnt - 3N-dimensional. Außerdem gehört zu jeder Eigenschwingung eine spezielle effektive Ladung Q*. Da nun die Richtung von $\underline{p}$ nicht mehr unmittelbar mit einem Verrückungsvektor verknüpft werden kann, muß man bei den polaren Phononen ihre *gitterdynamische* Polarisation (S.202) von ihrer *elektrischen Polarisation* unterscheiden. Im allgemeinen gibt es dann wieder zwei reine Polarisationszustände:

longitudinale Polaritonen, wenn $\underline{p} \parallel \underline{q}$

und

transversale Polaritonen, wenn $\underline{p} \perp \underline{q}$.

In niedersymmetrischen Kristallen haben die Polaritonen oft auch gemischten Polarisationscharakter.

Bei der Verallgemeinerung des Modells eines Ionenkristalls auf beliebige Kristalle wird offensichtlich, daß das Bild vom *lokalen Feld* etwas problematisch ist, da es von der Idealisierung ausgeht, daß die Ionen durch punktförmige Monopole beschrieben werden können. Abb.2.1 zeigt aber, daß in Wirklichkeit die ganze Elementarzelle dicht von den Valenzelektronen ausgefüllt wird. Wenn wir deshalb das lokale Feld nach der Lorentz-Formel (3.24) berechnen, setzen wir voraus, daß ein verzerrtes Basismolekül in einer Elementarzelle in die Nachbarzellen nur mit einem Dipolfeld übergreift. Das ist für eng benachbarte Zellen sicher problematisch.

Die effektive Ladung Q* von (13.10) ergibt also mit der Verzerrungsgröße $\underline{u}$ das Dipolmoment der ganzen Elementarzelle. Zeigt die Gitterschwingung keine Polarisation wie z.B. in Ge, so wird für diese Schwingung Q* = 0.

Beachte:

Q* hat zwar die Dimension einer Ladung, läßt sich aber nur in sehr einfachen Gittern wirklich durch Monopol-Ladungen deuten. Im allgemeinen ergibt Q* aber erst eine physikalisch anschauliche Größe mit $\underline{u}$ zusammen, nämlich ein Dipolmoment.

Die oft gebrauchte Bezeichnung "dynamische Ladung" für Q* erscheint uns deshalb auch irreführend!

Der im Ausdruck für das lokale Feld (3.24) auftretende Faktor 1/3 gilt nur für kubische Kristalle und isotrope Substanzen (Flüssigkeiten, Gläser). In weniger symmetrischen Kristallen treten andere Geometriefaktoren auf. Das ist für unsere Betrachtungen aber unwesentlich.

13.3 Phonon-Polaritonen

Wir beschreiben jetzt die Ausbreitung von elektromagnetischen Wellen in einem Kristall, in dem polare optische Phononen auftreten können, ähnlich (13.7)

$$M^* \ddot{\underline{u}} + D\underline{u} = Q^* \underline{E}_{loc} \quad . \tag{13.11}$$

Dabei unterscheiden wir aber zwischen den lokalen und den makroskopischen E-Feldern - (13.9) -

$$\underline{E}_{loc} = \underline{E}_a + \frac{1}{3}\frac{\underline{P}}{\varepsilon_0} \quad .$$

$\underline{P}$ ist hierin die Gesamtpolarisation, zu der das gemäß $\underline{u}$ verzerrte Gitter und die Verschiebung der Valenzelektronenhülle beitragen:

$$\underline{P} = nQ^*\underline{u} + n\varepsilon_0\alpha\underline{E}_{loc} \tag{13.12}$$

	Verzerrung des Gitters	Verschiebung der Valenz-elektronenhülle
Gesamt-	"phononische"	"elektronische"
	Polarisation	

α ist die Polarisierbarkeit des Basismoleküls, bzw. der Elementarzelle, deren Resonanzen bei sehr viel höheren Frequenzen liegen (s.Kap.3). In (13.11) und (13.12) sind die Parameter D, Q* und α elektronische Eigenschaften. D entspricht der chemischen Bindung, die durch die Valenzelektronen erzeugt wird. α ist die Valenzelektronenpolarisierbarkeit ohne Verrückung der Atomrümpfe, Q* der Valenzelektronenbeitrag infolge Verrückung der Rümpfe. Wenn im Ionenkristall das Valenzelektron vollständig vom Kation zum Anion übergewechselt ist, wird $Q^* \simeq e_0$.

Die gesamte Polarisation (13.12) beschreiben wir mit dem makroskopischen Feld

E_a durch eine elektrische Suszeptibilität

$$\underline{P} \equiv \varepsilon_o \chi \underline{E}_a \quad , \tag{13.13}$$

woraus mit (13.9) für das lokale Feld folgt

$$\underline{E}_{loc} = \left(\frac{1}{\chi} + \frac{1}{3}\right) \frac{\underline{P}}{\varepsilon_o} \quad . \tag{13.14}$$

Schließlich führen wir in der Kräftegleichung (13.11) noch eine zusätzliche "Reibungskraft" $M^*\Omega_\tau \dot{\underline{u}}$ ein. Diese berücksichtigt einmal, daß die Gitterschwingung gedämpft schwingt, da die oszillierenden Basismoleküle als Dipole elektromagnetisch strahlen. Außerdem wird durch diesen Term berücksichtigt, daß der Kristall nicht streng "harmonisch" ist, sondern daß eine angeregte Eigenschwingung infolge nichtlinearer Kräfte zwischen den Gitteratomen auch andere Gitterschwingungen anregt und damit allmählich selbst zerfällt. Gl.(13.11) nimmt jetzt für harmonische Anregungen folgende Form an

$$(-\omega^2 - i\omega\Omega_\tau + \Omega_o^2)\ \underline{u} - \frac{Q^*}{M^*} \underline{E}_{loc} = 0 \quad . \tag{13.15}$$

Zusammen mit (13.12) und (13.14) bilden sie ein homogenes, lineares Gleichungssystem in $\underline{u}$, $\underline{E}_{loc}$ und $\underline{P}$. Diese drei Gleichungen sind die Huang-Szigeti-Gleichungen für die Phonon-Polaritonen. Aus dem Verschwinden der Lösbarkeitsdeterminanten

$$(-\omega^2 - i\omega\Omega_\tau + \Omega_o^2)\ [1 - n\alpha(\frac{1}{\chi} + \frac{1}{3})] - \Omega_p^2\ (\frac{1}{\chi} + \frac{1}{3}) = 0 \quad ,$$

$$\text{mit } \Omega_p^2 \equiv \frac{nQ^{*2}}{\varepsilon_o M^*}$$

erhält man die Suszeptibilität

$$\chi = \frac{(-\omega^2 - i\omega\Omega_\tau + \Omega_o^2)3n\alpha + 3\Omega_p^2}{(-\omega^2 - i\omega\Omega_\tau + \Omega_o^2)(3 - n\alpha) - \Omega_p^2} \quad . \tag{13.16}$$

Aus dieser folgt das Dispersionsverhalten der Phononpolaritonen nach (10.18) und (10.21). Und zwar treten longitudinale Polaritonen bei den Frequenzen Ω_L auf, für die

$$1 + \chi(\Omega_L) = 0 \tag{13.17}$$

wird, unabhängig von $\underline{q}$. Für die transversalen Polaritonen erhalten wir die Dispersionsbeziehung

$$q^2 = \frac{\omega^2}{c_o^2}\tilde{n}^2 = \frac{\omega^2}{c_o^2}[1 + \chi(\omega)] \quad . \tag{13.18}$$

Doch bevor wir dieses Dispersionsverhalten genauer diskutieren, wollen wir (13.16) erst etwas umformen, um ihr eine gewohntere Form etwa wie (13.8) zu geben.

Für sehr hohe Frequenzen ($\omega \to \infty$) erhalten wir aus (13.16)

$$\chi_\infty = \frac{3n\alpha}{3-n\alpha} \quad . \tag{13.19}$$

Dies ist der Valenzelektronen-Beitrag (3.26) bzw. (11.1) zur Suszeptibilität, den wir bereits in Kap. 3 genauer untersucht hatten. Der Brechungsindex der hochfrequenten Polaritonen

$$\tilde{n}^2 \simeq 1 + \chi_\infty = \varepsilon_\infty \tag{13.20}$$

enthält nur den Parameter α, jedoch nicht Q*. Die Polarisation dieser Wellen wird also allein durch die Verschiebung der Valenzelektronenhülle relativ zum positiven Rumpf verursacht.

Mit der Abkürzung

$$\chi_o \equiv \frac{\Omega_p^2}{\Omega_o^2} \cdot \frac{\Omega_o^2}{\Omega_o^2-\omega^2-i\omega\Omega_\tau} \quad , \tag{13.21}$$

die einer Suszeptibilität bei Vernachlässigung der Polarisationsrückwirkung wie in (13.8) entspricht, können wir (13.16) umschreiben in

$$\chi = \frac{3(n\alpha+\chi_o)}{3-(n\alpha+\chi_o)} \quad . \tag{13.22}$$

Versucht man nun, diese Suszeptibilität in eine Summe

$$\chi = \chi_{VE} + \chi_{PH}$$

aus einem Beitrag $\chi_{VE} = \chi_\infty$ der Valenzelektronen und χ_{PH} der Gitterschwingungen zu zerlegen, so erhält man für

$$\chi_{PH} = \frac{9\chi_o}{(3-n\alpha-\chi_o)(3-n\alpha)} \quad .$$

An diesem Ausdruck erkennt man, daß der Gitterschwingungsbeitrag ganz wesentlich über $n\alpha$ von der Valenzelektronen-Verschiebung bestimmt wird und nicht nur von der Verzerrung des Gitters, die durch Q* in χ_0 enthalten ist. Mit der mathematischen Identität $3 - n\alpha = 9/(3 + \chi_\infty)$ und den charakteristischen Größen

$$\Omega_p^{*2} \equiv \Omega_p^2 \left(\frac{\chi_\infty+3}{3}\right)^2 , \tag{13.23}$$

$$\Omega_T^2 = \Omega_o^2 - \frac{1}{3}\Omega_p^2 \cdot \frac{\chi_\infty+3}{3} \tag{13.24}$$

können wir den Gitterschwingungsbeitrag in der renormalisierten Form

$$\chi_{PH} = \frac{\Omega_p^{*2}}{\Omega_T^2} \cdot \frac{\Omega_T^2}{\Omega_T^2-\omega^2-i\omega\Omega_\tau} \tag{13.25}$$

darstellen. Dies ist formal der gleiche Ausdruck wie der des "klassischen Dispersionsoszillators" (13.8). Die Resonanzfrequenz Ω_T ist dabei durch die Polarisationsbeiträge χ_∞ und Ω_p^2 unter Umständen beträchtlich unter Ω_0 abgesenkt. Der Verlauf des Real- und Imaginärteils von χ ist in Abb.13.3 für einen Kristall mit polarisierbaren Atomen dargestellt, der etwa den Verhältnissen im GaAs entspricht ($\chi_\infty = 10$), und für den gleichen Kristall, unter der Annahme "starrer Ionen" ($\chi_\infty = 0$).

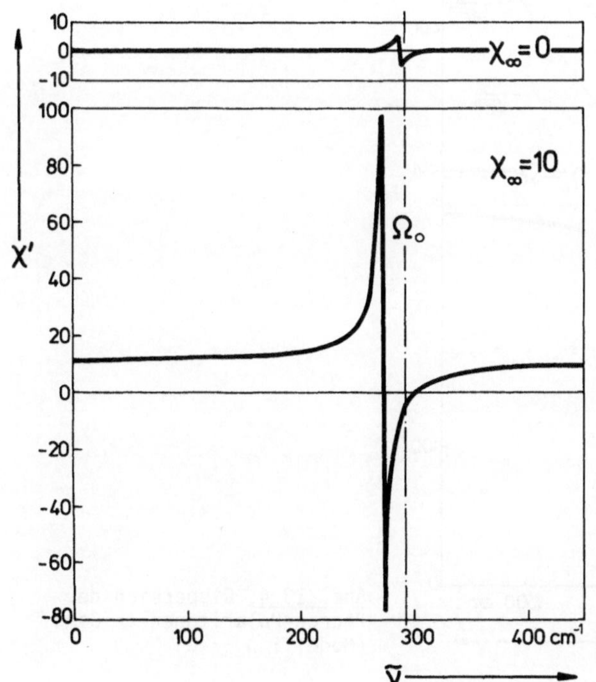

Abb. 13.3. Elektrische Suszeptibilität eines polaren Kristalls (GaAs) im Bereich der optischen Gitterschwingungen bei polarisierbarer Valenzelektronenhülle ($\chi_\infty = 10$), sowie für den idealisierten Fall "starrer Ionen" ($\chi_\infty = 0$)

Die Dispersion $\omega(q)$ nach (13.18) ist für den dämpfungsfreien Fall ($\Omega_\tau = 0$) in Abb.13.4 dargestellt. Die longitudinale Polaritonenfrequenz findet man nach (13.17) aus den Nullstellen der Dielektrischen Funktion

$$\varepsilon(\Omega_L) = 1 + \chi(\Omega_L) = 0$$

für den dämpfungsfreien Fall bei

$$\Omega_L^2 = \Omega_T^2 + \frac{\Omega_p^{*2}}{1+\chi_\infty} \quad , \tag{13.26}$$

bzw. ohne Verwendung der renormalisierten Größen

$$\Omega_L^2 = \Omega_o^2 + \frac{2}{3}\,\Omega_p^2 \cdot \frac{\chi_\infty+3}{3\chi_\infty+3} \quad . \tag{13.27}$$

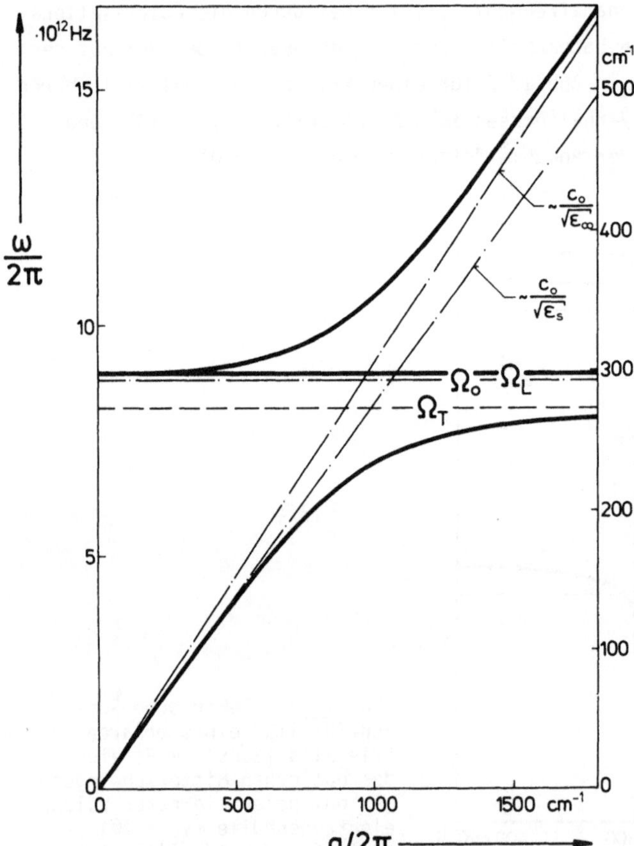

Abb. 13.4. Dispersion der Phonon-Polaritonen in GaAs (Modell: $\Omega_\tau = 0$)

Die longitudinalen Polaritonen-Frequenzen liegen infolge der Polarisierbarkeitsbeiträge χ_∞ und Ω_p höher als Ω_o!

Zwischen den Frequenzen Ω_T und Ω_L wird der Brechungsindex $\tilde{n} = \sqrt{1+\chi}$ für die transversalen Polaritonen imaginär, d.h. hier existiert ein Stoppband.

Wegen des etwas unübersichtlichen Einflusses der Valenzelektronen auf die gitterdynamischen Eigenschaften der optischen Phononen erläutern wir in den nächsten Abschnitten noch einmal die wichtigsten Ergebnisse.

13.3.1 Die Lyddane-Sachs-Teller-Relation

Für den statischen Grenzwert $\chi_s = \chi(0)$ erhalten wir aus (13.22)

$$\chi_s = \frac{3(n\alpha+\Omega_p^2/\Omega_o^2)}{3-(n\alpha+\Omega_p^2/\Omega_o^2)} \quad . \qquad (13.28)$$

Darin ist nach (13.25) der Gitterschwingungbeitrag

$$\chi_{PH}(0) = \Omega_p^{*2}/\Omega_T^2 \qquad (13.29)$$

enthalten. Der statische Grenzwert ε_s der dielektrischen Funktion bekommt damit den Wert

$$\varepsilon_s = 1 + \chi_{VE} + \chi_{PH}(0) = 1 + \chi_\infty + \Omega_p^{*2}/\Omega_T^2 \quad . \qquad (13.30)$$

Hieraus folgt unmittelbar der Brechungsindex für die niederfrequenten Polaritonen nach $\tilde{n}^2 = \varepsilon_s$. Zusammen mit der Frequenz für die longitudinalen Polaritonen (13.27) ergibt sich die *Lyddane-Sachs-Teller-Relation*

$$\varepsilon_s/\varepsilon_\infty = \Omega_L^2/\Omega_T^2 \quad . \qquad (13.31)$$

Sie sagt aus, daß ein großer Sprung in der dielektrischen Funktion infolge des Beitrags der polaren optischen Phononen mit einem breiten Stoppband für die Ausbreitung transversaler Polaritonen verknüpft ist, das durch Ω_L und Ω_T nach oben bzw. unten begrenzt wird. Die Breite dieses Stoppbandes nennt man auch die "*LO-TO-Aufspaltung*".

An der Lyddane-Sachs-Teller-Relation erkennt man, daß eine große statische *Dielektrizitätskonstante* meist mit einem großen Abstand der Frequenzen Ω_L und Ω_T verknüpft ist, insbesondere mit einem niedrigen Wert für Ω_T.

13.3.2 Die Szigeti-Ladung

Der Beitrag der polaren optischen Phononen zur Suszeptibilität - (13.25) -

$$\chi_{PH}(0) = \Omega_p^{*2}/\Omega_T^2$$

wird neben der Resonanzfrequenz Ω_T von der Größe Ω_p^{*2} bestimmt, die in der Sprache der Quantenmechanik im wesentlichen der Oszillatorstärke entspricht. Nach (13.23) ist Ω_p^* mit der effektiven Ladung Q^* [1] verknüpft gemäß

$$\Omega_p^* = \Omega_p^2 \left(\frac{\chi_\infty+3}{3}\right)^2 = \frac{nQ^{*2}}{\varepsilon_0 M^*}\left(\frac{\chi_\infty+3}{3}\right)^2 \quad .$$

Da die mikroskopischen Größen n und M* charakteristische Eigenschaften des betrachteten Gitters sind, interpretieren wir den Einfluß der Valenzelektronen über χ_∞ auf Ω_p^* allein durch eine Verstärkung der effektiven Ladung

$$Q^{**} \equiv Q^* \frac{\chi_\infty+3}{3} \quad . \tag{13.32}$$

Die aus dem gemessenen χ_{PH} ermittelte effektive Ladung Q** enthält also einen rein aus der Gitterverzerrung herrührenden Anteil Q*, den wir die *Szigeti-Ladung* nennen [13.9]. Er wird durch die polarisierbare Valenzelektronenhülle um den Faktor $(\chi_\infty + 3)/3$ verstärkt. Im Fall "starrer Ionen" gilt Q** = Q*.

Betrachten wir als Beispiel das GaAs, einen Kristall mit schwach polaren optischen Phonen, jedoch leicht polarisierbarer Valenzelektronenhülle, so findet man aus der Messung für $Q^{**} = 2{,}3\ e_0$. Davon entfällt aber nur $Q^* = 0{,}52\ e_0$ auf die Szigeti-Ladung (s.Aufgabe 13.2).

13.3.3 Die Erweichung der transversalen optischen Gitterschwingungs-Mode

Unter dem Einfluß der Polarisationsrückwirkung ($E_{loc} \neq E_a$) finden wir nach (13.24) und (13.27) bereits im Falle starrer Ionen ($\chi_\infty = 0$) eine Erhärtung der longitudinalen und eine *Erweichung* (*mode-softening*) der niederfrequenten transversalen Moden

$$\Omega_L^2 = \Omega_o^2 + \frac{2}{3}\Omega_p^2 \qquad \Omega_T^2 = \Omega_o^2 - \frac{1}{3}\Omega_p^2 \quad . \tag{13.33}$$

Die Polarisationsfelder wirken je nachdem m i t oder g e g e n die kurzreichweitigen Rückstellkräfte. Dieser Einfluß ist in Abb.13.5 dargestellt. Für den Grenzfall $\Omega_p = \sqrt{3}\Omega_o$ wird das Gitter instabil gegenüber der Scherung. Man müßte

---

[1] Q^{*2} entspricht in der Quantenmechanik dem Quadrat des Matrixelements der zugehörigen Dipolübergänge.

eine Phasenumwandlung erwarten, die Atome müßten sich eine stabilere Anordnung suchen. Die longitudinale Mode würde in diesem Grenzfall die maximal mögliche Erhärtung $\Omega_L = \sqrt{3}\Omega_0$ erreichen.

In Gittern aus leicht polarisierbaren Atomen ($\chi_\infty \neq 0$) - das sind nach Kap.3 vor allem die Halbleiter und Halbmetalle bildenden Elemente - erhärtet sich die longitudinale Mode nicht so stark wie im Falle starrer Ionen. Die transversalen Moden dagegen erweichen erheblich schneller. Abb.13.5 zeigt eine einfache graphische Konstruktion zur Ermittlung des Valenzelektroneneinflusses. Hierzu haben wir (13.24) und (13.27) mit $n\alpha = 3\chi_\infty/(3 + \chi_\infty)$ umgeschrieben in

$$\frac{\Omega_L^2}{\Omega_0^2} = 1 + \frac{\Omega_p^2}{\Omega_0^2} \cdot \frac{2}{3+2n\alpha} \qquad \frac{\Omega_T^2}{\Omega_0^2} = 1 - \frac{\Omega_p^2}{\Omega_0^2} \cdot \frac{1}{3-n\alpha} \quad . \tag{13.34}$$

In Abb.13.6 sind die möglichen Werte für $\Omega_{L,T}$ im Vergleich zu Ω_0 dargestellt, je nachdem wie groß der Polarisationsbeitrag infolge Gitterverzerrung (nQ^*) bzw. infolge Verschiebung der Valenzelektronenhülle ($n\alpha$) ist. Extreme Ionenkristalle (z.B. NaCl) zeigen starke Gitterpolarisation und schwache Valenzelektronenpolarisation. Extrem kovalente Kristalle (InSb, Te, etc.) zeigen das umgekehrte Verhalten. 2-atomige *Elementkristalle* (z.B. Ge) zeigen aus Symmetriegründen überhaupt keinen Gitterbeitrag. Es treten also keine Phonon-Polaritonen auf und es gilt $\Omega_L = \Omega_T = \Omega_0$.

Besonders auffallend sind die Verhältnisse in den Bleichalkogeniden [13.10]. Sie liegen im Diagramm Abb.13.6 nahe an der Instabilitätsgrenze, da für sie gilt $n\alpha + \Omega_p^2/\Omega_0^2 \simeq 3$ (vergl. den Nenner in (13.28)). Geringe Änderungen der mikroskopischen Parameter können die gitterdynamischen Eigenschaften stark verändern. Besonders die Zunahme der Dichte n beim Abkühlen infolge des thermischen Ausdehnungskoeffizienten erhöht beide Terme $n\alpha$ und $\Omega_p^2/\Omega_0^2 \sim n$. Abb.13.7 zeigt als Beispiel die

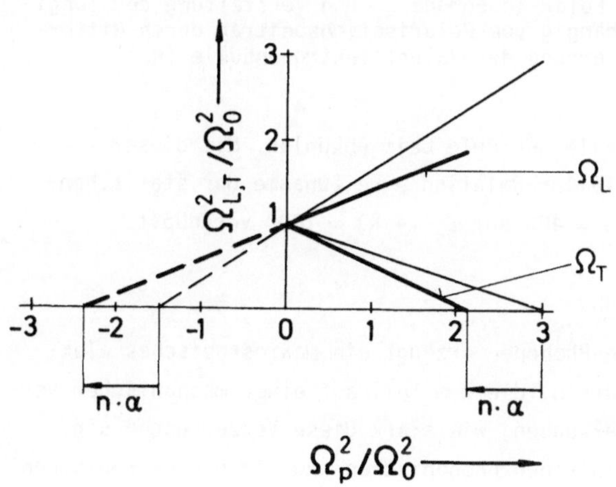

Abb. 13.5. Erweichung der transversalen Polaritonenmode Ω_T bzw. Versteifung der longitudinalen Ω_L infolge der Polarisationsrückwirkung nach (13.34), (—) $n\alpha = 0$ "starre Ionen" (▬) $n\alpha \neq 0$

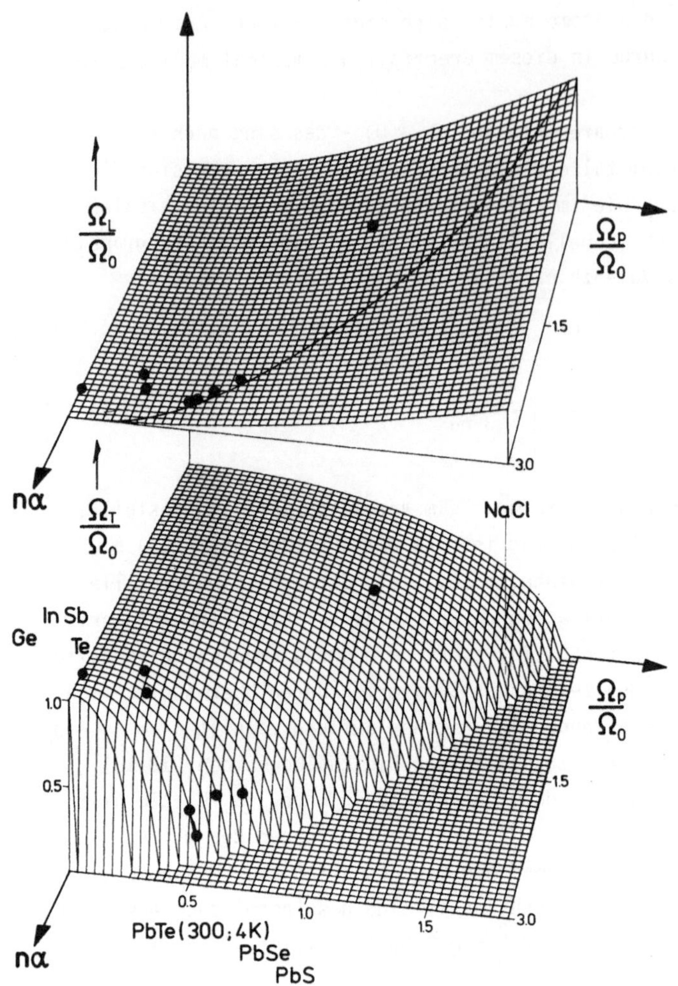

Abb.13.6. Erweichung der transversalen Polaritonenmode Ω_T und Versteifung der longitudinalen Ω_L in polaren Kristallen, abhängig vom Polarisationsbeitrag durch Gitterverzerrung (Ω_p/Ω_0) und durch reine Verzerrung der Valenzelektronenhülle (nα)

starke Erweichung der Frequenz Ω_T im Falle des PbTe beim Abkühlen. Mit dieser Erweichung ist nach der Lyddane-Sachs-Teller-Relation eine Zunahme der statischen Dielektrizitätskonstante von ε_s (300 K) $\simeq$ 400 auf ε_s (4 K) $\simeq$ 1400 verknüpft.

13.3.4 Polarisation und Gitterverzerrung

In den Kristallen mit polaren optischen Phononen erzeugt ein makroskopisches elektrisches Feld eine elektrische Polarisation, die zum Teil auf einer mechanischen Verzerrung $\underline{u}$ beruht. Wir wollen jetzt untersuchen, wie stark diese Verzerrungen sind. In (13.12) ist die Gesamtpolarisation in einen phononischen und einen elektronischen

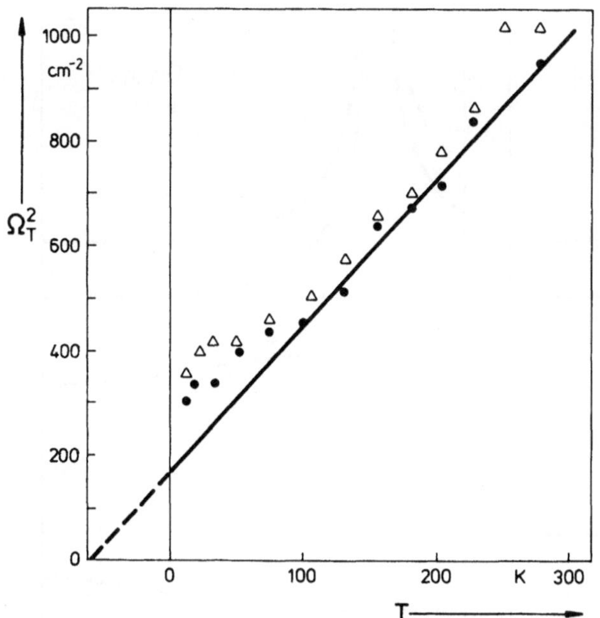

Abb. 13.7. Erweichung der transversalen Polaritonenmode Ω_T in PbTe infolge temperaturabhängiger mikroskopischer Parameter (•: $p = 4 \cdot 10^{17}$ cm^{-3} Δ: $p = 6{,}2 \cdot 10^{17}$ cm^{-3}) [13.10]

Anteil zerlegt

$$P = P_{PH} + P_{Ve} = nQ^*u + n\varepsilon_0\alpha E_{loc} \quad . \tag{13.35}$$

Mit (13.13), (13.14) und (13.19) erhält man hieraus unmittelbar die relativen Anteile

$$\frac{P_{PH}}{P} = \frac{\chi_{PH}}{\chi} \cdot \frac{3}{3+\chi_\infty} \quad , \quad \frac{P_{VE}}{P} = \frac{\chi_\infty}{\chi} \cdot \frac{3+\chi}{3+\chi_\infty} \quad . \tag{13.36}$$

Man erkennt hieran wieder, daß bei hohen Frequenzen die gesamte Polarisation von der Valenzelektronenverschiebung getragen wird $P = P_{Ve}$, da $\chi_{PH} \simeq 0$ bzw. $\chi \simeq \chi_\infty$. Im statischen Grenzfall ($\omega \simeq 0$) erhält man aber eine beträchtliche elektrisch induzierte Gitterverzerrung $u \sim P_{PH}$

$$\left(\frac{P_{PH}}{P}\right)_{\omega=0} = \frac{3(\varepsilon_s-\varepsilon_\infty)}{(\varepsilon_s-1)(\varepsilon_\infty+2)} \quad . \tag{13.37}$$

Für das schwach polare GaAs ($\varepsilon_s = 12{,}9$, $\varepsilon_\infty = 10{,}9$) erhält man einen statischen Verzerrungsanteil von 4%, für das stärker polare PbTe (bei 300 K: $\varepsilon_s = 380$, $\varepsilon_\infty = 35$) 7% und für den Ionenkristall NaCl ($\varepsilon_s = 5{,}9$, $\varepsilon_\infty = 2{,}3$) sogar 51%.

Abb.13.8 zeigt die relativen Polarisationsanteile für polare Kristalle. Während

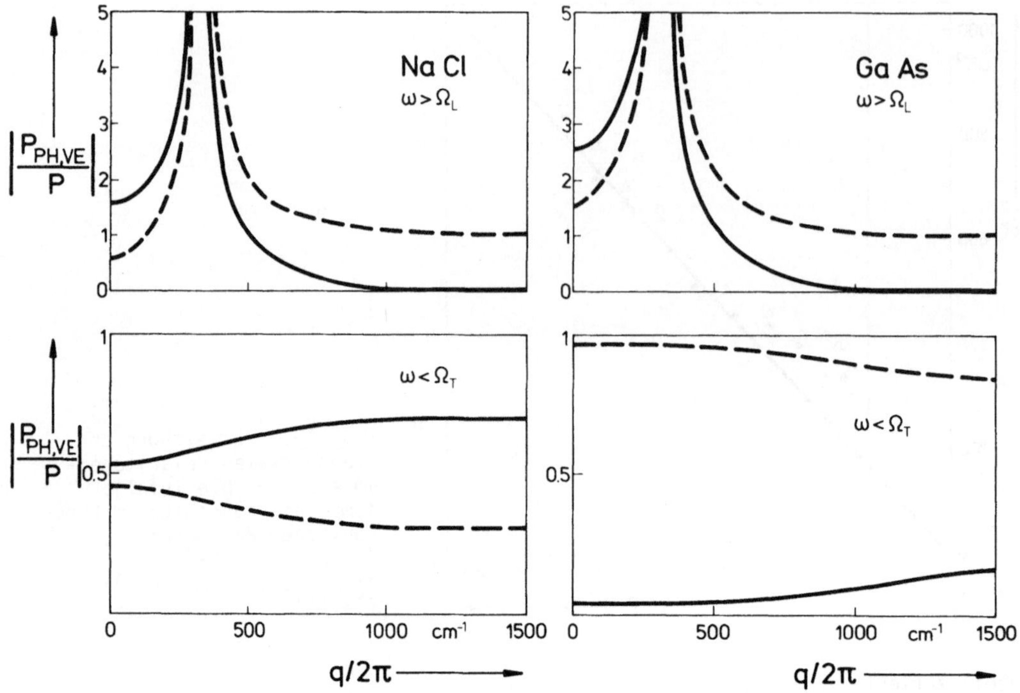

Abb.13.8 Relativer Polarisationsanteil in einem stark (NaCl) und einem schwach polaren Kristall (GaAs) für die beiden transversalen Polaritonenzweige ($\omega < \Omega_T$, $\omega > \Omega_L$), (— : P_{PH}, --- : P_{VE})

wir in (13.36) diese Anteile frequenzabhängig dargestellt haben, sind sie in Abb.13.8 über den Brechungsindex umgerechnet als Funktion von q dargestellt. Polaritonen-Moden $\omega(q)$ mit einem Verzerrungsanteil $P_{PH}/P > 50\%$ nennt man oft "*Phonon-artig*", solche mit einem wesentlich kleineren Anteil "*Photon-artig*". Die letztere Bezeichnung ist aber unglücklich gewählt, da sich die elektromagnetischen Wellen bei den niedrigen bzw. hohen Frequenzen nicht wie im Vakuum ausbreiten, sondern gemäß den Brechungsindizes $n = \sqrt{\varepsilon_s}$ bzw. $\sqrt{\varepsilon_\infty}$ erheblich durch das Medium beeinflußt werden.

In nichtpolaren Kristallen - also z.B. in den 2-atomigen Elementkristallen - gibt es keine Phonon-Polaritonen. Die langwelligen optischen Phononen ($q \simeq 0$) oszillieren hier mit Ω_0. Eine LO-TO-Aufspaltung gibt es ebenfalls nicht (Beispiel Ge in Abb.13.2). Man beachte im Vergleich hierzu, daß sich in den polaren Kristallen weder bei Ω_0 noch bei Ω_T eine langwellige Gitterwelle im Kristall ausbreiten kann. Lediglich bei der Frequenz Ω_L beginnt bei $q = 0$ je ein Zweig für longitudinale und für transversale Polaritonen.

13.3.5 Gedämpfte Phonon-Polaritonen

Durch den Parameter Ω_τ haben wir pauschal die Dämpfung berücksichtigt. Diese wird zu einem geringen Anteil durch die elektromagnetische Abstrahlung der schwingenden Dipole verursacht. Zum größten Teil ist sie aber auf den Zerfall einer Polaritonen-Mode in andere Gitterwellen über die Anharmonizität der Gitterkräfte zurückzuführen. Die Suszeptibilität wird dadurch komplex. Die Bedingung $1 + \chi = 0$ für das Auftreten longitudinaler Polaritonen kann somit nur für komplexe Frequenzen erfüllt werden. Der Brechungsindex für die transversalen Polaritonen wird ebenfalls komplex. Das heißt, daß sich zu einer reellen Frequenz ein komplexes q ergibt, zu einem reellen q ein komplexes ω. Komplexes ω bedeutet, daß der Zustand nur eine endliche *Lebensdauer* hat, bzw. daß sein Frequenzspektrum verbreitert ist (Fourier-Transformierte einer gedämpften Welle). Der Imaginärteil der Frequenz entspricht dabei etwa der *Frequenzunschärfe* $\Delta\omega$ bzw. der reziproken Lebensdauer $1/\tau$.

Aus der Bedingung $1 + \chi = 0$ erhalten wir mit (13.26) für die komplexe Frequenz der longitudinalen Polaritonen

$$\tilde{\Omega}_L = \sqrt{\Omega_L^2 - (\Omega_\tau/2)^2} - i\,\Omega_\tau/2 \quad . \tag{13.38}$$

Nur für $\Omega_\tau < 2\Omega_L$ erhält man noch einen reellen Frequenzanteil.

Im Falle der transversalen Polaritonen führt man die Experimente im allgemeinen im infraroten Spektralbereich durch, indem man Reflexion und Transmission mißt. Hierbei erregt man die Probe mit einer elektromagnetischen Welle über eine Oberfläche mit einer wohldefinierten Frequenz. Als Antwort entstehen im Kristall Polaritonen. Diese breiten sich - je nach Erregungsfrequenz - mehr oder weniger gedämpft aus, ihr q ist komplex. Man erhält mit dem komplexen Brechungsindex

$$\tilde{q} = q' + iq'' = (n + i\kappa)\omega/c \quad . \tag{13.39}$$

Für $\kappa > n$ breitet sich praktisch keine Welle mehr aus, weil dann die Erregung wegen $q'' > q'$ bereits auf einem Weg kleiner als eine Wellenlänge abgeklungen ist. q'' entspricht also der Unschärfe der Wellenzahl. In Abb.13.9 ist deshalb die Dispersion der Polaritonen mit der Unschärfe $\Delta\omega = \omega''$ bzw. $\Delta q = q''$ bei Berücksichtigung realistischer Dämpfungen dargestellt.

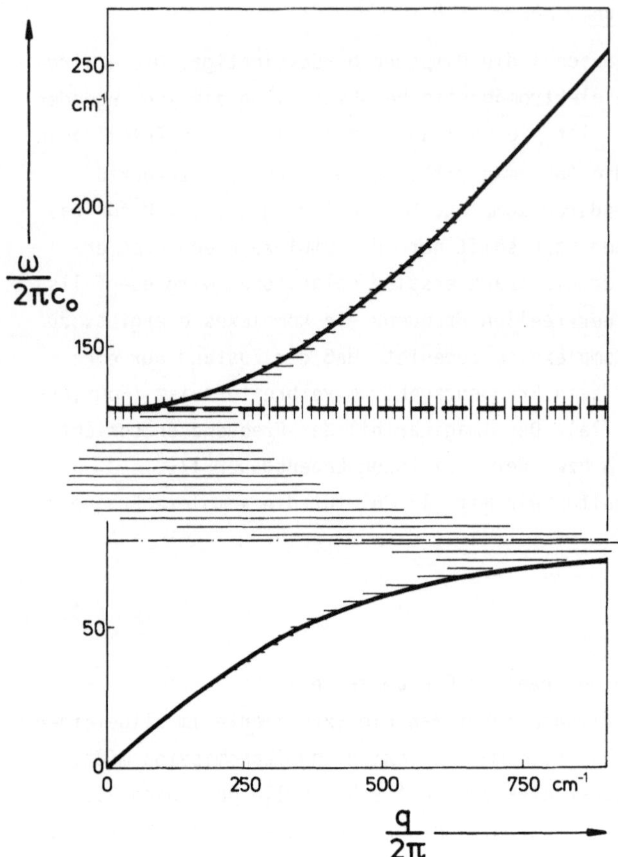

Abb. 13.9. Wellenzahlunschärfe Δ_q transversaler Polaritonen und Frequenzunschärfe $\Delta\omega$ longitudinaler Polaritonen infolge Dämpfung $1/\Omega_\tau = 3 \cdot 10^{-13}$ s (Modellparameter wie Abb.13.10)

13.4 Plasmon-Phonon-Polaritonen

In Kap.3 hatten wir gezeigt, daß die Resonanzen der Valenzelektronen im sichtbaren und ultravioletten Spektralbereich liegen. Für die Untergrundpolarisierbarkeit des Wirtsgitters hatten wir deshalb bei der Behandlung der optischen Eigenschaften freier Elektronen eine konstante, d.h. frequenzunabhängige Gitterpolarisierbarkeit $\varepsilon_L = 1 + \chi_{VE}$ angenommen. Dabei hatten wir vorausgesetzt, daß wir im Spektrum genügend langwelliger waren als den Valenzelektronenresonanzen entspricht.

In dem vorherigen Abschnitt fanden wir nun, daß im allgemeinen aber auch in diesem langwelligeren Spektralbereich Resonanzen auftreten infolge der polaren Phononen. Da hier die schweren Atome oszillieren, erwarten wir diese Resonanzen etwa um den Faktor $(m_{Elektron}/m_{Atom})^{1/2} \simeq 1/300$ niederfrequenter. Wenn also die Valenzelektronenresonanzen bei $\tilde{\nu} = 10^4 \ldots 10^5$ cm^{-1} liegen, erwarten wir die Gitterschwingungsresonanzen bei $\tilde{\nu} = 30 \ldots 300$ cm^{-1}, d.h. gerade dort, wo wir in den

Kap. 9...12 die Effekte der freien Ladungsträger studiert haben. Im allgemeinen kann man deshalb keinen frequenzunabhängigen Gitterbeitrag ε_L ansetzen. Wir müßten deshalb alle Überlegungen der betreffenden Kapitel noch einmal mit einer realistischeren dielektrischen Funktion anstellen, die aus folgenden Suszeptibilitätsbeiträgen besteht

$$\tilde{\varepsilon}(\omega) = 1 + \chi_{VE}(\omega) \quad + \quad \chi_{PH}(\omega) \quad + \quad i\,\frac{\sigma(\omega)}{\varepsilon_0\omega} \quad . \tag{13.40}$$

Beitrag der	Valenz-elektronen	Phononen	freien Ladungsträger

Den Beitrag $\chi_{VE} + \chi_{PH}$ hatten wir in den vorherigen Abschnitten besprochen, den Beitrag $\sigma(\omega)$ in Kap.9 bzw. bei Anwesenheit eines äußeren, statischen Magnetfeldes in Kap.12. Für den Beitrag $i\sigma(\omega)/\varepsilon_0\omega$ wählen wir auch die Abkürzung χ_{FC} ("free carrier").

Abb.13.10 zeigt das Zusammenwirken der 3 Suszeptibilitätsbeiträge zur dielektrischen Funktion für einen Modell-Halbleiter.

In Kristallen, die durch (13.40) beschrieben werden, koppeln nun die elektromagnetischen Wellen nicht nur an die gebundenen Valenzelektronen und die Phononen, sondern auch an die freien Ladungsträger. Man spricht deshalb in diesem Fall von *Plasmon-Phonon-Polaritonen*. Der Term "Plasmon" soll andeuten, daß das Kollektiv der freien Ladungsträger am Polariton beteiligt ist. Für die Frequenz ω_L der longitudinalen Polaritonen erhalten wir jetzt nach (10.18)

$$\varepsilon(\omega_L) = 1 + \chi_{VE} + \chi_{PH} + \chi_{FC} = 0 \tag{13.41}$$

und für die Dispersion der transversalen Polaritonen

$$q^2 = \frac{\omega^2}{c_0^2}\tilde{n}^2 = \frac{\omega^2}{c_0^2}(1 + \chi_{VE} + \chi_{PH} + \chi_{FC}) \quad . \tag{13.42}$$

13.4.1 Die longitudinalen Plasmon-Phonon-Polaritonen

Im nichtpolaren Halbleiter fanden wir für die longitudinale Polaritonenfrequenz $\omega_p^+ = \omega_p/\sqrt{\varepsilon_L}$ (Abschn.9.3). Im nichtleitenden polaren Kristall fanden wir die Frequenz Ω_L, s. (13.26). Im *polaren Halbleiter* finden wir zwei Frequenzen ω_L, die innerlich mit den beiden Frequenzen ω_p^+ und Ω_L verwandt sind. Zu ihrer Bestimmung beschränken wir uns zunächst auf den ungedämpften Fall ($\omega_\tau = 0$, $\Omega_\tau = 0$). Aus der Bedingung (13.41) folgt dann

$$1 + \chi_\infty + \frac{\Omega_p^{*2}}{\Omega_T^2 - \omega_L^2} - \frac{\omega_p^2}{\omega_L^2} = 0 \quad ,$$

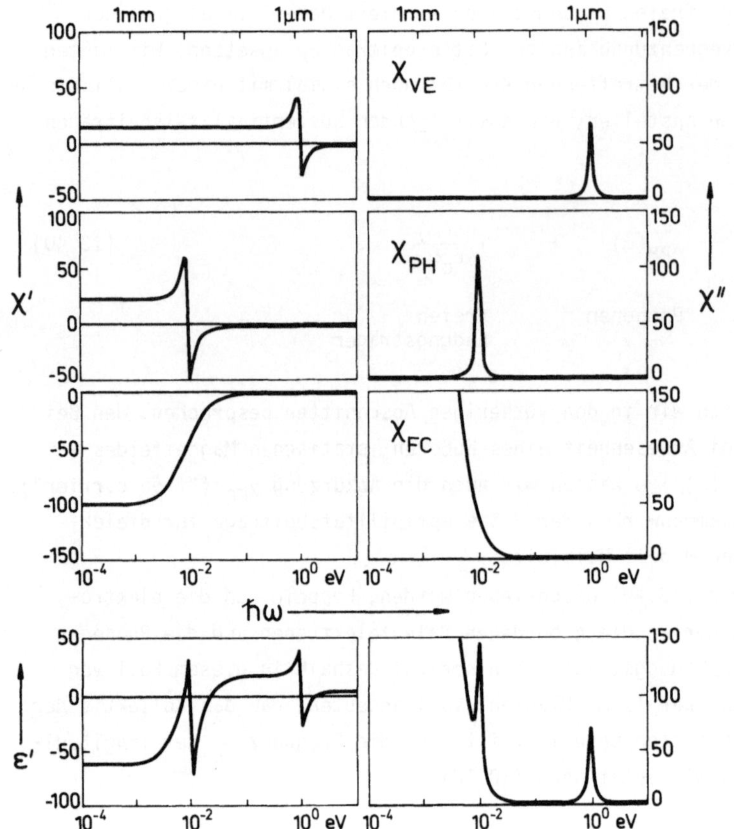

Abb. 13.10. Suszeptibilitätsbeiträge zur dielektrischen Funktion eines Modellhalbleiters (Modellparameter: $\hbar\Omega_{VE}$ = 1 eV, χ_{VE} = 13,8; $\hbar\Omega_T = 10^{-2}$ eV, χ_{PH} = 22,5, $1/\Omega_\tau = 3 \cdot 10^{-13}$ s; $m^* = 0{,}1\ m_0$, $n = 10^{17}$ cm^{-3}, $\tau = 10^{-14}$ s)

eine quadratische Gleichung in ω_L^2, die wir mit den Größen ε_∞, Ω_L^2 und $\omega_p^{+2} = \omega_p^2/\varepsilon_\infty$ umschreiben in die Form

$$\omega_L^4 - (\Omega_L^2 - \omega_p^{+2})\ \omega_L^2 + \omega_p^{+2}\ \Omega_T^2 = 0 \quad .$$

Sie hat die Lösungen

$$\omega_L^2 = \frac{\Omega_L^2+\omega_p^{+2}}{2} \pm \frac{1}{2}\sqrt{(\Omega_L^2 + \omega_p^{+2})^2 - 4\omega_p^{+2}\Omega_T^2} \quad . \tag{13.43}$$

Bei gegebenen Eigenschaften des Wirtskristalls (Ω_L, Ω_T, ε_∞) hängt die Lage der longitudinalen Polaritonen-Frequenzen nun über ω_p^+ von der Ladungsträgerkonzentration ab.

Entwickeln der Wurzel in (13.43) ergibt die Frequenzen für die zwei Extremfälle

a) schwacher Leiter $\omega_p^{+2} \ll \Omega_L^2$

$$\omega_{L1}^2 = \omega_p^{+2} \frac{\Omega_T^2}{\Omega_L^2} = \frac{\omega_p^2}{\varepsilon_s} \qquad \omega_{L2}^2 = \Omega_L^2 \quad . \tag{13.44}$$

ω_{L2} entspricht dem reinen Phonon-Polariton, ω_{L1} ist die Plasmaresonanzfrequenz für Ladungsträger im Medium der Polarisierbarkeit ε_s.

b) starker Leiter $\omega_p^{+2} \gg \Omega_L^2$

$$\omega_{L1}^2 = \Omega_T^2 \qquad \omega_{L2}^2 = \omega_p^{+2} \quad . \tag{13.45}$$

Hier ist ω_{L2} die Plasmaresonanzfrequenz für Träger im Medium ε_∞. Die andere Frequenz ω_{L1}, die aus der niederfrequenten Plasmaresonanz bei ω_p^2/ε_s hervorgegangen ist, verschiebt sich mit zunehmender Konzentration zu höheren Frequenzen. Der negative Beitrag χ_{FC} kann hier aber den positiven Beitrag von χ_{PH} nicht kompensieren, da dieser gegen Ω_T hin unendlich groß wird. Abb.13.11 zeigt die Abhängigkeit der longitudinalen Polariton-Frequenz von der Ladungsträgerkonzentration.

Berücksichtigt man auch die Dämpfung, so erhält man an Stelle der biquadratischen Gleichung (13.43) eine Gleichung 4. Grades mit komplexen Lösungen. Ihre strengen komplexen Lösungen sind ebenfalls in Abb.13.11 angegeben. Der Imaginärteil ist wieder durch Schraffur als Frequenzunschärfe dargestellt.

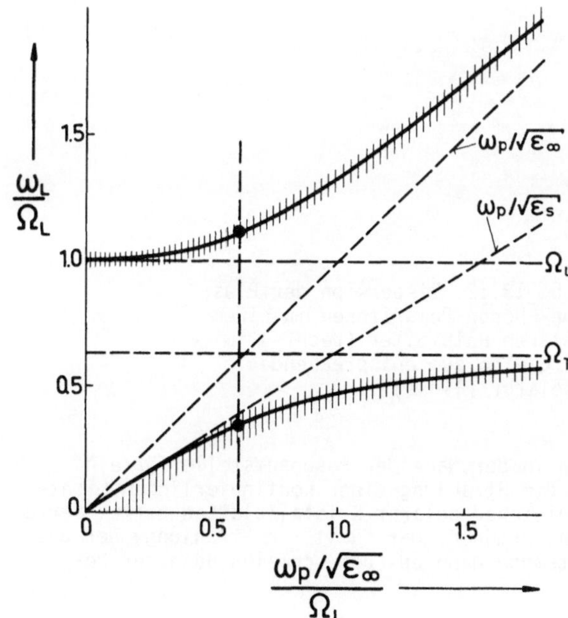

Abb. 13.11. Eigenfrequenzen der longitudinalen Polaritonen in einem polaren Halbleiter bei unterschiedlicher Dotierung. Der Fall (•) entspricht dem Modell Abb.13.10. Die Schraffur gibt die Frequenzunschärfe $\Delta\omega$ an

13.4.2 Die transversalen Plasmon-Phonon-Polaritonen

In (13.42) wurde bereits der Brechungsindex für die transversalen Polaritonen angegeben. Diese Dispersionskurven (Abb.13.12) zeigen jetzt ein zusätzliches Stopp-Band für Frequenzen unterhalb ω_{L1}. Außerdem wird der obere Rand des Ω_T-Ω_L-Stoppbandes bis zur höheren Frequenz ω_{L2} verbreitert. Abb.13.13 zeigt für ein spezielles Beispiel die Dispersionskurven bei Berücksichtigung der Dämpfung. Ihr Einfluß ist wieder als q-Unschärfe durch eine Schraffur angedeutet.

Ein bewährtes Verfahren zur Untersuchung der transversalen Plasmon-Phonon-Polaritonen ist die Messung des Reflexionsvermögens eines Satzes von Proben des gleichen Wirtskristalls, jedoch unterschiedlicher Ladungsträgerkonzentration.

Ohne freie Ladungsträger ($\omega_p = 0$) erhält man das klassische Reflexionsvermögen eines Kristalls mit polaren optischen Phononen (Abb.13.14), das nach Rubens *Reststrahlenbande* genannt wird[2].

Es läßt sich im dämpfungsfreien Fall sofort verstehen: dort wo die dielektrische Funktion $\varepsilon = 1$ wird, verschwindet das Reflexionsvermögen, dort wo $\varepsilon < 0$ wird (d.h. $n = 0$, $\kappa \neq 0$), erhält man Totalreflexion, also im Stoppband zwischen Ω_T und Ω_L.

Beim "Einfüllen" der Ladungsträger in den Wirtskristall, z.B. durch Dotieren, entsteht ein zweites Stoppband - also Totalreflexion - zwischen 0 und ω_L, und das

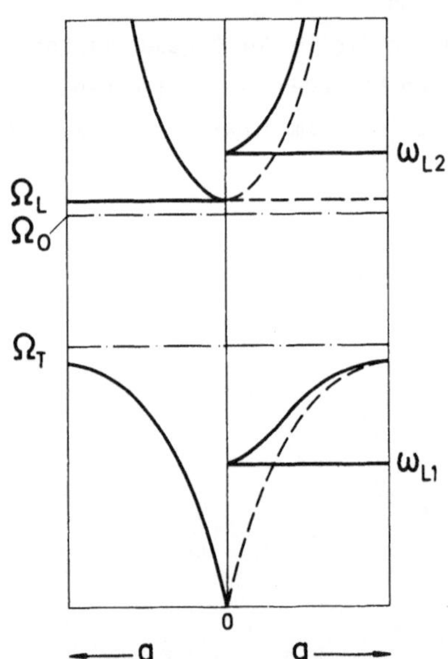

Abb. 13.12. Dispersion der Plasmon-Phonon-Polaritonen in einem polaren Halbleiter (rechts) im Vergleich zum entsprechenden Isolator (links)

---

[2] Rubens hat das hohe Reflexionsvermögen in der Nähe der Resonanzstelle für ein Schmalbandfilter ausgenutzt, indem er die Strahlung einer kontinuierlichen Lichtquelle mehrfach zwischen Oberflächen gleicher polarer Kristallplatten reflektierte. Dadurch potenzierte sich das Reflexionsvermögen. Der "Rest" an Strahlung, der das Vielfachreflexionsfilter passierte, stammte dann aus dem schmalen Band der Resonanzstelle.

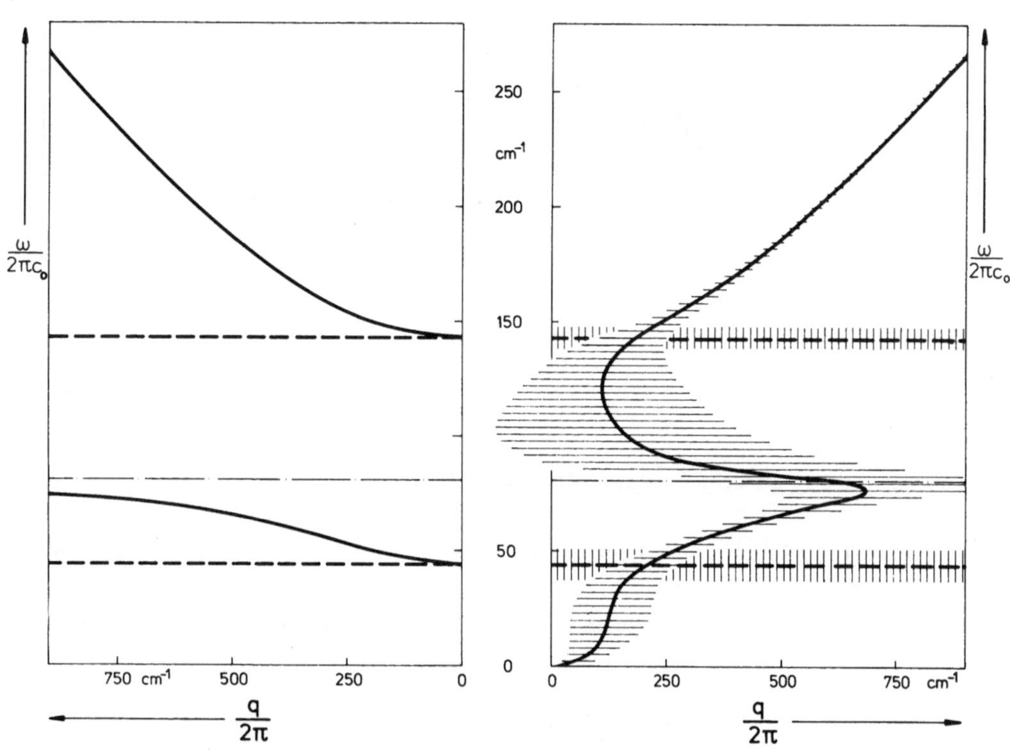

Abb. 13.13. Dispersion der Plasmon-Phonon-Polaritonen eines Modellhalbleiters mit und ohne Dämpfung (Modellparameter wie in Abb.13.10)

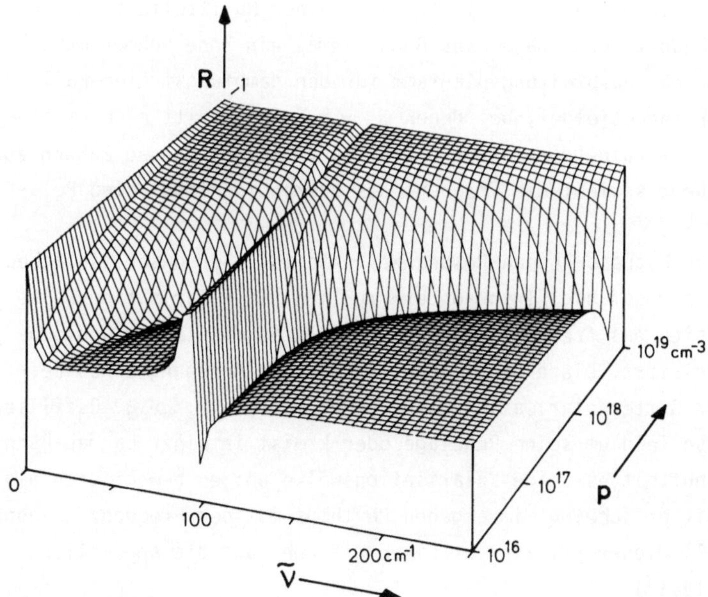

Abb. 13.14. Reflexionsvermögen eines polaren Halbleiters im Reststrahlengebiet bei unterschiedlicher Dotierung [13.11]

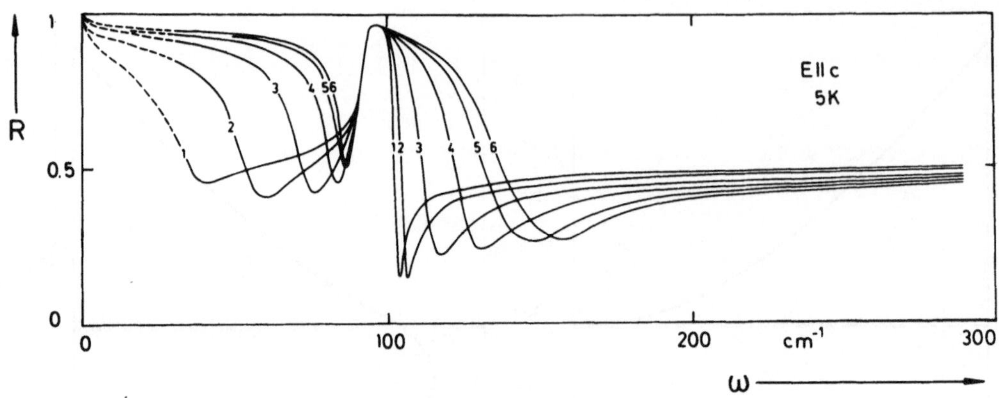

Abb. 13.15. Reflexionsvermögen von Tellur (Löcherkonzentration in 10^{18} cm^{-3}: "1" 0,22, "2" 0,55, "3" 1,2, "4" 1,6, "5" 2,2, "6" 2,6)

obere wird breiter. Dabei schiebt es das Reflexionsminimum $\varepsilon = 1$ zu größeren Frequenzen vor sich her. Abb.13.14 zeigt dieses Verhalten mit Dämpfung in einer Modellrechnung. In Abb.13.15 sind entsprechende Messungen an Tellur dargestellt [13.11] und [6.2].

13.4.3 Magneto-Plasmon-Phonon-Polaritonen

Den Beitrag χ_{FC} der freien Ladungsträger kann man nun noch, wie wir ausführlich in Kap.12 behandelt haben, erheblich durch statische Magnetfelder beeinflussen. Insbesondere tritt bei ω_c die Zyklotronresonanz auf. Diese ist bei schwacher Dämpfung mit einer weiteren Resonanz in der Suszeptibilität bzw. einer Nullstelle in der dielektrischen Funktion verknüpft. Doch da dieses Buch einmal ein Ende nehmen muß, haben wir in Abb.13.16 nur das Ausbreitungsdiagramm für den dämpfungsfreien Fall dargestellt. Besonders für Magnetfelder, bei denen $\omega_c \simeq \Omega_T$ wird, tritt eine strenge Kopplung zwischen den Gitterschwingungen und den Elektronen in den Landau-Bahnen auf. Die Zyklotronresonanzfrequenz schiebt die Frequenz des oberen longitudinalen Polaritons vor sich her.

Gerade im Bereich dieser Magneto-Phonon-Resonanzeffekte ist aber unser einfaches Modell nicht mehr sehr leistungsfähig. Insbesondere muß man die Polarisationswolke berücksichtigen, mit der sich das freie Elektron umgibt, da es mit seinem Coulomb-Feld das Wirtsgitter polarisiert. Diese bewegliche, kollektive Anregung eines Leitungs-Elektrons mit seiner Gitterpolarisationswolke nennt man ein *Polaron*. Oszilliert das Elektron aber im Wechselfeld um seine Ruhelage oder kreist in einer Landau-Bahn mit Frequenzen $>\Omega_L$, so schüttelt es seine Polarisationswolke ab: es bewegt sich als freies Elektron und das Gitter schwingt im eigenen Rhythmus mit der Frequenz Ω_L noch einige Zeit nach. Wegen all dieser Effekte verweisen wir aber auf die speziellen Monographien [12.1] und [13.12].

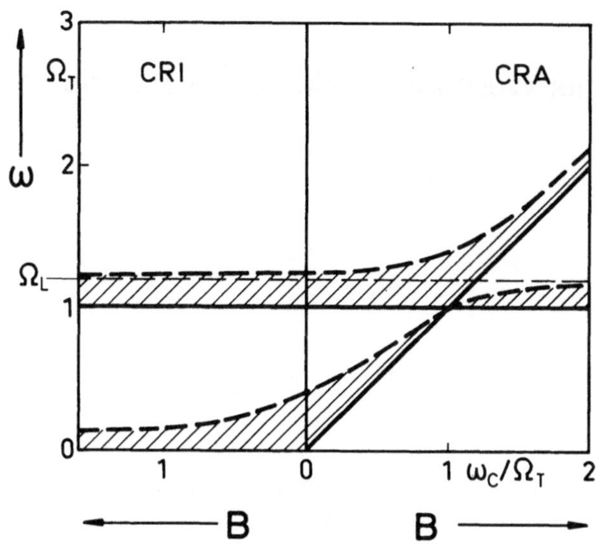

Abb. 13.16. Ausbreitungsdiagramm für elektromagnetische Wellen in einem polaren Halbleiter bei Faraday-Konfiguration.

Aufgaben

13.1 Berechne die Gesamtsuszeptibilität für polare Phononen bei Vernachlässigung der Polarisationsrückwirkung ($E_{loc} = E_a$), jedoch bei Berücksichtigung der Valenzelektronenpolarisierbarkeit. Wie groß sind χ_{VE} und χ_{PH}? Zeichne die Dispersionskurven für die Polaritonen (dämpfungsfreier Fall).

13.2 Berechne für isolierendes GaAs bei Vernachlässigung der Dämpfung die dielektrische Funktion aus den Größen $\varepsilon_s = 12{,}9$, $\varepsilon_\infty = 10{,}9$, $\tilde{\nu}_T = 273\ \mathrm{cm}^{-1}$. Wie groß ist Ω_L? Wie groß sind die effektive Ladung Q**, die Szigeti-Ladung und die rein gitterdynamische Resonanzfrequenz Ω_0? ($A_{Ga} = 69{,}7$; $A_{As} = 74{,}9$; $\rho = 5{,}31\ \mathrm{gcm}^{-3}$).

13.3 Germanium ist ein nicht-polarer Halbleiter. Wie groß sind etwa die thermisch angeregten Gitterverzerrungen u des optischen Phonons ($\tilde{\nu}_{phonon} = 300\ \mathrm{cm}^{-1}$) bei Zimmertemperatur? Nehme hierzu an, daß die elastische Verzerrung einem Freiheitsgrad potentieller Energie entspricht. Für die thermische Energie gilt dann

$$Du^2/2 = M^* \Omega_0^2 u^2/2 = kT/2 \quad .$$

Der zum Ge isoelektrische Verbindungshalbleiter GaAs ist leicht polar. Wie groß muß das makroskopische elektrische Feld E einer elektromagnetischen Welle mit $\omega = \Omega_T/2$ sein, um eine Gitterverzerrung $\underline{u}$ zu induzieren, die so groß wie die thermisch angeregte im Germanium ist? (Parameter siehe Aufgabe 13.2).

13.4 Wie groß muß das Magnetfeld für Elektronen sein, um in GaAs die Bedingung $\omega_c = \Omega_T$ bzw. $\omega_c = \Omega_L$ zu erreichen ($m^* = 0{,}07\ m_0$)?

Anhang
Ausbreitung elektromagnetischer Wellen in kondensierter Materie

A.1 Maxwell-Gleichungen und Ausbreitung elektromagnetischer Wellen

Für elektromagnetische Feldgrößen E, B, D, H, j, die die Form ebener Wellen $\psi = \psi_o \exp[i(\underline{\underline{kr}} - \omega t)]$ haben, heißen die *Maxwell-Gleichungen*

$$i\underline{k} \times \underline{H} = -i\omega\underline{D} + \underline{j} \tag{A.1}$$

$$\underline{k} \times \underline{E} = \omega\underline{B} \tag{A.2}$$

$$\underline{\underline{kD}} = \rho \tag{A.3}$$

$$\underline{\underline{kB}} = 0 \quad . \tag{A.4}$$

Hinzu kommen die *Materialgleichungen*

$$\underline{D} = \varepsilon_o\underline{E} + \underline{P} \tag{A.5}$$

$$\underline{B} = \mu_o(\underline{H} + \underline{M}) \quad , \tag{A.6}$$

die in linearisierter Form die Materialeigenschaften - allgemein *Suszeptibilitäten* - definieren

$$\underline{P} = \varepsilon_o\chi_e\underline{E} \qquad \underline{D} = \varepsilon\varepsilon_o\underline{E} \tag{A.7}$$

$$\underline{M} = \chi_m\underline{H} \qquad \underline{B} = \mu\mu_o\underline{H} \tag{A.8}$$

sowie $\underline{j} = \sigma\underline{E}$. (A.9)

Die homogene Wellengleichung

$$\Delta\psi - \frac{1}{c^2}\frac{\partial^2\psi}{\partial t^2} = 0$$

nimmt für unsere ebene, monochromatische Welle die Form an

$$k^2\psi - \frac{\omega^2}{c^2}\psi = 0 \quad . \tag{A.10}$$

Wir eliminieren aus (A.1), (A.2) und (A.8) die magnetischen Komponenten B, H und ersetzen $\underline{D}$ und $\underline{j}$ durch die Materialgleichungen (A.7), (A.8), wobei wir nicht mehr zwischen Verschiebungs- und Leitungsströmen unterscheiden, indem wir die komplexe dielektrische Funktion

$$\tilde{\varepsilon} = 1 + \chi_e + i\,\frac{\sigma}{\varepsilon_0\omega} \tag{A.11}$$

einführen. Mit der Vakuum-Wellenzahl k_0, bzw. der Lichtgeschwindigkeit c_0 fassen wir zusammen

$$\omega^2\mu_0\varepsilon_0 = \omega^2/c_0^2 = k_0^2 \quad .$$

Als Ergebnis erhalten wir für das E-Feld die homogene Gleichung

$$\underline{k} \times (\underline{k} \times \underline{E}) = -\,k_0^2\mu\tilde{\varepsilon}\underline{E} \quad . \tag{A.12}$$

Zur Vereinfachung haben wir ein magnetisch isotropes Medium angenommen, d.h. μ ist skalar. $\tilde{\varepsilon}$ kann aber durchaus tensoriellen Charakter haben! Allgemein hätten wir schreiben müssen

$$\underline{k} \times \bar{\bar{\mu}}^{-1}(\underline{k} \times \underline{E}) + k_0^2\,\bar{\bar{\varepsilon}}\,\underline{E} = 0 \quad .$$

Mit der Identität

$$\underline{k} \times (\underline{k} \times \underline{E}) = \underline{k}\,(\underline{k} \cdot \underline{E}) - k^2\underline{E} \tag{A.13}$$

folgt hieraus die Wellengleichung

$$-\underline{k}(\underline{k} \cdot \underline{E}) + k^2\underline{E} = k_0^2\mu\tilde{\varepsilon}\underline{E} \quad , \tag{A.14}$$

ein lineares, homogenes Gleichungssystem für $\underline{E}$.

Gibt man einen beliebigen Wert für $\underline{k}$ vor, so wird durch die Lösbarkeits-Determinante von (A.14) zu $\underline{k}$ über die tensoriellen Materialeigenschaften $\mu\tilde{\varepsilon}$ ein ω und der Polarisationszustand der Welle festgelegt.

Gl.(A.14) wird etwas übersichtlicher unter Verwendung des komplexen *Brechungsindex* $\tilde{n} \equiv k/k_0$ und des Einheitsvektors $\underline{e} \equiv \underline{k}/k$, wenn man

$$\underline{k}(\underline{k} \cdot \underline{E}) = \langle \underline{k}\underline{k} \rangle \, \underline{E} = k^2 \langle \underline{e}\underline{e} \rangle \, \underline{E}$$

mit dem Dyadischen Produkt

$$\langle \underline{e}\underline{e} \rangle = \begin{pmatrix} e_x e_x & e_x e_y & e_x e_z \\ e_y e_x & e_y e_y & e_y e_z \\ e_z e_x & e_z e_y & e_z e_z \end{pmatrix}$$

beschreibt. Aus (A.14) erhält man nun eine Bestimmungsgleichung für den Brechungsindex und damit die Phasengeschwindigkeiten, sowie für den Polarisationszustand, wenn man die Ausbreitungsrichtung $\underline{e}$ der Welle vorgibt

$$(-\tilde{n}^2 \langle \underline{e}\underline{e} \rangle + \tilde{n}^2 \, 1 - \mu\tilde{\varepsilon}) \, \underline{E} = 0 \quad . \qquad \text{(A.15)}$$

A.2 Beispiele für E-Wellen

In diesem Abschnitt betrachten wir die Ausbreitung elektrischer Wellen in Medien allein mit Rücksicht auf die Symmetrieeigenschaften des Tensors der Materialeigenschaften $\mu\tilde{\varepsilon}$ für drei besonders wichtige Fälle.

A.2.1 Welle in z-Richtung im isotropen Medium

Welle in Richtung $\underline{e} = (0, 0, 1)$ im isotropen Medium

$$\mu\tilde{\varepsilon} = \begin{pmatrix} a & 0 & 0 \\ 0 & a & 0 \\ 0 & 0 & a \end{pmatrix}$$

(Materialbeispiele: Glas, Silizium, Kochsalz, Kupfer etc.)
Gl.(A.15) ist dann äquivalent den Gleichungen

$$\begin{aligned} (\tilde{n}^2 - a) E_x + 0 \quad & + 0 \quad = 0 \\ 0 + (\tilde{n}^2 - a) E_y & + 0 \quad = 0 \\ 0 + 0 \quad & - a E_z = 0 \quad . \end{aligned}$$

Hieraus folgt

a) longitudinale Wellen $\underline{E} = (0, 0, E_z)$ sind nur möglich für Frequenzen, bei denen $a = \mu\tilde{\varepsilon} = 0$. $\tilde{n}$ und damit k sind beliebig.

b) transversale Wellen $\underline{E} = (E_x, E_y, 0)$ breiten sich aus entsprechend $\tilde{n}^2 = a = \mu\tilde{\varepsilon}$.

Wegen der Isotropie von $\mu\tilde{\varepsilon}$ war dies bereits der allgemeinste Fall, denn die Wahl $\underline{e} = (0, 0, 1)$ war nicht einschränkend! Unabhängig vom Polarisationszustand der Welle finden wir eine isotrope Phasengeschwindigkeit.

A.2.2 Beispiel für anisotropes Medium

$$\text{Anisotropes Medium mit } \mu\tilde{\varepsilon} = \begin{pmatrix} a & c & 0 \\ \pm c & a & 0 \\ 0 & 0 & b \end{pmatrix} \tag{A.16}$$

(Materialbeispiele: c = 0 "optisch einachsige Kristalle", ZnO, Tellur, Antimon, Wismut, Quarz. Nehmen die Nichtdiagonalglieder die Form c, +c an, so ist dies ein Spezialfall monoklin kristallisierender Substanzen. Der Fall c, -c beschreibt isotrope Materialien in einem äußeren, statischen Magnetfeld: Faraday- und Voigt-Effekt).

A.2.3 Welle in z-Richtung, $\underline{e} = (0, 0, 1)$

Gl.(A.15) wird zu

$$\begin{aligned} (\tilde{n}^2 - a)E_x - cE_y \quad &+ 0 &= 0 \\ \mp cE_x \quad + (\tilde{n}^2 - a)E_y &+ 0 &= 0 \\ 0 \quad + 0 \quad &- bE_z &= 0 \quad , \end{aligned}$$

woraus folgt

a) longitudinale Wellen mit $\underline{E} = (0, 0, E_z)$ sind nur möglich bei $b = \mu\tilde{\varepsilon}_{zz} = 0$

b) transversale Wellen. Der Brechungsindex folgt aus dem Verschwinden der Determinanten

$$(\tilde{n}^2 - a)^2 \mp c^2 = 0 \quad .$$

Im symmetrischen Fall ($\mu\varepsilon_{xy} = \mu\varepsilon_{yx}$) ergibt sich

$$\tilde{n}^2 = a \pm c = \mu(\varepsilon_{xx} \pm \varepsilon_{xy}) \tag{A.17}$$

und im antimetrischen Fall ($\mu\varepsilon_{yx} = -\mu\varepsilon_{xy}$)

$$\tilde{n}^2 = a \pm ic = \mu(\varepsilon_{xx} \pm i\varepsilon_{xy}) \quad . \qquad (A.18)$$

Der zugehörige Polarisationszustand folgt durch Einsetzen des jeweiligen Brechungsindex in das Gleichungssystem

symmetrisch	antimetrisch
$\pm cE_x - cE_y = 0$	$\pm icE_x - cE_y = 0$
$\mp cE_x \pm cE_y = 0$	$\mp cE_x \pm icE_y = 0$
$E_x = \mp E_y$	$E_x = \mp iE_y$
$\underline{E} = E_0(1, \pm 1, 0)$	$\underline{E} = E_0(1, \pm i, 0)$.
(A.19)	(A.20)

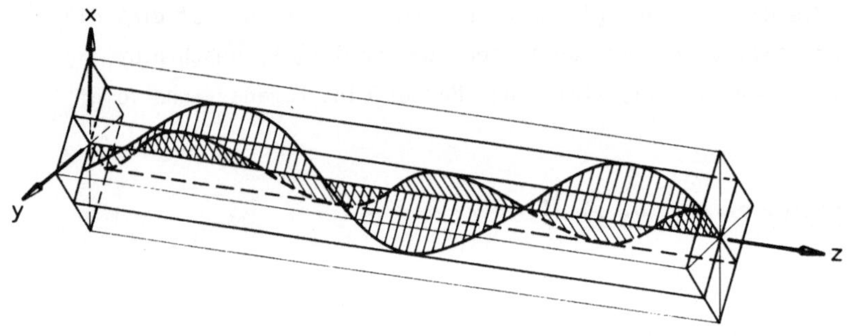

Abb. A.1. Eigenmoden eines Mediums mit symmetrischen Materialeigenschaften

$$\mu\tilde{\varepsilon} = \mu\begin{pmatrix} \varepsilon_{xx} & \varepsilon_{xy} & 0 \\ \varepsilon_{xy} & \varepsilon_{xx} & 0 \\ 0 & 0 & \varepsilon_{zz} \end{pmatrix} \quad , \ \tilde{n}^2 = \mu(\varepsilon_{xx} \pm \varepsilon_{xy}) \quad ,$$

$$\underline{E} = E_0(1, \pm 1, 0) \exp[i(\tilde{n}k_0 z - \omega t)] \text{ - Momentaufnahme}$$

Die *Eigenmoden* für den Fall symmetrischer Materialeigenschaften sind zwei Wellen, die sich mit unterschiedlichen Phasengeschwindigkeiten ausbreiten. Sie sind linear polarisiert und ihre Polarisationsebenen stehen senkrecht zueinander (Abb.A.1)

Die Eigenmoden des antimetrischen Falls sind zwei *zirkular polarisierte* Wellen, die sich mit unterschiedlicher Phasengeschwindigkeit ausbreiten (Abb.A.2) [1].

[1] Die Definition des *Drehsinnes* der zirkularpolarisierten Welle ist nicht einheitlich, da die einen die Welle in Ausbreitungsrichtung betrachten, andere ihr entgegen blicken. Wir unterscheiden deshalb die Moden druch das Vorzeichen in $\underline{E} = E_0(1, \pm i, 0)$.

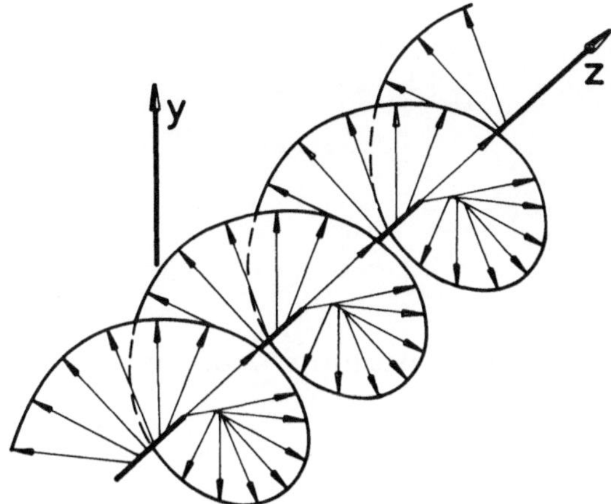

Abb. A.2. Eigenmoden eines Mediums mit antimetrischen Materialeigenschaften

$$\mu\tilde{\varepsilon} = \mu \begin{pmatrix} \varepsilon_{xx} & \varepsilon_{xy} & 0 \\ -\varepsilon_{xy} & \varepsilon_{xx} & 0 \\ 0 & 0 & \varepsilon_{zz} \end{pmatrix} ,$$

$$\tilde{n}^2 = \mu(\varepsilon_{xx} \pm i\varepsilon_{xy})$$

$$\underline{E} = E_0 \ (1, \pm i, 0) \ \exp[i(\tilde{n}k_0 z - \omega t)]$$

\- Momentaufnahme der +-Mode -

A.2.4 Welle in x-Richtung $\underline{e} = (1, 0, 0)$

Gl.(A.15) wird zu

$$\begin{aligned} -aE_x - cE_y \quad &+ 0 &&= 0 \\ \mp cE_x + (\tilde{n}^2 - a)E_y &+ 0 &&= 0 \\ 0 \quad + 0 \quad &+ (\tilde{n}^2 - b)E_z &&= 0 \end{aligned} ,$$

woraus folgt

a) transversale Wellen, polarisiert in z-Richtung, breiten sich aus gemäß dem Brechungsindex

$$\tilde{n}^2 = b = \mu\tilde{\varepsilon}_{zz} , \tag{A.21}$$

b) andere erlaubte Wellen haben offensichtlich gemischte Polarisationszustände. Für den zugehörigen Brechungsindex folgt aus dem Verschwinden der Determinanten

$$\tilde{n}^2 = \mp \frac{c^2}{a} = \mu(\varepsilon_{xx} \mp \varepsilon_{xy}^2/\varepsilon_{xx}) . \tag{A.22}$$

Den Polarisationszustand finden wir wieder durch Einsetzen von $\tilde{n}^2$ in das Gleichungssystem. Es ergeben sich für beide Fälle, den symmetrischen und den antimetrischen, die gleichen Polarisationszustände:

$$aE_x + cE_y = 0$$

$$cE_x + \frac{c^2}{a} E_y = 0$$

$$E_x = -\frac{c}{a} E_y = -\frac{\varepsilon_{xy}}{\varepsilon_{xx}} E_y$$

$$\underline{E} = E_o \left(-\frac{\varepsilon_{xy}}{\varepsilon_{xx}}, 1, 0 \right) \quad . \tag{A.23}$$

Es handelt sich um eine gemischte Mode, bei der die longitudinale Komponente von der Größe des Nichtdiagonal-Gliedes ε_{xy} abhängt.

A.3 Die magnetischen Wellenfelder

Wegen der Linearität der Maxwell-Gleichungen und der Materialgleichungen haben zusammengehörige Feldgrößen die gleiche Phasengeschwindigkeit. Es bleibt also nur die Amplitude und der Polarisationszustand zu ermitteln.

Wir untersuchen deshalb die unsere E-Welle begleitenden B- und H-Felder. Hierzu und für die kommenden Abschnitte beschränken wir uns auf eine Welle, die sich in z-Richtung ausbreitet $\underline{k} = (0, 0, k)$, um für unsere Diskussion einfache Komponenten-Zerlegungen vornehmen zu können.

Das B-Feld folgt aus (A.2)

$$\underline{B} = \frac{\underline{k} \times \underline{E}}{\omega} = \frac{k}{\omega} (-E_y, E_x, 0) \quad ,$$

longitudinale Komponenten kommen nicht vor, da B durch die Operation "rot" gebildet wird, hier also wegen des Vektorprodukts $\underline{k} \times \underline{E}$. Ebenso folgt dies aus (A.4).

Das B-Feld ist also rein transversal und um 90° gegen das E-Feld gedreht (Abb.A.3). Das Verhältnis von E und B ist die Phasengeschwindigkeit

$$\frac{E_x}{B_y} = -\frac{E_y}{B_x} = c = \frac{c_o}{\tilde{n}} \quad . \tag{A.24}$$

Die entsprechende Beziehung für das H-Feld folgt aus (A.8)

$$\mu\mu_o \underline{H} = (-E_y, E_x, 0)/c \quad . \tag{A.25}$$

Nehmen wir wieder ein magnetisch isotropes Medium an, so gilt

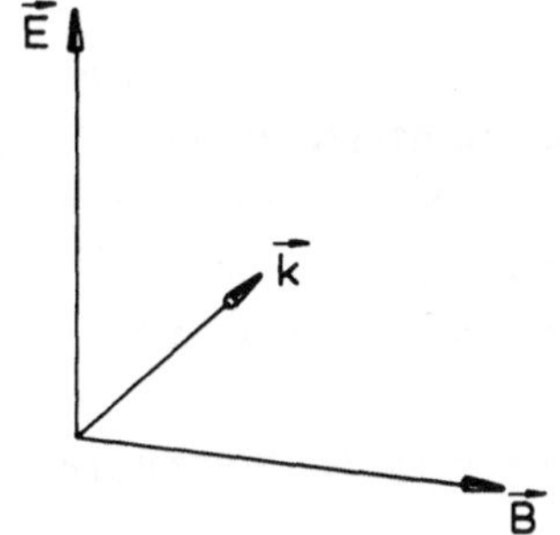

Abb. A.3. Orientierung der Felder einer elektromagnetischen Welle

$$E_x/H_y = - E_y/H_x = \mu\mu_0 c \equiv z \quad . \tag{A.26}$$

Dieses Verhältnis nennt man den *Wellenwiderstand* z. Im *Vakuum* nimmt z den Wert an

$$z_0 = \sqrt{\frac{\mu_0}{\varepsilon_0}} = 377\ \Omega \quad . \tag{A.27}$$

Analog zum Brechungsindex $\tilde{n} = c_0/c$ definieren wir einen relativen *Wellenwiderstand*

$$\tilde{z} \equiv \frac{z_0}{z} \quad . \tag{A.28}$$

In den übersichtlichen Fällen, in denen $c^2 = (\mu\mu_0\varepsilon\varepsilon_0)^{-1}$ gilt, vergleichen wir

$$\frac{E_x}{B_y} = c = \frac{c_0}{\tilde{n}} \qquad \frac{E_x}{H_y} = z = \frac{z_0}{\tilde{z}}$$

$$c_0^2 = \frac{1}{\varepsilon_0\mu_0} \qquad z_0^2 = \frac{\mu_0}{\varepsilon_0}$$

$$\tilde{n} = \sqrt{\varepsilon\mu} \qquad \tilde{z} = \sqrt{\frac{\varepsilon}{\mu}} \tag{A.29}$$

Beachte:

Nur in unmagnetischen Medien ($\mu = 1$) gilt $\tilde{n} = \tilde{z}$! Da $\tilde{n}$ und $\tilde{z}$ die Ausbreitung und Reflexion (Abschn.A.5) von Wellen beschreiben, nennen wir sie die "*optischen Konstanten*" eines Mediums.

A.4 Die Randbedingungen für elektromagnetische Wellenfelder an der Grenzfläche zwischen zwei Halbräumen

Bisher haben wir nur unendlich ausgedehnte, homogene Medien betrachtet. Dadurch konnten wir die Felder durch ebene Wellen beschreiben. Das ist aber auch weiter möglich, wenn wir Wellen an einer ebenen Grenzfläche zwischen zwei Halbräumen "1" und "2" betrachten, die sich in ihren optischen Konstanten unterscheiden. Lösungen sind solche Sätze von Wellenfeldern, die in der Grenzfläche geeignet stetig anschließen. Daraus folgt sofort, daß die Wellen rechts und links von der Grenzfläche mit der gleichen Frequenz schwingen müssen, damit der stetige Übergang zu jeder Zeit gewährleistet ist. Außerdem muß die von den Wellenfeldern in der Grenzfläche erzeugte Erregung die gleiche räumliche Periode haben, d.h. die tangentialen Komponenten der Wellenvektoren der Felder rechts und links müssen in der Grenzebene gleich sein.

Die Wellenfelder E, B, D, H selbst, bzw. die von ihnen induzierten Erregungen der Materie P, j, M können nicht alle gleichzeitig stetig übergehen. Denn treffen z.B. zwei Medien mit unterschiedlicher Dielektrizitätskonstante aufeinander, so bedeutet das ja gerade, daß sich bei gleichem E-Feld verschiedene D-Felder einstellen.

In der Elektrodynamik werden die Stetigkeitsbedingungen mit den Maxwell-Gleichungen begründet. Dabei folgt aus $\nabla \underline{B} = 0$ - d.h. aus der Erfahrung, daß wir keine magnetischen Monopole beobachten - die Stetigkeit der Normalkomponente von B:

$$B_{2n} - B_{1n} = 0 \tag{A.30}$$

sowie über $\nabla \times \underline{E} = -\dot{\underline{B}}$ die Stetigkeit der Tangentialkomponente von E:

$$E_{2t} - E_{1t} = 0 \quad . \tag{A.31}$$

Für die Normalkomponente von E dagegen kann wegen $\nabla \underline{E} = (\rho - \nabla \underline{P})/\varepsilon_0$ keine Stetigkeit erwartet werden. Vielmehr gilt

$$E_{2n} - E_{1n} = (\sigma_w + \sigma_p)/\varepsilon_o \quad ,$$

worin σ_w und σ_p Ladungen bedeuten, die nur in der Grenzfläche lokalisiert sind. Dabei bedeutet der Index w (wahre) frei bewegliche Ladungen und der Index p gebundene, Polarisationsladungen. Faßt man die Polarisation P mit E zusammen zur Feldgröße $\underline{D} = \varepsilon_o \underline{E} + \underline{P}$, so kann man gemäß $\nabla \underline{D} = \rho$ die Stetigkeitsbedingung für die Normalkomponente von D wie folgt formulieren

$$D_{2n} - D_{1n} = \sigma_w/\varepsilon_o \quad , \tag{A.32}$$

d.h. D_n ist stetig, wenn vom Wellenfeld keine wahren Ladungen in die Grenzfläche gepumpt werden.

Wegen der Stetigkeitseigenschaften der Tangentialkomponente des magnetischen Feldes betrachtet man die Maxwell-Gleichung

$$\mu_o^{-1} \nabla \times \underline{B} = \varepsilon_o\dot{\underline{E}} + \dot{\underline{P}} + \underline{j} + \nabla \times \underline{M}, \text{ aus der folgt}$$

$$B_{2t} - B_{1t} = \mu_o \left(g_{\dot{p}} + g_w + M_{2t} - M_{1t}\right) \quad , \qquad (A.33)$$

oder etwas genauer bei unseren Koordinaten

$$B_{2,x} - B_{1,x} = \mu_o \left(g_{\dot{p},y} + g_{w,y} + M_{2,x} - M_{1,x}\right)$$

$$B_{2,y} - B_{1,y} = \mu_o \left(-g_{\dot{p},x} - g_{w,x} + M_{2,y} - M_{1,y}\right) \quad .$$

Hierin bedeuten die Terme g Ströme von Polarisations- bzw. freien Ladungen, die nur in der Grenzfläche fließen. Es läßt sich zeigen, daß diese nur auftreten können, wenn die Grenzfläche durch eine eigene Grenzflächen-Leitfähigkeit bzw. -Suszeptibilität beschrieben werden muß. Ist dies nicht der Fall, so wird ein Sprung in B_t allein durch eine unterschiedliche Magnetisierung der beiden Halbräume verursacht, die im Rhythmus der elektromagnetischen Welle oszilliert. Faßt man die Magnetisierung M jedoch mit dem B-Feld zusammen zur Feldgröße $\underline{H} = \underline{B}/\mu_o - \underline{M}$, so folgt in diesem Fall Stetigkeit für die Tangentialkomponente von H:

$$H_{2t} - H_{1t} = 0 \quad . \qquad (A.34)$$

Im allgemeinen entsteht an der Grenzfläche mindestens eine eindringende und eine reflektierte Welle, wenn eine erregende Welle einläuft. Außerdem kann in speziellen Fällen eine Oberflächenwelle angeregt werden.

A.5 Das Reflexionsvermögen des Halbraumes

Zur Betrachtung des Reflexionsvermögens einer Grenzebene zwischen zwei Medien beschränken wir uns auf den einfachen Fall einer senkrecht einlaufenden Welle. Außerdem nehmen wir an, daß keine speziellen Grenzflächen- bzw. Oberflächeneffekte auftreten, die wir durch eine eigene Grenzflächenleitfähigkeit oder -Polarisierbarkeit beschreiben müssen.

Zur Lösung untersuchen wir, ob sich die Randbedingungen des Abschn.A.4 durch eine eindringende und reflektierte Welle zusammen mit der erregenden, einlaufenden erfüllen lassen (Abb.A.4).

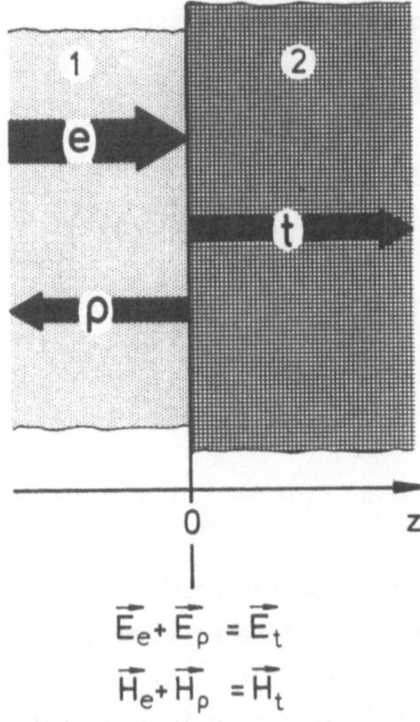

Abb. A.4. Reflexion und Transmission an der Grenzebene zwischen den Halbräumen "1" und "2"

Hierzu betrachten wir eine senkrecht zur Grenzebene einlaufende Welle mit $\underline{k} = (0, 0, k)$ und einer elektrischen Erregung in x-Richtung $\underline{E} = (E, 0, 0)$. Da wir somit keine Normalkomponenten zu erwarten haben, müssen unsere drei Wellen mit den Wellenvektoren

$$\underline{k}_e = (0, 0, \tilde{n}_1 k_o) \qquad \text{erregende Welle}$$
$$\underline{k}_\rho = (0, 0, -\tilde{n}_1 k_o) \qquad \text{reflektierte Welle} \qquad (A.35)$$
$$\underline{k}_t = (0, 0, \tilde{n}_2 k_o) \qquad \text{eindringende Welle}$$

in der Grenzfläche nur die beiden Stetigkeitsbedingungen (A.31) und (A.34) für die tangentialen Komponenten erfüllen

$$\underline{E}_e + \underline{E}_\rho = \underline{E}_t \qquad \underline{H}_e + \underline{H}_\rho = \underline{H}_t \quad . \qquad (A.36)$$

In der Grenzebene $\underline{r} = (x, y, 0)$ haben die beteiligten Felder folgende Komponenten

$$\underline{E}_e = (E_e, 0, 0)\exp(-i\omega t) \qquad \underline{H}_e = (0, H_e, 0)\exp(-i\omega t)$$
$$\underline{E}_\rho = (E_\rho, 0, 0)\exp(-i\omega t) \qquad \underline{H}_\rho = (0, H_\rho, 0)\exp(-i\omega t)$$
$$\underline{E}_t = (E_t, 0, 0)\exp(-i\omega t) \qquad \underline{H}_t = (0, H_t, 0)\exp(-i\omega t) \quad ,$$

d.h. 6 Unbekannte. Die E- und H-Felder sind aber nach (A.26) immer paarweise miteinander durch die Wellenwiderstände verknüpft:

$$E_e/H_e = \tilde{z}_1 \qquad E_\rho/H_\rho = -\tilde{z}_1 \qquad E_t/H_t = \tilde{z}_2 \quad . \tag{A.37}$$

Da wir die Wellenwiderstände als bekannt annehmen, reduziert sich die Zahl der Unbekannten auf 3.

Weil die Maxwell-Gleichungen und die Materialgleichungen aber linear sind, müssen eindringende und reflektierte Amplitude proportional zur erregenden sein. Wir können deshalb die Zahl der Unbekannten noch um eine reduzieren, wenn wir die Amplituden auf die der erregenden normieren, indem wir die (Amplituden-)*Reflexions-* und *Transmissionskoeffizienten* definieren

$$\underline{E}_\rho \equiv \tilde{\rho}\, \underline{E}_e \qquad \underline{E}_t \equiv \tilde{t}\, \underline{E}_e \quad . \tag{A.38}$$

Die Stetigkeitsbedingungen (A.36) gehen hiermit über in zwei inhomogene Gleichungen für $\tilde{\rho}$ und $\tilde{t}$:

$$1 + \tilde{\rho} = \tilde{t} \qquad \frac{1}{\tilde{z}_1} - \frac{\tilde{\rho}}{\tilde{z}_1} = \frac{t}{\tilde{z}_2}$$

und mit den Abkürzungen

$$z_{12} \equiv \frac{\tilde{z}_1}{\tilde{z}_2} \quad \text{oder} \quad z_{21} \equiv \frac{\tilde{z}_2}{\tilde{z}_1} \tag{A.39}$$

folgt für den gesuchten Reflexionskoeffizienten

$$\tilde{\rho} = -\frac{z_{12}-1}{z_{12}+1} = \frac{z_{21}-1}{z_{21}+1} \tag{A.40}$$

und den Transmissionskoeffizienten

$$\tilde{t} = \frac{2}{1+z_{12}} = \frac{2z_{21}}{1+z_{21}} \quad . \tag{A.41}$$

Gln.(A.40) und (A.41) sind wieder komplexe Abbildungen vom Typ $z' = (az + b)/(cz + d)$ mit $ad - bc \neq 0$, die kreistreu sind (s.a. Aufgabe 9.2). Die Abbildungen der komplexen z_{12}-Ebene auf die Ebene der Reflexions- und Transmissionskoeffizienten zeigt Abb.A.5 (s.a. Aufgabe A.3,4).

In den folgenden Abschnitten werden wir einige charakteristische Strukturen der Reflexion untersuchen.

A.5.1 Verschwindende Reflexion

Aus (A.40) oder Abb.A.5 folgt aus $\tilde{\rho} = 0$ sofort die Bedingung

$$z_{21} = 1 \qquad \tilde{z}_2 = \tilde{z}_1 \quad . \tag{A.42}$$

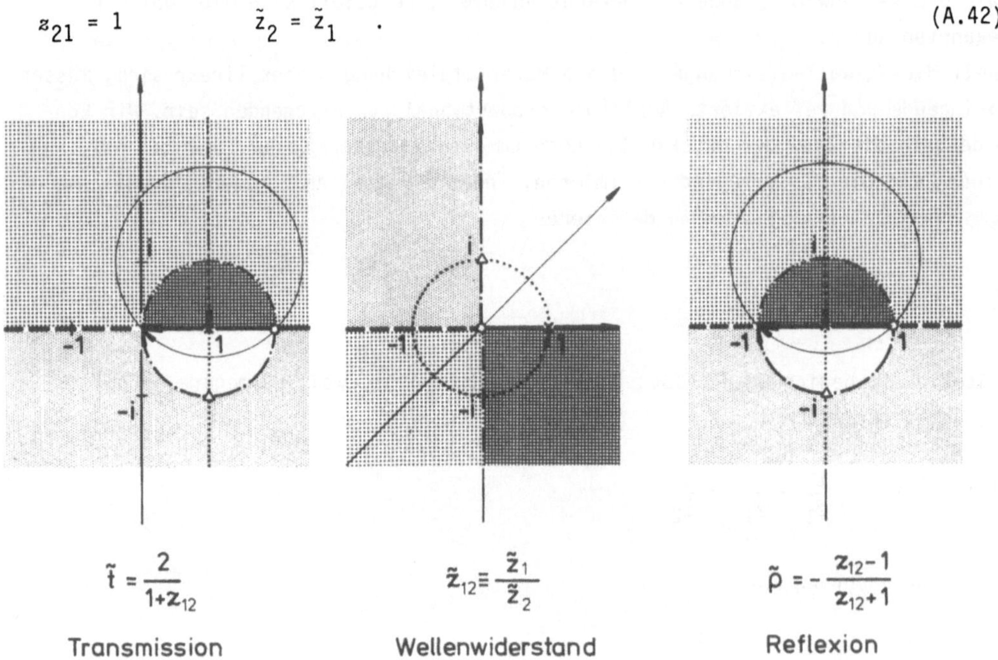

Abb. A.5. Reflexion und Transmission einer elektromagnetischen Welle an der Grenzebene zwischen den Medien $\tilde{z}_1$ und $\tilde{z}_2$. Durch die Schraffuren und Symbole wird die topologische Zuordnung der Bereiche der komplexen z-Ebene bei der Abbildung auf die komplexe $\tilde{t}$- bzw $\tilde{\rho}$- Ebene gezeigt

Da im allgemeinen - von extrem anisotropen Fällen abgesehen - gilt

$$z = \sqrt{\mu\mu_0/\varepsilon\varepsilon_0} \quad ,$$

verschwindet die Reflexion also, wenn

$$\varepsilon_1/\varepsilon_2 = \mu_1/\mu_2 \quad . \tag{A.43}$$

Nur in unmagnetischen Medien ($\mu_1 = \mu_2 = 1$) müssen für $\rho \neq 0$ die dielektrischen Funktionen gleich sein!

Der Transmissionskoeffizient hat hier den Wert 1.

A.5.2 Totalreflexion

Unter Totalreflexion verstehen wir den Fall, daß die reflektierte Welle den gleichen Betrag der Amplitude hat wie die erregende, d.h. $|\tilde{\rho}| = 1$. Für den Fall senkrechter Inzidenz folgt aus dieser Forderung nach Abb.A.5

$$\mathrm{Re}\{z_{12}\} = 0 \quad \text{oder} \quad |z_{12}| \to \infty \quad , \tag{A.44}$$

denn dieses sind die Bildpunkte in der z_{12}-Ebene zum Kreis mit dem Radius 1 in der ρ-Ebene. Die zugehörigen relativen Wellenwiderstände liegen also in der z_{12}-Ebene auf der imaginären Achse.

Die zugehörigen Transmissionskoeffizienten sind aber keineswegs 0, vielmehr gilt $0 < |\tilde{t}| \leqq 2$. Das ist kein Widerspruch zur Energieerhaltung, da wir nur die Amplituden im eingeschwungenen Zustand betrachten, aber noch nicht die Energieströme, die unsere Wellen begleiten (s.Abschn.A.7). Die Bedingung $t \neq 0$ bedeutet, daß das elektromagnetische Feld erst in das Medium eindringen muß, damit die hier erzeugte Polarisation bzw. Magnetisierung die rücklaufende reflektierte Welle erzeugen kann.

A.5.3 Eindringtiefe der elektromagnetischen Welle

Die in das Medium "2" (Abb.A.4) eingedrungene Welle der relativen Amplitude $\tilde{t}$ breitet sich gemäß dem Brechungsindex $\tilde{n}_2 = n_2 + i\kappa_2$ aus:

$$\underline{E}_t(\underline{r}, t) = \tilde{t}\underline{E}_0 \exp[i(\tilde{n}k_0 z - \omega t)] = \tilde{t}\underline{E}_0 \exp(-\kappa k_0 z) \cdot \exp[i(nk_0 z - \omega t)] \quad . \tag{A.45}$$

Das gleiche gilt auch für die anderen Feldgrößen. Die Felder klingen also auf dem Weg $1/\kappa k_0$ auf 1/e ab. Man bezeichnet deshalb diese Länge als die *Eindringtiefe* d_p

$$d_p \equiv \frac{1}{\kappa k_0} \quad . \tag{A.46}$$

Dieses Abklingen im Medium "2" hat aber nicht notwendig etwas mit "Absorption", d.h. "Energie-Dissipation", zu tun, wie durch die ungeschickte Wahl des Wortes "Absorptionsindex" für κ assoziiert werden kann.

Aus $\tilde{n}^2 = (n + i\kappa)^2 = \tilde{\mu}\tilde{\varepsilon} = (\mu' + i\mu'')(\varepsilon' + i\varepsilon'')$ folgt

$$n^2 - \kappa^2 = \mu'\varepsilon' - \mu''\varepsilon''$$

$$2n\kappa = \mu'\varepsilon'' + \mu''\varepsilon' \quad . \tag{A.47}$$

Betrachten wir z.B. ein Medium mit $\varepsilon'' \simeq 0$, $\mu'' \simeq 0$ - ein sehr realistisches Beispiel (Abb.11.1) - so gibt es also wegen $n^2 - \kappa^2 = \mu'\varepsilon'$, $2n\kappa = 0$ nur zwei wesentliche verschiedene Fälle

a) $\mu' > 0$, $\varepsilon' > 0$ oder $\mu' < 0$, $\varepsilon' < 0$ mit $n > 0$ $\kappa = 0$

b) $\mu' > 0$, $\varepsilon' < 0$ oder $\mu' < 0$, $\varepsilon' > 0$ mit $n = 0$ $\kappa > 0$.

Im Fall a) breitet sich eine ungedämpfte Welle aus mit der Phasengeschwindigkeit $n = \sqrt{\varepsilon'\mu'}$. Im Fall b) ist die Phasengeschwindigkeit unendlich groß. Das Medium schwingt mit der Frequenz ω, wobei die Amplitude ins Volumen hinein abklingt entsprechend der *Eindringtiefe* $d_p = 1/(\sqrt{-\mu'\varepsilon'} \cdot k_o)$. Wir haben also gezeigt, daß eine Welle in ein absorptionsfreies Medium ($\varepsilon'' = 0$, $\mu'' = 0$) unter Umständen nur bis zu einer endlichen Tiefe eindringen kann. Wegen der Energie-Dissipation siehe Abschn. A.8, 9.

A.5.4 Die Reflexion am unmagnetischen Halbraum

Ein besonders wichtiger Fall ist die Reflexion eines Mediums, das nur an das elektrische Feld der elektromagnetischen Welle ankoppelt. Für die Materialeigenschaften gilt dann $\chi_e \neq 0$, $\sigma \neq 0$ und $\chi_m = 0$ bzw. $\mu = 1$. Besonders bei sehr hohen Frequenzen (sichtbares Licht, Ultraviolett) scheinen sich viele Materialien gut durch die Näherung $\mu \simeq 1$ beschreiben zu lassen. Doch gibt es keine Argumente, daß dies generell der Fall sein müsse [A.1]. Keinesfalls gilt dies jedoch bei Submillimeter- oder Mikrowellen!

In diesen unmagnetischen Medien folgt aus (A.29) (s.Tabelle A.2)

$$\tilde{n} = \tilde{z} = \sqrt{\tilde{\varepsilon}} \quad \text{bzw.} \quad \varepsilon' = n^2 - \kappa^2 \quad \varepsilon'' = 2n\kappa \quad . \tag{A.48}$$

Betrachten wir nun noch den Fall, daß unser Medium an Vakuum angrenzt ($\tilde{z}_1 = z_o$), so wird nach (A.39) $z_{12} = z = \sqrt{\tilde{\varepsilon}}$. Die Reflexion ist in diesen Medien also nur von der dielektrischen Funktion abhängig, denn aus (A.40) folgt

$$\tilde{\rho} = -\frac{\sqrt{\tilde{\varepsilon}}-1}{\sqrt{\tilde{\varepsilon}}+1} = -\frac{\tilde{n}-1}{\tilde{n}+1} \quad . \tag{A.49}$$

Grundsätzlich kann die dielektrische Funktion die gesamte obere komplexe Halbebene überdecken ($-\infty < \varepsilon' < \infty$, $0 < \varepsilon'' < \infty$). Bei der Abbildung auf den Brechungsindex gemäß $n = \sqrt{\tilde{\varepsilon}}$ konzentrieren sich die Bildpunkte auf den ersten Quadranten ($0 < n < \infty$, $0 < \kappa < \infty$). Bildet man diesen weiter gemäß (A.49) auf den Reflexionskoeffizienten $\tilde{\rho}$ ab, so wird die gesamte komplexe ε-Halbebene in einen Halbkreis zusammengedrängt (Abb.A.6). Aus diesem Grunde ist es meßtechnisch sehr anspruchsvoll, aus Reflexionsdaten die dielektrische Funktion zu bestimmen. Das gilt besonders für sehr große Werte von $\tilde{\varepsilon}$ ($|\tilde{\varepsilon}| \gg 1$), da diese alle in die unmittelbare Umgebung von $\tilde{\rho} = -1$ abgebildet werden. In Abb.A.7 sind diese Zusammenhänge noch einmal quantitativ in einem Nomogramm dargestellt.

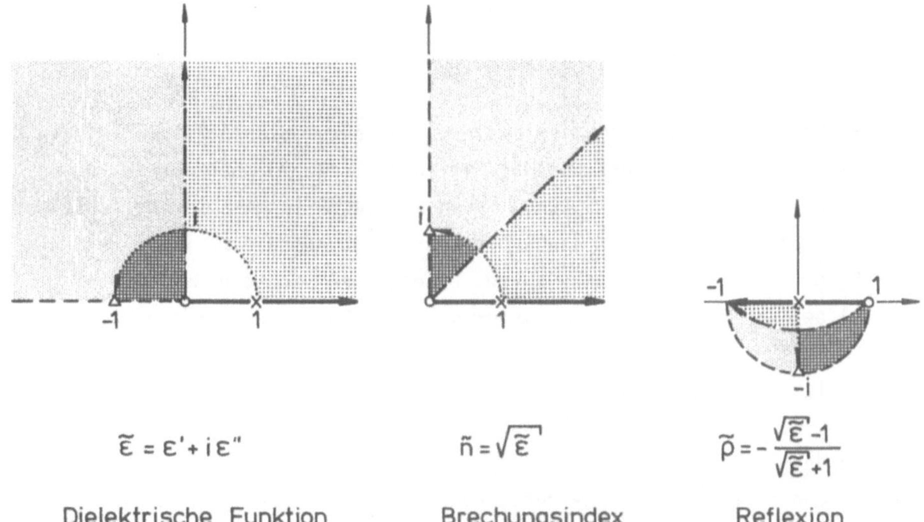

Abb. A.6. Reflexion eines dielektrischen Halbraums gegen Vakuum. Die Schraffur zeigt den topologischen Zusammenhang bei der Abbildung der verschiedenen komplexen Ebenen

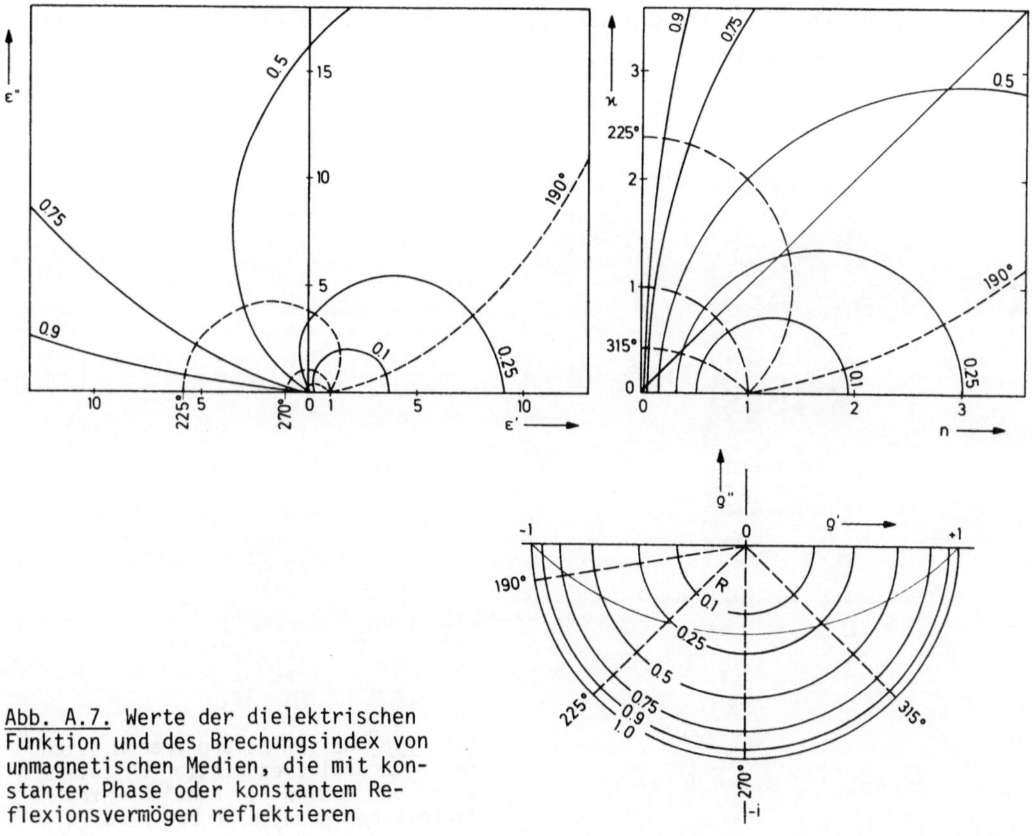

Abb. A.7. Werte der dielektrischen Funktion und des Brechungsindex von unmagnetischen Medien, die mit konstanter Phase oder konstantem Reflexionsvermögen reflektieren

A.6 Das optische Verhalten einer planparallelen Platte

Wir ermitteln das Reflexions-und Transmissionsverhalten einer planparallelen Platte der Dicke d aus dem Material "2", das von den Medien "1" bzw. "3" begrenzt wird. Wir verfahren hierzu wie in Abschn.A.5. Doch haben wir jetzt insgesamt 7 Wellenfelder mit den relativen Amplituden 1, $\tilde{\rho}_p$, $\tilde{t}_p$, $\tilde{\alpha}$, $\tilde{\beta}$ phasenrichtig anzupassen, 4 an der Grenzebene z = 0 und 3 an der Grenzebene z = d. Dabei haben sich die Wellen $\sim \exp[i(kz - \omega t)]$ bei z = d um den Phasenfaktor $\Phi = \exp(ikd)$ gegenüber z = 0 fortentwickelt.

Die 4 Stetigkeitsbedingungen sind in Abb.A.8 angegeben. Im einzelnen gelten für die Wellenvektoren, das Verhältnis der E- und H-Komponenten und die Phasenfunktionen Φ die Beziehungen der Tab.A.1.

Mit diesen und den relativen Wellenwiderständen

$$z_{12} \equiv z_1 \equiv \tilde{Z}_1/\tilde{Z}_2 \qquad z_{32} \equiv z_3 \equiv \tilde{Z}_3/\tilde{Z}_2 \tag{A.50}$$

erhalten wir aus den 4 Gleichungen der Stetigkeitsforderungen ein Gleichungssystem für die 4 relativen Amplituden $\tilde{\rho}_p$, $\tilde{\alpha}$, $\tilde{\beta}$, $\tilde{t}_p$:

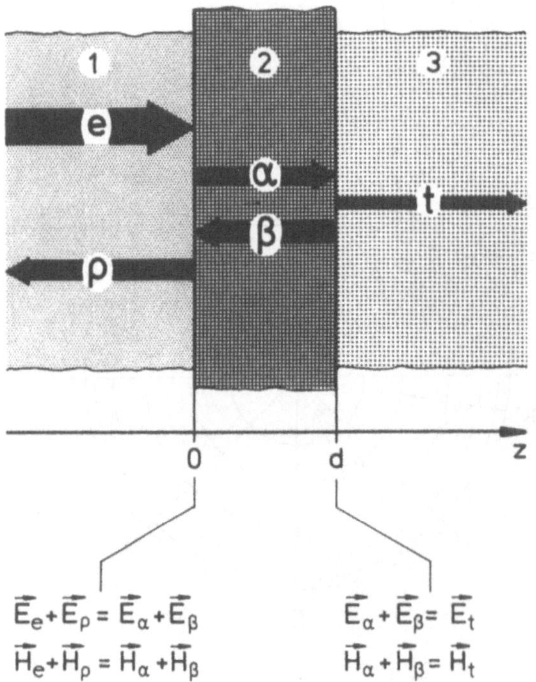

Abb. A.8. Reflexion und Transmission der planparallelen Platte "2" zwischen den Medien "1" und "3". Stetigkeitsbedingungen an den Rändern z = 0 und z = d

$$
\begin{aligned}
E(z=0):&\quad \tilde{\alpha} + \tilde{\beta} - \tilde{\rho}_p + 0 = 1\\
H(z=0):&\quad z_1\tilde{\alpha} - z_1\tilde{\beta} + \tilde{\rho}_p + 0 = 1\\
E(z=d):&\quad \Phi_\alpha\tilde{\alpha} + \Phi_\beta\tilde{\beta} + 0 - \Phi_t\tilde{t}_p = 0\\
H(z=d):&\quad \Phi_\alpha z_3\tilde{\alpha} - \Phi_\beta z_3\tilde{\beta} + 0 - \Phi_t\tilde{t}_p = 0 \quad .
\end{aligned}
\tag{A.51}
$$

Die Lösungen sind

$$\tilde{\alpha} = \frac{-2\Phi_\beta(1-z_3)}{N} \tag{A.52}$$

$$\tilde{\beta} = \frac{2\Phi_\alpha(1+z_3)}{N} \tag{A.53}$$

$$\tilde{\rho}_p = \frac{\Phi_\alpha(1+z_1)(1-z_3)-\Phi_\beta(1-z_1)(1+z_3)}{N} \tag{A.54}$$

$$\tilde{t}_p\Phi_t = \frac{-4z_3\Phi_\alpha\Phi_\beta}{N} \tag{A.55}$$

mit

$$N \equiv \Phi_\alpha\,(1-z_1)(1-z_3) - \Phi_\beta\,(1+z_1)(1+z_3) \quad . \tag{A.56}$$

Tabelle A.1. Das optische Verhalten der planparallelen Platte. Definition der benutzten Abkürzungen

Medium	relative Amplitude	Wellenvektor	E/H	Phasenfunktionen Φ z = 0	z = d
"1"	$1 = \frac{E_e}{E_e}$	$\underline{k}_e = (0, 0, \tilde{n}_1 k_o)$	$\frac{E_e}{H_e} = \tilde{z}_1$	1	-
	$\tilde{\rho}_p = \frac{E_\rho}{E_e}$	$\underline{k}_\rho = (0, 0, -\tilde{n}_1 k_o)$	$\frac{E_\rho}{H_\rho} = -\tilde{z}_1$	1	-
"2"	$\tilde{\alpha} = \frac{E_\alpha}{E_e}$	$\underline{k}_\alpha = (0, 0, \tilde{n}_2 k_o)$	$\frac{E_\alpha}{H_\alpha} = \tilde{z}_2$	1	$\Phi_\alpha = \exp(i\tilde{n}_2 k_o d)$
	$\tilde{\beta} = \frac{E_\beta}{E_e}$	$\underline{k}_\beta = (0, 0, -\tilde{n}_2 k_o)$	$\frac{E_\beta}{H_\beta} = -\tilde{z}_2$	1	$\Phi_\beta = \exp(-i\tilde{n}_2 k_o d)$
"3"	$\tilde{t}_p = \frac{E_t}{E_e}$	$\underline{k}_t = (0, 0, \tilde{n}_3 k_o)$	$\frac{E_t}{H_t} = \tilde{z}_3$	1	$\Phi_t = \exp(i\tilde{n}_3 k_o d)$

Tabelle A.2. Formeln zur Umrechnung von Brechungsindex $\tilde{n}$ und dielektrischer Funktion $\tilde{\varepsilon}$ unmagnetischer Medien ($\mu = 1$)

$$\tilde{\varepsilon} = \varepsilon' + i\varepsilon'' = \tilde{n}^2 = (n + i\kappa)^2$$

$$\varepsilon' = n^2 - \kappa^2 \qquad \varepsilon'' = 2n\kappa$$

$$n = \sqrt{\frac{\varepsilon'}{2} + \frac{1}{2}\sqrt{\varepsilon'^2 + \varepsilon''^2}} \qquad \kappa = \sqrt{-\frac{\varepsilon'}{2} + \frac{1}{2}\sqrt{\varepsilon'^2 + \varepsilon''^2}}$$

Näherungsformeln

	$\varepsilon' > 0$		$\varepsilon' < 0$	
	n	κ	n	κ
$\varepsilon'^2 \gg \varepsilon''^2$	$\sqrt{\varepsilon'}$	$\frac{\varepsilon''}{2\sqrt{\varepsilon'}}$	$\frac{\varepsilon''}{2\sqrt{-\varepsilon'}}$	$\sqrt{-\varepsilon'}$
$\varepsilon'^2 \ll \varepsilon''^2$	$\sqrt{\frac{\varepsilon''+\varepsilon'}{2}}$	$\sqrt{\frac{\varepsilon''-\varepsilon'}{2}}$	$\sqrt{\frac{\varepsilon''+\varepsilon'}{2}}$	$\sqrt{\frac{\varepsilon''-\varepsilon'}{2}}$

Hierin enthalten die Phasenfunktionen die Plattendicke d und die Materialeigenschaften $\tilde{n}_{2,3}$, die die Phasengeschwindigkeit und Dämpfung der Wellen bestimmen.

Die Materialeigenschaften $z_{1,3}$ bestimmen gleichzeitig für sich allein die Reflexion an den Grenzebenen 1-2 bzw. 3-2 für $d \to \infty$ (Halbraumreflexion (A.40)). Wir können deshalb $z_{1,3}$ durch diese Reflexionskoeffizienten ersetzen

$$\tilde{\rho}_{12} \equiv \tilde{\rho}_1 = -\frac{z_1-1}{z_1+1} \qquad \tilde{\rho}_{32} \equiv \tilde{\rho}_3 = -\frac{z_3-1}{z_3+1} \tag{A.57}$$

und damit (A.54) und (A.55) umschreiben in

$$\tilde{\rho}_p = \frac{\tilde{\rho}_1\Phi_\beta - \tilde{\rho}_3\Phi_\alpha}{\Phi_\beta - \tilde{\rho}_1\tilde{\rho}_3\Phi_\alpha} \tag{A.58}$$

$$\tilde{t}_p\Phi_t = \frac{4z_3}{(1+z_1)(1+z_3)} \cdot \frac{1}{\Phi_\beta - \tilde{\rho}_1\tilde{\rho}_3\Phi_\alpha} \quad . \tag{A.59}$$

Wir werden diese Ergebnisse ausführlich diskutieren, wenn wir aus ihnen das Intensitäts-Reflexionsvermögen $R = \tilde{\rho}\tilde{\rho}^*$ und das Transmissionsvermögen $T = \tilde{t}\tilde{t}^*$ bestimmt haben (Abschn.A.9).

A.7 Die Ausbreitung polarisierter Wellen in anisotropen Medien

Wir betrachten die Ausbreitung von elektromagnetischen Wellen in *anisotropen Medien*, die durch Materialeigenschaften $\mu\varepsilon$ mit einer Tensor-Struktur, z.B. gemäß (A.16) beschrieben werden. Erregen wir das Medium über die Oberfläche durch eine linear polarisierte Welle, so werden im allgemeinen im Medium beide Eigenmoden angeregt, d.h. im Falle von (A.21) und (A.22) die zwei transversalen, senkrecht zueinander linear polarisierten Wellen, im Fall von (A.18) die zwei zirkular polarisierten Wellen. Sind die Phasengeschwindigkeiten für beide Wellen verschieden, so spricht man von *linearer* bzw. *zirkularer Doppelbrechung*, bei verschiedenen Dämpfungen von *linearem Dichroismus* bzw. *Rotationsdichroismus*. Die Wellen, die solche Medien durchsetzt haben oder von ihnen reflektiert wurden, haben nicht mehr den gleichen Polarisationscharakter wie das erregende Wellenfeld. Sie sind im allgemeinen nach dem Verlassen des Mediums elliptisch polarisiert, da sich die beiden Moden mit unterschiedlicher Phase und Amplitude beim Austritt an der Oberfläche zur Vakuum-Welle zusammensetzen.

Zur Beschreibung dieses elliptischen Polarisationszustandes betrachten wir die Überlagerung zweier senkrecht zueinander linear polarisierter Wellen, die unterschiedliche Amplituden haben und um den Phasenwinkel ϕ gegeneinander verschoben sind.

Zur Vereinfachung setzen wir für die beiden Wellen direkt die reellen Ausdrücke an (Abb.A.9)

$$E_{||} = \cos\alpha \cdot E_0\cos(kz - \omega t)$$
$$E_{\perp} = \sin\alpha \cdot E_0\cos(kz - \omega t + \phi) \quad . \tag{A.60}$$

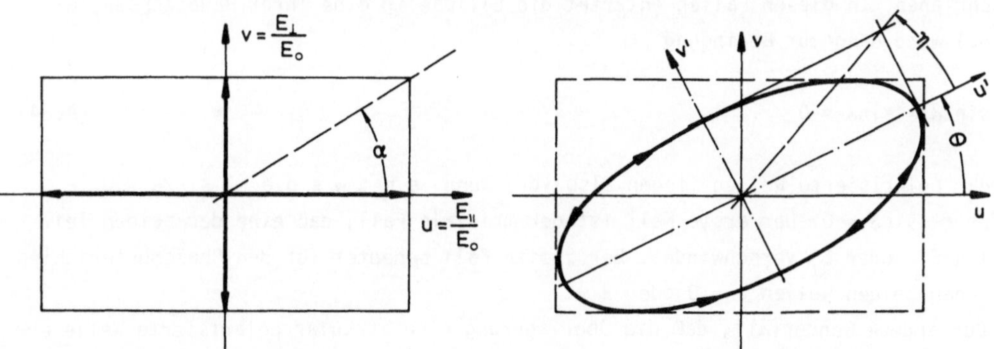

Abb. A.9. Entstehung elliptisch polarisierter Wellen aus der Überlagerung zweier senkrecht zueinander linear polarisierter Wellen

Um die Ortskurven zu ermitteln, die der Feldvektor $\underline{E}$ in einer beliebigen Ebene z = const im Laufe der Zeit durchläuft, eliminieren wir in (A.60) den Phasenwinkel $\Phi \equiv (kz - \omega t)$ wie folgt:
Zerlegung der Phasenfunktion in $\cos(\Phi + \phi) = \cos\Phi \cdot \cos\phi - \sin\Phi \cdot \sin\phi$ und Einsetzen von

$$\cos\Phi = \frac{u}{\cos\alpha} \quad , \quad \sin\Phi = \sqrt{1 - \left(\frac{u}{\cos\alpha}\right)^2}$$

mit den Abkürzungen $E_{||}/E_o \equiv u$ und $E_\perp/E_o \equiv v$ ergibt

$$u^2 \cdot \sin^2\alpha + v^2 \cdot \cos^2\alpha - 2uv \cdot \cos\phi \cdot \sin\alpha \cdot \cos\alpha - \sin^2\phi \cdot \sin^2\alpha \cdot \cos^2\alpha = 0. \quad \text{(A.61)}$$

Diese Gleichung beschreibt eine Ellipse mit dem Achsenverhältnis $\tan\eta$, die um den Winkel Θ gegen die u-Achse gedreht ist (Abb.A.9). Für die *Elliptizität* $\tan_\eta$ und die *Drehung* Θ gelten die Beziehungen

$$\tan 2\Theta = \tan 2\alpha \cdot \cos\phi \quad \text{(A.62)}$$

$$\sin 2\eta = \frac{2\tan\eta}{1+\tan^2\eta} = \pm\sin 2\alpha \cdot \sin\phi \quad . \quad \text{(A.63)}$$

Man erhält diese Gleichungen aus dem Koeffizientenvergleich mit der Gleichung einer entsprechenden, um Θ gedrehten Ellipse (s. Aufgabe A.5).

Der Sonderfall, daß die beiden überlagerten linear polarisierten Wellen $E_{||}$ und $E_\perp$ wieder eine lineare Welle ergeben, wird durch die Elliptizitäten

$$\tan\eta = 0, \pm\infty$$

beschrieben. In diesen Fällen entartet die Ellipse in eine ihrer Hauptachsen. Gl. (A.63) wird dann zur Bedingung

$$\sin 2\alpha \cdot \sin\phi = 0 \quad . \quad \text{(A.64)}$$

Linear polarisierte Wellen liegen also vor, wenn e n t w e d e r $\sin 2\alpha = 0$ o d e r $\sin\phi = 0$. Der erste Fall ist der triviale Fall, daß eine der beiden Teilwellen $E_{||}$ oder $E_\perp$ verschwindet. Der zweite Fall bedeutet für den Phasenunterschied zwischen beiden Wellen $\phi = 0$ oder $\pm\pi$.

Der andere Sonderfall, daß die Überlagerung eine zirkular polarisierte Welle ergibt, wird durch die Elliptizität

$$\tan\eta = \pm 1$$

beschrieben. Die Hauptachsen sind gleich lang, die Ellipse wird ein Kreis. Gl. (A.63) wird zur Bedingung

$$\sin 2\alpha \cdot \sin\phi = \pm 1 \quad . \tag{A.65}$$

Zirkular polarisierte Wellen liegen also nur vor, wenn $\sin 2\alpha = \pm 1$ u n d $\sin\phi = \pm 1$ ist. Die Amplituden der linearen Wellen müssen also gleich sein und der Phasenunterschied $\phi = \pm\ \pi/2$, bzw. "$\lambda/4$".

Umgekehrt ergibt die Überlagerung der beiden komplementären zirkularen Wellen, gleicher Amplitude, s. (A.20), wieder eine lineare Welle

$$\underline{E}_{\pm} = E_0(1, \pm i, 0) \qquad \underline{E}_{+} + \underline{E}_{-} = E_0(2, 0, 0) \quad . \tag{A.66}$$

Im allgemeinen ergibt die Überlagerung zweier zikular polarisierter Wellen unterschiedlicher Amplitude und Phase wieder eine elliptische Polarisation. Das sieht man sofort, wenn man die Feldvektoren E_+ und E_- der beiden zirkularen Wellen phasenrichtig addiert. In der u/v-Ebene werden diese Felder durch Vektoren dargestellt, die mit $\pm\Phi$ um den Mittelpunkt rotieren und Kreise als Ortskurven erzeugen (Abb.A.10). Wir beschreiben die beiden zirkularen Wellen mit den relativen Amplituden $a_{\pm}$ und dem Phasenunterschied 2Θ durch die reellen Ansätze

$$\begin{aligned} \underline{E}_{+} &= a_{+}\ E_0(\cos(\Phi - \Theta), -\sin(\Phi - \Theta), 0) \\ \underline{E}_{-} &= a_{-}\ E_0(\cos(\Phi + \Theta),\ \sin(\Phi + \Theta), 0) \quad . \end{aligned} \tag{A.67}$$

Die Extremalwerte erreicht der resultierende Feldvektor $\underline{E}_{+} + \underline{E}_{-}$ für die Phasenwinkel $\Phi = 0, \pm\pi, \ldots$ und $\Phi = \pm\ \pi/2, \pm\ 3\pi/2, \ldots$. Der Polarisationszustand, der aus der Überlagerung zweier beliebiger zirkularer Wellen, entgegengesetzten Umlaufsinns entsteht, wird also durch die Ellipse mit der Elliptizität

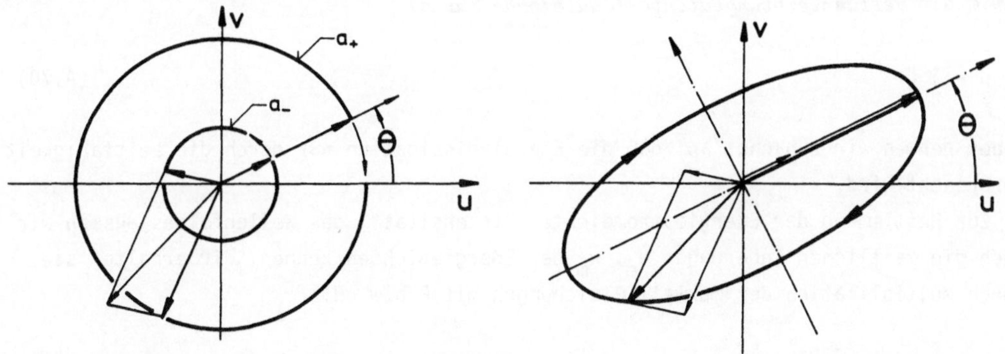

Abb. A.10. Entstehung elliptisch polarisierter Wellen aus der Überlagerung zweier komplementärer zirkular-polarisierter Wellen

$$\tan\eta = \frac{a_+ - a_-}{a_+ + a_-} \tag{A.68}$$

und der Drehung Θ dargestellt. Im Gegensatz zur Überlagerung linear polarisierter Wellen, s. (A.62) und (A.63), wird bei den zirkularen Wellen die Elliptizität allein durch das Amplitudenverhältnis bestimmt und die Drehung allein durch den Gangunterschied.

Will man den Einfluß eines anisotropen Mediums auf den Polarisationszustand einer Welle bei der Transmission oder Reflexion ermitteln, so zerlegt man zunächst das erregende Wellenfeld in die für das Medium charakteristischen Eigenmoden. Dann bestimmt man die Änderung von Phase und Amplitude der Eigenmoden durch das komplexe Transmissions- oder Reflexionsvermögen (A.40) bzw. (A.58) und (A.59) und überlagert die Eigenmoden wieder zum resultierenden Wellenfeld. Die Eigenmoden zeichnen sich unter den möglichen Wellenfeldern ja gerade dadurch aus, daß sie beim Durchgang durch das Medium oder bei Reflexion ihren Polarisationszustand n i c h t ändern.

A.8 Energie- und Leistungsdichte des elektromagnetischen Wellenfeldes

A.8.1 Der Poynting-Vektor

Bisher haben wir nur die Amplituden der elektromagnetischen Felder, also E, B, D und H betrachtet. In diesem Kapitel berechnen wir nun die Energie, die von einer Welle transportiert wird, sowie die Energie, die in einem Medium dissipiert wird.

Hierzu betrachten wir zunächst die *Energiedichte* w im elektrischen bzw. magnetischen Feld (E, B; D, H, j reell!)

$$w_e = \underline{D}\,\underline{E}/2 \qquad w_m = \underline{B}\,\underline{H}/2 \quad , \tag{A.69}$$

sowie die *Verlustleistungsdichte (Joule'sche Wärme)*

$$p = \underline{j}\,\underline{E} \quad . \tag{A.70}$$

Dabei nehmen wir zunächst an, daß die Energiedissipation nur durch die Leitfähigkeit verursacht wird.

Zur Bestimmung der Energiestromdichte ("Intensität") des Wellenfeldes müssen wir auch die zeitlichen Änderungen $\dot{w}_e$, $\dot{w}_m$ der Energiedichten kennen. Wir erhalten sie durch Multiplikation der Maxwell-Gleichungen mit E bzw. H:

$$\nabla \times \underline{E} = -\dot{\underline{B}} \,|\cdot \underline{H} \qquad \text{ergibt} \qquad \underline{H}(\nabla \times \underline{E}) = -\dot{w}_m$$

und

$$\nabla \times \underline{H} = \dot{\underline{D}} + \underline{j} | \cdot \underline{E} \quad \text{ergibt} \quad \underline{E}(\nabla \times \underline{H}) = \dot{w}_e + p \quad .$$

Fassen wir beide Gleichungen zusammen, so erhalten wir einen Ausdruck

$$\underline{H}(\nabla \times \underline{E}) - \underline{E}(\nabla \times \underline{H}) = \nabla(\underline{E} \times \underline{H}) = -\frac{\partial}{\partial t}(w_e + w_m) - p \quad ,$$

den wir als eine Kontinuitätsgleichung deuten können für ein Strömungsfeld, das durch den Vektor $\underline{S} \equiv \underline{E} \times \underline{H}$ beschrieben wird:

Änderung der Energiedichte des elektromagnetischen Feldes		Energiedissipation des elektromagnetischen Feldes an "Wärmebad"		Energiezufuhr durch die elektromagnetische Welle	
$\frac{\partial}{\partial t}(w_e + w_m)$	+	p	=	$-\nabla\underline{S}$.	(A.71)

Der Vektor $\underline{S} = \underline{E} \times \underline{H}$, den man *Poynting-Vektor* nennt, beschreibt die Energiestromdichte des elektromagnetischen Feldes, da seine Divergenz die Zunahme der Feldenergie bzw. die Verluste deckt.

A.8.2 Der Poynting-Vektor einer ebenen, elektromagnetischen Welle

Wir betrachten jetzt speziell die Intensität einer ebenen Welle. Dabei beschreiben wir die Verluste nicht mehr allein über eine Leitfähigkeit, sondern lassen generell komplexe Materialeigenschaften zu. Gl. (A.69) trägt dann auch zur Verlustleistung bei und (A.70) zur Energiedichte.

Der Poynting-Vektor ist reell. Da er nicht mehr linear von den Feldern abhängt, berechnen wir ihn aus den reellen Feldern

$$\underline{S} = \left(\frac{\underline{E}+\underline{E}^*}{2}\right) \times \left(\frac{\underline{H}+\underline{H}^*}{2}\right) \quad .$$

Für eine ebene Welle mit $\underline{k} = (0, 0, k_z)$ und

$$\underline{E}(z) = (E_o(z), 0, 0) \exp[i(k_z z - \omega t)]$$

$$\underline{H}(z) = (0, H_o(z), 0) \exp[i(k_z z - \omega t)]$$

hat der Poynting-Vektor nur eine z-Komponente, die Energie strömt also parallel zur Ausbreitungsrichtung $\underline{k}$:

$$S_z = \frac{1}{4}\{\underbrace{(E_x H_y + E_x^* H_y^*)}_{\substack{\text{periodisch in} \\ \exp[i2(k_z z - \omega t)}} + \underbrace{(E_x H_y^* + E_x^* H_y)}_{\text{zeitunabhängig}}\} \quad .$$

Der erste Term beschreibt das Hin- und Herströmen der Feldenergie zwischen den Bäuchen und Knoten der Welle. Der zweite ist der zeitliche Mittelwert, der die Intensität beschreibt. Für diesen gilt:

$$\langle S_z \rangle = \frac{1}{4}\left(E_x H_y^* + E_x^* H_y\right) = \frac{1}{4}\left(\frac{E_o E_o^*}{z^*} + \frac{E_o^* E_o}{z}\right) \quad .$$

Die Intensität I einer elektromagnetischen Welle der elektrischen Feldamplitude E_o beträgt also

$$\langle S_z \rangle \equiv I = \frac{1}{2}\,\mathrm{Re}\{\frac{1}{z}\}\,|E_o|^2 \quad . \tag{A.72}$$

Speziell für unmagnetische Medien ($\mu = 1$) gilt wegen $1/z = \sqrt{\varepsilon\varepsilon_o/\mu\mu_o} = c_o\varepsilon_o\sqrt{\varepsilon} = c_o\varepsilon_o(n + i\kappa)$

$$\langle S_z \rangle = I = \frac{c_o\varepsilon_o n}{2}\,|E_o|^2 \quad . \tag{A.73}$$

<u>Beachte:</u>

Wegen $I \sim n\,E_o^2$ haben Wellen gleicher Feldstärke in Medien mit verschiedenem n (bzw. z) verschiedene Intensitäten!

Die Dämpfung einer Welle, z.B. infolge Absorption, wird durch den zeitlichen Mittelwert der Divergenz des Poynting-Vektors beschrieben:

$$\nabla\underline{S} = \nabla(\underline{E} \times \underline{H}) = \underline{H} \cdot (\nabla \times \underline{E}) - \underline{E} \cdot (\nabla \times \underline{H}) \quad ,$$

und nach Einsetzen der reellen Felder zusammen mit den Maxwell-Gleichungen

$$\nabla\underline{S} = \frac{\underline{H}+\underline{H}^*}{2}\left[-\frac{\partial}{\partial t}\left(\frac{\underline{B}+\underline{B}^*}{2}\right)\right] - \frac{\underline{E}+\underline{E}^*}{2}\left[\frac{\partial}{\partial t}\left(\frac{\underline{D}+\underline{D}^*}{2}\right)\right]$$

$$\nabla\underline{S} = \frac{\omega}{4}\Big[\underbrace{i(\underline{H}\underline{B} - \underline{H}^*\underline{B}^*) + i(\underline{E}\underline{D} - \underline{E}^*\underline{D}^*)}_{\text{periodisch}} + \underbrace{i(\underline{H}^*\underline{B} - \underline{H}\underline{B}^*) + i(\underline{E}^*\underline{D} - \underline{E}\underline{D}^*)}_{\text{zeitunabhängig}}\Big] \quad .$$

Mit der Identität $i(\tilde{a}^* - \tilde{a}) \equiv 2\mathrm{Im}\{\tilde{a}\}$ folgt für den zeitlichen Mittelwert der Intensitätsabnahme

$$\langle\nabla\underline{S}\rangle = (\mathrm{Im}\{HB^*\} + \mathrm{Im}\{ED^*\})\omega/2 \quad ,$$

und mit den komplexen Materialeigenschaften $\tilde{\mu} = \mu' + i\mu''$, $\tilde{\varepsilon} = \varepsilon' + i\varepsilon''$ schließlich

$$\langle\nabla\underline{S}\rangle = -(\mu_o\mu''|H_o|^2 + \varepsilon_o\varepsilon''|E_o|^2)\omega/2 \quad . \tag{A.74}$$

Speziell für magnetisch verlustfreie Medien ($\mu'' = 0$) gilt

$$\langle\nabla\underline{S}\rangle = -\,\varepsilon_0\varepsilon''|E_0|^2\,\omega/2 \quad . \tag{A.75}$$

Die Energiedissipation ist also proportional zu $|H_0|^2$ bzw. $|E_0|^2$! Identifiziert man ε'' allein als den Realteil der Leitfähigkeit gemäß (9.18) $\varepsilon'' = \sigma'/\varepsilon_0\omega$, so erhält man

$$\langle\nabla\underline{S}\rangle = -\,\sigma'|E_0|^2/2 \quad ,$$

den gleichen Ausdruck wie in (9.21).

A.8.3 Das Intensitätsreflexionsvermögen

Bei optischen Reflexionsexperimenten bestimmt man im allgemeinen nicht die Amplitude der reflektierten Wellen, sondern die von ihr transportierte Energie. Diese ist der Intensität proportional. Da erregende und reflektierte Welle im gleichen Medium verlaufen, genügt für den Vergleich der Intensitäten der Vergleich der Größen $E \cdot E^* = |E|^2$. Wir definieren deshalb ein *Intensitätsreflexionsvermögen* oder eine *Reflexionskonstante* R wie folgt

$$R \equiv \frac{I_R}{I_e} = \frac{E_\rho E_\rho^*}{E_e E_e^*} = \tilde{\rho}\tilde{\rho}^* \quad . \tag{A.76}$$

Hierfür erhalten wir nach (A.40)

$$R \equiv \tilde{\rho}\tilde{\rho}^* = \left(\frac{z_{12}-1}{z_{12}+1}\right)\left(\frac{z^*_{12}-1}{z^*_{12}+1}\right) = \left(\frac{z_{21}-1}{z_{21}+1}\right)\left(\frac{z^*_{21}-1}{z^*_{21}+1}\right) \quad ,$$

und mit $z = z' + iz''$

$$R \equiv \frac{(z'-1)^2+z''^2}{(z'+1)^2+z''^2} \quad . \tag{A.77}$$

Das Reflexionsvermögen ist also nicht davon abhängig, ob die Welle vom Medium "2" nach "1" oder umgekehrt reflektiert wird!

Das Reflexionsvermögen des unmagnetischen Halbraums im Vakuum (Abschn.A.5.4) führt, da hier $z = n + i\kappa$, gilt, zu

$$R = \frac{(n-1)^2+\kappa^2}{(n+1)^2+\kappa^2} \quad . \tag{A.78}$$

A.8.4 Die Absorptionskonstante

Breiten sich ebene Wellen beliebiger Natur in einem absorbierenden Medium aus, so ist ihr Intensitätsverlust dI beim Durchsetzen einer Schicht der Dicke dz im allgemeinen proportional zur Intensität I der Welle. Dies ist das *Lambert-Beer-Gesetz*, durch das man die *Absorptionskonstante* K definiert:

$$\frac{dI}{dz} \equiv -K \cdot I \quad . \tag{A.79}$$

Für eine ebene elektromagnetische Welle, die sich in z-Richtung ausbreitet, beschreiben wir die Intensitäten von (A.79) durch den Poynting-Vektor und erhalten mit $I \equiv \langle S_z \rangle$ und $dI/dz \equiv \langle \nabla \underline{S} \rangle$ für die Absorptionskonstante

$$K = -\frac{\langle \nabla \underline{S} \rangle}{\langle S_z \rangle} = \frac{\omega\mu_0\mu''|H_0|^2 + \omega\varepsilon_0\varepsilon''|E_0|^2}{\mathrm{Re}\{\frac{1}{Z}\}|E_0|^2} \quad . \tag{A.80}$$

Die Absorptionskonstante gibt also an, welche Energie von einem Volumenelement dissipiert wird, bezogen auf den Energiestrom, der den Querschnitt des Volumenelements durchsetzt.

Für das unmagnetische Medium gilt

$$K = \frac{\omega\varepsilon''}{c_0 n} = \frac{\sigma'}{c_0\varepsilon_0 n} \quad , \tag{A.81}$$

wenn $\varepsilon'' = \sigma'/(\varepsilon_0\omega)$.

Andere übliche Ausdrücke für K erhält man mit $\omega/c_0 = k_0 = 2\pi/\lambda_0$ und $\varepsilon'' = 2n\kappa$

$$K = k_0 \frac{\varepsilon''}{n} = 2k_0\kappa = \frac{4\pi\kappa}{\lambda_0} = \frac{2\omega}{c_0}\kappa \quad . \tag{A.82}$$

Dabei gelten diese Ausdrücke mit κ nicht für verlustfreie Medien ($\varepsilon'' = 0$)! Denn hier tritt überhaupt kein mittlerer Energiestrom auf, da aus $\kappa \neq 0$ folgt $n = 0$ und daraus $\langle S \rangle = 0$!

Die Integration des Lambert-Beer-Gesetzes gibt die *Absorption* einer Schicht der Dicke d

$$I(d) = I_0 \exp(-Kd) \quad . \tag{A.83}$$

Man nennt die Größe

$$\lg\left(\frac{I_0}{I}\right) = Kd \cdot \lg(e)$$

auch *"Extinktion"* oder *"Schwärzung"*.

A.9 Reflexions- und Transmissionsvermögen einer planparallelen Platte

Das *Intensitäts-Reflexions-* und *-Transmissionsvermögen* einer planparallelen Platte erhält man wieder aus den entsprechenden Reflexions- und Transmissionskoeffizienten (A.58) und (A.59) durch

$$R_p = \tilde{\rho}_p\tilde{\rho}_p^* \qquad T_p = \tilde{t}_p\tilde{t}_p^* \quad .$$

Das Ergebnis läßt sich wie folgt darstellen (die langwierige, aber einfache Rechnung führen wir hier nicht durch - s. Aufgabe A.6):

$$R_p = R_1 \frac{1+\frac{R_3}{R_1}\exp(-4\kappa_2 k_o d)-2\sqrt{\frac{R_3}{R_1}}\exp(-2\kappa_2 k_o d)\cdot\cos(2n_2 k_o d+\delta_3-\delta_1)}{1+R_1R_3\exp(-4\kappa_2 k_o d)-2\sqrt{R_3R_1}\exp(-2\kappa_2 k_o d)\cdot\cos(2n_2 k_o d+\delta_3+\delta_1)} \tag{A.84}$$

$$T_p = T_o \frac{\frac{z'_3}{z'_1}\left[1+\left(\frac{z''_3}{z'_3}\right)^2\right]\cdot\exp(2\kappa_3 k_o d)}{1+R_1R_3\exp(-4\kappa_2 k_o d)-2\sqrt{R_3R_1}\exp(-2\kappa_2 k_o d)\cdot\cos(2n_2 k_o d+\delta_3+\delta_1)} \quad . \tag{A.85}$$

Dabei haben wir die anschaulichen Abkürzungen R_1, R_3 und T_o eingeführt, die das Reflexions- bzw. Transmissionsvermögen der Platte beschreiben ohne Phasenanpassung, d.h. also beim "einfachen" Durchgang (Abb.A.11).

$$T_o = (1 - R_1)(1 - R_3)\exp(-2\kappa_2 k_o d) \quad , \tag{A.86}$$

sowie, s. (A.57),

$$R_1 = \tilde{\rho}_1\tilde{\rho}_1^* \qquad R_3 = \tilde{\rho}_3\tilde{\rho}_3^* \quad . \tag{A.87}$$

Außerdem treten die Phasenwinkel $\delta_{1,3}$ der Halbraum-Reflexionskoeffizienten auf

$$\tilde{\rho}_{1,3} = |\rho_{1,3}| \cdot \exp(i\delta_{1,3}) \quad , \quad \tan\delta_{1,3} = \frac{\mathrm{Im}\{\tilde{\rho}_{1,3}\}}{\mathrm{Re}\{\tilde{\rho}_{1,3}\}}$$

$$\tan\delta_{1,3} = \frac{-2z''_{1,3}}{1-(z'^2_{1,3}+z''^2_{1,3})} \tag{A.88}$$

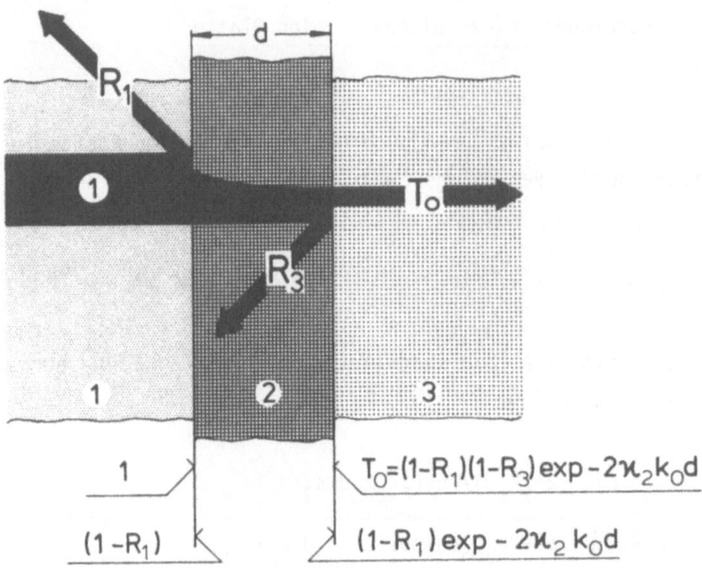

Abb. A.11. Energiestrom durch planparallele Platte "2" zwischen den Medien "1" und "3" ohne Kopplung zwischen den Grenzflächen (d.h. keine "Vielfachinterferenzen", keine "Vielfachreflexion")

A.9.1 Die planparallele Platte im Vakuum

Wir diskutieren (A.84, A.85) nur für den einfachen Fall, daß die Platte "2" der Dicke d im Vakuum steht. Mit $z_1 = z_2 = z$ und deshalb $\tilde{\rho}_1 = \tilde{\rho}_3 = \tilde{\rho}$, sowie $\tilde{n}_3 = 1$ vereinfachen sich die Formeln zu

$$\tilde{\rho}_p = \tilde{\rho} \cdot \frac{\Phi_\beta - \Phi_\alpha}{\Phi_\beta - \tilde{\rho}^2 \Phi_\alpha} \quad ,$$

$$\tilde{t} \cdot \Phi_t = \frac{4}{(1+z)^2} \cdot \frac{1}{\Phi_\beta - \tilde{\rho}^2 \Phi_\alpha} \quad .$$

Für das Reflexions- bzw. Transmissionsvermögen folgt daraus

$$R_p = R \frac{1+\exp(-2Kd)-2\exp(-Kd)\cdot\cos(2nk_0 d)}{1+R^2\exp(-2Kd)-2R\exp(-Kd)\cdot\cos(2nk_0 d+2\delta)} \tag{A.89}$$

$$T_p = T_0 \frac{1+(z''/z')^2}{1+R^2\exp(-2Kd)-2R\exp(-Kd)\cdot\cos(2nk_0 d+2\delta)} \tag{A.90}$$

mit

$$T_o = (1 - R)^2 \exp(- Kd) \quad . \tag{A.91}$$

Diese Formeln beschreiben die Wellenzahlabhängigkeit von Reflexion und Transmission. Insbesondere zeigen sich wegen der cos-Terme periodische Strukturen in R_p und T_p. Man nennt diese Strukturen die *Fabry-Perot-Resonanzen* der planparallelen Platte, auch "*Vielfachinterferenzen*". Sie sind periodisch gemäß $2nk_od = \nu \cdot 2\pi$ mit $\nu = 0, \pm1, \pm2 \ldots$ Für den Fall $\delta = 0, \pi$ findet man die Extremal- und Mittelwerte aus den Werten ± 1 bzw. 0 der cos-Funktion in Zähler und Nenner

$$\begin{aligned} R_{p,\ extremal} &= R\left(\frac{1\pm\exp(-Kd)}{1\pm R\exp(-Kd)}\right)^2 \quad ; \quad T_{p,\ extremal} = \frac{T_o}{[1\pm R\exp(-Kd)]^2} \\ R_{p,\ mittel} &= R\,\frac{1+[\exp(-Kd)]^2}{1+[R\exp(-Kd)]^2} \qquad T_{p,\ mittel} = \frac{T_o}{1+[R\exp(-Kd)]^2} \quad . \end{aligned} \tag{A.92}$$

Für die verlustfreie Probe, also Kd = 0, gilt

$$\begin{aligned} R_{p,\ max} &= \frac{4R}{(1+R)^2} \qquad T_{p,\ min} = \frac{(1-R)^2}{(1+R)^2} \\ R_{p,\ min} &= 0 \qquad T_{p,\ max} = 1 \\ R_{p,\ mittel} &= \frac{2R}{1+R^2} \qquad T_{p,\ mittel} = \frac{(1-R)^2}{1+R^2} \quad . \end{aligned} \tag{A.93}$$

Die Untersuchung dieser Fabry-Perot-Resonanzen ist ein wichtiges Verfahren in der Festkörperoptik zur Bestimmung der optischen Konstanten. Der spektrale Abstand der Resonanzen gibt unmittelbar den Realteil des Brechungsindex zu

$$n = \frac{\pi}{(k_{o,\nu+1} - k_{o,\nu})d} \quad . \tag{A.94}$$

Die Amplitude der Reflexions- bzw. Transmissions-Resonanzen ist ein Maß für die Absorptionskonstante, besonders bei schwacher Absorption.

Bei starker Absorption Kd >> 1 verschwinden die Fabry-Perot-Interferenzen und die Transmission nähert sich dem Ausdruck (A.91)

$$T_o = (1 - R)^2 \exp(- Kd) \quad ,$$

bzw. im allgemeinen Fall (A.86). Man nennt diesen Fall den ohne "Vielfachreflexion" (Abb.A.11). Dabei denkt man daran, daß die Interferenzen durch Überlagerung von Teilwellen entstehen, die zwischen den Grenzen hin und her reflektiert wurden.

Werden diese beim einmaligen Durchgang durch die Schicht bereits absorbiert, so können sie nicht mehr zur Interferenz beitragen.

Die Wirklichkeit liegt aber im allgemeinen dazwischen, d.h. zwischen der "einfachen" Transmission ohne Interferenzen (A.91) und der idealen Fabry-Perot-Struktur (A.90). Denn einmal braucht man für ein Transmissionsexperiment ein ausreichendes Signal hinter der Probe, das bedeutet, man kann Kd nicht beliebig groß machen. Zum anderen ist das Argument $2nk_od$ der cos-Funktionen, die in (A.89) und (A.90) das periodische Auftreten der Fabry-Perot-Resonanzen verursachen, keine scharfe Größe. Oft ist die benutzte Strahlung nicht monochromatisch, d.h. k_o stammt aus einem spektralen Intervall k_o, Δk. Weiter ist die Probe nicht ideal planparallel oder rauh an der Oberfläche, d.h. d stammt aus dem Intervall d, Δd. Und schließlich hat der in einer Meßanordnung benutzte Strahlengang einen endlichen Öffnungswinkel, so daß man das ganze Strahlenbündel $\underline{k} \cdot \underline{z}$ nicht durch ein scharfes k_od beschreiben kann.

Diese Effekte verderben vor allem die Fabry-Perot-Strukturen, wenn $k_od \gg 1$ ist, denn dann überstreicht die Unschärfe von k_od leicht mehrere Perioden. Für diese Fälle betrachten wir noch einen dritten mathematisch idealisierbaren Grenzfall, nämlich den Fall mit *Vielfachreflexionen* jedoch ohne *Vielfachinterferenzen*. Wir erhalten ihn, indem wir (A.90) über eine Periode mitteln

$$\bar{T}_p \equiv \frac{1}{2\pi} \int_0^{2\pi} T_p d\phi \tag{A.95}$$

mit $\phi \equiv 2nk_od + 2\delta$. Mit der Abkürzung $A \equiv R \exp(-Kd) < 1$ nimmt T_p die Form an

$$T_p = \frac{T_o}{1+A^2-2A\cos\phi}$$

(Vielfachreflexionen sind nur in Fällen mit $z'' \ll z'$ zu erwarten).

Damit wird (A.95) ein Integral vom Typ [A.2]

$$\int \frac{dx}{a+b\cos x} = \frac{2}{\sqrt{a^2-b^2}} \arctan\left(\frac{\sqrt{a^2-b^2}\tan x/2}{a+b}\right)$$

für $|a| > |b|$. Damit folgt für $\bar{T}_p$

$$\bar{T}_p = \frac{T_o}{2\pi} \cdot \frac{2}{1-A^2} \cdot \arctan\left(\frac{1-A}{1+A} \cdot \tan\frac{\phi}{2}\right)\Big|_0^{2\pi} = \frac{T_o}{1-A^2} \quad . \tag{A.96}$$

Für die Transmission der Platte ohne Vielfachinterferenzen folgt daraus

Tabelle A.3. Optisches Verhalten der dielektrischen Platte im Vakuum (unmagnetisch: $\mu = 1$)

Medium $\quad \varepsilon' = n^2 - \kappa^2 \qquad \varepsilon'' = 2n\kappa = \frac{\sigma'}{\varepsilon_0\omega}$

Halbraum, Reflexion

$$R = \frac{(n+1)^2-\kappa^2}{(n+1)^2+\kappa^2} \qquad \tan\delta = \frac{2\kappa}{n^2+\kappa^2-1}$$

Planparallele Platte, Reflexion

$$R_p = R\,\frac{1+\exp(-2Kd)-2\exp(-Kd)\cdot\cos(2nk_0d)}{1+R^2\exp(-2Kd)-2R\,\exp(-Kd)\cdot\cos(2nk_0d+2\delta)}$$

Planparallele Platte, Transmission, (Reflexion)

$$T_p = T_0\,\frac{1+(\kappa/n)^2}{1+R^2\exp(-2Kd)-2R\,\exp(-Kd)\cdot\cos(2nk_0d+2\delta)}$$

ohne Vielfachinterferenzen, jedoch mit Vielfachreflexion

$$\bar{T}_p = \frac{T_0}{1-R^2\exp(-2Kd)} \qquad \bar{R}_p = R\,\frac{1+[1-2R\cos(2\delta)]\exp(-2Kd)}{1-R^2\exp(-2Kd)}$$

ohne Vielfachinterferenz und ohne Vielfachreflexion

$$T_0 = (1-R)^2\exp(-Kd)$$

Absorptionskonstante

$$K = \frac{\omega\varepsilon''}{c_0 n} = \frac{\sigma'}{c_0\varepsilon_0 n} = \frac{k_0\varepsilon''}{n} = 2k_0\kappa = \frac{2\omega\kappa}{c_0} = \frac{4\pi\kappa}{\lambda_0}$$

Spektraler Abstand der Fabry-Perot-Interferenzen der Ordnung ν und $\nu + 1$

$$(k_{0,\nu+1} - k_{0,\nu})\,nd = \pi$$

$$\bar{T}_p = \frac{(1-R)^2 \exp(-Kd)}{1-R^2 \exp(-2Kd)} \quad . \tag{A.97}$$

Der Grenzfall verschwindender Absorption Kd << 1 führt dabei zu $\bar{T}_p = (1 - R)/(1 + R)$. Für die Reflexion erhält man einen entsprechenden Ausdruck $\bar{R}_p$ (Tab.A.3).

A.9.2 Die dünne, planparallele Schicht

Sowohl in der Festkörperspektroskopie als auch bei der Herstellung optischer Bauelemente spielen *dünne Schichten* eine große Rolle. Ihre optischen Eigenschaften als freitragende Schicht oder aufgetragen auf einen Halbraum lassen sich durch die Formeln der vorhergehenden Abschnitte beschreiben. Da diese aber sehr unübersichtlich sind, geben wir Näherungen an für den Fall extrem dünner Schichten. Wir charakterisieren diese Schichten durch die Bedingung

$$|\tilde{n} k_o d| \ll 1 \quad , \tag{A.98}$$

d.h. es muß sowohl gelten $d \ll 1/nk_o$ als auch $d \ll d_p = 1/\kappa k_o$. In diesem Fall kann man die periodischen Phasenfunktionen (Tab.A.1) durch monotone Ausdrücke ersetzen $\phi_{\alpha,\,\beta} \simeq 1 \pm i\tilde{n}_2 k_o d$. Aus (A.58) und (A.59) wird in dieser Näherung

$$\tilde{\rho}_p \simeq \frac{(z_1 - z_3) + i\tilde{n}_2 k_o d(1 - z_1 z_3)}{-(z_1 + z_3) + i\tilde{n}_2 k_o d(1 + z_1 z_3)} \tag{A.99}$$

und

$$\tilde{t}_p \phi_t \simeq \frac{-2z_3}{-(z_1 + z_3) + i\tilde{n}_2 k_o d(1 + z_1 z_3)} \quad . \tag{A.100}$$

Diese Ausdrücke vereinfachen sich noch, wenn die Schicht freitragend im Vakuum ist, da dann gilt

$$z_1 = z_3 = \sqrt{\varepsilon_2/\mu_2} \quad .$$

A.9.3 Die dünne Schicht bei starker elektrischer Wechselwirkung

Wir wollen die Reflexion bzw. Transmission der dünnen Schicht noch etwas genauer diskutieren für den Fall einer Schicht, die besonders stark an das elektrische Feld koppelt, d.h. $|\varepsilon_2| \gg 1$. In diesen Fällen lassen sich (A.99) und (A.100) wegen

$$|z_1 z_3| = |(\varepsilon_2/\mu_2)\ \sqrt{\mu_1\mu_3/\varepsilon_1\varepsilon_3}| \gg 1$$

noch einmal vereinfachen. Gleichzeitig beschränken wir uns auf den praktisch interessierenden Fall, daß die Schicht auf der einen Seite an das Vakuum grenzt ($\varepsilon_1 = \mu_1 = 1$) und auf der anderen Seite von einem Medium "3" getragen wird, dessen Reflexionsverhalten gegen Vakuum ohne die dünne Schicht durch den relativen Wellenwiderstand $z_{13} = \sqrt{\varepsilon_3/\mu_3}$ beschrieben wird. Nach einigen einfachen Umformungen folgt aus (A.99) mit der Näherung $(1 \pm z_1 z_3) \simeq \pm z_1 z_3$ und mit $\tilde{n}_2 = \sqrt{\varepsilon_2\mu_2}$

$$\tilde{\rho}_p \simeq \frac{(z_{13}-1)-ik_o d\tilde{\varepsilon}_2}{(z_{13}+1)-ik_o d\tilde{\varepsilon}_2} \quad . \tag{A.101}$$

Ohne die dünne Schicht hat der Reflexionskoeffizient des Trägermediums "3" nach (A.40) den Wert

$$\tilde{\rho} = \frac{z_{13}-1}{z_{13}+1} \quad .$$

Aus dem Vergleich der beiden Formeln erkennt man, daß der beschichtete Träger reflektiert wie ein Halbraum mit dem modifizierten, relativen Wellenwiderstand $\hat{z}$

$$\hat{z}' \equiv z'_{13} + \varepsilon''_2 k_o d \quad ; \qquad \hat{z}'' \equiv z''_{13} - \varepsilon'_2 k_o d \quad . \tag{A.102}$$

Absorptive Anteile ε'' täuschen also stets einen höheren Realteil des Wellenwiderstandes vor. Der Imaginärteil dagegen kann durch Schichten mit $\varepsilon' > 0$ erniedrigt werden!

Für freitragende, stark elektrisch koppelnde Schicht erhalten wir mit $z_{13} = 1$ als Reflexions- und Transmissionskoeffizienten:

$$\tilde{\rho}_p \simeq -\frac{ik_o d\tilde{\varepsilon}}{2-ik_o d\tilde{\varepsilon}} \tag{A.103}$$

$$\tilde{t}_p \phi_t = \frac{2}{2-ik_o d\tilde{\varepsilon}} \quad . \tag{A.104}$$

Hieraus ergeben sich das Reflexions- und Transmissionsvermögen der Schicht zu

$$R_p = \tilde{\rho}_p \tilde{\rho}_p^* = \frac{(\varepsilon'^2+\varepsilon''^2)k_o^2 d^2}{4+4\varepsilon'' k_o d+(\varepsilon'^2+\varepsilon''^2)k_o^2 d^2} \tag{A.105}$$

$$T_p = \tilde{t}_p \tilde{t}_p^* \phi_t \phi_t^* = \frac{4}{4+4\varepsilon'' k_o d + (\varepsilon'^2 + \varepsilon''^2) k_o^2 d^2} \quad . \tag{A.106}$$

Für die Absorption A_p der Schicht folgt, da $R_p + T_p + A_p = 1$ gelten muß

$$A_p = \frac{4\varepsilon'' k_o d}{4+4\varepsilon'' k_o d + (\varepsilon'^2 + \varepsilon''^2) k_o^2 d^2} \quad . \tag{A.107}$$

A.10 Die stehende Welle vor einem Halbraum

Vor der ebenen Oberfläche eines Halbraums bilden erregende und reflektierte Welle ein *Stehwellenfeld* aus.

Besonders im Bereich der Mikrowellen bestimmt man durch Abtasten dieses stationären Wellenfeldes die Materialeigenschaften des reflektierenden Halbraumes oder des Mediums vor dem Halbraum (*Stehwellenverfahren*, "*Meßleitung*").

Wir betrachten hierzu bei senkrechtem Einfall die erregende und die reflektierte elektrische Welle (Abb.A.4)

$$\underline{E}_e = (E_o, 0, 0) \exp[i(kz - \omega t)]$$

$$\underline{E}_\rho = (\tilde{\rho} E_o, 0, 0) \exp[i(-kz - \omega t)] \quad .$$

Das gesamte elektrische Wellenfeld vor dem Halbraum läßt sich also durch folgenden Ausdruck komplex darstellen

$$E_x = (\underline{E}_e + \underline{E}_\rho)_x = E_o \exp(-i\omega t)[\exp(ikz) + \tilde{\rho} \cdot \exp(-ikz)] \quad . \tag{A.108}$$

Für das zugehörige Magnetfeld erhalten wir aus $\nabla \times \underline{E} = i\omega \underline{B}$

$$B_y = \frac{E_o}{c_o} \exp(-i\omega t) \cdot \tilde{n} \, [\exp(ikz) - \tilde{\rho} \exp(-ikz)] \quad . \tag{A.109}$$

Beide Wellenfelder lassen sich nun zerlegen in eine fortlaufende Welle, die für $z > 0$ im Halbraum verschwindet, und eine stehende Welle

$$E_x = (1 - \tilde{\rho}) E_o \exp[i(kz - \omega t)] + 2\tilde{\rho} \cos(kz) \cdot E_o \exp(-i\omega t) \tag{A.110}$$

$$B_y = (1 - \tilde{\rho})\tilde{n}\,\frac{E_o}{c_o}\exp[i(kz - \omega t)] + i2\tilde{\rho}\sin(kz)\cdot\tilde{n}\,\frac{E_o}{c_o}\exp(-i\omega t) \quad . \tag{A.111}$$

Den stehenden Anteil erkennnt man daran, daß sich die Ortsabhängigkeit in die reellen Funktionen cos(kz), sin(kz) separieren läßt. Für die stehende Welle sind - im Gegensatz zu einer fortlaufenden Welle - elektrisches und magnetisches Feld nicht mehr in Phase, sondern räumlich um $\pi/2$ verschoben. Der Mittelwert des Poynting-Vektors verschwindet, die Energie wird ständig zwischen den elektrischen und magnetischen Bäuchen der stehenden Welle ausgetauscht.

Zum Ausmessen des Wellenfeldes vor dem reflektierenden Halbraum stehen im allgemeinen Detektoren zur Verfügung (Bolometer, Dioden), deren Ausgangssignal proportional $|E|^2$ ist. Man erhält also vor dem Halbraum mit $\tilde{\rho} = \sqrt{R}\exp(i\delta)$ den Verlauf

$$|E|^2 = E_x E_x^* = E_o^2\,[1 + R + 2\sqrt{R}\cos(2kz - \delta)] \tag{A.112}$$

(Abb.A.12). Die Extrema liegen an den Stellen $\cos(2kz - \delta) = \pm 1$:

$$|E|^2_{\text{extremal}} = E_o^2(1 \pm \sqrt{R})^2 \quad . \tag{A.113}$$

Der komplexe Reflexionskoeffizient ergibt sich also aus dem "*Stehwellenverhältnis*"

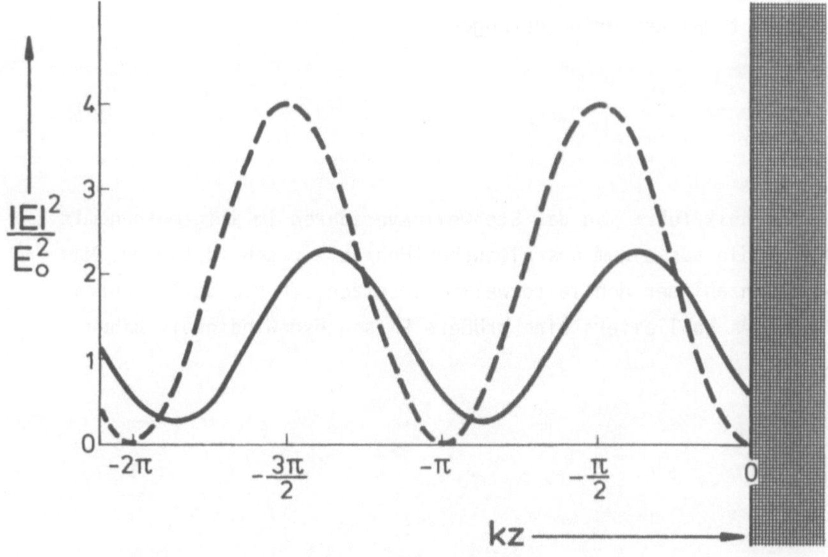

Abb.A.12. Stehwellenfeld vor einem Halbraum (—) mit dem Reflexionskoeffizienten $\tilde{\rho} = 0{,}5\exp(-i3\pi/4)$ und vor einem Kurzschluß (- - -) mit $\tilde{\rho}_o = -1$.

$$\frac{E_{max}-E_{min}}{E_{max}+E_{min}} = \sqrt{R} \qquad (A.114)$$

und der Lage der Minima, der "Knotenlage" z_{min}

$$2kz_{min} - \delta = \nu \cdot \pi \quad \text{mit} \quad \nu = \pm 1, \pm 3, \pm 5 \ldots \qquad (A.115)$$

Zur Messung vergleicht man Stehwellenverhältnis und Knotenlage, einmal gemessen vor einer sehr gut leitenden Metallplatte ($\tilde{\rho}_o = -1$), einem "Kurzschluß", und einmal gemessen vor der Probe mit $\tilde{\rho}_1 = \sqrt{R}\exp[i(\pi + 2\eta)]$:

Kurzschluß	Probe
Extrema des Detektor-Signals	
$\lvert E\rvert^2_{max} = 4E_o^2$	$\lvert E\rvert^2_{max} = E_o^2\,(1 + \sqrt{R})^2$
$\lvert E\rvert^2_{min} = 0$	$\lvert E\rvert^2_{min} = E_o^2\,(1 - \sqrt{R})^2$
Knotenlage	
$kz_{min} = 0, -\pi, -2\pi \ldots$	$kz_{min} = \eta, -\pi + \eta, -2\pi + \eta \ldots$

Die *Knotenverschiebung* η ergibt den Phasenwinkel $\delta = \pi + 2\eta$, das Stehwellenverhältnis der Detektorsignale ergibt das Reflexionsvermögen

$$\frac{\lvert E\rvert^2_{max}-\lvert E\rvert^2_{min}}{\lvert E\rvert^2_{max}+\lvert E\rvert^2_{min}} = \frac{2\sqrt{R}}{1+R} \quad .$$

In der Mikrowellenmeßtechnik führt man das Stehwellenverfahren im allgemeinen mit einer Meßleitung durch, die aus einem geschlossenen Hohlleiter gebildet wird. Man muß dann für k die Wellenzahl der Hohlleiterwelle einsetzen, da die Wellen durch die begrenzenden Wände des Hohlleiters eine größere Phasengeschwindigkeit haben als im freien Raum.

Aufgaben

A.1 Untersuche die Ausbreitung von Wellen in y-Richtung ($\underline{e} = (0, 1, 0)$) in einem anisotropen Medium, so wie es in Abschn.A.2.3,4 für die x- und z-Richtung durchgeführt wurde.

A.2 In einem Medium mit den gemischten Suszeptibilitäten χ_{em}, χ_{me}

$$\underline{P} = \varepsilon_o \chi_e \underline{E} + \frac{\chi_{em}}{Z_o} \underline{B} \quad , \qquad \underline{M} = \frac{\chi_{me}}{Z_o} \underline{E} + \frac{\chi_m}{\mu_o} \underline{B}$$

mit $\chi_{em} = -\chi_{me}$ breiten sich elektromagnetische Wellen aus.
Zeige, daß die Eigenmoden zirkular polarisierte Wellen sind mit unterschiedlichen Phasengeschwindigkeiten (Optische Aktivität; Materialbeispiele: Tellur, Quarz, Zucker) [A.3].
(Annahme: χ_e, χ_{em} skalar; $\chi_m = 0$, $\sigma = 0$).

A.3 Ermittle den Reflexions- und Transmissionskoeffizienten eines Halbraumes für Medien, deren relative Wellenwiderstände in der z_{12}-Ebene durch Parallelen zur reellen bzw. imaginären Achse dargestellt werden (für $|\rho| \leqq 1$ ist die entstehende ρ-Kurvenschar im wesentlichen das sogenannte Smith-Diagramm). Suche einfache geometrische Verfahren zur Erzeugung dieser Abbildung.

A.4 Bestimmte die Grenzkurve für $\tilde{\rho}$ und $\tilde{t}$ für Medien mit relativen Wellenwiderständen $|z_{12}| \geqq 10$.

A.5 Stelle die in der Normalform gegebene Ellipse

$$(u'/a)^2 + (v'/b)^2 = 1 \qquad b/a \equiv \tan \eta$$

im Koordinatensystem u/v dar. Das System u'/v' ist dabei aus dem System u/v durch Drehung um den Winkel Θ hervorgegangen (Abb.A.9). Zeige, daß zwischen den vier Winkeln η und Θ bzw. α und ϕ die Beziehungen (A.62) und (A.63) bestehen.

A.6 Berechne das Reflexions- bzw. Transmissionsvermögen einer planparallelen Platte -(A.84, A.85) - aus den entsprechenden Koeffizienten $\tilde{\rho}_p$, $\tilde{t}_p$ - (A.58, A.59).

A.7 Berechne Höhe und Abstand der Fabry-Perot-Resonanzen im Transmissions- und Reflexionsspektrum für eine nichtabsorbierende Siliziumplatte ($\varepsilon' = 12$, $\varepsilon'' \simeq 0$, $\mu = 1$; $d = 100\ \mu$m).

A.8 Berechne aus dem Stehwellenfeld der Abb.A.12 die Dielektrizitätskonstante des reflektierenden Halbraums ($\mu = 1$).

A.9 Berechne das Stehwellenverhältnis und die Knotenverschiebung bei der Reflexion von Mikrowellen (9 GHz) durch einen Modellhalbleiter ($\varepsilon_L = 16$; $m^* = 0{,}1\ m_o$; $n = 10^{16}$ cm^{-3}) für Stoßzeiten von a) $\tau = 5 \cdot 10^{-13}$ s und b) $\tau = 10^{-14}$ s.

Literatur

1.1 O. Madelung: *Grundlagen der Halbleiterphysik*, Heidelberger Tb. Bd. 71 (Springer, Berlin, Heidelberg, New York 1970)
1.2 O. Madelung: *Introduction to Solid-State Theory*, Springer Series in Solid-State Sciences, vol. 2 (Springer, Berlin, Heidelberg, New York 1978)
1.3 O. Madelung: *Festkörpertheorie I, II und III*, Heidelberger Tb. Bd. 104, 109, 126, (Springer, Berlin, Heidelberg, New York 1972 und 1973)
1.4 C. Kittel: *Introduction to Solid State Physics*, 5th ed. (Wiley, New York 1976). Deutsche Übersetzung: *Einführung in die Festkörperphysik* 4. Aufl. (Oldenbourg, München, Wien 1976)
1.5 W. Dieminger: "Die Ionosphäre und ihr Einfluß auf die Ausbreitung elektrischer Wellen", in Ergebn. der exakten Naturwissenschaften Bd. 17 (Springer, Berlin 1938) S.282
1.6 K.-D. Becker: *Ausbreitung elektromagnetischer Wellen* (Springer, Berlin, Heidelberg, New York 1974)
1.7 K. Seeger: *Semiconductor Physics* (Springer, Wien, New York 1973)

2.1 J.P. Walter, M.L. Cohen: Phys. Rev. B *4*, 1877 (1971)
2.2 D. Geist: *Halbleiterphysik I, Eigenschaften homogener Halbleiter* (Vieweg, Braunschweig 1969)

3.1 O.F. Mossotti: Mem. di math. e fisica di Modena *24*, 2.49 (1850)
R. Clausius: *Die mechanische Wärmetheorie*, Bd.2 (Die mechanische Behandlung der Elektricität) (Vieweg, Braunschweig 1879) S.62
3.2 H. Fröhlich: *Theory of Dielectrics*2nd. ed. (Clarendon Press, Oxford 1958)
3.3 K.F. Herzfeld: Phys. Rev. *29*, 701 (1927)
3.4 D. Penn: Phys. Rev. *128*, 2093 (1962)
3.5 J.B. Renucci, W. Richter, M. Cardona, E. Schönherr: Phys. Status Solidi (b) *60*, 299 (1973)

4.1 P. Drude: Physik. Z. *1*, 161 (1900)
4.2 H.A. Lorentz: *The Theory of Electrons* (Teubner, Leipzig 1909). Nachdruck: (Dover Publications, New York 1952)

5.1 E.M. Conwell: *High Field Transport in Semiconductors*, Solid State Physics Supplement 9 (Academic Press, New York, London 1967)
5.2 G. Bauer: "Determination of Electron Temperatures and of Hot Electron Distribution Functions in Semiconductors", in Springer Tracts in Modern Physics, Vol. 74 (Springer, Berlin, Heidelberg, New York 1974) p.1

6.1 W. Macke: *Quanten* 3. Auflg. (Akadem. Verlagsges., Leipzig 1965) S.12
6.2 E. Gerlach, P. Grosse: "Scattering of free electrons and dynamical conductivity" in Festkörperprobleme Bd. 17, hrsg. v. J. Treusch (Vieweg, Braunschweig 1977) S.157
6.3 J.B. Gunn: *Progress in Semiconductors*, Vol. 2, ed. by A.F. Gibson, R.E. Burgess (Temple Press, London 1957) p.213
6.4 W.W. Tyler, H.H. Woodbury: Phys. Rev. *102*, 647 (1956)
6.5 A. Sommerfeld, H. Bethe: "Elektronentheorie der Metalle", in *Handbuch der Physik* 2. Auflg. Bd. 24/2 hrsg. v. H. Geiger, K. Scheel (Springer, Berlin 1933) S.333. Unveränderter Nachdruck: Heidelberger Tb. Bd. 19 (Springer, Berlin, Heidelberg, New York 1967)

6.6 W.J. de Haas, J. de Boer, G.J. van den Berg: Physica *1*, 1115 (1933)

7.1 F. Hund: *Theorie des Aufbaues der Materie* (Teubner, Stuttgart 1961)
7.2 E.H. Putley: *The Hall-effect and related phenomena* (Butterworths, London 1960)
7.3 O. Madelung: "Halbleiter" in *Handbuch der Physik*, Bd. 20, hrsg. v. S. Flügge (Springer, Berlin, Göttingen, Heidelberg 1957)
7.4 F. Sauter: "Elektrodynamik der Materie" in R. Becker: *Theorie der Elektrizität*, Bd. 3 (Teubner, Stuttgart 1969)
7.5 W. Klassmann: Z. Physik *218*, 237 (1969)

8.1 S. Bhagavantam: *Crystal Symmetry and Physical Properties* (Academic Press, London, New York 1966)
8.2 W. Kleber, K. Meyer, W. Schoenborn: *Einführung in die Kristallphysik* (Akademie-Verlag, Berlin 1968)
8.3 S.R. de Groot: *Thermodynamik irreversibler Prozesse* (Bibliographisches Institut, Mannheim 1960)
S.R. de Groot, P. Mazur: *Anwendung der Thermodynamik irreversibler Prozesse* (Bibliographisches Institut, Mannheim 1974)

9.1 H.D. Lüke: *Signalübertragung* 2. Aufl. (Springer, Berlin, Heidelberg, New York 1979)
9.2 D.C. Champeney: *Fourier Transforms and their Physical Applications* (Academic Press, London, New York 1973)
9.3 P. Grosse, B. Krahl-Urban: Phys. Status Solidi *27*, K149 (1968)
9.4 E. Gerstenhauer, P. Vits: In *Microwave Diagnostics of Semiconductors*, ed. by R. Paananen, Svenska Tekniska Vetenskapsakademien i Finland, Report 31 (Helsinki 1977) pp. 160-181
9.5 M. Lutz: Diplomarbeit, Universität zu Köln (1967)
9.6 H. Mayer, M.H. El Naby: Z. Phys. *174*, 280 (1963)

11.1 E. Gerlach, P. Grosse, M. Rautenberg, W. Senske: Phys. Status Solidi (b) *75*, 553 (1976)
11.2 F. Stern: "*Elementary Theory of the Optical Properties of Solids*" in *Solid State Physics*, Vol. 15, ed. by F. Seitz, D. Turnbull (Academic Press, New York, London 1963) p. 299
11.3 J. Gast, L. Genzel: Optics Commun, *8*, 26 (1973)
11.4 G. Frank, E. Kauer, H. Köstlin: Phys. Bl. *34*, 106 (1978)
11.5 E. Hagen, H. Rubens: Ann. Physik *11*, 873 (1903)
11.6 W. Woltersdorff: Z. Phys. *91*, 230 (1934)
11.7 P. Grosse: Z. Phys. *193*, 318 (1966)
11.8 K.J. Planker, E. Kauer: Z. angew. Phys. *12*, 425 (1960)
11.9 F.R. Keßler: J. Phys. Chem. Sol. *8*, 275 (1959)
11.10 G.E.H. Reuter, E.H. Sondheimer: Proc. R. Soc. *A195*, 336 (1948)
11.11 P.L. Richards, M. Tinkham: Phys. Rev. *119*, 575 (1960)

12.1 E.D. Palik, J.K. Furdyna: Rep. Prog. Phys. *33*, 1193 (1970)
12.2 E. Hecht, A. Zajac: *Optics* (Addison- Wesley, Reading, MA 1974) p. 219; A. Nussbaum, R.A. Phillips: *Contemporary Optics for Scientists and Engineers* (Prentice-Hall, Englewood Cliffs, NJ. 1976) p.341
12.3 E. Gerstenhauer, G. Bauer, P. Grosse: Phys. Status Solidi (a) *64*, K103 (1974)
12.4 M.Y. Azbel, E.A. Kaner: Sov. Phys. JETP *5*, 730 (1957); J. Phys. Chem. Sol. *6*, 113 (1958)
12.5 A.F. Kip: In *The FERMI Surface*, ed. by W.A. Harrison, M.B. Webb (Wiley, New York, London 1960) p. 146
12.6 M. Lutz, H. Stolze, P. Grosse: Phys. Status Solidi (b) *62*, 665 (1974)
12.7 H.D. Baumgart: "*Der Mikrowellen-Faraday-Effekt freier Ladungsträger im Halbleiter Tellur*", Dissertation, Universität zu Köln (1972)
12.8 J. Bok: "Plasma Effects in Solids", in *Plenarvorträge Physikertagung Düsseldorf 1964*, hrsg. v. K. Hecht (Deutsche Physikalische Gesellschaft, Köln 1964) p. 365
12.9 C.C. Grimmes, S.J. Buchsbaum: Phys. Rev. Lett. *12*, 357 (1964)
12.10 J.K. Furdyna: Appl. Opt. *6*, 675 (1967)
12.11 H. Kawamura, S. Takano, S. Hotta, S. Nishi, Y. Kato, K.L.I. Kobayashi, K.F. Komatsubara: Proc. 12. Intern. Conf. on the Physics of Semiconductors, ed. by M.H. Pilkuhn (Teubner, Stuttgart 1974) p. 551

12.12 H. Alfvén: *Cosmical Electrodynamics* (Oxford Univ. Press Clarendon, London, New York 1950)
12.13 B. Ancker-Johnson: "Plasmas in Semiconductors and Semimetals", in *Semiconductors and Semimetals*, Vol. 1, ed. by R.K. Willardson, A.C. Beer (Academic Press, New York, London 1966) p. 379

13.1 W. Grill, O. Weis: Phys. Rev. Lett. *35*, 588 (1975)
13.2 M. Born, K. Huang: *Dynamical Theory of Crystal Lattices* (Clarendon Press, Oxford 1968)
13.3 R. Claus, L. Merten, J. Brandmüller: *Light Scattering by Phonon-Polaritons*, Springer Tracts in Modern Physics, Vol. 75 (Springer, Berlin, Heidelberg, New York, 1975)
13.4 L. Brillouin: *Wave Propagation in Periodic Structures* (Dover Publications, New York 1953)
13.5 S.S. Mitra: "Vibration Spectra of Solids", in *Solid State Physics*, Vol. 13, ed. by F. Seitz, D. Turnbull (Academic Press, New York, London 1962) p. 1
13.6 R. Geick: Phys. Rev. *138*, A 1495 (1965)
13.7 R. Zallen: Phys. Rev. *173*, 824 (1968)
13.8 H. Wagner: Z. Phys. *193*, 218 (1966); P. Grosse, M. Lutz, W. Richter: Solid State Commun. *5*, 99 (1967)
13.9 E. Burstein: "Interaction of Phonons with Photons", in *Phonons and Phonon Interaction*, ed. by T.A. Bak (Benjamin, New York, Amsterdam 1964) p. 276
13.10 P. Grosse: "Submillimeter Spectroscopy on Epitaxial Lead Telluride Crystals", in *Physics of Narrow Gap Semiconductors*, ed. by J. Rauluszkiewicz, M. Gorska, E. Kaczmarek (PWN Polish Scientific Publishers, Warszawa 1978) p. 41
13.11 M. Rautenberg: "Optische Untersuchungen der Elektron-Phonon-Wechselwirkung in Tellur"; Dissertation, RWTH Aachen (1977)
13.12 P.G. Harper, J.W. Hodby, R.A. Stradling: Rep. Prog. Phys. *36*, 1 (1973)

A.1 W. Breuer, J.Jaumann: Z. Physik *173*, 117 (1963); R. Bonenberger: "Die optischen Konstanten des magnetischen Halbleiters Europiumsulfid im Sichtbaren und nahen Infrarot"; Dissertation, RWTH Aachen (1978)
A.2 *Handbook of Chemistry and Physics*, 56th Ed., ed. by R.C. Weast (CRC-Press, Cleveland 1975) p. A.139, Nr. 341
A.3 U. Schlagheck: Z. Phys. *258*, 223 (1973)

Symbolverzeichnis

a	Gitterkonstante
a_o	Bohr-Radius
a^*	effektiver Bohr-Radius
A	Fläche, Querschnitt
A	Atommassenzahl
A	Absorptionsvermögen
$\underline{B}$	magnetische Induktion
c	Phasengeschwindigkeit
c_o	Vakuum-Lichtgeschwindigkeit
C	Konstante
C	Kapazität
d	Schichtdicke
d_p	Eindringtiefe
D	Federkonstante
$\underline{D}$	elektrische Verschiebungsdichte
$D(p)$	Zustandsdichte
$D(W)$	Zustandsdichte
D	Diffusionskonstante
$\underline{e}$	Einheitsvektor
e_o	Elementarladung, Positronenladung
$\underline{E}$	elektrische Feldstärke
$\underline{E}_a$	makroskopisches Feld
$\underline{E}_{loc}$	lokales Feld
E	Emissionsvermögen
f	Frequenz
$f(W)$	Verteilungsfunktion
$\underline{F}$	Kraft
g	Teilchenstromdichte
g	Oberflächenleitfähigkeit
$G(t,t')$	Übertragungsfunktion
$\hbar=h/2\pi$	Planck-Konstante
$\underline{H}$	magnetische Feldstärke
i	$\sqrt{-1}$
I	Energiestromdichte, Intensität
I	elektrischer Strom
I	Trägheitsmoment
j	Ladungsstromdichte
$\underline{k}$	Wellenvektor
k_F	Fermi-Wellenzahl
k	Boltzmann-Konstante
K	Absorptionskonstante
l, l^*	Besetzungszahl × Valley-Entartung in der Brillouin-Zone
ℓ	freie Weglänge
$\underline{L}$	Drehimpuls
L	Entelektrisierungsfaktor
L	Induktivität
L	Lorentz-Zahl
L_{DH}, L_{TF}	Abschirmlänge nach Debye-Hückel, bzw. nach Thomas-Fermi
m	Masse
m_o	Elektronen-Ruhemasse
m_p	Protonen-Ruhemasse
m^*	effektive Trägermasse
m_n	eff. Elektronen-Masse
m_p	eff. Löcher-Masse
M	Atom-Masse
M^*	reduzierte Masse
$\underline{M}$	Magnetisierung
n	Konzentration, Teilchendichte

$\tilde{n}$, n	Brechungsindex
N	Anzahl
$\underline{p}$	Impuls
p	Löcherkonzentration
$\underline{p}$	elektrisches Dipolmoment
$\underline{p}_m$	diamagnetisches Moment
$\underline{P}$	elektrische Polarisation
P	Leistungsdichte
q	Ladung
$\underline{q}$	Wellenvektor von Kristall-anregungen (Phononen, Polaritonen ...)
Q	Ladung
Q*	effektive Ladung
Q	Nernst-Konstante
$\underline{r}=(x,y,z)$	Ortsvektor
R	elektrischer Widerstand
R_H	Hall-Konstante
R	Reflexionskonstante
$\underline{S}$	Poynting-Vektor
S	Streuquerschnitt
S	Seebeck-Konstante
t	Zeit
$\tilde{t}$	Transmissionskoeffizient
T	Temperatur
T_e	Elektronen-Temperatur
T_F	Entartungstemperatur
T	Umlaufszeit, zeitliche Periode
T	Transmissionsvermögen
$\underline{u}$	Verrückungskoordinate
U	Spannung
U_H	Hall-Spannung
$\underline{v}$	Geschwindigkeit
v_D	Driftgeschwindigkeit
v_e	Elektronen-Geschwindigkeit
v_F	Fermi-Geschwindigkeit
v_{th}	thermische Geschwindigkeit
v_s	Schallgeschwindigkeit
V	Volumen
V	Verdet-Konstante
w	Wärmestromdichte
w	Energiedichte
W	Energie
W_F	Fermi-Energie
W_g	Energielücke Valenzband/ Leitungsband
W	Debye-Waller-Faktor
x	Ortskoordinate
y	Ortskoordinate
z	Ortskoordinate
$\tilde{z}$	Wellenwiderstand
z_0	Wellenwiderstand des Vakuum
$\mathfrak{z}=z_0/z$	relativer Wellenwiderstand
α	Winkel
α	atomare, molekulare Polarisierbarkeit
γ	Dämpfungskonstante
δ	thermische Auslenkung der Gitterpunkte
δ	Phasenwinkel
Δ	Differenz
ε	(relative) Dielektrische Funktion
ε_L	Gitterbeitrag zu ε
ε_s	statischer Grenzwert von ε eines Isolators
ε_0	elektrische Feldkonstante
$\tan\eta$	Elliptizität
Θ	Drehung der Polarisationsebene
Θ	Debye-Temperatur
$\kappa=\mathrm{Im}\{\tilde{n}\}$	Absorptionsindex
λ	Wellenlänge
λ	Wärmeleitfähigkeit
μ	Beweglichkeit
μ	(relative) magnetische Permeabilität
μ_0	magnetische Feldkonstante
μ_B	Bohr-Magneton
ν	Frequenz
$\tilde{\nu}$	Wellenzahl, Ortsfrequenz

ν Laufindex, Ordnungsnummer

Π Peltier-Konstante

ρ Massendichte

ρ Raumladungsdichte

ρ spezifischer Widerstand

$\hat{\rho}(\omega)$ dynamischer Widerstand

$\tilde{\rho}$ Amplituden-Reflexionsvermögen, Reflexionskoeffizient

σ Flächenladungsdichte

σ Leitfähigkeit

σ_0 Gleichstrom-Leitfähigkeit

$\sigma_\sim$ dynamische Leitfähigkeit bei B = 0

τ Stoßzeit, Relaxationszeit

τ_m Impulsrelaxationszeit

τ_W Energierelaxationszeit

τ_c magnetische Stoßzeit

ϕ Winkel

ϕ_H Hall-Winkel

ϕ Phasenwinkel einer Welle

ϕ Potential

χ Suszeptibilität

χ_0 Suszeptibilität in verdünnten Systemen

χ_e elektrische Suszeptibilität

χ_m magnetische Suszeptibilität

χ_{em} gemischte Suszeptibilität

χ_{me} gemischte Suszeptibilität

$\chi_\infty = \chi_{VE}$ Valenzelektronenpolarisierbarkeit

χ_s statische Polarisierbarkeit

ψ Amplitudenfunktion einer Welle

$\underline{\omega}$ Winkelgeschwindigkeit

ω Kreisfrequenz

$\omega_c = e_0 B/m$ Zyklotronresonanzfrequenz

$\underline{\omega}_c^* = q\underline{B}/m$ Winkelgeschwindigkeit in der Landau-Bahn

ω_p Plasmafrequenz der Elektronen

$\omega_p^+ = \omega_p/\sqrt{\varepsilon}$ Plasmaresonanzfrequenz

$\omega_\tau = 1/\tau$ Stoßfrequenz

Ω_0 Resonanzfrequenz der optischen Gitterschwingungen bei q = 0

Ω_T transversale Polaritonenresonanzfrequenz

Ω_L longitudinale Polaritonenfrequenz

Ω_p Plasmafrequenz der "Ionen"

Ω_τ Dämpfungsfrequenz der Phononen

Abkürzungen

CRA	Zyklotron-Resonanz-Aktiv
CRI	Zyklotron-Resonanz-Inaktiv
DS	Dispersive Spektroskopie
FC	Freie Ladungsträger
Im	Imaginärteil von
MS	Magnetische Spektroskopie
PH	Phononen
Re	Realteil von
VE	Valenzelektronen

Naturkonstanten

$a_0 = 5{,}292 \cdot 10^{-11}$ m Bohr-Radius

$c_0 = 2{,}998 \cdot 10^{8}$ ms^{-1} Vakuum-Lichtgeschwindigkeit

$e_0 = 1{,}602 \cdot 10^{-19}$ As Positronenladung

$\hbar = h/2\pi = 1{,}054 \cdot 10^{-34}$ Ws^2 Planck-Konstante

$k = 1{,}381 \cdot 10^{-23}\,WsK^{-1}$	Boltzmann-Konstante
$m_o = 0{,}911 \cdot 10^{-30}$ kg	Elektronen-Ruhemasse
$m_p = 1{,}673 \cdot 10^{-27}$ kg	Protonen-Ruhemasse
$N_A = 6{,}023 \cdot 10^{23}$	Avogadro-Konstante
$z_o = 3{,}766 \cdot 10^{2}\,VA^{-1}$	Wellenwiderstand des Vakuum
$\varepsilon_o = 8{,}859 \cdot 10^{-12}\,AsV^{-1}\,m^{-1}$	elektrische Feldkonstante
$\mu_o = 1{,}257 \cdot 10^{-6}\,VsA^{-1}\,m^{-1}$	magnetische Feldkonstante
$\mu_B = 9{,}273 \cdot 10^{-24}\,WsT^{-1}$	Bohr-Magneton

Sachverzeichnis

Abschirmlänge
- nach Debye-Hückel 55,107
- nach Thomas-Fermi 55,108

Abschirmung 55,105
Absorption
- einer planparallelen Platte 258
-, Leitungs- 132

Absorptionskonstante 252
Acceptoren 13
Additivität
- der Teilleitfähigkeiten 61
- der Teilwiderstände 58

Alfven-Wellen 195,195
ambipolare Strömung 78
anisotrope Medien 245
Atomkern 17
Ausbreitung elektromagnetischer Wellen 111,226
---, polarisiert, in anisotropen Medien 245

Ausbreitungsdiagramm 157
-, Faraday-Konfiguration Abb. 12.4
-, Plasmon-Phonon-Polaritonen Abb. 13.16
-, Voigt-Konfiguration Abb. 12.6

Azbel-Kaner-Resonanzen 170

Basis 199
Beweglichkeit 34,37
Besetzungswahrscheinlichkeit 9
Bindungsorbitale 7
Bohr'sches Magneton 67
Brechungsindex 227
-, komplexer 116

Boltzmann-Näherung 11
Brillouin-Zone 198

Clausius-Mossotti-Formel 24
Conwell-Weisskopf-Streuung 52
Cotton-Mouton-Effekt 187

Defektelektron 8
Dichroismus 187
-, linearer 245
-, Rotations- 245

dielektrische Funktion
--, komplexe 96
--,- leitender Kristalle 99
--,-,-- im hochfrequenten Bereich 101
--,-,-- im Magnetfeld 152
--,-,-- im niederfrequenten Bereich 100

Dielektrizitätskonstante
-, relative 21
-, statische 211

Diffusionsströme 90
Diffusionskonstante 90
Dispersionsrelation 125
Donatoren 13
Doppelbrechung 159
-, lineare 187,245
-, zirkulare 245
Drehsinn 230
Drehung der Polarisationsebene 177,246
Driftweg 31,36
Driftgeschwindigkeit 31,33
Drude-Leitungsabsorption 132
Drude-Lorentz-Modell 30
dünne Schichten 258
-- bei starker elektrischer Wechselwirkung 258

ebene Welle 113
effektive Ladung polarer Gitterschwingungen 205
effektive Masse 7,61
--, negative 8
Eigenleitung 12
Eigenmode 201,230
Eigenschwingung 201
Eigenvektor von Gitterschwingungen 205
Eindringtiefe 141,239
-, London'sche 144
Einstein-Beziehung 90
elektromagnetische Wellen
--, Ausbreitung 227
--,- bei Anwesenheit eines statischen Magnetfeldes 153
--,- in kondensierter Materie 111,226
--, Eindringtiefe 239
Elektronen
-, Aufheizung 71
-, freie 16
-,- im elektrischen Wechselfeld 92
-,- in gekreuzten Feldern 68
-, gebundene 35
-, heiße 40
-, Leitungs-
-,-, Absorption 132
-, magnetisches Moment 67
-, quasifreie 61
-, Rumpf- 17
-, thermische 36,39
-, warme 40
Elektronenenergie
-, kinetische 35

Elektronengas
-, entartetes 14
Elektronenhülle 17
Elektronenkonzentration 11
Elektronenspin 67
Elektronenzustände 9
elektronische Grundabsorption 118
Elektron-Phonon-Kopplung 198
Elementkristalle 213
Ellipsometrie 124
Elliptizität 177,246
Emissionsmessungen 129
Emissionsprozesse
-, induzierte 134
Energie
- band 4
- bereiche 4
- dichte des elektromagnetischen Wellenfeldes 248
- dissipation 39
- gap 5
- lücke 5
- relaxation 32
Entartungskonzentration 12
Entartungstemperatur 14

Erweichung
- der transversalen optischen Gitterschwingungs-Mode 212
evanescent modes 157
E-Wellen 228
- im anisotropen Medium 229
- im isotropen Medium 228
Extinktion 252
extrinsic conductivity 12

Fabry-Perot-Resonanzen 255
Faraday-Effekt 151,177
- bei hohen Frequenzen 179
- bei niedrigen Frequenzen 184
Faraday-Konfiguration 153,163
Feld
-, entelektrisierendes 22
- gleichungen 113
-, lokales 22,204,205
-, Lorentz- Abb.3.3.
Fermi-Energie 11
Fermion 9
Fermi-Statistik 9
Fermi-Wellenzahl 11
Fernwirkungstheorie 111,142
Fick'sches Gesetz 90
Fourier-Spektroskopie
-, asymmetrische 125
Fremdatom
-, ionisiertes 52
Frequenzunschärfe bei Dämpfung 217

gekreuzte elektrische und magnetische Felder 68
Geschwindigkeit
-, mittlere Elektronen- 14
Gitter
-, primitives 198
-, nicht-primitives 199
Gitterschwingungen
-, akustische 198
-, langwellige 198
-, optische 201
-,-, polare 203,205
-,-, Erweichung der transversalen 212
Gitterverzerrung 214
Gleichstromleitfähigkeit 33
- im Magnetfeld 64
Gruppengeschwindigkeit 199

Hagen-Rubens-Bereich 128
Halbleiter 4
-, polarer 219
Halbmetalle 7
Hall-Effekt 72
- bei Eigenleitung 79
- bei Mischleitung 77
-, dynamischer 151,180
-, Lösung für lange Leiter 72
Hall-Feld 73
-, Messung 75
Hall-Konstante 75
Hall-Winkel 74
Helicon-Wellen 188
High-Density-Limit 109
Impulsraum 9
Impulsrelaxationszeit 32
Intensitätsreflexionsvermögen 251
- einer planparallelen Platte 253
Intensitätstransmissionsvermögen einer planparallelen Platte 259
intrinsic conductivity 12
Ionenkristalle 5
Ionenstreuung 39,52,98
Isolator 4

Joule'sche Wärme 248

Kerr-Effekt
- bei hohen Frequenzen 181
-, magnetooptischer 177

Kettenstrukturen 7
Kirchoff'sches Gesetz 129
KKR 125
Knotenverschiebung bei Mikrowellen-Messungen 262
Kompressionswelle 198
Konzentrationsgradient 84
Kräfte auf ein Elektron 30
Kramers-Kronig-Relation 125
Kugelpackung 7

Ladungsträger 12
Ladungsträgerkonzentration 13
λ/4-Platte 167
Lambert-Beer-Gesetz 252
Landau-Bahn 65
-, Radius der 66
-, Lebensdauer auf der 67
Landau-Niveaus 66
Landau-Struktur 67
Lebensdauer von Polaritonen 217
Leistungsdichte des elektromagnetischen Wellenfeldes 248
Leitfähigkeit 34
-, dynamische 92
-,- bei hohen Frequenzen 137
-,- bei verschiedenen Streuprozessen 134
-,- bei verschiedenen Temparaturen 136
-,-, Messung 134
-, Gleichstrom- 33
Leitfähigkeitstensor
-, dynamischer Magneto- 150
Leitungsabsorption bei verschiedenen Streuprozessen 134
Leitungsbänder 5
linearer Response 34
Loch 8,61
Löcherleitung 7
Löcherkonzentration 12
London-Gleichungen 145
Lorentz-Kraft 64
Lorentz-Zahl 88
LO-TO-Aufspaltung 211
Lyddane-Sachs-Teller-Relation 211

magnetische Wellenfelder 232
magnetooptische Eigenschaften von Leitern 149
Magnetophonon-Resonanz 158
Magnetoplasma-Effekte 194
Magneto-Plasmon-Phonon-Polaritonen 224
Majoritätsträger 14
Masse
-, effektive, der Elektronen 7
-, negative effektive 8
-, reduzierte, der Atome 201
Materialgleichungen 97,113,226
Matthiesen'sche Regel 58,138
Maxwell-Boltzmann-Nährung 12
Maxwell-Gleichungen 111,226
Meissner-Effekt 144
Meßleitung 260
Metall 4,123
-, dünne Schichten 131
-, Ultraviolett-Transparenz 125
Minoritätsträger 14
mode-softening 212
Molekülkristall 5

Nachwirkungstheorie
-, lokale 111
Natriumdampflampe 127
Nernst-Effekt 89
Nerst-Konstante 89
n-Leitung 12

Ohm'sches Gesetz 34
-, Abweichungen vom 41
optische Eigenschaften
- eines Halbleiters 118
- von Leitern 118
optische Konstanten 233
optische Phononen 201

parabolische Näherung 8
Peltier-Effekt 87
Phasen-Geschwindigkeit 112
Phasenraum 9
Phonon
- artig 215
-, longitudinales 202
-, optisches 200,201
-,-, polares 203
-, transversales 202
Phonon-Polariton 206
-, gedämpftes 216
photoelektrischer Effekt
-, innerer 5
Photoleitung 5
photonartig 215
Planck-Bose-Einstein-Funktion 49
planparallele Platte
-, dünne 258
-, optisches Verhalten 242
planparallele Platte im Vakuum 254
Plasmakante 122
Plasmaschwingungen 104
Plasmaresonanz 103,122
Plasmoresonanzfrequenz 104
Plasmon-Phonon-Polaritonen 218
p-Leitung 12
Polarisation 21,214
-, elektrische 205
-, gitterdynamische 202,205
-, Selbst- 22,24
Polarisationskatastrophe 24
Polarisierbarkeit 16
-, atomare, molekulare 16
-, dynamische 19
- kondensierter Materie 21
Polaritonen 111,113,204
-, longitudinale 205
-, Magneto-Plasmon-Phonon- 224
-, Phonon- 206
-, Plasmon-Phonon- 218
-, transversale 205
Polaron 224
Poynting-Vektor 248,249

quasifreie Elektronen 31

Randbedingungen für elektromagnetische Wellenfelder 233
Reflexionskoeffizient 237
Reflexionskonstante 251
Reflexionsvermögen
- des Halbraums 235
- des unmagnetischen Halbraums 240
- einer planparallelen Platte 253
-, verschwindendes 238
Reststrahlenbande 222
Restwiderstand 49
Retardierung 111,204
Rutherford-Streuung 52

Schallgeschwindigkeit 199
Scherwelle 198
Schichtstrukturen 7
Schwärzung 252
Seebeck-Effekt 86
Skin-Effekt 141
-, anomaler 142,143
- in Metallen 141
- in Supraleitern 144
Sonnenkollektoren 127

Spektroskopie
-, dispersive (DS) 162
-, magnetische (MS) 162
spektroskopische Parameter 76
Stehwellenverfahren 260
Stehwellenverhältnis 261
Stoppband
-, optisches 157
Störleitung 12
Störstelle
-, neutrale 49
Stoßrate 48
Stoßzeit 31,35
-, charakteristische 45
-, energieabhängige 37
-, magnetische 72
Stöße, erinnerungslöschende 33
Streuprozess
-, elastischer 40
-, Überlagerung von 58
Streuquerschnitt 47
Streuung 47
- an geladenen Störstellen 52
- an neutralen Störstellen 49
- an Oberflächen 132
- an Phononen 49
- heißer Elektronen 57
-, Rutherford- 52
- von Wellen 45
Streuzentrum 47
Strom
- begrenzung 33
- dichte 34
-, Blind 96
Supraleiter 102
Suszeptibilität
-, elektrische 21,226
-,-, Valenzelektronenbeitrag 27
-, gemischte 268
-, magnetische 229

Symmetrieentartung bei Gitterschwingungen 201
Szigeti-Ladung 211

Temperaturgradient 84
Thermoelektrische Effekte 85,89
Thermokraft, differentielle 85
Thermomagnetische Effekte 89
Thermospannung, differentielle 86
Thomson-Modell 17
Totalreflexion 239
Translationsinvarianz, zeitliche 94
Transmissionskoeffizient 237
Transmissionsvermögen einer planparallelen Platte 253

unipolarer Strom 78

Valenzband-Leitungsband-Anregungen 118
Valenzelektronen 4
-, Plasmafrequenz der 27
- Polarisierbarkeit 204
Verdet-Konstante 179
Verrückungskoordinate 201
Verschiebungsdichte 21
Vielfachinterferenzen 255,256
Vielfachreflexionen 256
Voigt-Effekt 185
Voigt-Konfiguration 153,158
-, longitudinales E-Feld 159

Wärmeleitfähigkeit 88
Wärmeleitung 88
Wärmepumpe 87
Wärmespiegel
-, transparente 126
Wechselwirkung, lokale 142

Weglänge
-, mittlere freie 36,47
-,-- in Konzentrationsgradienten 84
-,-- in Temperaturgradienten 84
Welle
-, elektromagnetische 111,226
-, longitudinale 115
-, stehende 260
-, transversale 116
Wellengleichung für elektromagnetische Felder 112
Wellenwiderstand 233
-, relativer 233
- im Vakuum 233
Widerstand
-, dynamischer 94
-, Rest- 49,59
-, spezifischer 34
-, Wellen- 233
Widerstandsänderung
-, magnetische 79,80,151 158
-,-, transversale 81
Wiedemann-Franz-Gesetz 88

Woltersdorff-Schicht 131

Yukawa-Potential 107

zirkular
- dichroitisch 177
- dispersiv 177
zirkulares Licht 167
-, Ausbreitung 177
zirkular polarisierte Wellen 230
Zustandsdichte 9
-, effektive 12
Zykloidenbewegung in gekreuzten Feldern 69
Zyklotronbewegung 64
Zyklotronresonanz 155
- absorption 166
- aktive Mode (CRA) 155,158
- effekte 161
-- bei geringer Konzentration 163,168
-- bei hoher Konzentration 170
- inaktive Mode (CRI) 155,158
Zyklotronresonanzfrequenz 64

O. Madelung

Grundlagen der Halbleiterphysik

1970. 63 Abbildungen. IX, 199 Seiten
(Heidelberger Taschenbücher, Band 71)
DM 14,80
ISBN 3-540-04872-3

Aus den Besprechungen:

„... Mit so wenig Theorie wie möglich weckt dieses Taschenbuch im Studierenden Verständnis für die Halbleiterprobleme, dem einzelnen, der auf dem Gebiet der Halbleiter arbeitet und der die Flut der Veröffentlichungen kaum mehr überschauen kann, ist es eine wertvolle Hilfe, und dem Dozenten ist es Vorbild und Fundgrube.“ *Kolloid-Zeitschrift*

O. Madelung

Festkörpertheorie I

Elementare Anregungen
1972. 56 Abbildungen. VIII, 191 Seiten
(Heidelberger Taschenbücher, Band 104)
DM 16,80
ISBN 3-540-05731-5

Aus den Besprechungen:

„... gibt eine Einführung in die Grundlagen, wobei verschiedene elementare Anregungen (Kollektivanregungen und Quasi-Teilchen wie z. B. Phononen, Plasmonen, Magnonen, Exzitonen) definiert und ihre Eigenschaften erläutert werden. Der Anhang enthält eine Teilchenzahl-Darstellung; das Literaturverzeichnis vermittelt einen guten Überblick über ergänzende, der Vertiefung dienende Literatur. Das Buch setzt Kenntnisse einer einsemestrigen Vorlesung über Quantenmechanik voraus. Es kann jedem, der auf dem Gebiet der Festkörperforschung experimentell oder theoretisch arbeitet oder arbeiten möchte, bestens empfohlen werden, nicht zuletzt wegen der kompakten und übersichtlichen Darstellungsweise.“ *Berichte der Dt. Keramischen Ges.*

O. Madelung

Festkörpertheorie II

Wechselwirkungen
1972. 53 Abbildungen. IX, 203 Seiten
(Heidelberger Taschenbücher, Band 109)
DM 16,80
ISBN 3-540-05866-4

Aus den Besprechungen:

„... Ausführlich dargestellt werden diejenigen Wechselwirkungsprozesse, die den Zugang zu drei großen Teilgebieten der Festkörperphysik eröffnen, nämlich Transportphänomene, Optik und Supraleitung. Dazu bringt ein Anhang eine nützliche Einführung in die gruppentheoretischen Methoden der Festkörperphysik. Das Buch ist auf die gleiche übersichtliche und anschauliche Weise geschrieben wie der vorhergehende Band.“

Die Naturwissenschaften

O. Madelung

Festkörpertheorie III

Lokalisierte Zustände
1973. 57 Abbildungen. VIII, 195 Seiten
(Heidelberger Taschenbücher, Band 126)
DM 19,80
ISBN 3-540-06255-6

Aus den Besprechungen:

Mit dem Erscheinen dieses Buches liegt nun eine in sich abgeschlossene Festkörpertheorie vor, die zunächst den Theoretiker direkt anspricht, aber auch dem Experimentator äußerst hilfreiche Dienste bei der Deutung seiner Ergebnisse liefert. Sie setzt Kenntnisse der Grundlagen der Festkörperphysik voraus. Ein ausführliches Literaturverzeichnis ermöglicht dem Leser, spezielleren Fragen und ausführlicheren Details als im Rahmen dieser Serie zu behandeln waren, nachzuspüren. Die 3 Bände sind jedem, der sich mit dem atomaren und elektronischen Aufbau der Festkörper und seinen vielfachen Wechselbeziehungen und Wechselwirkungen befaßt, sehr zu empfehlen. *Berichte der Dt. Keramischen Ges.*

W. Brenig

Statistische Theorie der Wärme

Hochschultext

1975. 87 Abbildungen. VIII, 245 Seiten
DM 29,80
ISBN 3-540-07459-7

Der erste Band der „Statistischen Theorie der Wärme" enthält eine Einführung in die statistische Mechanik und Thermodynamik der Gleichgewichtszustände. Die Grundbegriffe und Gesetze der phänomenologischen Thermodynamik werden ausgehend von den Grundbegriffen der Statistik und den Gesetzen der Quantenmechanik hergeleitet. Die Thermodynamik wird in einer Reihe von typischen Beispielen vorgeführt. Das Hauptgewicht liegt bei den Anwendungen der statistischen Theorie zur Berechnung thermodynamischer Größen. Hier wird versucht, in einer Fülle von Beispielen einen möglichst vollständigen Überblick über sowohl klassische als auch moderne Resultate der statistischen Physik zu geben. Viele Übungsaufgaben dienen teils zur Erläuterung und Vertiefung, teils zur Erweiterung des Stoffes.
Dieses Lehrbuch wendet sich vorwiegend an Studenten der Physik und der physikalischen Chemie nach dem Vordiplom.

R. Becker

Theorie der Wärme

Bearbeiter W. Ludwig
2. ergänzte und erweiterte Auflage 1978. 126 Abbildungen, 7 Tabellen. XIII, 336 Seiten
(Heidelberger Taschenbücher, Band 10)
DM 22,80
ISBN 3-540-08988-9

Aus den Besprechungen der 1. Auflage:
„Das klassische Buch über die Theorie der Wärme liegt erfreulicherweise als Taschenbuch in ungekürzter Form vor und ist damit jedem Studenten leicht zugänglich gemacht worden. Beginnend bei der phänomenologischen Thermodynamik, über die statistische Mechanik und Quantenstatistik, über die Eigenschaften idealer und realer Gase und der festen Körper, über Schwankungsphänomene bis zur Thermodynamik irreversibler Prozesse findet sich alles Wesentliche übersichtlich und ausführlich behandelt. Über 100 Abbildungen veranschaulichen die Darstellung." *Acta Physica Austriaca*

„... In selten klarer und lebendiger Weise wird hier ein verwickeltes Gebiet dargestellt, das teilweise auch für die neuesten Gebiete der Technik, wie Raumfahrt, Atomkernenergie usw., Bedeutung hat. Das Buch kann auch jedem bestens empfohlen werden, der in die Theorie der physikalischen Wärmelehre tiefer eindringen will." *VDI-Zeitschrift*

Springer-Verlag
Berlin
Heidelberg
New York